MM OPTIMIZATION ALGORITHM
AND R IMPLEMENTATION

MM优化算法与R实现

黄希芬 ◎著

北京大学出版社
PEKING UNIVERSITY PRESS

内容简介

本书基于 MM 算法原理和组装分解技术系统地介绍了统计优化问题中 MM 算法的构造方法及其性质特征。本书共分 7 章内容，具体包括绪论、凸性、MM 算法与组装分解技术、单（多）元分布参数估计的 MM 算法、混合模型的 MM 算法、生存模型的半参数估计与 MM 算法、收敛性与加速算法。本书的目的在于为读者特别是统计工作者提供一套简单、有效、可靠的优化工具构造方法，强调广度而非深度，希望本书所介绍的算法开发方法能够为更多的实际问题而服务。

本书既适合高等院校数学、统计学、计算机科学、航空航天、电气工程、运筹学专业的本科生和研究生阅读，也适合作为相关技术人员的参考书。

图书在版编目(CIP)数据

MM 优化算法与 R 实现/黄希芬著. --北京：北京大学出版社，2024. 6. --ISBN 978 - 7 - 301 - 35528 - 2

Ⅰ. O242. 23

中国国家版本馆 CIP 数据核字第 2024RP4712 号

书　　名	MM 优化算法与 R 实现 MM YOUHUA SUANFA YU R SHIXIAN
著作责任者	黄希芬　著
策划编辑	王显超
责任编辑	许　飞
标准书号	ISBN 978 - 7 - 301 - 35528 - 2
出版发行	北京大学出版社
地　　址	北京市海淀区成府路 205 号　100871
网　　址	http：//www. pup. cn　新浪微博：@ 北京大学出版社
电子邮箱	编辑部 pup6@ pup. cn　总编室 zpup@ pup. cn
电　　话	邮购部 010 - 62752015　发行部 010 - 62750672　编辑部 010 - 62750667
印 刷 者	北京虎彩文化传播有限公司
发 行 者	北京大学出版社
经 销 者	新华书店
	720 毫米 × 1020 毫米　16 开本　20. 5 印张　364 千字
	2024 年 6 月第 1 版　2024 年 6 月第 1 次印刷
定　　价	98. 00 元

前　言

处于大模型及大数据时代的现代统计分析方法极大地依赖统计计算技术的迅猛发展。算法作为统计计算的核心力量，越来越频繁地影响着人们的生活。一个精心设计的算法能够有效地节省计算时间、存储空间，并以尽量少的步骤终止计算，为实际问题提供有效的解决方案或恰当的近似解决方案。在统计学领域，许多问题都可以转化为某些目标优化问题来提出，挑选恰当的优化算法或构造适合的优化算法成为解决问题的关键，这也是统计工作者们极为关心且重视的一件工作。

在统计学者的计算工具箱中，第一个想到的优化方法大概是牛顿法（也称作牛顿-拉弗森算法），它是所有算法的基石。然而牛顿法有其局限性，比如牛顿法对初始值的选取十分敏感，且在高维优化问题中每一步迭代都面临着高维矩阵求逆的困难；此外，牛顿法不能保证在每次迭代中目标函数总是递增的，这导致该算法有时不能满足大规模或高维复杂数据分析的需要。当然，牛顿法的各种变体，比如费希尔得分算法、拟牛顿法等，也存在类似的问题。第二个想到的优化方法是由统计学家提出的 EM 算法，该算法主要用于解决包含不完全数据或缺失数据的优化问题，具有概念简单、操作容易、单调收敛等优异特征。然而在实际中，许多统计问题不能被转化为缺失数据的问题，换句话说，当我们找不到相应的潜在变量结构时，EM 算法就不能够被应用，此外，EM 算法在高维优化问题中也面临着高维矩阵求逆的困难。

由上可知，在高维问题中，标准的优化方法在实际应用中不切实际，这就需要新的优化工具来解决这些非传统的优化问题。此时，MM 算法原理就是一个较好的候选工具，因为 MM 算法原理是一种用于创建满足上升或下降性质的 MM 算法的装置，并且 MM 算法原理可与其他优化方法很好地结合。在极大化目标函数时，MM 算法的基本思想是构造一个更简单的替代函数，然后对替代函数进行操作，以极大化目标函数。同样地，在极小化问题中，MM 算法则是对替代函数进行操作，以极小化目标函数。总的来说，MM 算法是处理优化问题的一个重要且可通用的工具，其具有概念简单、操作容易、迭代数值结果稳定等优点。此外，MM 算法的简易性还体现在如下几个方面：(a) 能避开高维矩阵求逆的困难；(b) 能够将优化问题线性化；(c) 能够将目标优化函数中的高维变量进行分离；(d) 能够巧妙地处理等式和不等式约束；(e) 能够将不可微的问题转化为连续可微的问题来处理。这些明显的优点使得 MM 算法在统计数据分析中有着非常广泛的应用。然而，需要指出的是，构造一个 MM 算法的关键在于如何寻找合适的替代函数，这对于许多实际工作者来说是一件颇具挑战的工作。因为到目前为止，现存的文献中对替代函数的构造都是个例研究，缺乏一套统一的构造方法，也缺乏一个系统的介绍。为了弥补这一空缺，本书将基于 MM 算法原理和组装分解技术，系统地介绍替代函数的构造方法，激发读者特别是统计工作者开发创造更多新的 MM 算法，以解决更多、更广泛的实际问题。

本书配备大量的模型来说明 MM 算法的开发过程，同时在章中附录配备相应的程序供统计学专业本科生或应用统计专业硕士生参考。此外，本书还可作为从事统计学、教育学、心理学、经济学、金融学等领域的研究工作者的参考书。

本书旨在将理论方法与实际模型相结合，着重讲授 MM 算法的开发过程，激发研究者们开发新的 MM 算法以解决实际问题。由于时间仓促和著者水平有限，书中难免会有错误和不足之处，敬请读者和同行专家批评指正。

著作者
2024 年 2 月

目　　录

第1章　绪论

1.1　引言

统计学家是优化技术最热心的使用者之一。在统计学中，极大似然估计(Mamimum Likelihood Estimation，MLE)方法是进行参数估计的重要方法之一，而贝叶斯方法中后验众数(Posterior Modes)的计算也可归为极大似然估计的计算范畴之内。由于似然方程的封闭解是特例而不是常规情形，因此寻找极大似然估计的数值方法显得至关重要。我们将在本章讨论统计计算中一些重要的优化方法。对于复杂的统计分布或模型来说，计算参数向量的极大似然估计以及每个参数的区间估计都并非一件容易的事。当涉及似然函数的极大化问题时，应用统计工作者第一个想到的工具大概就是牛顿法，它是其他大多数算法的黄金标准和构成基础。然而，牛顿法也存在自身的局限性，有时不能满足大规模或高维复杂数据分析的需求。第二个想到的工具大概是哈佛大学三位统计学家 Dempster，Laird 和 Rubin 在 1977 年所提出的期望极大化(Expectation-Maximization，EM)算法，这是一种可在众多情况下进行极大似然估计的通用算法，尤其是在不完全数据问题中。EM 算法成功应用的场景不仅包括存在缺失数据、截断分布等明显的不完全数据的情况，而且还包括各种并非自然的或明显的数据不完全的情况。因此，在某些情况下，统计工作者们需要发挥一定的聪明才智，以适当的方式表达数据的不完整性，才能促使 EM 算法在统计计算中得到有效应用。

在应用统计学中，牛顿法(也被称为牛顿-拉弗森法)因其迭代简单、易于理解和具有较快的二次收敛性而为人所知，其应用也非常广泛。当然，牛顿法也存在自身的缺陷，比如，牛顿法对参数向量的初始值十分敏感；换句话说，当初始值选得不恰当时，牛顿法将会出现不收敛的情况或者收敛到一个错误点的情况。并且，牛顿法的初始值一般是人为选取的，计算机无法自动选取；当我们运用 Efron 和 Tibshirani(1993)的Bootstrap方法计算参数的置信区间时，针对随机产生的数据集，我们需要运行牛顿法几万次，但由于计算机无法自动确定几万个初始向量值，该方法无法实现。再者，当不完全数据集较为复杂或者参数向量的维度较高时，牛顿法在每次迭代时都需要计算高维的海塞矩阵(Hessian Matrix)，当协变量向量之间的共线性导致海塞矩阵接近奇异时，牛顿法将无法工作。此外，对数似然函数或目标函数在牛顿法的每次迭代中并不总是单调递增的。尽管牛顿法存在不足，但它依然在收敛速度方面具有极大的优势，不仅如此，它还构成了许多现代优化算法的基础。目前，牛顿法的许多变体，如费希尔得分(Fisher Score)算法、高斯-牛顿法、拟牛顿法等，都在试图保持其快速收敛性，同时抑制其缺陷。

对于存在不完全数据或可转化为不完全数据问题的情形，EM算法是数值求解极大似然估计或后验众数的一种最实用的算法。同时，EM算法可以说是第一个属于“统计界”自己的算法，因为它自身具有较好的统计解释。EM算法的基本原理是：通过引进潜在数据来扩增观测数据以形成完全数据，将一个非常复杂的对观测似然函数的优化问题转化为一系列简单的优化求解问题。其迭代正如其名，可分为两步：期望步(E步)和极大化步(M步)。EM算法具有众多显著特征，比如，概念简单、易于操作、单调收敛、线性收敛、目标函数为单峰时对初始值不敏感等。除了这些理想的特征之外，EM算法还能“优雅”地处理参数约束情况：根据定义，约束条件被内置到M步的求解过程中。需要指出的是，EM算法并非没有局限性，事实上，该算法的许多局限性是在尝试将其应用于某些复杂的不完全数据问题时暴露出来的，有些甚至是在简单的不完全数据问题中暴露的。例如，EM算法在最大值附近的收敛速度往往慢得令人难以忍受。并且在没有凹性的情况下，也不能保证EM算法会收敛到全局最大值点，一般只能收敛到某个局部最大值点处。为了克服EM算法中E步和M步中的计算困难，统计学家们提出了EM算法的各种变体，包括ECM算法、蒙特卡罗EM算法、ECME算法和EM梯度算法等，并称为EM型算法。然而，在实际应用中，许多统计优化问题是很难或者不能被转化为不完全数据或缺失数据问题的。换句话说，当我们找不到相应的潜在变量结构时，EM型算法就不能被有效地应用。

1.2 极大似然估计

极大似然估计最早是由德国数学家高斯在1821年针对正态分布提出的，但一般将这一贡献归功于罗纳德·费希尔(Ronald Fisher),因为费希尔在 1922 年再次提出了这种想法并证明了相关的统计性质,从而使得极大似然估计方法得到了广泛的应用。在本书中,虽然我们重点关注极小化-极大化(Minorization-Maximization,MM)算法在频率主义框架下计算极大似然估计的应用,但事实上,它同样可以应用在贝叶斯框架下计算后验分布的众数。

假设 $\boldsymbol{Y}$ 是一个 p 维的连续随机向量,其概率密度函数为 $f(\boldsymbol{y};\boldsymbol{\theta})$,其中 $\boldsymbol{\theta}=(\theta_1,\theta_2,\cdots,\theta_q)^{\mathrm{T}}$ 是未知的参数向量,其参数空间为 Θ,即 $\boldsymbol{\theta}\in\Theta$。尽管这里我们取 $\boldsymbol{Y}$ 为连续随机向量,但我们仍然可以把 $f(\boldsymbol{y};\boldsymbol{\theta})$ 看作是 $\boldsymbol{Y}$ 为离散情况下的概率函数。令 $\boldsymbol{y}_1,\boldsymbol{y}_2,\cdots,\boldsymbol{y}_n$ 为来自随机向量 $\boldsymbol{Y}$ 的容量为 n 的独立观测样本,记为:$Y_{\mathrm{obs}}=\{\boldsymbol{y}_1,\boldsymbol{y}_2,\cdots,\boldsymbol{y}_n\}$,则未知的参数向量 $\boldsymbol{\theta}$ 便可以通过极大化似然函数方法来进行估计。基于观测数据 $\boldsymbol{Y}_{\mathrm{obs}}=\{\boldsymbol{y}_1,\boldsymbol{y}_2,\cdots,\boldsymbol{y}_n\}$,给出参数 $\boldsymbol{\theta}$ 的似然函数为

$$L(\boldsymbol{\theta}\,|\,Y_{\mathrm{obs}})=\prod_{i=1}^{n} f(\boldsymbol{y}_i\,|\boldsymbol{\theta})$$

如果某统计量 $\hat{\boldsymbol{\theta}}$ 满足

$$L(\hat{\boldsymbol{\theta}}\,|\,Y_{\mathrm{obs}})=\max_{\boldsymbol{\theta}\in\Theta} L(\boldsymbol{\theta}\,|\,Y_{\mathrm{obs}})$$

则称 $\hat{\boldsymbol{\theta}}$ 是参数 $\boldsymbol{\theta}$ 的极大似然估计(MLE)。当 $L(\boldsymbol{\theta}\,|\,Y_{\mathrm{obs}})$ 是可微函数时,求导是求极大似然估计的最常用方法。换句话说,参数 $\boldsymbol{\theta}$ 的极大似然估计 $\hat{\boldsymbol{\theta}}$ 可以通过求解似然方程的根得到,即通过求解方程

$$\frac{\partial L(\boldsymbol{\theta}\,|\,Y_{\mathrm{obs}})}{\partial\boldsymbol{\theta}}=\mathbf{0}$$

的根即得 $\boldsymbol{\theta}$ 的极大似然估计。

由于 $\ln x$ 是 x 的单调增函数,因此,使对数似然函数 $l(\boldsymbol{\theta}\,|\,Y_{\mathrm{obs}})=\ln L(\boldsymbol{\theta}\,|\,Y_{\mathrm{obs}})$ 达到最大与使 $L(\boldsymbol{\theta}\,|\,Y_{\mathrm{obs}})$ 达到最大是等价的。人们通常更习惯于由 $l(\boldsymbol{\theta}\,|\,Y_{\mathrm{obs}})$ 出发寻找参数 $\boldsymbol{\theta}$ 的极大似然估计 $\hat{\boldsymbol{\theta}}$。同样地,求导也是求解对数似然函数 $l(\boldsymbol{\theta}\,|\,Y_{\mathrm{obs}})$ 最大值的最常用方法,参数 $\boldsymbol{\theta}$ 的极大似然估计 $\hat{\boldsymbol{\theta}}$ 常常可以通过求解下列对数似然方程的根得到:

$$\frac{\partial \ln L(\boldsymbol{\theta}\,|\,Y_{\mathrm{obs}})}{\partial\boldsymbol{\theta}}=\frac{\partial l(\boldsymbol{\theta}\,|\,Y_{\mathrm{obs}})}{\partial\boldsymbol{\theta}}=\mathbf{0}$$

在统计计算中,人们将对数似然函数关于参数向量 $\boldsymbol{\theta}$ 的一阶偏导数 $\nabla l(\boldsymbol{\theta})=\partial l(\boldsymbol{\theta}\,|\,Y_{\mathrm{obs}})/\partial\boldsymbol{\theta}$ 称为得分向量,把对数似然函数关于参数向量 $\boldsymbol{\theta}$ 的二阶偏导数矩阵的相反数

$$I(\boldsymbol{\theta}|Y_{\text{obs}})=-\frac{\partial^2 l(\boldsymbol{\theta}|Y_{\text{obs}})}{\partial\boldsymbol{\theta}\partial\boldsymbol{\theta}^{\text{T}}}$$

称为观测信息矩阵。此外,人们对观测信息矩阵取期望,将

$$\begin{aligned}J(\boldsymbol{\theta})&=E[I(\boldsymbol{\theta}|Y_{\text{obs}})|\boldsymbol{\theta}]\\&=-\int\frac{\partial^2 l(\boldsymbol{\theta}|Y_{\text{obs}})}{\partial\boldsymbol{\theta}\partial\boldsymbol{\theta}^{\text{T}}}f(Y_{\text{obs}}|\boldsymbol{\theta})\text{d}Y_{\text{obs}}\end{aligned}$$

称为费希尔(期望)信息矩阵。极大似然估计 $\hat{\boldsymbol{\theta}}$ 的渐近协方差矩阵就等于费希尔信息矩阵的逆 $J(\boldsymbol{\theta})^{-1}$,在实际计算中可以用 $J(\hat{\boldsymbol{\theta}})^{-1}$ 来逼近,即 $\hat{\theta}_i=(\hat{\boldsymbol{\theta}})_i$ 的标准误差为

$$\text{SE}(\hat{\theta}_i)\approx[J(\hat{\boldsymbol{\theta}}]^{-1}]_{ii}^{1/2},i=1,2,\cdots,q \tag{1.1}$$

在这里,符号$(\mathbf{A})_{ij}$ 用于表示矩阵 $\mathbf{A}$ 的第 i 行和第 j 列的元素。此外,在实际应用中,人们常常通过观测信息矩阵来估计极大似然估计 $\hat{\boldsymbol{\theta}}$ 的协方差矩阵的逆,而不是用期望信息矩阵在 $\boldsymbol{\theta}=\hat{\boldsymbol{\theta}}$ 处的值,该方法给出 $\hat{\theta}_i=(\hat{\boldsymbol{\theta}})_i$ 的标准误差的一种逼近形式为

$$SE(\hat{\theta}_i)\approx[I(\hat{\boldsymbol{\theta}}|Y_{\text{obs}})^{-1}]_{ii}^{1/2},i=1,2,\cdots,q \tag{1.2}$$

Efron 和 Hinkley(1978)在单参数($q=1$)情况下给出了式(1.2)优于式(1.1)的频率论证。此外,在实际应用中,观测信息矩阵通常比期望信息矩阵更方便计算,因为观测信息矩阵不需要求期望,这使得式(1.2)在实际中的应用更为广泛。

通常在实践中,极大化对数似然函数求解参数向量 $\boldsymbol{\theta}$ 的 MLE 时很少能得到解析解。在此种情况下,只要模型中的参数个数 q 不太大时,就可以通过使用牛顿-拉弗森算法或其他变式来迭代求解参数 $\boldsymbol{\theta}$ 的极大似然估计。本书中我们将重点介绍一种迭代求解极大似然估计的方法——MM 算法。但在我们介绍 MM 算法之前,我们将在接下来的小节中简要介绍牛顿法和其他用于求解极大似然估计的常用方法。

1.3　牛顿法

众所周知,牛顿法是计算参数极大似然估计的一种重要方法,其应用非常广泛。牛顿法的收敛速度非常快,是大多数现代优化算法的构成基础,它的很多变体算法都在试图保持其收敛速度快的优点。牛顿法的关键思想是用严格凸的二次函

数来局部逼近目标函数。在数值分析中，目前已存在多种寻找特定函数的根的技术，包括牛顿法、拟牛顿法和修正牛顿法等。在统计框架下，改进的牛顿法包括费希尔得分算法及其改进版本，其改进的版本主要使用经验信息矩阵来代替期望信息矩阵。我们接下来简要回顾一下牛顿法及其一些变体算法。

1.3.1 牛顿法与方程求根

牛顿法可以通过中值定理推导得出。令 $x^{(t)}$ 表示方程

$$g(x)=0$$

的根(记为:$x^{(\infty)}$)的第 t 步近似值，则有 $g(x^{(\infty)})=0$。根据中值定理，在 $x^{(t)}$ 和 $x^{(\infty)}$ 之间存在某个 z，使得

$$\begin{aligned} g(x^{(t)}) &= g(x^{(t)})-g(x^{(\infty)}) \\ &= g'(z)(x^{(t)}-x^{(\infty)}) \end{aligned} \tag{1.3}$$

其中，$g'(z)$表示函数 $g(x)$的一阶导函数在 $x=z$ 处的值，即

$$g'(z) \triangleq \frac{\mathrm{d}g(x)}{\mathrm{d}x}\Big|_{x=z}$$

如果将式(1.3)中的 z 替换为当前的迭代值 $x^{(t)}$，将 $x^{(\infty)}$ 替换为下一步的迭代值 $x^{(t+1)}$，则式(1.3)可以重写为

$$x^{(t+1)}=x^{(t)}-\frac{g(x^{(t)})}{g'(x^{(t)})} \tag{1.4}$$

上述式(1.4)给出了牛顿法的迭代公式。

例 1.1 用牛顿法求解方程 $g(x)=\ln x^3+\mathrm{e}^{2x}-8x$ 在$(0,+\infty)$内的唯一根，要求 $|x^{(t+1)}-x^{(t)}|<10^{-6}$。

解: 根据 $g(x)=\ln x^3+\mathrm{e}^{2x}-8x$，则得 $g'(x)=\dfrac{3}{x}+2\mathrm{e}^{2x}-8$。

取初值 $x^{(0)}=1.5$，则迭代过程为

$$x^{(1)}=x^{(0)}-\frac{g(x^{(0)})}{g'(x^{(0)})}\approx 1.227783$$

$$x^{(2)}=x^{(1)}-\frac{g(x^{(1)})}{g'(x^{(1)})}\approx 1.089954$$

$$x^{(3)}=x^{(2)}-\frac{g(x^{(2)})}{g'(x^{(2)})}\approx 1.059073$$

$$x^{(4)}=x^{(3)}-\frac{g(x^{(3)})}{g'(x^{(3)})}\approx 1.057738$$

$$x^{(5)}=x^{(4)}-\frac{g(x^{(4)})}{g'(x^{(4)})}\approx 1.057736$$

$$x^{(6)}=x^{(5)}-\frac{g(x^{(5)})}{g'(x^{(5)})}\approx 1.057736$$

此时，$|x^{(6)}-x^{(5)}|<10^{-6}$，故 1.057736 为方程在正实数域内唯一的根。

1.3.2 牛顿法与最优化

牛顿法除了是一种迭代求解方程根的方法之外，也是一种优化技术。假设我们要极大化二次可微的实值函数 $g(x)$，则 $g(x)$ 的任意平稳点 x 满足

$$g'(x)=0$$

换句话说，求实值函数 $g(x)$ 的最大值问题可以转化为求方程 $g'(x)=0$ 的根的问题。根据式(1.4)，有牛顿法在求解最优化问题时的迭代公式为

$$x^{(t+1)}=x^{(t)}-\frac{g'(x^{(t)})}{g''(x^{(t)})} \tag{1.5}$$

例 1.2 用牛顿法求解函数 $g(x)=3x-\ln x+\mathrm{e}^x$ 在 $(0,+\infty)$ 内的最小值点，要求 $|x^{(t+1)}-x^{(t)}|<10^{-5}$。

解：求解函数 $g(x)=3x-\ln x+\mathrm{e}^x$ 在 $(0,+\infty)$ 内的最小值点，可以转化为求解方程 $g'(x)=3-1/x+\mathrm{e}^x=0$ 在 $(0,+\infty)$ 内的根，计算得 $g''(x)=1/x^2+\mathrm{e}^x$。

取初值 $x^{(0)}=0.5$，则迭代过程为

$$x^{(1)}=x^{(0)}-\frac{g'(x^{(0)})}{g''(x^{(0)})}\approx 0.03109$$

$$x^{(2)}=x^{(1)}-\frac{g'(x^{(1)})}{g''(x^{(1)})}\approx 0.05826$$

$$x^{(3)}=x^{(2)}-\frac{g'(x^{(2)})}{g''(x^{(2)})}\approx 0.10258$$

$$x^{(4)}=x^{(3)}-\frac{g'(x^{(3)})}{g''(x^{(3)})}\approx 0.16125$$

$$x^{(5)}=x^{(4)}-\frac{g'(x^{(4)})}{g''(x^{(4)})}\approx 0.21238$$

$$x^{(6)}=x^{(5)}-\frac{g'(x^{(5)})}{g''(x^{(5)})}\approx 0.23254$$

$$x^{(7)}=x^{(6)}-\frac{g'(x^{(6)})}{g''(x^{(6)})}\approx 0.23449$$

$$x^{(8)}=x^{(7)}-\frac{g'(x^{(7)})}{g''(x^{(7)})}\approx 0.23451$$

$$x^{(9)}=x^{(8)}-\frac{g'(x^{(8)})}{g''(x^{(8)})}\approx 0.23451$$

此时，$|x^{(9)}-x^{(8)}|<10^{-5}$，故 0.23451 为方程 $g'(x)=3-1/x+e^x=0$ 在 $(0,+\infty)$ 内的根，也是函数 $g(x)=3x-\ln x+e^x$ 在 $(0,+\infty)$ 内的最小值点。

1.4　牛顿-拉弗森算法

统计学与其他科学学科一样，有一些特殊的专业词汇。例如，在统计学中，牛顿法通常被称为牛顿-拉弗森(Newton-Raphson，NR)算法。本节将主要从统计学角度介绍该算法。当对数似然函数 $l(\boldsymbol{\theta}|Y_{\text{obs}})$ 具有优良性质时，求解参数 $\boldsymbol{\theta}$ 的极大似然估计的首选方法是牛顿-拉弗森算法，因为牛顿-拉弗森算法具有二次收敛性质。假设 $l(\boldsymbol{\theta}|Y_{\text{obs}})$ 为对数似然函数，其中 $\boldsymbol{\theta}=(\theta_1,\theta_2,\cdots,\theta_q)^{\mathrm{T}}$ 是未知的参数向量，$\boldsymbol{\theta}\in\Theta$，我们的目标是求解参数向量 $\boldsymbol{\theta}$ 的极大似然估计，即

$$\hat{\boldsymbol{\theta}}=\max_{\boldsymbol{\theta}\in\Theta} l(\boldsymbol{\theta}|Y_{\text{obs}})$$

若目标函数 $l(\boldsymbol{\theta}|Y_{\text{obs}})$ 是一个二次连续可微的凹函数，计算 $l(\boldsymbol{\theta}|Y_{\text{obs}})$ 的得分向量为 $\nabla l(\boldsymbol{\theta}|Y_{\text{obs}})=\partial l(\boldsymbol{\theta}|Y_{\text{obs}})/\partial\boldsymbol{\theta}$，计算 $l(\boldsymbol{\theta}|Y_{\text{obs}})$ 的海塞矩阵为

$$\nabla^2 l(\boldsymbol{\theta}|Y_{\text{obs}})=\frac{\partial^2 l(\boldsymbol{\theta}|Y_{\text{obs}})}{\partial\boldsymbol{\theta}\partial\boldsymbol{\theta}^{\mathrm{T}}}$$

计算 $l(\boldsymbol{\theta}|Y_{\text{obs}})$ 的观测信息矩阵为 $I(\boldsymbol{\theta}|Y_{\text{obs}})=-\nabla^2 l(\boldsymbol{\theta}|Y_{\text{obs}})$。进而，将函数 $l(\boldsymbol{\theta}|Y_{\text{obs}})$ 在 $\boldsymbol{\theta}^{(t)}$ 处进行二阶泰勒展开，则有

$$l(\boldsymbol{\theta}|Y_{\text{obs}})\approx l(\boldsymbol{\theta}^{(t)}|Y_{\text{obs}})+\nabla l(\boldsymbol{\theta}^{(t)}|Y_{\text{obs}})^{\mathrm{T}}(\boldsymbol{\theta}-\boldsymbol{\theta}^{(t)})+\frac{1}{2}(\boldsymbol{\theta}-\boldsymbol{\theta}^{(t)})^{\mathrm{T}}\nabla^2 l(\boldsymbol{\theta}^{(t)}|Y_{\text{obs}})(\boldsymbol{\theta}-\boldsymbol{\theta}^{(t)})$$

上式两端分别对 $\boldsymbol{\theta}$ 求一阶导数，则 $l(\boldsymbol{\theta}|Y_{\text{obs}})$ 的任意平稳点将满足下列式子

$$\nabla l(\boldsymbol{\theta}|Y_{\text{obs}})\approx\nabla l(\boldsymbol{\theta}^{(t)}|Y_{\text{obs}})+\nabla^2 l(\boldsymbol{\theta}^{(t)}|Y_{\text{obs}})(\boldsymbol{\theta}-\boldsymbol{\theta}^{(t)})=\mathbf{0}$$

设 $\boldsymbol{\theta}^{(0)}$ 为极大似然估计 $\hat{\boldsymbol{\theta}}$ 的初始值，$\boldsymbol{\theta}^{(t)}$ 表示第 t 次迭代近似值，则牛顿-拉弗森算法就可以定义为

$$\boldsymbol{\theta}^{(t+1)}=\boldsymbol{\theta}^{(t)}+I(\boldsymbol{\theta}^{(t)}|Y_{\text{obs}})^{-1}\nabla l(\boldsymbol{\theta}^{(t)}|Y_{\text{obs}})$$

如果对数似然函数 $l(\boldsymbol{\theta}|Y_{\text{obs}})$是单峰的凹函数，则迭代序列$\{\boldsymbol{\theta}^{(t)}\}$收敛于 $\boldsymbol{\theta}$ 的极大似然估计值；如果对数似然函数 $l(\boldsymbol{\theta}|Y_{\text{obs}})$是 $\boldsymbol{\theta}$ 的二次函数，则迭代序列$\{\boldsymbol{\theta}^{(t)}\}$一步就收敛到 $\boldsymbol{\theta}$ 的极大似然估计值。当对数似然函数是非凹函数时，对于任意的初始值，牛顿-拉弗森算法不能保证一定收敛到极大似然估计值。当目标函数 $l(\boldsymbol{\theta}|Y_{\text{obs}})$在一定的假设下，选取足够精确的初始值时，牛顿-拉弗森算法产生的迭代序列将局部二次收敛到$\nabla l(\boldsymbol{\theta}|Y_{\text{obs}})=\mathbf{0}$ 的解。其二次收敛速度是非常快的，该特性被认为是牛顿-拉弗森算法最强大的优点。同时，牛顿-拉弗森算法也存在三个潜在的问题：第一，对于复杂的不完全数据或维度较大的参数向量 $\boldsymbol{\theta}$，每次迭代都需要进行烦琐的海塞矩阵的计算；第二，当观测信息矩阵在第 t 步迭代 $\boldsymbol{\theta}^{(t)}$ 处由于协变量之间存在共线性而表现出奇异性时，此时牛顿-拉弗森算法就失效了；第三，在牛顿-拉弗森算法迭代过程中，并不一定促使目标函数 $l(\boldsymbol{\theta}|Y_{\text{obs}})$在每次迭代中都增加，其迭代序列有可能是发散的。Bohning 和 Lindsay(1988)就曾给出了一个凹函数的例子，这个例子说明当初始值的选择较差时，牛顿-拉弗森算法是不会收敛的。

1.5 拟牛顿法

极大似然估计的拟牛顿法实际上是通过满足割线条件的低秩摄动对观测信息矩阵 $I(\boldsymbol{\theta}|Y_{\text{obs}})=-\nabla^2 l(\boldsymbol{\theta}|Y_{\text{obs}})$的近似值 $\boldsymbol{A}^{(t)}$ 进行更新。所谓的割线条件本质上来源于一阶泰勒近似，即

$$\nabla l(\boldsymbol{\theta}^{(t)}|Y_{\text{obs}})-\nabla l(\boldsymbol{\theta}^{(t+1)}|Y_{\text{obs}})\approx\nabla^2 l(\boldsymbol{\theta}^{(t+1)}|Y_{\text{obs}})(\boldsymbol{\theta}^{(t)}-\boldsymbol{\theta}^{(t+1)})$$

如果我们令

$$\boldsymbol{g}^{(t)}=\nabla l(\boldsymbol{\theta}^{(t)}|Y_{\text{obs}})-\nabla l(\boldsymbol{\theta}^{(t+1)}|Y_{\text{obs}})$$
$$\boldsymbol{s}^{(t)}=\boldsymbol{\theta}^{(t)}-\boldsymbol{\theta}^{(t+1)}$$

则割线条件可以表示为$-\boldsymbol{A}^{(t+1)}\boldsymbol{s}^{(t)}=\boldsymbol{g}^{(t)}$。Davidon(1959)给出满足割线条件的 $\boldsymbol{A}^{(t)}$ 的唯一对称的一级更新公式为

$$\boldsymbol{A}^{(t+1)}=\boldsymbol{A}^{(t)}-c^{(t)}\boldsymbol{v}^{(t)}(\boldsymbol{v}^{(t)})^{\mathrm{T}} \tag{1.6}$$

其中，常数 $c^{(t)}$ 通过 $c^{(t)}=[(\boldsymbol{g}^{(t)}+\boldsymbol{A}^{(t)}\boldsymbol{s}^{(t)})^{\mathrm{T}}\boldsymbol{s}^{(t)}]^{-1}$ 来计算，向量 $\boldsymbol{v}^{(t)}$ 通过 $\boldsymbol{v}^{(t)}=\boldsymbol{g}^{(t)}+\boldsymbol{A}^{(t)}\boldsymbol{s}^{(t)}$ 来表示。

从历史上看，一些对称的二级迭代更新被认为优于式(1.6)中更简约的一级更

新。但是，近年来，数值分析学家们更好地领会了 Davidon 公式的优点。为了能成功地应用 Davidon 公式，人们必须经常监测 $\boldsymbol{A}^{(t)}$ 的正定性。一个直接的问题是，当内积 $(\boldsymbol{g}^{(t)}+\boldsymbol{A}^{(t)}\boldsymbol{s}^{(t)})^{\mathrm{T}}\boldsymbol{s}^{(t)}=0$ 时，常数 $\boldsymbol{c}^{(t)}$ 就没有定义了。在这种情况下，或者当 $|(\boldsymbol{g}^{(t)}+\boldsymbol{A}^{(t)}\boldsymbol{s}^{(t)})^{\mathrm{T}}\boldsymbol{s}^{(t)}|$ 比 $\|(\boldsymbol{g}^{(t)}+\boldsymbol{A}^{(t)}\boldsymbol{s}^{(t)})\|_2\|\boldsymbol{s}^{(t)}\|_2$ 小的时候，人们可以忽略割线条件，简单地取 $\boldsymbol{A}^{(t+1)}=\boldsymbol{A}^{(t)}$ 即可。

如果 $\boldsymbol{A}^{(t)}$ 是正定的，且 $c^{(t)}\leqslant 0$，则 $\boldsymbol{A}^{(t+1)}$ 一定是正定的。如果 $c^{(t)}>0$，则有时需要压缩常数 $c^{(t)}$ 才能确保 $\boldsymbol{A}^{(t+1)}$ 的正定性。为了使 $\boldsymbol{A}^{(t+1)}$ 是正定的，必须使得 $\det\boldsymbol{A}^{(t+1)}>0$。根据公式

$$\det\boldsymbol{A}^{(t+1)}=[1-c^{(t)}(\boldsymbol{v}^{(t)})^{\mathrm{T}}(\boldsymbol{A}^{(t)})^{-1}\boldsymbol{v}^{(t)}]\det\boldsymbol{A}^{(t)}$$

$\det\boldsymbol{A}^{(t+1)}>0$，则要求 $1-c^{(t)}(\boldsymbol{v}^{(t)})^{\mathrm{T}}(\boldsymbol{A}^{(t)})^{-1}\boldsymbol{v}^{(t)}>0$。相反地，条件

$$1-c^{(t)}(\boldsymbol{v}^{(t)})^{\mathrm{T}}(\boldsymbol{A}^{(t)})^{-1}\boldsymbol{v}^{(t)}>0$$

也足以保证 $\boldsymbol{A}^{(t+1)}$ 的正定性。这一事实很容易通过如下的谢尔曼-莫里森(Sherman-Morrison)公式来说明。

$$[\boldsymbol{A}^{(t)}-c^{(t)}\boldsymbol{v}^{(t)}(\boldsymbol{v}^{(t)})^{\mathrm{T}}]^{-1}=(\boldsymbol{A}^{(t)})^{-1}+\frac{c^{(t)}}{1-c^{(t)}(\boldsymbol{v}^{(t)})^{\mathrm{T}}(\boldsymbol{A}^{(t)})^{-1}\boldsymbol{v}^{(t)}}\cdot (\boldsymbol{A}^{(t)})^{-1}\boldsymbol{v}^{(t)}[(\boldsymbol{A}^{(t)})^{-1}\boldsymbol{v}^{(t)}]^{\mathrm{T}}$$

上式可以说明，在 $1-c^{(t)}(\boldsymbol{v}^{(t)})^{\mathrm{T}}(\boldsymbol{A}^{(t)})^{-1}\boldsymbol{v}^{(t)}>0$ 的条件下，左端 $[\boldsymbol{A}^{(t)}-c^{(t)}\boldsymbol{v}^{(t)}(\boldsymbol{v}^{(t)})^{\mathrm{T}}]^{-1}$ 存在且正定。因为正定矩阵的逆是正定的，所以 $\boldsymbol{A}^{(t)}-c^{(t)}\boldsymbol{v}^{(t)}(\boldsymbol{v}^{(t)})^{\mathrm{T}}$ 也是正定的。以上分析表明，选择适合的 $c^{(t)}$ 不仅可以确保 $\boldsymbol{A}^{(t+1)}$ 是正定的，而且可以使得 $\det\boldsymbol{A}^{(t+1)}$ 总是大于一个小的正常数 ε。这样的结果可以通过在更新 $\boldsymbol{A}^{(t)}$ 时用

$$\min\left[c^{(t)},\left(1-\frac{\varepsilon}{\det\boldsymbol{A}^{(t)}}\right)\frac{1}{(\boldsymbol{v}^{(t)})^{\mathrm{T}}(\boldsymbol{A}^{(t)})^{-1}\boldsymbol{v}^{(t)}}\right]$$

来替换 $c^{(t)}$ 得以实现。

在实际应用中，拟牛顿法的初始矩阵 $\boldsymbol{A}^{(1)}$ 的选择是至关重要的。当然，将 $\boldsymbol{A}^{(1)}$ 设置为观测信息矩阵 $I(\boldsymbol{\theta}|Y_{\mathrm{obs}})$，即 $\boldsymbol{A}^{(1)}=I(\boldsymbol{\theta}|Y_{\mathrm{obs}})$ 是比较方便的，但对于特定的问题来说，这样的设置通常不太合适。此外，当期望信息矩阵 $J(\boldsymbol{\theta})$ 容易求得时，初始矩阵 $\boldsymbol{A}^{(1)}$ 更好的选择是 $\boldsymbol{A}^{(1)}=J(\boldsymbol{\theta})$。在某些问题中，对于一般的 $\boldsymbol{\theta}$ 来说，$J(\boldsymbol{\theta})$ 的计算和操作是比较烦琐和复杂的，但对于某些特殊的 $\boldsymbol{\theta}$，$J(\boldsymbol{\theta})$ 的计算和操作却是比较简单方便的，选择这样特殊的 $\boldsymbol{\theta}$ 往往能够为拟牛顿法迭代提供一个很好的起点。例如，期望信息矩阵 $J(\boldsymbol{\theta})$ 在某些特殊情况下可以是对角矩阵。

1.6 费希尔得分算法

人们使用不同的方法来近似观测信息矩阵，从而得到了牛顿-拉弗森算法的多种变体算法。最陡上升法就是使用单位矩阵来代替观测信息矩阵得到的，另一种变体算法是费希尔得分算法，其本质是将牛顿-拉弗森算法的迭代公式中的观测信息矩阵 $I(\boldsymbol{\theta}|Y_{\text{obs}})$ 替换为期望信息矩阵 $J(\boldsymbol{\theta})$，费希尔得分算法的迭代公式如下：

$$\boldsymbol{\theta}^{(t+1)}=\boldsymbol{\theta}^{(t)}+J(\boldsymbol{\theta}^{(t)})^{-1}\nabla l(\boldsymbol{\theta}^{(t)}|Y_{\text{obs}}) \tag{1.7}$$

费希尔得分算法的一个额外好处是，其期望信息矩阵的逆矩阵 $J(\hat{\boldsymbol{\theta}})^{-1}$ 提供了极大似然估计 $\hat{\boldsymbol{\theta}}$ 的渐近方差和协方差。此外，费希尔得分算法和牛顿-拉弗森算法具有相同的优点，因为观测信息矩阵在一些自然的假设下与期望信息矩阵是渐近相等的。

例 1.3(logistic 回归模型) 假设观测数据 $Y_{\text{obs}}=\{y_i\}_{i=1}^m$ 来自下列 logistic 回归模型：

$$y_i\overset{\text{iid}}{\sim}\text{Binomial}(n_i,p_i)$$

$$\text{logit}(p_i)\triangleq\ln\frac{p_i}{1-p_i}=\boldsymbol{x}_{(i)}^{\text{T}}\boldsymbol{\theta},1\leqslant i\leqslant m$$

式中，y_i 表示第 i 个组在 n_i 次试验中出现积极反应的受试者人数，p_i 表示第 i 个组中出现积极反应的受试者的概率，$\boldsymbol{x}_{(i)}$ 为协变量向量，$\boldsymbol{\theta}_{q\times1}$ 为未知的参数向量，则 logistic 回归模型的对数似然函数为

$$l(\boldsymbol{\theta}|Y_{\text{obs}})=\sum_{i=1}^{m}\{y_i(\boldsymbol{x}_{(i)}^{\text{T}}\boldsymbol{\theta})-n_i\ln[1+\exp(\boldsymbol{x}_{(i)}^{\text{T}}\boldsymbol{\theta})]\}$$

因此，得分向量和观测信息矩阵可以分别计算得

$$\nabla l(\boldsymbol{\theta}|Y_{\text{obs}})=\sum_{i=1}^{m}(y_i-n_ip_i)\boldsymbol{x}_{(i)}=\boldsymbol{X}^{\text{T}}(\boldsymbol{y}-\boldsymbol{Np})$$

$$I(\boldsymbol{\theta}|Y_{\text{obs}})=-\nabla^2 l(\boldsymbol{\theta}|Y_{\text{obs}})=\sum_{i=1}^{m}n_ip_i(1-p_i)\boldsymbol{x}_{(i)}\boldsymbol{x}_{(i)}^{\text{T}}=\boldsymbol{X}^{\text{T}}\boldsymbol{NPX}$$

其中，

$$\boldsymbol{X}=(\boldsymbol{x}_{(1)},\boldsymbol{x}_{(2)},\cdots,\boldsymbol{x}_{(m)})^{\text{T}}\quad \boldsymbol{y}=(y_1,y_2,\cdots,y_m)^{\text{T}}$$

$$\boldsymbol{N}=\text{diag}(n_1,n_2,\cdots,n_m)$$

$$\boldsymbol{p}=(p_1,p_2,\cdots,p_m)^{\mathrm{T}} \quad p_i=\exp(\boldsymbol{x}_{(i)}^{\mathrm{T}}\boldsymbol{\theta})/[1+\exp(\boldsymbol{x}_{(i)}^{\mathrm{T}}\boldsymbol{\theta})]$$

$$\boldsymbol{P}=\mathrm{diag}\,[p_1(1-p_1),p_2(1-p_2),\cdots,p_m(1-p_m)]$$

由于观测信息矩阵不依赖于观测数据 $Y_{\mathrm{obs}}=\{y_i\}_{i=1}^{m}$，则 $J(\boldsymbol{\theta})=I(\boldsymbol{\theta}|Y_{\mathrm{obs}})$，因此，根据迭代公式(1.7)，有 logistic 回归模型极大似然估计的费希尔得分算法迭代步骤为

$$\boldsymbol{\theta}^{(t+1)}=\boldsymbol{\theta}^{(t)}+[X^{\mathrm{T}}NP^{(t)}X]^{-1}X^{\mathrm{T}}(\boldsymbol{y}-\boldsymbol{N}\boldsymbol{p}^{(t)})$$

1.7 EM 算法

极大似然方法是应用统计学中主要的估计方法。由于似然方程的封闭解是例外而不是常规情形，因此探索极大似然估计的数值计算方法是至关重要的。本节中，我们将介绍另一种推导极大似然估计的数值计算方法，称为期望极大化(EM)算法。EM 算法是下一章将要介绍的 MM 算法的一种特例，该算法的核心应用场景是在缺失数据情况下的参数估计。通常意义上的数据缺失是指未能记录对某些案例的某些观察结果。事实上，数据在很多场合会出现缺失的情形，在临床医学中这一现象尤为常见。EM 算法的每次迭代都可分为 E 步和 M 步，我们可以把 EM 算法的 E 步看作是填补缺失的数据，这一操作实际上是用一个极小化函数来替换观测数据的对数似然函数，然后在接下来的 M 步中进行极大化。通常情况下，经过 E 步得到的极小化函数比对数似然函数简单得多，所以在接下来的 M 步会更容易求得解析解。当然，为简化目标函数所付出的代价是需要进行迭代。

EM 算法的优点之一是具有数值稳定性。作为 MM 算法的一种特殊形式，任何的 EM 算法都会使得观测数据的对数似然函数在迭代中稳步增加。因此，EM 算法避免了在当前搜索方向上大幅超调或低于极大似然值的情形。除了这个理想的特性外，EM 算法还能“优雅”地处理参数约束条件：根据定义，约束条件被内置到 M 步的求解中；相反地，其他的极大化方法必须采用特殊的技术才能处理参数约束条件。但 EM 算法也有一些缺点。例如，EM 算法在最大值附近的收敛速度往往慢得令人难以忍受。另外，在没有凹性的情况下，也不能保证 EM 算法能够收敛到全局最大值。全局最大值通常可以通过将良好但次优的估计值(如矩法估计得出的值)作为 EM 算法的初始值开始迭代来得到。

1.7.1 EM 算法的迭代公式

假设 $l(\boldsymbol{\theta}|Y_{\text{obs}})=\ln f(Y_{\text{obs}}|\boldsymbol{\theta})$ 为观测数据的对数似然函数，通常情况下，直接求解参数向量 $\boldsymbol{\theta}$ 的极大似然估计 $\hat{\boldsymbol{\theta}}=\max\limits_{\boldsymbol{\theta}\in\Theta} l(\boldsymbol{\theta}|Y_{\text{obs}})$ 是非常困难的。接下来，我们介绍 EM 算法迭代求解极大似然估计的步骤。我们先用潜在变量 Z 扩充观测数据 Y_{obs}，则 $l(\boldsymbol{\theta}|Y_{\text{obs}},Z)=\ln f(Y_{\text{obs}},Z|\boldsymbol{\theta})$ 表示完全数据的对数似然函数，$f(z|Y_{\text{obs}},\boldsymbol{\theta})$ 表示条件预测分布。EM 算法的每次迭代都由期望步骤（E 步）和极大化步骤（M 步）组成，令 $\boldsymbol{\theta}^{(t)}$ 是当前极大似然估计 $\hat{\boldsymbol{\theta}}$ 的第 t 步迭代近似值，则 EM 算法的 E 步就是去计算下列定义的函数 $Q(\boldsymbol{\theta}|\boldsymbol{\theta}^{(t)})$：

$$\begin{aligned}Q(\boldsymbol{\theta}|\boldsymbol{\theta}^{(t)}) &= E\left[l(\boldsymbol{\theta}|Y_{\text{obs}},z)|Y_{\text{obs}},\boldsymbol{\theta}^{(t)}\right] \\ &= \int l(\boldsymbol{\theta}|Y_{\text{obs}},z)\times f(z|Y_{\text{obs}},\boldsymbol{\theta}^{(t)})\mathrm{d}z\end{aligned}$$

接下来，EM 算法的 M 步则是求函数 $Q(\boldsymbol{\theta}|\boldsymbol{\theta}^{(t)})$ 关于参数向量 $\boldsymbol{\theta}$ 的最大值，得到

$$\boldsymbol{\theta}^{(t+1)}=\max_{\boldsymbol{\theta}\in\Theta} Q(\boldsymbol{\theta}|\boldsymbol{\theta}^{(t)})$$

最后，重复 E 步和 M 步，直至迭代序列 $\{\boldsymbol{\theta}^{(t)}\}$ 收敛。

例 1.4（遗传连锁模型） 在某遗传学研究中［参见 Rao(1973) 和 Lange(2002) 的文献］，研究人员将拥有基因 AB/ab 的动物进行杂交，测定等位基因 A 和 a 位于第一个位点，等位基因 B 和 b 位于第二个位点，位点之间的重组率为 r。这些动物 $AB/ab\times AB/ab$ 交配的后代的基因型按下列细胞概率

$$\frac{\theta+2}{4},\frac{1-\theta}{4},\frac{1-\theta}{4},\frac{\theta}{4},0\leqslant\theta\leqslant 1$$

分为 AB，Ab，aB 和 ab 四类，其中 $\theta=(1-r)^2$，其观测频率 $Y_{\text{obs}}=(y_1,y_2,y_3,y_4)^{\mathrm{T}}$ 服从下列多项分布：

$$Y_{\text{obs}}\sim\text{Multinomial}\left(n;\frac{\theta+2}{4},\frac{1-\theta}{4},\frac{1-\theta}{4},\frac{\theta}{4}\right)$$

此时，在观测数据 Y_{obs} 中引入潜在变量 Z，将 y_1 分割为 $y_1=Z+(y_1-Z)$，则我们有

$$\begin{aligned}f(z|Y_{\text{obs}},\theta) &= \text{Binomail}[z|y_1,\theta/(\theta+2)] \\ &= \binom{y_1}{z}\left(\frac{\theta}{\theta+2}\right)^z\left(\frac{2}{\theta+2}\right)^{y_1-z},z=0,1,\cdots,y_1\end{aligned}$$

进而，完全数据可以表示为 $\{Y_{\text{obs}},Z\}=\{z,y_1-z,y_2,y_3,y_4\}$，可得条件期望 $E(Z|Y_{\text{obs}},\theta)=y_1\theta/(\theta+2)$，且完全数据的似然函数为

$$L(\theta|Y_{\mathrm{obs}},Z)=\binom{n}{z,y_1-z,y_2,,y_3,y_4}\left(\frac{\theta}{4}\right)^z\left(\frac{2}{4}\right)^{y_1-z}\left(\frac{1-\theta}{4}\right)^{y_2+y_3}\left(\frac{\theta}{4}\right)^{y_4}$$

对其取对数,可得完全数据的对数似然函数为

$$l(\theta|Y_{\mathrm{obs}},Z)=c(z)+(z+y_4)\ln\theta+(y_2+y_3)\ln(1-\theta)$$

其中,$c(z)$是 z 的函数,不依赖于参数 θ。将 EM 算法应用于求解参数 θ 的极大似然估计,首先对完全数据的对数似然函数取期望:

$$\begin{aligned}Q(\theta|\theta^{(t)})&=\int_Z l(\theta|Y_{\mathrm{obs}},z)\times f(z|Y_{\mathrm{obs}},\theta^{(t)})\mathrm{d}z\\&=\sum_{z=0}^{y_1}[c(z)+(z+y_4)\ln\theta+(y_2+y_3)\ln(1-\theta)]\times\\&\quad\binom{y_1}{z}\left(\frac{\theta^{(t)}}{\theta^{(t)}+2}\right)^z\left(\frac{2}{\theta^{(t)}+2}\right)^{y_1-z}\\&=E[c(Z)|Y_{\mathrm{obs}},\theta^{(t)}]+[E(Z|Y_{\mathrm{obs}},\theta^{(t)})+y_4]\ln\theta+\\&\quad(y_2+y_3)\ln(1-\theta)\end{aligned}$$

然后,求解函数 $Q(\theta|\theta^{(t)})$关于参数 θ 的最大值,可得 EM 算法的最终迭代步骤如下:

$$\begin{aligned}\theta^{(t+1)}&=\frac{E(Z|Y_{\mathrm{obs}},\theta^{(t)})+y_4}{E(Z|Y_{\mathrm{obs}},\theta^{(t)})+y_2+y_3+y_4}\\&=\frac{y_1\theta^{(t)}/(\theta^{(t)}+2)+y_4}{y_1\theta^{(t)}/(\theta^{(t)}+2)+y_2+y_3+y_4}\end{aligned}$$

假设观测数据为 $Y_{\mathrm{obs}}=(y_1,y_2,y_3,y_4)^{\mathrm{T}}=(125,18,20,34)^{\mathrm{T}}$,给定初始值 $\theta^{(0)}=0.5$,则有

$$\begin{aligned}\theta^{(1)}&\approx 0.608247\\\theta^{(2)}&\approx 0.624321\\\theta^{(3)}&\approx 0.626489\\\theta^{(4)}&\approx 0.626777\\\theta^{(5)}&\approx 0.626816\\\theta^{(6)}&\approx 0.626821\\\theta^{(7)}&\approx 0.626821\end{aligned}$$

由此,可对 EM 算法计算步骤进行总结:

首先,写出完全数据对数似然函数 $l(\theta|Y_{\mathrm{obs}},Z)$。

其次,求潜在变量的条件预测分布密度 $f(z|Y_{\mathrm{obs}},\theta)$。

再次，计算条件期望（E 步）：

$$E(Z \mid Y_{\text{obs}}, \theta) = y_1\theta/(\theta+2)$$

从次，计算完全数据对数似然函数的极大似然估计（M 步）：

$$\hat{\theta} = \frac{z+y_4}{z+y_2+y_3+y_4}$$

最后，用条件期望 $E(Z \mid Y_{\text{obs}}, \theta)$ 替换上式中的变量 z 即可更新 $\hat{\theta}$。

1.7.2 EM 算法的上升性质

假设 $l(\boldsymbol{\theta} \mid Y_{\text{obs}}) = \ln f(Y_{\text{obs}} \mid \boldsymbol{\theta})$ 为观测数据的对数似然函数，则 EM 算法具有如下上升性质：

$$l(\boldsymbol{\theta}^{(t+1)} \mid Y_{\text{obs}}) > l(\boldsymbol{\theta}^{(t)} \mid Y_{\text{obs}})$$

下面我们对这一上升性质进行证明。EM 算法核心的信息不等式实际上是 Jensen 不等式的变形，Jensen 不等式能够有效地将凸函数与期望联系起来。

命题 1.1 假设随机变量 W 的值被限制在无限区间 (a,b) 内，如果函数 $h(W)$ 在 (a,b) 上是凸的，且期望 $E[h(W)]$ 和 $E(W)$ 都存在，则 $E[h(W)] \geqslant h[E(W)]$。对于严格凸函数 $h(W)$，当且仅当 $W=E(W)$ 时，Jensen 不等式中的等号几乎必然成立。

证明：为了简单起见，假设 $h(W)$ 是可微的。如果令 $u=E(W)$，则很明显 u 属于区间 (a,b)。其支撑超平面不等式为

$$h(w) \geqslant h(u) + h'(u)(w-u) \tag{1.8}$$

用随机变量 W 替换上述不等式中的点 w，然后取期望，可得

$$E[h(W)] \geqslant h(u) + h'(u)[E(W)-u] = h(u)$$

如果 $h(W)$ 是严格凸的，那么当 $w \neq u$ 时，式(1.8)严格成立。因此，为了使得式(1.8)中的等号成立，$W=E(W)$ 必须以概率 1 成立。

命题 1.2（信息不等式） 假设 f 和 g 是测度 μ 下的概率密度函数，且 $f>0$ 和 $g>0$ 在测度 μ 下几乎处处成立。如果 E_f 表示关于概率测度 $f\mathrm{d}\mu$ 的期望，则 $E_f(\ln f) \geqslant E_f(\ln g)$，当 f 和 g 关于测度 μ 几乎处处相等时，等号成立。

证明：因为 $-\ln w$ 是在 $(0,\infty)$ 区间上的严格凸函数，把 Jensen 不等式应用于随机变量 g/f 可得：

$$E_f(\ln f) - E_f(\ln g) = E_f\left(-\ln\frac{g}{f}\right) \geqslant -\ln E_f\left(\frac{g}{f}\right)$$

其中，

$$-\ln E_f\left(\frac{g}{f}\right)=-\ln\int\frac{g}{f}f\,\mathrm{d}\mu=-\ln\int g\,\mathrm{d}\mu=0$$

只有当 g/f 和 $E_f(g/f)$关于测度 μ 几乎处处相等时，不等式中的等号才成立，此时 $E_f(g/f)=1$。

为了证明 EM 算法的上升性质，只需证明其如下的极小化不等式即可：

$$l(\boldsymbol{\theta}\mid Y_{\text{obs}})\geqslant Q(\boldsymbol{\theta}\mid\boldsymbol{\theta}^{(t)})+l(\boldsymbol{\theta}^{(t)}\mid Y_{\text{obs}})-Q(\boldsymbol{\theta}^{(t)}\mid\boldsymbol{\theta}^{(t)})$$

其中，$Q(\boldsymbol{\theta}\mid\boldsymbol{\theta}^{(t)})=E\left[l(\boldsymbol{\theta}\mid Y_{\text{obs}},z)\mid Y_{\text{obs}},\boldsymbol{\theta}^{(t)}\right]$。此外，我们注意到 $f(Y_{\text{obs}},z\mid\boldsymbol{\theta})/f(Y_{\text{obs}}\mid\boldsymbol{\theta})$和 $f(Y_{\text{obs}},z\mid\boldsymbol{\theta}^{(t)})/f(Y_{\text{obs}}\mid\boldsymbol{\theta}^{(t)})$都是测度 μ 下的条件密度，根据上述信息不等式，则有

$$\begin{aligned}Q(\boldsymbol{\theta}\mid\boldsymbol{\theta}^{(t)})-l(\boldsymbol{\theta}\mid Y_{\text{obs}})&=Q(\boldsymbol{\theta}\mid\boldsymbol{\theta}^{(t)})-\ln f(Y_{\text{obs}}\mid\boldsymbol{\theta})\\&=E\left\{\ln\left[\frac{f(Y_{\text{obs}},z\mid\boldsymbol{\theta})}{f(Y_{\text{obs}}\mid\boldsymbol{\theta})}\right]\mid Y_{\text{obs}},\boldsymbol{\theta}^{(t)}\right\}\\&\leqslant E\left\{\ln\left[\frac{f(Y_{\text{obs}},z\mid\boldsymbol{\theta}^{(t)})}{f(Y_{\text{obs}}\mid\boldsymbol{\theta}^{(t)})}\right]\mid Y_{\text{obs}},\boldsymbol{\theta}^{(t)}\right\}\end{aligned}$$

其中，

$$\begin{aligned}E\left\{\ln\left[\frac{f(Y_{\text{obs}},z\mid\boldsymbol{\theta}^{(t)})}{f(Y_{\text{obs}}\mid\boldsymbol{\theta}^{(t)})}\right]\mid Y_{\text{obs}},\boldsymbol{\theta}^{(t)}\right\}&=Q(\boldsymbol{\theta}^{(t)}\mid\boldsymbol{\theta}^{(t)})-\ln f(Y_{\text{obs}}\mid\boldsymbol{\theta}^{(t)})\\&=Q(\boldsymbol{\theta}^{(t)}\mid\boldsymbol{\theta}^{(t)})-l(\boldsymbol{\theta}^{(t)}\mid Y_{\text{obs}})\end{aligned}$$

此时，上升性质的证明与不等式 $Q(\boldsymbol{\theta}^{(t+1)}\mid\boldsymbol{\theta}^{(t)})>Q(\boldsymbol{\theta}^{(t)}\mid\boldsymbol{\theta}^{(t)})$的证明是等价的。由于 EM 算法是 MM 算法的一个特例，不等关系 $Q(\boldsymbol{\theta}^{(t+1)}\mid\boldsymbol{\theta}^{(t)})\geqslant Q(\boldsymbol{\theta}^{(t)}\mid\boldsymbol{\theta}^{(t)})$将在 3.2 节提及 MM 算法的上升性质时统一说明，此处暂不展开论述。当条件密度 $f(Y_{\text{obs}},z\mid\boldsymbol{\theta})/f(Y_{\text{obs}}\mid\boldsymbol{\theta})$在前后两次迭代点 $\boldsymbol{\theta}^{(t)}$ 和 $\boldsymbol{\theta}^{(t+1)}$ 的值不同时，$Q(\boldsymbol{\theta}^{(t+1)}\mid\boldsymbol{\theta}^{(t)})>Q(\boldsymbol{\theta}^{(t)}\mid\boldsymbol{\theta}^{(t)})$的严格大于关系成立。

1.7.3　信息缺失准则和标准误差

根据贝叶斯定理

$$\frac{f(Y_{\text{obs}},Z\mid\boldsymbol{\theta})}{f(Y_{\text{obs}}\mid\boldsymbol{\theta})}=f(Z\mid Y_{\text{obs}},\boldsymbol{\theta})$$

我们有对数似然函数满足下列等式

$$l(\boldsymbol{\theta}\mid Y_{\text{obs}})-l(\boldsymbol{\theta}\mid Y_{\text{obs}},Z)=-\ln f(Z\mid Y_{\text{obs}},\boldsymbol{\theta})$$

对上述等式两边关于 $f(Z\mid Y_{\text{obs}},\boldsymbol{\theta})$进行积分，可得

$$l(\boldsymbol{\theta}\mid Y_{\text{obs}})-Q(\boldsymbol{\theta}\mid\boldsymbol{\theta})=-H(\boldsymbol{\theta}\mid\boldsymbol{\theta})\tag{1.9}$$

其中，

$$Q(\boldsymbol{\theta}|\boldsymbol{\theta})=E[l(\boldsymbol{\theta}|Y_{\text{obs}},z)|Y_{\text{obs}},\boldsymbol{\theta}]$$
$$H(\boldsymbol{\theta}|\boldsymbol{\theta})=E[\ln f(Z|Y_{\text{obs}},\boldsymbol{\theta})|Y_{\text{obs}},\boldsymbol{\theta}]$$

进而对式(1.9)中的变量 $\boldsymbol{\theta}$ 求二阶导，可得：

$$-\nabla^2 l(\boldsymbol{\theta}|Y_{\text{obs}})=-\nabla^{20}Q(\boldsymbol{\theta}|\boldsymbol{\theta})+\nabla^{20}H(\boldsymbol{\theta}|\boldsymbol{\theta}) \tag{1.10}$$

在这里，$\nabla^{ij}Q(x|y)$ 表示$\partial^{i+j}Q(x|y)/\partial x^i\partial y^j$。如果我们计算式(1.10)在收敛点 $\hat{\boldsymbol{\theta}}$ 处的值，并分别将

$$I_{\text{obs}}=-\nabla^2 l(\hat{\boldsymbol{\theta}}|Y_{\text{obs}})=I(\boldsymbol{\theta}|Y_{\text{obs}})\Big|_{\theta=\hat{\theta}}$$

$$\begin{aligned}I_{\text{com}}&=-\nabla^{20}Q(\hat{\boldsymbol{\theta}}|\boldsymbol{\theta})\\&=E[-\nabla^2 l(\boldsymbol{\theta}|Y_{\text{obs}},Z)|Y_{\text{obs}},\boldsymbol{\theta}]\Big|_{\theta=\hat{\theta}}\end{aligned}$$

$$\begin{aligned}I_{\text{mis}}&=-\nabla^{20}H(\hat{\boldsymbol{\theta}}|\boldsymbol{\theta})\\&=E[-\nabla^2\ln f(Z|Y_{\text{obs}},\boldsymbol{\theta})|Y_{\text{obs}},\boldsymbol{\theta}]\Big|_{\theta=\hat{\theta}}\end{aligned}$$

称为观测信息、完全信息和缺失信息，则式(1.10)可以表示为

$$I_{\text{obs}}=I_{\text{com}}-I_{\text{mis}} \tag{1.11}$$

即观测信息等于完全信息减去缺失信息。由于

$$-\nabla^{20}H(\boldsymbol{\theta}|\boldsymbol{\theta})=E\{[\nabla l(\boldsymbol{\theta}|Y_{\text{obs}},Z)]^{\otimes 2}|Y_{\text{obs}},\boldsymbol{\theta}\}-[\nabla l(\boldsymbol{\theta}|Y_{\text{obs}})]^{\otimes 2}$$

其中，$\boldsymbol{a}^{\otimes 2}\triangleq\boldsymbol{a}\boldsymbol{a}^{\mathrm{T}}$，且$\nabla l(\hat{\boldsymbol{\theta}}|Y_{\text{obs}})=\mathbf{0}$，则式(1.11)可以变形为

$$I(\hat{\boldsymbol{\theta}}|Y_{\text{obs}})=-\nabla^{20}Q(\boldsymbol{\theta}|\boldsymbol{\theta})-E\{[\nabla l(\boldsymbol{\theta}|Y_{\text{obs}},Z)]^{\otimes 2}|Y_{\text{obs}},\boldsymbol{\theta}\}\Big|_{\theta=\hat{\theta}}$$

信息矩阵的逆矩阵 $I(\hat{\boldsymbol{\theta}}|Y_{\text{obs}})^{-1}$ 的对角元素的平方根，即为极大似然估计量的标准误差。

1.8 蒙特卡罗 EM 算法

在 EM 算法中，由于对数似然函数的期望难以计算，导致 EM 算法中的 E 步可能难以实现。因此，Wei 和 Tanner(1990a)提出了一种蒙特卡罗 EM 算法，通过在 $k+1$ 次迭代的 E 步上从条件分布中模拟缺失数据来解决该问题，即 $Q(\boldsymbol{\theta}|\boldsymbol{\theta}^{(t)})$ 函数可以被近似为

$$Q(\boldsymbol{\theta}\mid\boldsymbol{\theta}^{(t)})=\int l(\boldsymbol{\theta}\mid Y_{\text{obs}},Y_{\text{mis}})\times f(Y_{\text{mis}}\mid Y_{\text{obs}},\boldsymbol{\theta}^{(t)})\mathrm{d}Y_{\text{mis}}$$

$$\approx\frac{1}{m}\sum_{j=1}^{m}l(\boldsymbol{\theta}\mid Y_{\text{obs}},Y_{\text{mis}}^{(m)})\qquad(1.12)$$

其中,Y_{mis} 为缺失数据,$Y_{\text{mis}}^{(1)},Y_{\text{mis}}^{(2)},\cdots,Y_{\text{mis}}^{(m)}\sim f(Y_{\text{mis}}\mid Y_{\text{mis}},\boldsymbol{\theta}^{(t)})$,进行如上近似后便可极大化完全数据对数似然函数的近似条件期望。通常,蒙特卡罗 EM 算法也简称 MCEM 算法,其迭代步骤可以概括为以下两步:

MCE 步,通过式(1.12)计算 $Q(\boldsymbol{\theta}\mid\boldsymbol{\theta}^{(t)})$函数;

M 步,令 $Q(\boldsymbol{\theta}\mid\boldsymbol{\theta}^{(t)})$函数关于 $\boldsymbol{\theta}$ 极大化,得到如下迭代公式

$$\boldsymbol{\theta}^{(t+1)}=\max_{\Theta}Q(\boldsymbol{\theta}\mid\boldsymbol{\theta}^{(t)})$$

在实际应用中,为了降低 MCEM 算法中蒙特卡罗采样的成本,可以重复使用前面期望步骤中的样本[可参考 Levine 和 Casella(2001)的文献]。当 E 步难以模拟时,Gibbs 采样通常是有用的[可参考 Chan 和 Ledolter(1995)的文献]。此外,鉴于蒙特卡罗抽样结果的随机性和可变性,建议蒙特卡罗优化方法的收敛准则设置要比确定性优化方法更加严格。

在 MCEM 算法中,由于在 E 步引入了蒙特卡罗误差,导致该算法的单调性消失。但是在某些情况下,该算法还是会以很高的概率收敛到最大值[可参考 Booth 和 Hobert(1999)的文献]。在该算法的使用中,确定 m 的值和监测算法收敛性等问题是至关重要的。Wei 和 Tanner(1990a)建议在初始阶段使用较小的 m 值,并随着算法趋近收敛时逐渐增大 m 的值。至于监测算法收敛性,他们建议绘制 $\boldsymbol{\theta}^{(t)}$ 关于迭代步骤 t 的图像,如果在随机波动下迭代过程 $\boldsymbol{\theta}^{(t)}$ 是稳定的则表明收敛,即可终止该迭代过程;否则,该过程将在更大的 m 值下继续进行。Booth 和 Hobert(1999)及 McCulloch(1997)都给出了确定 m 的值和停止准则的其他备选方案,详情可以参看书后标注的文献。

例 1.5(带删失数据的正态分布) 假设 $w_1,w_2,\cdots,w_n$ 是来自正态分布$N(\mu,1)$的随机样本。假设观测样本按递增顺序排列,且 $w_1,w_2,\cdots,w_m$ 表示未删失数据,$w_{m+1},w_{m+2},\cdots,w_n$ 表示在 c 处被删减的数据(即我们只知道 $w_{m+1},w_{m+2},\cdots,w_n\geqslant c$,而不知道它们的实际值)。令 $Y_{\text{com}}=(w_1,w_2,\cdots,w_m,w_{m+1},w_{m+2},\cdots,w_n)^{\mathrm{T}}$ 表示完全数据向量且 $\boldsymbol{z}=(w_{m+1},w_{m+2},\cdots,w_n)^{\mathrm{T}}$ 表示缺失数据向量。同样,假设 $\overline{w}$ 为 m 个未删失观测值的均值。除去不涉及参数 $\boldsymbol{\theta}=\mu$ 的附加常数,则关于参数 μ 的完全数据的对数似然函数为

$$l(\mu|Y_{\text{obs}},\boldsymbol{z})=-\sum_{j=1}^{m}\frac{(w_j-\mu)^2}{2}-\sum_{j=m+1}^{n}\frac{(w_j-\mu)^2}{2}$$

缺失数据 $\boldsymbol{z}$ 的密度函数是截断正态的乘积：

$$\ln f(\boldsymbol{z}|Y_{\text{com}})\propto\sum_{j=m+1}^{n}\frac{(w_j-\mu)^2}{2}$$

在 E 步，计算条件完全数据对数似然函数的期望，可得：

$$Q(\mu|\mu^{(t)})=-\frac{1}{2}\left\{\sum_{j=1}^{m}(w_j-\mu)^2+\sum_{j=m+1}^{n}E_{\mu^{(t)}}[(w_j-\mu)^2|w_j>c]\right\}$$

极大化 $Q(\mu|\mu^{(t)})$，可得 M 步上参数 μ 的迭代过程为

$$\mu^{(t+1)}=\frac{m\overline{w}+(n-m)E_{\mu^{(t)}}(W|W>c)}{n} \tag{1.13}$$

将式(1.13)中 W 当前的条件期望代入，可得：

$$\mu^{(t+1)}=\frac{m\overline{w}}{n}+\frac{(n-m)}{n}\mu^{(t)}+\frac{1}{n}\cdot\frac{\phi(c-\mu^{(t)})}{1-\Phi(c-\mu^{(t)})}$$

其中，ϕ 是标准正态的密度函数，Φ 是标准正态的分布函数。在本例中，如果使用 MCEM 算法，M 步中则是用 $\frac{1}{m}\sum_{j=1}^{m}w_j$ 替换 $E_{\mu^{(t)}}(W|W>c)$ 来进行计算，其中 w_j 是由均值为 $\mu^{(t)}$、方差为 1 的截断正态密度函数(截断点在 c 处)生成的。

1.9 ECM 算法

EM 算法在实际应用中的一个局限性是：对于有些实际问题其 M 步的计算过程难以实现(比如，M 步不存在显示解析解)。Meng 和 Rubin(1993)提出了一种期望/条件极大化(Expectation/Conditional Maximization，ECM)算法，其本质是用几个计算更简单的条件极大化步骤来取代复杂的 M 步。因此，就迭代次数而言，ECM 算法通常比 EM 算法收敛得慢，但在总计算时间上看可能用时更短。重要的是，它保留了 EM 算法的单调收敛性。

准确地说，ECM 算法主要用 K 个条件极大化步骤的序列(即 CM 步)取代了 EM 的每个 M 步，每个步骤都使 E 步中定义的 $Q(\boldsymbol{\theta}|\boldsymbol{\theta}^{(t)})$ 函数

$$Q(\boldsymbol{\theta}|\boldsymbol{\theta}^{(t)})=E\left[l(\boldsymbol{\theta}|Y_{\text{obs}},z)|Y_{\text{obs}},\boldsymbol{\theta}^{(t)}\right]$$

在 $\boldsymbol{\theta}$ 处极大化，但也使得 $\boldsymbol{\theta}$ 的某些向量函数 $g_k(\boldsymbol{\theta})(k=1,2,\cdots,K)$ 固定在先前的值。下面的例1.6通过一个简单且通用的模型说明了ECM算法的实现过程，其将模型中的所有参数划分为位置参数和比例参数两个部分，推导出了具有两个CM步骤的ECM迭代算法，在保持另一部分固定的情况下每个步骤都涉及封闭形式的迭代解。

例1.6 假设收集到来自以下多元正态模型的 n 个独立观测值：

$$\boldsymbol{y}_j \sim N_m(\boldsymbol{X}_j\boldsymbol{\beta},\boldsymbol{\Sigma}),j=1,2,\cdots,n$$

其中 $\boldsymbol{X}_j$ 是第 j 个观测对象的维度为 $m\times p$ 的设计矩阵，$\boldsymbol{\beta}$ 为未知的 $p\times 1$ 维回归向量，$\boldsymbol{\Sigma}$ 是未知的 $m\times m$ 维协方差矩阵。假设在 $\{\boldsymbol{y}_j\}_{j=1}^n$ 中存在缺失的分量，为了便于表达，在下面的推导中用 $\boldsymbol{\theta}=(\boldsymbol{\beta},\boldsymbol{\Sigma})$ 表示多元正态模型的所有参数。当 $\boldsymbol{\Sigma}$ 给定时，即 $\boldsymbol{\Sigma}=\boldsymbol{\Sigma}^{(t)}$ 时，则 $\boldsymbol{\beta}$ 基于完整数据的条件极大似然估计为如下简单的加权最小二乘估计：

$$\boldsymbol{\beta}^{(t+1)}=\left[\sum_{j=1}^{n}\boldsymbol{X}_j^{\mathrm{T}}(\boldsymbol{\Sigma}^{(t)})^{-1}\boldsymbol{X}_j\right]^{-1}\left[\sum_{j=1}^{n}\boldsymbol{X}_j^{\mathrm{T}}(\boldsymbol{\Sigma}^{(t)})^{-1}\boldsymbol{y}_j\right] \tag{1.14}$$

另外，给定 $\boldsymbol{\beta}=\boldsymbol{\beta}^{(t+1)}$ 时，$\boldsymbol{\Sigma}$ 基于完整数据的条件极大似然估计为

$$\boldsymbol{\Sigma}^{(t+1)}=\frac{1}{n}\sum_{j=1}^{n}(\boldsymbol{y}_j-\boldsymbol{X}_j\boldsymbol{\beta}^{(t+1)})(\boldsymbol{y}_j-\boldsymbol{X}_j\boldsymbol{\beta}^{(t+1)})^{\mathrm{T}} \tag{1.15}$$

则ECM算法的E步是计算 $E(\boldsymbol{y}_j|\boldsymbol{Y}_{\mathrm{obs}},\boldsymbol{\theta}^{(t)})$ 和 $E(\boldsymbol{y}_j\boldsymbol{y}_j^{\mathrm{T}}|Y_{\mathrm{obs}},\boldsymbol{\theta}^{(t)}),j=1,2,\cdots,n$，其中 $\boldsymbol{\theta}^{(t)}=(\boldsymbol{\beta}^{(t)},\boldsymbol{\Sigma}^{(t)})$。第一个CM步则是用 $E(\boldsymbol{y}_j|Y_{\mathrm{obs}},\boldsymbol{\theta}^{(t)})$ 代替式(1.14)中的 $\boldsymbol{y}_j$，从而计算 $\boldsymbol{\beta}^{(t+1)}$；第二个CM步则是用 $E(\boldsymbol{y}_j|Y_{\mathrm{obs}},\boldsymbol{\theta}^{(t)})$ 和 $E(\boldsymbol{y}_j\boldsymbol{y}_j^{\mathrm{T}}|Y_{\mathrm{obs}},\boldsymbol{\theta}^{(t)})$ 分别代替式(1.15)中的 $\boldsymbol{y}_j$ 和 $\boldsymbol{y}_j\boldsymbol{y}_j^{\mathrm{T}}$ 来计算 $\boldsymbol{\Sigma}^{(t+1)}$。

若令 $\boldsymbol{\theta}=(\boldsymbol{\theta}_1^{\mathrm{T}},\boldsymbol{\theta}_2^{\mathrm{T}})^{\mathrm{T}}$，ECM算法步骤可以概括如下：

E步，计算条件期望 $E(\boldsymbol{z}|Y_{\mathrm{obs}},\boldsymbol{\theta}^{(t)})$ 和 $E[g_j(\boldsymbol{z})|Y_{\mathrm{obs}},\boldsymbol{\theta}^{(t)}],j=1,2,\cdots,n$；

第一个CM步，当 $\boldsymbol{\theta}_2$ 固定时，求 $\boldsymbol{\theta}_1$ 的完全数据的条件极大似然估计

$$\boldsymbol{\theta}_1^{(t+1)}=\max l\left[\begin{pmatrix}\boldsymbol{\theta}_1\\ \boldsymbol{\theta}_2^{(t)}\end{pmatrix}\bigg|Y_{\mathrm{com}}\right]$$

第二个CM步，当 $\boldsymbol{\theta}_1$ 固定时，求 $\boldsymbol{\theta}_2$ 的完全数据的条件极大似然估计

$$\boldsymbol{\theta}_2^{(t+1)}=\max l\left[\begin{pmatrix}\boldsymbol{\theta}_1^{(t+1)}\\ \boldsymbol{\theta}_2\end{pmatrix}\bigg|Y_{\mathrm{com}}\right]$$

在这里，Y_{com} 表示完全数据。

1.10 EM 梯度算法

在前文叙述中，我们介绍了 EM 算法和 ECM 算法，其迭代过程的关键特征都是通过增大函数 $Q(\boldsymbol{\theta}|\boldsymbol{\theta}^{(t)})$ 进而促使观测数据的对数似然函数 $l(\boldsymbol{\theta}|Y_{\text{obs}})$ 增大。ECM 算法是在 EM 算法的 M 步难以实现时提出的一种简化计算方法，事实上，如果 M 步没有显示解析解，则可以通过迭代方式进行求解。其中，迭代求解 M 步的最快速算法是牛顿-拉弗森算法，因为与线性收敛的 EM 算法相比，它具有二次收敛性。Lange(1995)发现牛顿-拉弗森算法在每个 M 步上的一次迭代就足以确保近似 EM 算法的收敛性，这构成了所谓的 EM 梯度算法的基础，其迭代公式如下：

$$\begin{aligned}\boldsymbol{\theta}^{(t+1)} &= \boldsymbol{\theta}^{(t)} - [\nabla^2 Q(\boldsymbol{\theta}^{(t)}|\boldsymbol{\theta}^{(t)})]^{-1}\nabla Q(\boldsymbol{\theta}^{(t)}|\boldsymbol{\theta}^{(t)}) \\ &= \boldsymbol{\theta}^{(t)} - [\nabla^2 Q(\boldsymbol{\theta}^{(t)}|\boldsymbol{\theta}^{(t)})]^{-1}\nabla l(\boldsymbol{\theta}^{(t)}|\boldsymbol{Y}_{\text{obs}}) \end{aligned} \tag{1.16}$$

根据式(1.16)，$l(\boldsymbol{\theta}|Y_{\text{obs}}) - Q(\boldsymbol{\theta}|\boldsymbol{\theta}^{(t)})$ 的最小值在 $\boldsymbol{\theta}=\boldsymbol{\theta}^{(t)}$ 处取得。因此，当 $\boldsymbol{\theta}^{(t)}$ 是参数空间 Θ 的内点时，下列等式

$$\nabla Q(\boldsymbol{\theta}^{(t)}|\boldsymbol{\theta}^{(t)}) = \nabla l(\boldsymbol{\theta}^{(t)}|Y_{\text{obs}})$$

成立，具体详情可参看 Dempster，Laird 和 Rubin(1977)的文献。当 $\nabla^2 Q(\boldsymbol{\theta}^{(t)}|\boldsymbol{\theta}^{(t)})$ 是负定的，EM 梯度算法便能保持 EM 算法的上升性质。

例 1.7 假设 $\boldsymbol{x}_i=(X_{i1},X_{i2},\cdots,X_{in})^{\mathrm{T}}$ 独立同分布于 T_n 上的狄利克雷分布 $\text{Dirichlet}_n(\boldsymbol{a})$，其中 $i=1,2,\cdots,m$；$\boldsymbol{a}=(a_1,a_2,\cdots,a_n)^{\mathrm{T}}$。我们的目的是估计参数向量 $\boldsymbol{a}=(a_1,a_2,\cdots,a_n)^{\mathrm{T}}$。

将 EM 梯度算法应用于狄利克雷(Dirichlet)分布时，我们需要以下结论。

命题 1.3[狄利克雷向量基于独立伽玛(Gamma)变量的随机表示] 当且仅当

$$X_j=\frac{Y_j}{Y_1+Y_2+\cdots+Y_n}, j=1,2,\cdots,n$$

随机向量 $\boldsymbol{x}=(X_1,X_2,\cdots,X_n)^{\mathrm{T}}$ 服从 T_n 上的狄利克雷分布 $\text{Dirichlet}_n(\boldsymbol{a})$，其中 $Y_j \sim \text{Gamma}(a_j,1)$ 且 $\{Y_j\}_{j=1}^n$ 相互独立。

证明：随机向量 $\boldsymbol{y}=(Y_1,Y_2,\cdots,Y_n)^{\mathrm{T}}$ 的联合密度函数与

$$\left(\prod_{j=1}^n y_j^{a_j-1}\right)\exp\left(-\sum_{j=1}^n y_j\right)$$

成正比。考虑下列变换：

$x_j = y_j / \|\boldsymbol{y}\|_1, j=1,2,\cdots,n-1$，其中 $\|\boldsymbol{y}\|_1 = \sum_{j=1}^{n} y_j$。对应的逆变换为 $y_j = x_j \|\boldsymbol{y}\|_1, j=1,2,\cdots,n-1,\ y_n = \left(1 - \sum_{j=1}^{n-1} x_j\right) \|\boldsymbol{y}\|_1$，则雅可比矩阵(Jacobian Matrix)为 $J(\boldsymbol{y} \to \boldsymbol{x}_{-n}, \|\boldsymbol{y}\|_1) = \|\boldsymbol{y}\|_1^{n-1}$，其中，$\boldsymbol{x}_{-n} = (x_1, x_2, \cdots, x_{n-1})^{\mathrm{T}}$。因此，随机向量$(\boldsymbol{x}_{-n}, \|\boldsymbol{y}\|_1)$的联合密度函数与

$$\prod_{j=1}^{n-1} x_j^{a_{j-1}} \left(1 - \sum_{j=1}^{n-1} x_j\right)^{a_n - 1} \|\boldsymbol{y}\|_1^{\sum_{j=1}^{n} a_j - 1} e^{-\|\boldsymbol{y}\|_1}$$

成正比。这就说明 $\boldsymbol{x}_{-n}$ 服从 V_{n-1} 的狄利克雷分布 $\mathrm{Dirichlet}_n(\boldsymbol{a})$，且 $\boldsymbol{x}_{-n}$ 与 $\|\boldsymbol{y}\|_1 \sim \mathrm{Gamma}\left(\sum_{j=1}^{n} a_j, 1\right)$ 相互独立。

命题 1.3 的结论表明，我们可以引入潜在向量 $\boldsymbol{y}_i = (Y_{i1}, Y_{i2}, \cdots, Y_{in})^{\mathrm{T}}, i=1, 2, \cdots, m$。

其中，

$$Y_{ij} \sim \mathrm{Gamma}(a_j, 1), j=1,2,\cdots,n$$

且相互独立。则 $\boldsymbol{x}_i$ 和 $\boldsymbol{y}_i$ 的关系为

$$\boldsymbol{x}_i = \frac{\boldsymbol{y}_i}{\boldsymbol{1}^{\mathrm{T}} \boldsymbol{y}_i}$$

因此，$\boldsymbol{x}_i$ 的值唯一地由 $\boldsymbol{y}_i$ 的值决定，换句话说，完全数据为 $Y_{\mathrm{com}} = \{Y_{\mathrm{obs}}, \boldsymbol{y}_1, \boldsymbol{y}_2, \cdots, \boldsymbol{y}_m\} = \{\boldsymbol{y}_1, \boldsymbol{y}_2, \cdots, \boldsymbol{y}_m\}$。向量 $\boldsymbol{a}$ 基于完全数据的似然函数为

$$L(\boldsymbol{a} \mid Y_{\mathrm{com}}) = \prod_{i=1}^{m} \prod_{j=1}^{n} \frac{1}{\Gamma(a_j)} y_{ij}^{a_j - 1} e^{-y_{ij}}$$

相应的完全数据的对数似然函数为

$$\begin{aligned} l(\boldsymbol{a} \mid Y_{\mathrm{com}}) &= \sum_{i=1}^{m} \sum_{j=1}^{n} [-\ln\Gamma(a_j) + (a_j - 1)\ln y_{ij} - y_{ij}] \\ &= \sum_{j=1}^{n} \left[-m\ln\Gamma(a_j) + (a_j - 1)\sum_{i=1}^{m} \ln y_{ij} - \sum_{i=1}^{m} y_{ij}\right] \end{aligned}$$

因此，取期望可得 $Q(\boldsymbol{a} \mid \boldsymbol{a}^{(t)})$函数为

$$\begin{aligned} Q(\boldsymbol{a} \mid \boldsymbol{a}^{(t)}) &= E[l(\boldsymbol{a} \mid Y_{\mathrm{com}}) \mid Y_{\mathrm{obs}}, \boldsymbol{a}^{(t)}] \\ &= \sum_{j=1}^{n} \left\{-m\ln\Gamma(a_j) + (a_j - 1)\sum_{i=1}^{m} E[\ln y_{ij} \mid Y_{\mathrm{obs}}, \boldsymbol{a}^{(t)}]\right\} - \end{aligned}$$

$$\sum_{j=1}^{n}\sum_{i=1}^{m}E(Y_{ij}\,|Y_{\text{obs}},\boldsymbol{a}^{(t)})$$

由于 $Q(\boldsymbol{a}\,|\boldsymbol{a}^{(t)})$ 函数中存在 $\ln\Gamma(a_j)$，难以对 $Q(\boldsymbol{a}\,|\boldsymbol{a}^{(t)})$ 函数进行极大化。然而，容易验证

$$\nabla Q(\boldsymbol{a}\,|\boldsymbol{a}^{(t)})=\begin{pmatrix}-m\psi(a_1)+\sum_{i=1}^{m}E[\ln Y_{i1}\,|Y_{\text{obs}},\boldsymbol{a}^{(t)}]\\ \vdots\\ -m\psi(a_n)+\sum_{i=1}^{m}E[\ln Y_{in}\,|Y_{\text{obs}},\boldsymbol{a}^{(t)}]\end{pmatrix}$$

$$\nabla^2 Q(\boldsymbol{a}\,|\boldsymbol{a}^{(t)})=-m\begin{pmatrix}\psi'(a_1) & \cdots & 0\\ \vdots & \ddots & \vdots\\ 0 & \cdots & \psi'(a_n)\end{pmatrix}$$

且 $\nabla^2 Q(\boldsymbol{a}\,|\boldsymbol{a}^{(t)})$ 是负定的。因此，我们有 EM 梯度算法的迭代步骤为

$$\begin{aligned}\boldsymbol{a}^{(t+1)}&=\boldsymbol{a}^{(t)}-[\nabla^2 Q(\boldsymbol{a}\,|\boldsymbol{a}^{(t)})]^{-1}\nabla l(\boldsymbol{a}^{(t)}\,|Y_{\text{obs}})\\ &=\boldsymbol{a}^{(t)}-[\nabla^2 Q(\boldsymbol{a}\,|\boldsymbol{a}^{(t)})]^{-1}m\begin{pmatrix}\psi(a_+^{(t)})-\psi(a_1^{(t)})+\ln G_1\\ \vdots\\ \psi(a_+^{(t)})-\psi(a_n^{(t)})+\ln G_n\end{pmatrix}\\ &=\boldsymbol{a}^{(t)}+\begin{pmatrix}\psi(a_+^{(t)})-\psi(a_1^{(t)})+\ln G_1/\psi'(a_1^{(t)})\\ \vdots\\ \psi(a_+^{(t)})-\psi(a_n^{(t)})+\ln G_n/\psi'(a_1^{(t)})\end{pmatrix}\end{aligned}$$

其中，$a_+=\sum_{j=1}^{n}a_j$，$G_j=(\prod_{i=1}^{m}x_{ij})^{1/m}$，$j=1,2,\cdots,n$ 。与相应的 EM 算法相比，EM 梯度算法的一个优点是不需要在 E 步计算条件期望。

第 2 章　凸性

2.1　引言

凸性是数学分析的关键概念之一，对优化理论、统计估计、不等式和应用概率都有重要的影响。尽管如此，在书中很少看到以连贯的方式呈现凸性，因为它似乎总是让位于其他更重要的内容。本章旨在弥补这一内容空缺，掌握这些内容并欣赏其精妙之处需要付出时间和努力。本章涵盖的内容包括凸集、凸函数、闭函数、强制函数和部分非光滑分析等，这些都是与 MM 算法的构造最相关的基本数学工具。需要申明的是，对凸性的依赖并不意味着 MM 算法原则仅限于凸规划；相反，MM 算法原则使得许多非凸问题更容易解决。

与凸性和不等式密切相关的主题几乎是所有 MM 算法的基础。在推导一个不等式时，数学家们总是问这个不等式是否尖锐。如果不是，那就意味着它可以得到改进。极大化和极小化不等式的扭曲之处在于，等号必须在某个特定的点上才能实现，读者在阅读本章时应该牢记这一点。此外，本章将穿插一些具体例子，用具体的例子来说明抽象的概念，方便读者理解。

2.2　凸集

我们把连接 $\boldsymbol{x}$ 和 $\boldsymbol{y}$ 的线段的集合记为 $\{\boldsymbol{z}:\boldsymbol{z}=\alpha\boldsymbol{x}+(1-\alpha)\boldsymbol{y},\alpha\in[0,1]\}$，如果对于集合 C 中的每一对点 $\boldsymbol{x}$ 和 $\boldsymbol{y}$，连接它们的整个线段也在 C 中，则称集合 C 是凸集。从形式上来说，若 $\forall\,\boldsymbol{x},\boldsymbol{y}\in C,\alpha\in[0,1]$，点 $\boldsymbol{z}=\alpha\boldsymbol{x}+(1-\alpha)\boldsymbol{y}\in C$，则称集合 C 是凸集。一般来说，集合 C 中点 $x_1,x_2,\cdots,x_n$ 的任意凸组合 $\sum_{i=1}^{n}\alpha_i x_i$ 也一定在

集合 C 中，这里，系数 α_i 必须是非负的且 $\sum_{i=1}^{n}\alpha_i=1$。

下面给出一些凸集的高维例子，读者可以很容易地验证：

(a)任何以 $\boldsymbol{x}$ 为圆心，以 r 为半径的开球或者闭球 $B_r(\boldsymbol{x})$；

(b)任意开的或闭的多维矩形；

(c)任意超平面 $\{\boldsymbol{x}:\boldsymbol{x}^{\mathrm{T}}\boldsymbol{v}=c\}$；

(d)任何封闭的半空间 $\{\boldsymbol{x}:\boldsymbol{x}^{\mathrm{T}}\boldsymbol{v}\leqslant c\}$ 或开的半空间 $\{\boldsymbol{x}:\boldsymbol{x}^{\mathrm{T}}\boldsymbol{v}<c\}$；

(e)由正定矩阵组成的集合和由半正定矩阵组成的集合；

(f)一个凸集 C 的平移 $C+w$；

(g)线性映射 A 下凸集 C 的图像 $A(C)$；

(h)线性映射 A 下凸集 C 的逆像 $A^{-1}(C)$；

(i)两个凸集的笛卡儿积。

锥体是对点和非负标量的乘积具有封闭性的集合。大多数研究者感兴趣的锥体也是凸的。例如，半正定矩阵的集合是一个凸锥。正定矩阵的集合是凸的，但不是锥，因为它不包含原点。集合 $\{(\boldsymbol{x},t):\|\boldsymbol{x}\|\leqslant t\}$ 被称为冰淇淋(洛伦兹)锥。我们说集合 C 是仿射的，如果对于集合 C 中包含的所有 $\boldsymbol{x}$ 和 $\boldsymbol{y}$，都有

$$\{\boldsymbol{z}:\boldsymbol{z}=\alpha\boldsymbol{x}+(1-\alpha)\boldsymbol{y},\forall\alpha\}\subset C$$

与凸性不同的是，仿射集定义中的 α 并不局限于单位区间。因此，仿射集是凸的，但大多数凸集不是仿射集。每个仿射集 A 都可以表示成向量子空间 S 上的一个平移 $v+S$。

命题 2.1 一组凸集、仿射集或圆锥集的交集分别是凸集、仿射集或圆锥集。

证明：略。

命题 2.2 一个凸集 C 中的点的任意凸组合 $\sum_{i=1}^{m}\alpha_i x_i$ 也属于集合 C，这里每一个系数 $\alpha_i\geqslant 0$ 且 $\sum_{i=1}^{m}\alpha_i=1$。类似的闭包性质也适用于凸锥和仿射集(分别解除 $\sum_{i=1}^{m}\alpha_i=1$ 和 $\alpha_i\geqslant 0$ 的限制)。

证明：当 $m=2$ 时，根据凸集的定义，命题结论为真。

假设上述命题对 $m-1$ 个点的凸组合成立，令 $\beta=\sum_{i=1}^{m-1}\alpha_i$，则

$$\sum_{i=1}^{m}\alpha_i x_i=\beta\sum_{i=1}^{m-1}\frac{\alpha_i}{\beta}x_i+\alpha_m x_m$$

在上式中，$\beta\geqslant 0$ 且 $\beta+\alpha_m=1$，结论得证。

非空集合 C 的凸包 conv$C$ 是包含 C 的最小凸集。可以很容易地证明，conv$C$ 是取集合 C 中元素的所有凸组合 $\sum_{i=1}^{m}\alpha_i x_i$ 生成的。通过省略约束条件 $\sum_{i=1}^{m}\alpha_i=1$ 和 $\alpha_i\geqslant 0$，可以用类似的方式生成集合 C 的凸圆锥壳和仿射壳。

命题 2.3　对于非空集合 $S\subset R^n$，conv$S$ 中的每一个点都可以写成集合 S 中至多 $n+1$ 个点的凸组合。此外，若集合 S 是紧的，则 conv$S$ 也是紧的。

证明：考虑集合 S 中元素的凸组合 $x=\sum_{i=1}^{m}\alpha_i x_i$。假设 $m\geqslant n+2$，且所有系数都是正的，即 $\alpha_i\geqslant 0$。对于 $1\leqslant i\leqslant m-1$，令 $v_i=x_i-x_m$，因为这些向量是线性相关的，所以存在非平凡系数 β_i，使得

$$0=\sum_{i=1}^{m-1}\beta_i v_i=\sum_{i=1}^{m}\beta_i x_i$$

将这个线性组合的倍数加到 x 上，得到

$$x=\sum_{i=1}^{m}(\alpha_i+t\beta_i)x_i$$

取能使其中一个系数 $\alpha_i+t\beta_i=0$ 的、绝对值最小的 t，这就证明了命题的第一部分。对于命题的第二部分，我们考虑如下连续映射：

$$(x_1,x_2,\cdots,x_{n+1},\alpha_1,a_2,\cdots,\alpha_{n+1})\rightarrow\sum_{i=1}^{n+1}\alpha_i x_i$$

映射的定义域是集合 S 中 $n+1$ 个元素与单位单纯形的笛卡儿积，该定义域是紧的，所以其在连续映射下的值域也是紧的。

命题 2.4　对于 R^n 中的一个凸集 S，集合 S 中存在至多一个点 $\boldsymbol{y}\in S$ 能达到最小距离 $d(\boldsymbol{x},S)$。如果集合 S 是闭的，那么这样的点只有一个。

证明：如果点 $\boldsymbol{x}$ 落在集合 S 中，那么上述命题的说法显而易见成立。假设 $\boldsymbol{x}$ 并没有落在集合 S 中，且集合 S 存在两个点 $\boldsymbol{y}\in S$、$\boldsymbol{z}\in S$ 都达到最小距离，则存在 $(\boldsymbol{y}+\boldsymbol{z})/2\in S$，使得

$$\begin{aligned}d(\boldsymbol{x},S)&\leqslant\left\|\boldsymbol{x}-\frac{1}{2}(\boldsymbol{y}+\boldsymbol{z})\right\|\\&\leqslant\frac{1}{2}\|\boldsymbol{x}-\boldsymbol{y}\|+\frac{1}{2}\|\boldsymbol{x}-\boldsymbol{z}\|=d(\boldsymbol{x},S)\end{aligned}$$

因此，等号必须在显示的三角不等式中成立。当且仅当某个正数 c 能使 $\boldsymbol{x}-\boldsymbol{y}=c(\boldsymbol{x}-\boldsymbol{z})$ 时，这个事件是成立的。鉴于 $d(\boldsymbol{x},S)=\|\boldsymbol{x}-\boldsymbol{y}\|=\|\boldsymbol{x}-\boldsymbol{z}\|$，正数 c 的值为 1，此时两个点 $\boldsymbol{y}$ 和 $\boldsymbol{z}$ 是重合的。

命题 2.5 考虑 R^n 中的闭凸集 S 和集 S 外的点 $\boldsymbol{x}$，则对于任意 $\boldsymbol{z}\in S$，存在一个向量 $\boldsymbol{v}$ 和实数 c，使得

$$\boldsymbol{v}^{\mathrm{T}}\boldsymbol{x}>c\geqslant\boldsymbol{v}^{\mathrm{T}}\boldsymbol{z}$$

因此，集 S 等于包含它的所有闭的半空间的交集。如果 $\boldsymbol{x}$ 是集 S 的边界点，则存在一个单位向量 $\boldsymbol{v}$，对于所有的 $\boldsymbol{z}\in S$，使得 $\boldsymbol{v}^{\mathrm{T}}\boldsymbol{x}\geqslant\boldsymbol{v}^{\mathrm{T}}\boldsymbol{z}$ 成立。

证明：设 $\boldsymbol{y}$ 是集 S 中离点 $\boldsymbol{x}$ 最近的点，假设我们可以证明下列不等式

$$(\boldsymbol{x}-\boldsymbol{y})^{\mathrm{T}}(\boldsymbol{z}-\boldsymbol{y})\leqslant 0 \tag{2.1}$$

对于所有的 $\boldsymbol{z}\in S$ 成立。如果取 $\boldsymbol{v}=\boldsymbol{x}-\boldsymbol{y}$，则对于所有 $\boldsymbol{z}\in S$，有 $c=\boldsymbol{v}^{\mathrm{T}}\boldsymbol{y}\geqslant\boldsymbol{v}^{\mathrm{T}}\boldsymbol{z}$。此外，$\boldsymbol{v}^{\mathrm{T}}\boldsymbol{x}>\boldsymbol{v}^{\mathrm{T}}\boldsymbol{y}=c$，因为 $\boldsymbol{v}^{\mathrm{T}}\boldsymbol{v}=\|\boldsymbol{v}\|^2>0$。

为了证明不等式(2.1)，我们用反证法，假设 $(\boldsymbol{x}-\boldsymbol{y})^{\mathrm{T}}(\boldsymbol{z}-\boldsymbol{y})>0$ 对于某个 $\boldsymbol{z}\in S$ 成立。对于每一个 $0<\alpha<1$，点 $\alpha\boldsymbol{z}+(1-\alpha)\boldsymbol{y}$ 都落在集 S 内，且

$$\begin{aligned}\|\boldsymbol{x}-\alpha\boldsymbol{z}-(1-\alpha)\boldsymbol{y}\|^2&=\|\boldsymbol{x}-\boldsymbol{y}-\alpha(\boldsymbol{z}-\boldsymbol{y})\|^2\\&=\|\boldsymbol{x}-\boldsymbol{y}\|^2-\alpha[2(\boldsymbol{x}-\boldsymbol{y})^{\mathrm{T}}(\boldsymbol{z}-\boldsymbol{y})-\alpha\|\boldsymbol{z}-\boldsymbol{y}\|^2]\end{aligned}$$

此时，对于足够小的 α，上式方括号中的项是正的，因此 $\alpha\boldsymbol{z}+(1-\alpha)\boldsymbol{y}$ 离点 $\boldsymbol{x}$ 的距离比 $\boldsymbol{y}$ 离点 $\boldsymbol{x}$ 的距离更近，矛盾出现，这就证明了不等式(2.1)。

如果 $\boldsymbol{x}$ 是集 S 的边界点，则在集 S 外存在一个收敛于点 $\boldsymbol{x}$ 的序列 $\boldsymbol{x}_{(i)}$。设 $\boldsymbol{v}_{(i)}$ 是定义分隔 $\boldsymbol{x}$ 和集 S 的超平面的向量。为不失一般性，我们进一步假设序列 $\boldsymbol{v}_{(i)}$ 由单位向量组成，且某些子序列 $\boldsymbol{v}_{(i_j)}$ 收敛于一个单位向量 $\boldsymbol{v}$。对于任意的 $\boldsymbol{z}\in S$，在严格不等式 $\boldsymbol{v}_{(i_j)}^{\mathrm{T}}\boldsymbol{x}_{(i_j)}>\boldsymbol{v}_{(i_j)}^{\mathrm{T}}\boldsymbol{z}$ 中取极限，则可得所期望的结论 $\boldsymbol{v}^{\mathrm{T}}\boldsymbol{x}\geqslant\boldsymbol{v}^{\mathrm{T}}\boldsymbol{z}$ 成立。

2.3 凸函数

在给出 R^n 上凸函数 $f(\boldsymbol{x})$ 的定义时，为了方便，通常允许其取值为 ∞，但不允许其取值为 $-\infty$。凸函数的标准定义给出下列不等式

$$f(\alpha\boldsymbol{x}+\beta\boldsymbol{y})\leqslant\alpha f(\boldsymbol{x})+\beta f(\boldsymbol{y}) \tag{2.2}$$

对于所有的 $\boldsymbol{x}$ 和 $\boldsymbol{y}$ 成立，其中 $\alpha\geqslant0,\beta\geqslant0$ 且满足 $\alpha+\beta=1$。这个定义与 ∞ 作为函数的可能值是一致的。集合 $\{\boldsymbol{x}:f(\boldsymbol{x})<\infty\}$ 是一个凸集，称为 $f(\boldsymbol{x})$ 的本质定义域，记为 $\mathrm{dom}f$。除非另有说明，否则我们处理的所有凸函数在 $\mathrm{dom}f\neq\varnothing$ 和使 $f(x)>-\infty$ 的所有 $\boldsymbol{x}$ 上都是合适的。当 $\alpha>0,\beta>0$ 且 $\boldsymbol{x}\neq\boldsymbol{y}$ 时，如果不等式(2.2)在 $\mathrm{dom}f$ 上严格成立，则该函数 $f(\boldsymbol{x})$ 称为严格凸函数。如果函数 $f(\boldsymbol{x})$ 的相反数

$-f(\boldsymbol{x})$是凸函数，则函数$f(\boldsymbol{x})$为凹函数。对于凹函数，我们允许其值为$-\infty$，不允许其值为∞。

例 2.1 仿射函数是凸的。

对于仿射函数$f(\boldsymbol{x})=\boldsymbol{a}^{\mathrm{T}}\boldsymbol{x}+\boldsymbol{b}$，不等式(2.2)中的等号成立。

例 2.2 范数是凸的。

欧几里得范数$f(\boldsymbol{x})=\|\boldsymbol{x}\|=\sqrt{\sum_{i=1}^{m}x_i^2}$满足三角不等式和齐性条件$\|c\boldsymbol{x}\|=|c|\cdot\|\boldsymbol{x}\|$。因此，

$$\|\alpha\boldsymbol{x}+\beta\boldsymbol{y}\|\leqslant\|\alpha\boldsymbol{x}\|+\|\beta\boldsymbol{y}\|=\alpha\|\boldsymbol{x}\|+\beta\|\boldsymbol{y}\|$$

其中，$\alpha\geqslant 0,\beta\geqslant 0$且$\alpha+\beta=1$。同样的论证也适用于其他任何范数。此外，可以验证函数$f(x)=2x$使不等式(2.2)的等号成立，同时也表明没有范数是严格凸的。

例 2.3 从点$\boldsymbol{x}\in R^n$到凸集S的距离函数$d(\boldsymbol{x},S)$是凸的。

对于任意的凸组合$\alpha\boldsymbol{x}+(1-\alpha)\boldsymbol{y}$，从集合$S$中取序列$\boldsymbol{u}_{(k)}$和$\boldsymbol{v}_{(k)}$，使得

$$d(\boldsymbol{x},S)=\lim_{k\to\infty}\|\boldsymbol{x}-\boldsymbol{u}_{(k)}\|$$

$$d(\boldsymbol{y},S)=\lim_{k\to\infty}\|\boldsymbol{y}-\boldsymbol{v}_{(k)}\|$$

由于点$\alpha\boldsymbol{u}_{(k)}+(1-\alpha)\boldsymbol{v}_{(k)}$落在集合$S$中，在下列不等式中取极限，有

$$\begin{aligned}d[\alpha\boldsymbol{x}+(1-\alpha)\boldsymbol{y},S]&\leqslant\|\alpha\boldsymbol{x}+(1-\alpha)\boldsymbol{y}-\alpha\boldsymbol{u}_{(k)}-(1-\alpha)\boldsymbol{v}_{(k)}\|\\&\leqslant\alpha\|x-\boldsymbol{u}_{(k)}\|+(1-\alpha)\|\boldsymbol{y}-\boldsymbol{v}_{(k)}\|\end{aligned}$$

可得$d[\alpha\boldsymbol{x}+(1-\alpha)\boldsymbol{y},S]\leqslant\alpha d(\boldsymbol{x},S)+(1-\alpha)d(\boldsymbol{y},S)$。

例 2.4 凸函数生成凸集。

考虑一个定义在R^n上的凸函数$f(\boldsymbol{x})$。根据凸函数的定义，对于任意的常数c，集合$\{\boldsymbol{x}:f(\boldsymbol{x})\leqslant c\}$和$\{\boldsymbol{x}:f(\boldsymbol{x})<c\}$都是凸的。当然它们可以是空的。相反地，闭合的凸集$S$可以用连续凸函数$f(\boldsymbol{x})=d(\boldsymbol{x},S)$表示为$\{\boldsymbol{x}:f(\boldsymbol{x})\leqslant 0\}$。

当然，我们同样可以通过函数的上镜图(Epigraph)来定义一个凸函数$f(\boldsymbol{x})$：

$$\operatorname{epi}f=\{(\boldsymbol{x},r):f(\boldsymbol{x})\leqslant r\}$$

命题 2.6 一个函数$f(x)$，当且仅当它的上镜图是凸集时，它是凸的。

证明：假设函数$f(x)$是凸的。我们从它的上镜图中取两个点(x,r)和(y,s)，则凸组合$\alpha(x,r)+\beta(y,s)$满足

$$f(\alpha x+\beta y)\leqslant\alpha f(x)+\beta f(y)\leqslant\alpha r+\beta s$$

因此该凸组合落入上镜图中。相反，若假设上镜图$\operatorname{epi}f$是凸的，则有

$$f(\alpha x+\beta y)\leqslant\alpha r+\beta s$$

对最后一个不等式的右侧求r和s的最小值即可表明这个函数是凸的。

凸函数的Jensen不等式有几种形式。最简单的版本为

$$f\left(\sum_{i=1}^{m}\alpha_i x_i\right)\leqslant\sum_{i=1}^{m}\alpha_i f(x_i)\tag{2.3}$$

上述Jensen不等式涉及 $f(x)$ 定义域中 m 个点的凸组合。不等式(2.3)的证明是在命题2.2的基础上使用归纳法得到的。如果函数 $f(x)$ 是严格凸的且 α_i 是正的，则不等式(2.3)严格成立，除非所有点 x_i 是重合的。对于凹函数，不等式(2.3)的符号是相反的。Jensen不等式的概率版本是用一个随机变量 X 来代替实线上的点 x_i 和相应的权重 α_i。在这种情况下，有

$$f[E(X)]\leqslant E[f(X)]$$

式中，E 表示期望。

对于可微函数，有一个涉及支持超平面的简单的凸性检测，如命题2.7所示。

命题2.7 如果 $f(x)$ 是开的凸集 C 上的可微函数，则 $f(x)$ 是凸函数的充分必要条件为

$$f(y)\geqslant f(x)+\mathrm{d}f(x)(y-x)\tag{2.4}$$

其中，$\forall x,y\in C$。此外，当且仅当对于所有的 $y\neq x$，不等式(2.4)中的不等号严格成立时，$f(x)$ 是严格的凸函数。

证明： 假设 $f(x)$ 是凸函数，则

$$\begin{aligned}\frac{f[x+(1-\alpha)(y-x)]-f(x)}{1-\alpha}&=\frac{f[\alpha x+(1-\alpha)y]-f(x)}{1-\alpha}\\&\leqslant f(y)-f(x)\end{aligned}$$

将上式中的 α 赋值为1，并调用微分的链式法则即可验证不等式(2.4)。

相反地，设 $z=\alpha x+(1-\alpha)y$，随着符号的明显变化，不等式(2.4)意味着

$$f(x)\geqslant f(z)+\mathrm{d}f(z)(x-z)$$
$$f(y)\geqslant f(z)+\mathrm{d}f(z)(y-z)$$

将上述第一个不等式乘以 α，第二个不等式乘以 $1-\alpha$，然后将结果相加得

$$\alpha f(x)+(1-\alpha)f(y)\geqslant f(z)+\mathrm{d}f(z)(z-z)=f(z)$$

根据凸函数的定义可知函数 $f(x)$ 是凸函数。对于严格凸性的论断，读者可以通过类似的推导过程来证明。

在实数轴上，我们可以把命题2.7与均值性质联系起来：

$$f(y)-f(x)=f'(z)(y-x)$$

在这里，我们取 $x<y$ 且 $z\in(x,y)$。如果 $f'(x)$ 关于 x 单调递增，则支撑超平面不等式成立。相反地，对于 $y<x$，支撑超平面不等式仍然成立。例如，函数 $f(x)=$

x^2 是凸函数，因为 $f'(x)=2x$ 是递增的；此外，$f(x)=x^2$ 是严格凸函数也是因为其导函数 $f'(x)=2x$ 是严格递增的。同样的，函数 $f(x)=\ln x$ 在 $(0,\infty)$ 上是严格凹函数，因为它的导函数 $f'(x)=x^{-1}$ 是严格递减的。$f(x)=x^4$ 是严格凸函数，尽管它的导函数 $f'(x)=4x^3$ 在 $x=0$ 处消失。

此外，可以通过验证 $f''(x)\geqslant 0$ 来证明函数 $f'(x)$ 是递增的。接下来的命题给出了这个论断的多维情况。

命题 2.8 设 $f(\boldsymbol{x})$ 是 R^n 中开凸集 C 上的二次可微函数。如果 $f(\boldsymbol{x})$ 的海塞矩阵（二阶微分）$\mathrm{d}^2 f(\boldsymbol{x})$ 对所有 $\boldsymbol{x}$ 都是半正定的，则函数 $f(\boldsymbol{x})$ 是凸的。当 $\mathrm{d}^2 f(\boldsymbol{x})$ 对所有 $\boldsymbol{x}$ 都是正定的，则函数 $f(\boldsymbol{x})$ 是严格凸的。

证明： 根据二阶泰勒展开式，对于 $\boldsymbol{y}\neq\boldsymbol{x}$，有

$$f(\boldsymbol{y})=f(\boldsymbol{x})+\mathrm{d}f(\boldsymbol{x})(\boldsymbol{y}-\boldsymbol{x})+ (\boldsymbol{y}-\boldsymbol{x})^{\mathrm{T}}\int_0^1 \mathrm{d}^2 f[\boldsymbol{x}+t(\boldsymbol{y}-\boldsymbol{x})](1-\boldsymbol{t})\mathrm{d}t(\boldsymbol{y}-\boldsymbol{x})$$

则有

$$f(\boldsymbol{y})\geqslant f(\boldsymbol{x})+\mathrm{d}f(\boldsymbol{x})(\boldsymbol{y}-\boldsymbol{x})$$

当 $\mathrm{d}^2 f(\boldsymbol{x})$ 处处正定时，上述不等式中的不等号严格成立。

例 2.5 二次函数 $f(\boldsymbol{x})=\frac{1}{2}\boldsymbol{x}^{\mathrm{T}}\boldsymbol{A}\boldsymbol{x}+\boldsymbol{b}^{\mathrm{T}}\boldsymbol{x}+c$ 具有二阶导数 $\mathrm{d}^2 f(\boldsymbol{x})=\boldsymbol{A}$，因此，当 $\boldsymbol{A}$ 是半正定矩阵时，函数 $f(\boldsymbol{x})$ 是凸的；当 $\boldsymbol{A}$ 是正定矩阵时，函数 $f(\boldsymbol{x})$ 是严格凸的。这些论断也是由同一性推导出来的，即

$$\alpha f(\boldsymbol{x})+(1-\alpha)f(\boldsymbol{y})-f[\alpha\boldsymbol{x}+(1-\alpha)\boldsymbol{y}]=\frac{1}{2}\alpha(1-\alpha)(\boldsymbol{x}-\boldsymbol{y})^{\mathrm{T}}\boldsymbol{A}(\boldsymbol{x}-\boldsymbol{y})$$

例 2.6 函数 $f(\boldsymbol{x})=\prod_{i=1}^{n}x_i^{1/n}$，$x_i>0, i=1,2,\cdots,n$。求其偏导数

$$\frac{\partial f(\boldsymbol{x})}{\partial x_i}=\frac{1}{nx_i}f(\boldsymbol{x})$$

$$\frac{\partial^2 f(\boldsymbol{x})}{\partial x_i\partial x_j}=\frac{1}{n^2 x_i x_j}f(\boldsymbol{x})-\boldsymbol{1}_{\{j=i\}}\frac{1}{nx_i^2}f(\boldsymbol{x})$$

根据 Cauchy-Schwarz 不等式，可得

$$\begin{aligned}\boldsymbol{v}^{\mathrm{T}}\mathrm{d}^2 f(\boldsymbol{x})\boldsymbol{v}&=f(\boldsymbol{x})\left[\left(\sum_{i=1}^{n}\frac{v_i}{nx_i}\right)^2-\sum_{i=1}^{n}\frac{v_i^2}{nx_i^2}\right]\\&\leqslant f(\boldsymbol{x})\left(\sum_{i=1}^{n}\frac{v_i^2}{nx_i^2}\sum_{i=1}^{n}\frac{1}{n}-\sum_{i=1}^{n}\frac{v_i^2}{nx_i^2}\right)\\&\leqslant 0\end{aligned}$$

因此，$d^2f(x)$是半负定的，函数 $f(x)$是凹函数。

凸函数的闭包特性通常提供了推导凸性的最简单方法，接下来的命题提供了一些例子。

命题 2.9 凸函数遵循以下闭包属性：

(a)如果 $f(x)$和 $g(x)$都是凸函数，α 和β 都是非负常数，则 $\alpha f(x)+\beta g(x)$也是凸函数；

(b)如果 $f(x)$是凸的有限函数，$g(x)$都是凸的递增函数，则函数组合 $g\circ f(x)$也是凸函数；

(c)如果 $f(x)$是凸函数，则 $f(x)$与仿射函数 $\boldsymbol{Ax}+\boldsymbol{b}$ 的函数组合 $f(\boldsymbol{Ax}+\boldsymbol{b})$也是凸函数；

(d)如果函数 $f(x,y)$对于每个固定的 y，都是关于 x 的凸函数，则 $g(x)=\sup_y f(x,y)$也是凸函数；

(e)如果 $f_m(x)$是一个凸函数序列，当 $\lim\limits_{m\to\infty} f_m(x)$存在且恰当时，$\lim\limits_{m\to\infty} f_m(x)$也是凸函数；

(f)如果函数 $f(x,y)$对于每个固定的 y，都是关于 x 的凸函数，并且 $g(x)=\int f(x,y)\mathrm{d}\mu(y)$ 关于测度 μ 的积分存在，则 $g(x)$也是凸函数；

(g)如果 $f(x,y)$是关于(x,y)的联合凸函数，当 $g(x)=\inf_{y\in C}f(x,y)$是恰当的且 C 是凸集时，$g(x)$也是凸函数。

证明：由于

$$
\begin{aligned}
g\circ f[\alpha x+(1-\alpha)y] &\leqslant g[\alpha f(x)+(1-\alpha)f(y)] \\
&\leqslant \alpha g\circ f(x)+(1-\alpha)g\circ f(y)
\end{aligned}
$$

则结论(b)得证。接下来，证明论断(f)，因为

$$
\begin{aligned}
g[\alpha x+(1-\alpha)w] &= \int f[\alpha x+(1-\alpha)w,y]\mathrm{d}\mu(y) \\
&\leqslant \alpha\int f(x,y)\mathrm{d}\mu(y)+(1-\alpha)\int f(w,y)\mathrm{d}\mu(y)
\end{aligned}
$$

则结论(f)得证。除了在接下来的命题 2.10 中提到的论断(g)外，读者可以轻松地验证其余结论，这里不再一一进行验证。

例 2.7(对称矩阵的显性特征值) 作为命题 2.9 中论断(d)的一个应用，注意到对称矩阵的显性特征值满足

$$
\boldsymbol{\lambda}_{\max}(\boldsymbol{M})=\max_{\|\boldsymbol{x}\|=1}\boldsymbol{x}^{\mathrm{T}}\boldsymbol{Mx}
$$

因为映射 $\boldsymbol{M}\to\boldsymbol{x}^{\mathrm{T}}\boldsymbol{Mx}$ 对于每个固定的 $\boldsymbol{x}$ 是线性的，所以函数 $\boldsymbol{\lambda}_{\max}(\boldsymbol{M})$关于 $\boldsymbol{M}$ 是

凸的。类似的推理表明，最小特征值 $\boldsymbol{\lambda}_{\min}(\boldsymbol{M})$ 关于 $\boldsymbol{M}$ 是凹的。

命题 2.9 中论断(g)的一个有价值的推广涉及从 R^m 到 R^n 的集值映射 $S(\boldsymbol{x})$。对于这样的映射，$S(\boldsymbol{x})$ 中可能存在多个点 $\boldsymbol{y}\in S(\boldsymbol{x})$，也可能根本没有点。传统的函数是单值的，而集值映射完全由它的图像 $\{(\boldsymbol{x},\boldsymbol{y}):\boldsymbol{y}\in S(\boldsymbol{x})\}$ 来描述。

命题 2.10 设 $f(x,y)$ 是凸函数，$S(x)$ 是凸的集值映射。如果下列函数

$$g(x)=\inf\{f(x,y):y\in S(x)\}$$

是有限函数，则 $g(x)$ 也是凸函数。

证明：考虑 $g(x)$ 的定义域中的两个点 x_1 和 x_2，对于标量 $\alpha\in(0,1)$ 和 $\varepsilon>0$，则有两个点 $y_1\in S(x_1)$ 和 $y_2\in S(x_2)$ 满足 $f(x_i,y_i)<g(x_i)+\varepsilon$。因此，

$$\begin{aligned}f[\alpha(x_1,y_1)+(1-\alpha)(x_2,y_2)]&\leqslant\alpha f(x_1,y_1)+(1-\alpha)f(x_2,y_2)\\&\leqslant\alpha g(x_1)+(1-\alpha)g(x_2)+\varepsilon\end{aligned}$$

假设点 $\alpha(x_1,y_1)+(1-\alpha)(x_2,y_2)$ 属于集值映射 $S(x)$ 的图像，因此，

$$\alpha y_1+(1-\alpha)y_2\in S[\alpha x_1+(1-\alpha)x_2]$$

且

$$g[\alpha x_1+(1-\alpha)x_2]\leqslant\alpha g(x_1)+(1-\alpha)g(x_2)+\varepsilon$$

由于 $\varepsilon>0$ 是任意的，所以命题的结论得证。

命题 2.10 的一个简单应用是，假设 $f(y)$ 是凸函数，$\boldsymbol{A}$ 为对合矩阵，则函数 $g(x)=\inf_{\{y:\boldsymbol{A}y=x\}}f(y)$ 是凸函数。对于闭包性质，还可列举一些其他例子，如：当 $f(x)$ 是凸函数时，$\mathrm{e}^{f(x)}$ 是凸的；当 $f(x)$ 是非负的凸函数且 $\beta>1$ 时，函数 $f(x)^\beta$ 也是凸的；同时，也存在反例 $x^3=x^2x$ 表明两个凸函数的乘积不一定是凸函数。此外，如果 $\ln f(x)$ 是凸函数，则我们称正函数 $f(x)$ 为对数凸函数。

命题 2.11 一个对数凸函数是凸的。对数凸函数具有命题 2.9 的闭包性质(a)-(g)。在论断(b)中，若函数 $f(x)$ 是凸的，则 $g(y)$ 是对数凸函数。此外，对数凸函数的集合在积和幂的运算形式下是封闭的。

证明：一个对数凸函数 $f(x)$ 是凸的，因为它是 e^x 和 $\ln f(x)$ 的复合函数。为了证明对数凸函数的和也是对数凸的，令 $b(x)=f(x)+g(x)$ 并应用 Hölder 不等式，取 $\alpha=1/p$，$1-\alpha=1/q$，$n=2$，则有

$$\begin{aligned}b[\alpha x+(1-\alpha)y]&=f[\alpha x+(1-\alpha)y]+g[\alpha x+(1-\alpha)y]\\&\leqslant f(x)^\alpha f(y)^{1-\alpha}+g(x)^\alpha g(y)^{1-\alpha}\\&\leqslant[f(x)+g(x)]^\alpha[f(y)+g(y)]^{1-\alpha}=b(x)^\alpha b(y)^{1-\alpha}\end{aligned}$$

为了验证乘积法则，取对数并调用凸函数求和的法则，并从积分作为被积函数的加权和的极限的定义中得出积分规则。由于乘积与求和规则以及正常数是对数

凸函数,每个加权和都是对数凸的。

例 2.8(Beta 函数) 数理统计中的 Beta 函数

$$B(x,y)=\int_0^1 u^{x-1}(1-u)^{y-1}\mathrm{d}u$$

是对数凸函数。实际上,被积函数是对数凸的,并且适用于积分闭包规则。此外,著名的伽玛函数和黎曼函数也是对数凸函数。

例 2.9 对于正定的$\boldsymbol{\Sigma}$,其 det $\boldsymbol{\Sigma}$是对数凹的。

如果 $\boldsymbol{\Omega}$ 是一个 $n\times n$ 的正定矩阵,多元高斯概率密度函数为

$$f(\boldsymbol{x})=\frac{1}{(2\pi)^{n/2}}|\det\boldsymbol{\Omega}|^{-1/2}\mathrm{e}^{-\boldsymbol{x}^{\mathrm{T}}\boldsymbol{\Omega}^{-1}\boldsymbol{x}/2}$$

对所有 $\boldsymbol{x}\in R^n$ 积分可得

$$|\det\boldsymbol{\Omega}|^{1/2}=\frac{1}{(2\pi)^{n/2}}\int \mathrm{e}^{-\boldsymbol{x}^{\mathrm{T}}\boldsymbol{\Omega}^{-1}\boldsymbol{x}/2}\mathrm{d}\boldsymbol{x}$$

上述等式可以用逆矩阵$\boldsymbol{\Sigma}=\boldsymbol{\Omega}^{-1}$ 重新表达为

$$\ln\det\boldsymbol{\Sigma}=n\ln 2\pi-2\ln\int \mathrm{e}^{-\boldsymbol{x}^{\mathrm{T}}\boldsymbol{\Sigma}\boldsymbol{x}/2}\mathrm{d}\boldsymbol{x}$$

和前面的例子一样,右边的积分是对数凸的。当且仅当 $\boldsymbol{\Omega}$ 是正定的,$\boldsymbol{\Sigma}$是正定的,函数 lndet $\boldsymbol{\Sigma}$关于正定矩阵$\boldsymbol{\Sigma}$是凹的。

2.4 凸函数的性质

凸性的价值在于它将许多分析问题简化为线段上的问题。例如,为了验证一个函数 $f(\boldsymbol{x})$是凸函数,我们只需检查标量参数 t 的函数 $g(t)=f(\boldsymbol{x}+t\boldsymbol{v})$对所有点 $\boldsymbol{x}$ 和所有方向 $\boldsymbol{v}$ 都是凸的。同样地,为了计算 $\boldsymbol{v}$ 方向上 $\boldsymbol{x}$ 点处的方向导数 $\mathrm{d}_{\boldsymbol{v}}f(\boldsymbol{x})$,当 t 从大于 0 的方向趋于 0 时,我们形成 $g(t)$的单侧导数 $g'_{+}(0)$。因为我们允许凸函数取值为∞,所以在定义方向导数时,将把参数限制在 dom$f$ 的内部。接下来的命题证明了方向导数总是存在于内部点。

命题 2.12 如果 $g(t)$是凸函数,那么在一个内点附近,差商$\dfrac{g(t)-g(s)}{t-s}$在 s 固定时关于 t 是单调非减的,且在 t 固定时关于 s 也是单调非减的。当 $s<r<t$ 时,单侧导数在 r 处存在且满足

$$\frac{g(r)-g(s)}{r-s}\leqslant g'_-(r)\leqslant g'_+(r)\leqslant\frac{g(t)-g(r)}{t-r}$$

证明:假设 $t>s$ 且 s 是固定的。对于任何满足 $s<r<t$ 的 r,有

$$r=\frac{t-r}{t-s}s+\frac{r-s}{t-s}t$$

因此,

$$g(r)\leqslant\frac{t-r}{t-s}g(s)+\frac{r-s}{t-s}g(t)$$

重新整理上述不等式,可得:

$$\frac{g(r)-g(s)}{r-s}\leqslant\frac{g(t)-g(s)}{t-s}$$

对于 t 是固定的情况,处理方法是类似的。其余的证明可以直接根据差商的单调性推导出来。

命题 2.13 凸函数在其定义域的内部是连续的。因为对于 $s<t$, $g'_-(s)\leqslant g'_+(s)\leqslant g'_-(t)\leqslant g'_+(t)$,区间$[g'_-(t),g'_+(t)]$中的内部是不相交的。从每个非空内部选取一个有理数可表明,与 $g'_-(t)$和 $g'_+(t)$不一致的点最多有可数个。

这种说法与可积性有关。的确,如果区间$[a,b]$包含在 $\mathrm{dom}g$ 的内部,则微积分基本定理意味着

$$g(b)-g(a)=\int_a^b g'_+(t)\mathrm{d}t=\int_a^b g'_-(t)\mathrm{d}t \tag{2.5}$$

虽然在这里我们并未证明这个式子,但它与积分的值对其被积函数在可数点上的值不敏感这一观测结果是一致的。注意到恒等式(2.5)包含 Lipschitz 不等式

$$|g(d)-g(c)|\leqslant\int_c^d|g'_+(t)|\mathrm{d}t=L|d-c|$$

其中,区间$[a,b]$内的 $c<d$ 且 $L=\max\{|g'_+(a)|,|g'_+(b)|\}$。接下来的命题将这个结果推广到了有向量参数的凸函数中。

命题 2.14 一个凸函数 $f(\boldsymbol{x})$在其本质定义域内是局部 Lipschitz 连续的。

证明:如果 $\boldsymbol{z}\in R^n$ 是 $\mathrm{dom}f$ 内部的一个点,则以 $\boldsymbol{z}$ 为中心的立方体

$$C=\{\boldsymbol{x}:||\boldsymbol{x}-\boldsymbol{z}||_\infty\leqslant\varepsilon\} \tag{2.6}$$

包含在 $\mathrm{dom}f$ 中,其中 $\|\boldsymbol{y}\|_\infty=\max_{1\leqslant i\leqslant n}|y_i|$ 是 L_∞ 范数。立方体的角坐标为 $z_i\pm\varepsilon$。假设我们可以证明立方体中的每个点 $\boldsymbol{x}$ 都是角 y_j 的凸组合 $\boldsymbol{x}=\sum_j\alpha_j y_j$,$j=,1,2\cdots,n$,则 $f(\boldsymbol{x})$根据 Jensen 不等式在立方体上有界

$$f(\boldsymbol{x})\leqslant\sum_j\alpha_j f(y_j)\leqslant\max_j f(y_j)=B$$

假设 $f(\boldsymbol{x})$ 在 C 上有界，上界为 B，我们也可以证明它在 C 下有界。的确，如果 $\boldsymbol{z}+\boldsymbol{v}$ 属于 C，那么 $\boldsymbol{z}-\boldsymbol{v}$ 也属于 C，且

$$f(\boldsymbol{z})\leqslant\frac{1}{2}f(\boldsymbol{z}+\boldsymbol{v})+\frac{1}{2}f(\boldsymbol{z}-\boldsymbol{v})\leqslant\frac{1}{2}f(\boldsymbol{z}+\boldsymbol{v})+\frac{1}{2}B$$

重新整理上述不等式可得 $f(\boldsymbol{z}+\boldsymbol{v})\geqslant 2f(\boldsymbol{z})-B$。

接下来证明式(2.6)中的立方体是其各个角的凸包。注意到当 $n=1$ 时，这种说法是显然成立的。当 $n>1$ 时，设 u_j 表示由 C 中前 $n-1$ 个坐标元素定义的立方体的一个角，然后使用归纳法，可得

$$\boldsymbol{x}=\frac{\varepsilon-x_n+z_n}{2\varepsilon}\sum_j\alpha_j\begin{pmatrix}u_j\\ z_n-\varepsilon\end{pmatrix}+\frac{\varepsilon+x_n-z_n}{2\varepsilon}\sum_j\alpha_j\begin{pmatrix}u_j\\ z_n+\varepsilon\end{pmatrix}$$

可使用 $\boldsymbol{x}$ 的前 $n-1$ 个坐标的凸组合 $\sum_j\alpha_j u_j$ 来表示立方体。

给定 $f(\boldsymbol{x})$ 的局部有界性，我们现在用反证法证明 $f(\boldsymbol{x})$ 在 $\boldsymbol{z}$ 周围是局部 Lipschitz 连续的。取一个半径为 2ε 的欧式球 $B_{2\varepsilon}(\boldsymbol{z})$，其中 $|f(\boldsymbol{x})|$ 以常数 M 为界。接下来我们证明 $f(\boldsymbol{x})$ 在常数 $L=2M\varepsilon^{-1}$ 的小球 $B_\varepsilon(\boldsymbol{z})$ 中是 Lipschitz 连续的。假设 $\boldsymbol{x}_1$ 和 $\boldsymbol{x}_2$ 是 $B_\varepsilon(\boldsymbol{z})$ 中的两个点，有

$$\frac{f(\boldsymbol{x}_2)-f(\boldsymbol{x}_1)}{\|\boldsymbol{x}_2-\boldsymbol{x}_1\|}>\frac{2M}{\varepsilon}$$

考虑标量 s 的凸函数 $g(s)=f(\boldsymbol{x}_2+s\boldsymbol{v})$，其中 $\boldsymbol{v}=\boldsymbol{x}_2-\boldsymbol{x}_1$。选取 t 使得 $t\|\boldsymbol{v}\|=\varepsilon$。从几何上看，$\boldsymbol{x}_3=\boldsymbol{x}_2+t\boldsymbol{v}$ 落在 $B_{2\varepsilon}(\boldsymbol{z})$ 中是显然的。此外，根据命题 2.12，有

$$\begin{aligned}\frac{f(\boldsymbol{x}_3)-f(\boldsymbol{x}_2)}{\|\boldsymbol{x}_3-\boldsymbol{x}_2\|}&=\frac{g(t)-g(0)}{t\|\boldsymbol{v}\|}\\&\geqslant\frac{g(0)-g(-1)}{\|\boldsymbol{v}\|}=\frac{f(\boldsymbol{x}_2)-f(\boldsymbol{x}_1)}{\|\boldsymbol{x}_2-\boldsymbol{x}_1\|}>\frac{2M}{\varepsilon}\end{aligned}$$

由于 $\|\boldsymbol{x}_3-\boldsymbol{x}_2\|=t\|\boldsymbol{v}\|=\varepsilon$，可得 $f(\boldsymbol{x}_3)-f(\boldsymbol{x}_2)>2M$，这与 $B_{2\varepsilon}(\boldsymbol{z})$ 中 $|f(\boldsymbol{x})|\leqslant M$ 的假设矛盾，所以命题得证。

2.5 闭合函数

如果每个子水平集 $\{\boldsymbol{x}:f(\boldsymbol{x})\leqslant c\}$ 都是闭集，则称定义域为 R^n 且值域为 $(-\infty,\infty]$ 的函数 $f(\boldsymbol{x})$ 是闭合的(或下半连续的)。因为闭集的补是开的，闭函数

的一个等价条件是所有超水平集$\{\boldsymbol{x}:f(\boldsymbol{x})>c\}$是开的。这两个定义清楚地表明，当且仅当非空集合 C 本身是闭合的，其示性函数 $\delta_C(\boldsymbol{x})$是闭的。如果 $f(\boldsymbol{x})$是有限的，并且初始定义在闭集 T 上，那么可以将 $f(\boldsymbol{x})$扩展到整个 R^n，并通过将 T 之外的∞赋值给 $f(\boldsymbol{x})$来保持闭合性。接下来的两个命题强调了与封闭性等价的另外两个条件。

命题 2.15 $f(x)$是闭合函数的一个充分必要条件是

$$f(x)\leqslant\liminf_{m\to\infty} f(x_m) \tag{2.7}$$

其中，$\lim\limits_{m\to\infty} x_m=x$。另一个充分必要条件为上镜图$\{(x,y)\in R^n\times R:f(x)\leqslant y\}$是 $R^n\times R$ 内的闭集。

证明：为了证明第一个条件的必要性，假设 $f(x)$是闭合函数且 $\lim\limits_{m\to\infty} x_m=x$。对于任意 $\varepsilon>0$，点 x 落在开集$\{y:f(y)>f(x)-\varepsilon\}$中。对于足够大的 m，可以得到 $f(x_m)>f(x)-\varepsilon$。这意味着不等式(2.7)成立。对于充分性，设不等式(2.7)成立，且 x_m 是集合$\{y:f(y)\leqslant c\}$中极限为 x 的序列。根据假设，则 $f(x)\leqslant c$，所以集合$\{y:f(y)\leqslant c\}$是闭的。

为了验证第二个条件的必要性，假设序列 x_m 收敛于 x，且 $y_m\geqslant f(x_m)$收敛于 y。鉴于第一个充分必要条件，不等式 $y\geqslant\liminf\limits_{m\to\infty} f(x_m)\geqslant f(x)$成立，因此上镜图是闭集。为了证明第二个条件的充分性，假设上镜图是闭集，但 $f(x)$不是闭合的，则存在一个收敛于 x 的序列 x_m 和一个 $\varepsilon>0$，使得 $f(x)-\varepsilon>\liminf\limits_{m\to\infty} f(x_m)$，则对于无限多个 m，$(x_m,f(x)-\varepsilon)$都落在上镜图中。因为上镜图是封闭的，$(x,f(x)-\varepsilon)$也落在上镜图中就产生了矛盾，则命题得证。

许多数学运算都保留了封闭性(详见命题 2.16)，但是减法运算和任意最小值运算不在其中。

命题 2.16 具有公共定义域 R^n 的闭函数的集合满足以下规则：

(a)如果 $f(x,y)$对于每个固定的 y 都是封闭的，那么 $g(x)=\sup_y f(x,y)$也是封闭的；

(b)如果 $f_k(x)$是一个有限的闭函数族，那么$\min_k f_k(x)$也是封闭的；

(c)如果 $f(x)$和 $g(x)$都是闭的，则 $f(x)+g(x)$也是封闭的；

(d)如果 $f(x)$和 $g(x)$都是非负的闭函数，则 $f(x)g(x)$也是封闭的；

(e)如果 $f(x)$是闭合函数，$g(x)$是连续的且其取值范围包含在 $\mathrm{dom}f$ 中，则 $f\circ g(x)$也是封闭的。

证明: 上述这些规则来自于下列集合恒等式:

$$\{x:\sup_y f(x,y)>c\}=\bigcup_y \{x:f(x,y)>c\}$$

$$\{x:\min_y f_k(x)>c\}=\bigcap_y \{x:f_k(x)>c\}$$

$$\{x:f(x)+g(x)>c\}=\bigcup_d (\{x:f(x)>c-d\}\cap\{x:g(x)>d\})$$

$$\{x:f(x)g(x)>c\}=\bigcup_{d>0} (\{x:f(x)>d^{-1}c\}\cap\{x:g(x)>d\})$$

$$\{y:f\circ g(y)>c\}=g^{-1}[\{x:f(x)>c\}]$$

以及众所周知的开集和连续函数的性质。在 $\{x:f(x)g(x)>c\}$ 中,可以取 $c>0$,否则所讨论的集合就是整个空间 R^n。

例 2.10(矩阵的秩) 每个 $m\times n$ 的矩阵 $\boldsymbol{A}$ 都有一个明确的秩。接下来说明 $\text{rank}(\boldsymbol{A})$ 是一个闭函数。取任意常数 c 和秩为 $\text{rank}(\boldsymbol{A})>c$ 的任意矩阵 $\boldsymbol{A}=(a_{ij})$。如果 $c<0$,则秩为 $\text{rank}(\boldsymbol{A})>c$ 的矩阵集合是全部 $R^{m\times n}$ 空间,它是一个开集。否则,存在行指标 $1\leqslant i_1<i_2<\cdots<i_r\leqslant m$ 和列指标 $1\leqslant j_1<j_2<\cdots<j_r\leqslant n$,使得子矩阵

$$\begin{pmatrix} a_{i_1j_1} & \cdots & a_{i_1j_r} \\ \vdots & \ddots & \vdots \\ a_{i_rj_1} & \cdots & a_{i_rj_r} \end{pmatrix}$$

具有非零行列式。给定行列式函数的连续性,对于所有接近 $\boldsymbol{A}$ 的 $m\times n$ 维矩阵 $\boldsymbol{B}$,相同的子矩阵都有不消失的行列式。因此,$\{\boldsymbol{A}:\text{rank}(\boldsymbol{A})>c\}$ 是开集,$\text{rank}(\boldsymbol{A})$ 是闭函数。

所有的连续函数都是闭函数,但有些闭函数是不连续的。矩阵秩和集合指标就是最好的例子。引入闭函数最重要的原因是它们可以推广魏尔斯特拉斯(Weierstrass)的一个著名定理。

命题 2.17 设 $f(x)$ 是定义在非平凡集合 $S\subset R^n$ 上的一个固有闭函数。如果集合 $T=\{x\in S:f(x)\leqslant c\}$ 对于某个常数 c 是非空且紧的,则 $f(x)$ 在 S 上达到其极小值。特别地,当 S 本身也是紧集时这个结论也成立。

证明: 令 $l=\inf_{x\in S}f(x)$,c 是定义集合 $T=\{x\in S:f(x)\leqslant c\}$ 的常数。如果 $c=l$,则结论得证。否则,选取一个序列 $x_m\in S$,使其 $\lim\limits_{m\to\infty}f(x_m)=l$。最终所有的点 x_m 都落在 T 中。给定 T 的紧性,我们可以在极限 $z\in T$ 下提取一个收敛子序列 x_{m_k}。函数 $f(x)$ 的封闭性意味着 $f(z)\leqslant l$。根据假设 $f(x)$ 是合适的,则可以排除值 $l=-\infty$。

2.6　强制函数

如果 $\lim_{\|\boldsymbol{x}\|\to\infty} f(\boldsymbol{x})=\infty$，我们称定义在 R^n 上的函数 $f(\boldsymbol{x})$ 为强制的。当函数 $f(\boldsymbol{x})$ 是封闭的且强制的，则所有的子水平集 $\{\boldsymbol{x}: f(\boldsymbol{x})\leqslant c\}$ 都是紧的。因此，根据命题 2.16 知 $f(x)$ 可以取得最小值。两个函数的直接比较有时意味着强制性。考虑两个函数 $f(x)=x^2+\sin x$ 和 $g(x)=x^2-1$，显然函数 $g(x)$ 是强制的，且 $f(x)\geqslant g(x)$，因此 $f(x)$ 也是强制的。

命题 2.18　设 $f(\boldsymbol{x})$ 是 R^n 上的闭凸函数，$\boldsymbol{y}$ 是 $\mathrm{dom} f$ 上的任意一点。那么 $f(\boldsymbol{x})$ 是强制的，当且仅当 $f(\boldsymbol{x})$ 沿所有由 $\boldsymbol{y}$ 发出的非平凡射线

$$\{\boldsymbol{x}\in R^n: \boldsymbol{x}=\boldsymbol{y}+t\boldsymbol{v}, t\geqslant 0\}$$

都是强制的。

证明：上述命题的条件显然是必要的。为了证明充分性，假设条件成立，但 $f(\boldsymbol{x})$ 不是强制的。为不失一般性，取 $\boldsymbol{y}=\boldsymbol{0}$，设 $\boldsymbol{x}_m$ 为 $\lim_{m\to\infty}\|\boldsymbol{x}_m\|=\infty$ 且 $\lim_{m\to\infty}\sup f(\boldsymbol{x}_m)<\infty$ 的序列。必要时，通过传递给子序列，假设单位向量序列 $\boldsymbol{v}_m=\|\boldsymbol{x}_m\|^{-1}\boldsymbol{x}_m$ 收敛于单位向量 $\boldsymbol{v}$，当 $t>0$ 和 m 足够大时，凸性意味着

$$f(t\boldsymbol{v}_m)\leqslant\frac{t}{\|\boldsymbol{x}_m\|}f(\boldsymbol{x}_m)+\left(1-\frac{t}{\|\boldsymbol{x}_m\|}\right)f(\boldsymbol{0})$$

由结论 $\lim\inf_{m\to\infty} f(t\boldsymbol{v}_m)\leqslant f(\boldsymbol{0})$ 和 $f(\boldsymbol{x})$ 的封闭性推导出

$$f(t\boldsymbol{v})\leqslant\lim_{m\to\infty}\inf f(t\boldsymbol{v}_m)\leqslant f(\boldsymbol{0})$$

因此，$f(\boldsymbol{x})$ 沿着射线 $t\boldsymbol{v}$ 不趋向于 ∞，这与我们的假设相矛盾。

例 2.11(强凸性和强制性)　函数 $f(\boldsymbol{x})$ 是具有常数 $\mu>0$ 的强凸函数，前提是其相关的函数

$$g(\boldsymbol{x})=f(\boldsymbol{x})-\frac{\mu}{2}\|\boldsymbol{x}\|^2$$

是凸函数。如果 $g(\boldsymbol{x})$ 满足支撑超平面不等式

$$g(\boldsymbol{x})\geqslant g(\boldsymbol{y})+\boldsymbol{v}^{\mathrm{T}}(\boldsymbol{x}-\boldsymbol{y})$$

对于某个点 $\boldsymbol{y}$ 和向量 $\boldsymbol{v}$，则应用柯西-施瓦尔兹不等式

$$f(\boldsymbol{x})\geqslant g(\boldsymbol{y})+\boldsymbol{v}^{\mathrm{T}}(\boldsymbol{x}-\boldsymbol{y})+\frac{\mu}{2}\|\boldsymbol{x}\|^2\geqslant g(\boldsymbol{y})-\|\boldsymbol{v}\|\cdot\|\boldsymbol{x}-\boldsymbol{y}\|+\frac{\mu}{2}\|\boldsymbol{x}\|^2$$

可以说明 $f(\boldsymbol{x})$是强制的。

在定义域$(0,\infty)$上定义的凸函数 $f(x)=x-\ln x$ 在 x 趋于 0 或∞时也趋于∞。在这个例子中，最小值点 $x=1$ 的存在表明需要对强制性进行更广泛的定义。假设闭函数 $f(\boldsymbol{x})$定义在开集 U 上，为了避免与 U 的边界发生碰撞，假设集合

$$C=\{\boldsymbol{x}\in U: f(\boldsymbol{x})\leqslant r\}$$

对于每个标量 r 都是紧的。换句话说，当 $\boldsymbol{x}$ 接近 U 的边界或$\|\boldsymbol{x}\|$接近∞时，$f(x)$应该超过 r。现在重述命题 2.17 的证明表明函数 $f(x)$在 U 的某处达到最小值。

2.7 距离函数

在优化理论中，任何非空集合 S 都会产生一个距离函数

$$\mathrm{dist}(\boldsymbol{y},S)=\inf\{\|\boldsymbol{y}-\boldsymbol{x}\|:\boldsymbol{x}\in S\}$$

如果 T 是 S 的闭包，那么很容易证明 $\mathrm{dist}(\boldsymbol{y},S)=\mathrm{dist}(\boldsymbol{y},T)$。出于这个原因，我们将注意力限制在闭集 S 上，这个限制有一个额外的好处，即保证在某个点 $\boldsymbol{x}$ 处可以达到最小值。接下来的命题展示了关于 $\mathrm{dist}(\boldsymbol{y},S)$的一些基本性质。

命题 2.19 如果 S 是闭集，则下列性质成立：

(a)对于每一个 $\boldsymbol{y}$，存在一个或多个点 $\boldsymbol{x}\in S$ 能达到最小距离 $\mathrm{dist}(\boldsymbol{y},S)$；

(b)Lipschitz 界对 R^n 中的所有 $\boldsymbol{y}$ 和 $\boldsymbol{z}$ 都成立；

$$|\mathrm{dist}(\boldsymbol{y},S)-\mathrm{dist}(\boldsymbol{z},S)|\leqslant\|\boldsymbol{y}-\boldsymbol{z}\|$$

因此，$\mathrm{dist}(\boldsymbol{y},S)$是连续的；

(c)当且仅当集合 S 是凸的，距离函数 $\mathrm{dist}(\boldsymbol{y},S)$是凸的；

(d)投影集 $P_S(\boldsymbol{y})=\{\boldsymbol{x}\in S:\|\boldsymbol{y}-\boldsymbol{x}\|=\mathrm{dist}(\boldsymbol{y},S)\}$是紧集；

(e)当且仅当集合 S 为凸时，投影集 $P_S(\boldsymbol{y})$对所有 $\boldsymbol{y}$ 退化为一个单点。

证明：为了证明论断(a)，选择任意点 $\boldsymbol{z}\in S$，因为我们可以将 $\boldsymbol{x}$ 限制在紧的子水平集

$$S\cap\{x:\|\boldsymbol{x}-\boldsymbol{y}\|\leqslant\|\boldsymbol{z}-\boldsymbol{y}\|\}$$

中，根据命题 2.16，论断(a)得证。

对于论断(b)，在三角不等式两边取 $\boldsymbol{x}\in S$ 的最小值

$$\|\boldsymbol{y}-\boldsymbol{x}\|\leqslant\|\boldsymbol{y}-\boldsymbol{z}\|+\|\boldsymbol{z}-\boldsymbol{x}\|$$

这就说明了 $\mathrm{dist}(\boldsymbol{y},S)\leqslant\mathrm{dist}(\boldsymbol{z},S)+\|\boldsymbol{y}-\boldsymbol{z}\|$，将 $\boldsymbol{y}$ 和 $\boldsymbol{z}$ 的角色颠倒就会产生

Lipschitz 不等式 $|\operatorname{dist}(\boldsymbol{y},S)-\operatorname{dist}(\boldsymbol{z},S)|\leqslant\|\boldsymbol{y}-\boldsymbol{z}\|$。

对于论断(c)，假设 S 是凸集。根据命题 2.9 的论断(g)，可知 $\operatorname{dist}(\boldsymbol{y},S)$ 是凸函数。在集合 S 外，我们只需将 $\|\boldsymbol{y}-\boldsymbol{x}\|$ 替换为 ∞，便可保持凸性。相反，如果函数 $\operatorname{dist}(\boldsymbol{y},S)$ 是凸的，则子水平集

$$S=\{\boldsymbol{y}:\operatorname{dist}(\boldsymbol{y},S)\leqslant 0\}$$

是凸的。

对于论断(d)，我们足以说明 $P_S(\boldsymbol{y})$ 是闭的有界集。设 $\boldsymbol{x}_m$ 是 $\boldsymbol{x}_m\in P_S(x)$ 中收敛于 $\boldsymbol{x}$ 的序列。因为 S 是闭集，则 $\boldsymbol{x}\in S$。在等式 $\|\boldsymbol{y}-\boldsymbol{x}_m\|=\operatorname{dist}(\boldsymbol{y},S)$ 中取极限，可得 $\|\boldsymbol{y}-\boldsymbol{x}\|=\operatorname{dist}(\boldsymbol{y},S)$，因此 $P_S(\boldsymbol{y})$ 的有界性是显然的。

最后，对于论断(e)，假设 S 中存在两个点 $\boldsymbol{x}\neq\boldsymbol{w}$ 且都达到最小值。如果我们假设 S 是凸的，那么中点 $\frac{1}{2}(\boldsymbol{x}+\boldsymbol{w})$ 也属于 S，且

$$\begin{aligned}\operatorname{dist}(\boldsymbol{y},S)&\leqslant\left\|\boldsymbol{y}-\frac{1}{2}(\boldsymbol{x}+\boldsymbol{w})\right\|\\&\leqslant\frac{1}{2}\|\boldsymbol{y}-\boldsymbol{x}\|+\frac{1}{2}\|\boldsymbol{y}-\boldsymbol{w}\|=\operatorname{dist}(\boldsymbol{y},S)\end{aligned}$$

因此，等式须在显示的三角不等式中成立。对于某个正标量 c，当且仅当 $\boldsymbol{y}-\boldsymbol{x}=c(\boldsymbol{y}-\boldsymbol{w})$，上述情况是可能的。根据

$$\operatorname{dist}(\boldsymbol{y},S)=\|\boldsymbol{y}-\boldsymbol{x}\|=\|\boldsymbol{y}-\boldsymbol{w}\|$$

我们得到 $c=1$。结论 $c=1$ 与假设 $\boldsymbol{x}\neq\boldsymbol{w}$ 相矛盾。值得注意的是，这种说法的对立面更为复杂，因此，为了保证论述的简洁性，推荐读者参考 Deutsch(2001)文献的第 12 章，那里提供了一个严格的证明过程。

凸集的分离性是推进凸分析的关键。最基本的结论将在命题 2.20 中给出。

命题 2.20　考虑 R^n 中的闭凸集 C 和 C 外的点 $\boldsymbol{x}$，存在一个单位向量 $\boldsymbol{v}$ 和实数 c 使得

$$\boldsymbol{v}^{\mathrm{T}}\boldsymbol{x}>c\geqslant\boldsymbol{v}^{\mathrm{T}}\boldsymbol{z}\tag{2.8}$$

对所有的 $\boldsymbol{z}\in C$ 成立。因此，C 等于包含它的所有封闭半空间的交集。如果 $\boldsymbol{x}$ 是凸集 C 的边界点，则存在一个单位向量 $\boldsymbol{v}$，使得对于所有的 $\boldsymbol{z}\in C$，有 $\boldsymbol{v}^{\mathrm{T}}\boldsymbol{x}\geqslant\boldsymbol{v}^{\mathrm{T}}\boldsymbol{z}$。

证明：第一个结论由钝角准则

$$(\boldsymbol{x}-\boldsymbol{y})^{\mathrm{T}}(\boldsymbol{z}-\boldsymbol{y})\leqslant 0$$

给出，对于 $\boldsymbol{y}=P_C(x)$ 和所有的 $\boldsymbol{z}\in C$。考虑到钝角准则，我们取 $\boldsymbol{v}=\boldsymbol{x}-\boldsymbol{y}$，因此，对于所有的 $\boldsymbol{z}\in C$，$c=\boldsymbol{v}^{\mathrm{T}}\boldsymbol{y}\geqslant\boldsymbol{v}^{\mathrm{T}}\boldsymbol{z}$。此外，我们有 $\boldsymbol{v}^{\mathrm{T}}\boldsymbol{x}>\boldsymbol{v}^{\mathrm{T}}\boldsymbol{y}=c$，因为 $\boldsymbol{v}^{\mathrm{T}}\boldsymbol{v}=\|\boldsymbol{v}\|^2>0$。

在不破坏分离不等式(2.8)的前提下,我们可以用单位向量$\|\boldsymbol{v}\|^{-1}\boldsymbol{v}$代替$\boldsymbol{v}$。

如果$\boldsymbol{x}$是C的一个边界点,那么在C外存在一个收敛于$\boldsymbol{x}$的序列点$\boldsymbol{x}_i$。设$\boldsymbol{v}_i$是定义了分隔$\boldsymbol{x}_i$和S的超平面的单位向量。由于单位球是紧的,不失一般性,我们可以假设$\boldsymbol{v}_i$收敛于一个单位向量$\boldsymbol{v}$。对于任意的$\boldsymbol{z}\in C$,对严格不等式$\boldsymbol{v}_i^{\mathrm{T}}\boldsymbol{x}_i>\boldsymbol{v}_i^{\mathrm{T}}\boldsymbol{z}$取极限,则可得结论$\boldsymbol{v}^{\mathrm{T}}\boldsymbol{x}\geqslant\boldsymbol{v}^{\mathrm{T}}\boldsymbol{z}$。

命题 2.21 对于n个有限凸函数$f_i(\boldsymbol{x})$,假设

$$\max_{1\leqslant i\leqslant n} f_i(\boldsymbol{x})\geqslant 0$$

对于凸集C中的所有$\boldsymbol{x}$成立,那么某个凸组合$\sum_{i=1}^{n}\lambda_i f_i(\boldsymbol{x})$在$C$上是非负的。

证明:对于每一个$\boldsymbol{x}\in C$,定义非空集合$S_x=\{\boldsymbol{y}:y_i>f_i(\boldsymbol{x}),1\leqslant i\leqslant n\}$。通过假设点$y=0$不在$C$中,可以很简单地验证$C$是凸的。根据命题 2.20 给出的分离原理,存在一个单位向量$\boldsymbol{\lambda}$使得对所有$\boldsymbol{y}\in S$,有$\boldsymbol{\lambda}^{\mathrm{T}}\boldsymbol{y}\geqslant\boldsymbol{\lambda}^{\mathrm{T}}0=0$。如果任意分量$\lambda_i<0$,则选择$\boldsymbol{y}\in S$,将所有的$y_i(j\neq i)$修复,并令$y_i$趋于$\infty$。这些结论与不等式$\boldsymbol{\lambda}^{T}\boldsymbol{y}\geqslant 0$相矛盾。这里,单位向量$\boldsymbol{\lambda}$可以明确地归一化,使其分量之和为 1。

第 3 章　MM 算法与组装分解技术

3.1　引言

在实际应用中，大多数的优化问题都没有精确显式解。在本章中，我们将讨论一种高度依赖凸性的优化方法，这种迭代方法称为极小化-极大化(minorization-maximization)算法，简称为 MM 算法，该方法在高维问题中的实用性特别强。MM 算法的优点之一是它具有双重优化功能，即该算法既可以应用在极大化问题中，也可以应用在极小化问题中。在极大化问题中，MM 算法先寻找目标函数的极小化函数，然后再对极小化函数进行极大化求解；反过来，在极小化问题中，MM 算法先是寻找目标函数的极大化函数，然后再对极大化函数进行极小化求解。因此，算法的首字母缩写词“MM”既可以解释为极大化-极小化，也可以解释为极小化-极大化。事实上，每个 MM 算法的本质都是将一个困难的优化问题转化为一系列更简单的优化问题。而设计 MM 算法的精妙之处在于选择一个容易处理的替代函数(即极小化函数或极大化函数)，使得它尽可能紧密地拥抱目标函数。

目前，统计学家已经大力开发了 MM 算法的一种特殊情况，称为期望极大化(EM)算法，该算法始终围绕着缺失数据的概念[参看 Dempster，Laird 和 Rubin(1977)以及 McLachlan 和 Krishnan(2007)的文献]。在第 1 章中我们已经介绍过 EM 算法。在本章中，我们倾向于介绍 MM 算法以及构造 MM 算法的组装分离技术，因为它具有更强大的通用性，与凸性的联系更明显，而且对困难的统计原理的依赖性更弱。

需要指出的是，不等式的处理技巧在 MM 算法的极大化和极小化步骤中是至关重要的。这些不等式的处理技巧能够指导我们逐步简化复杂的目标优化函数。本章首先介绍了几个经典不等式，如 Jensen 不等式、支撑超平面不等式、算术-几何均值不等式、Cauchy-Schwarz 不等式及二次上界原理，这些不等式在推导 MM 算法时被证明是非常有用的。事实上，大多数不等式的推导都以这样或那样的形式依赖着凸性。Steele(2004)所著的书《柯西-施瓦茨大师课：不等式的艺术》中对不等式的艺术性和科学性做了一个特别好的介绍，渴望了解更多详情的读者可以查阅此书。此外，为了让读者对我们的主题 MM 算法有一个更清晰的认识，本书第 4、5、6 章推导了一系列具有代表性的 MM 算法。即使理解这些例子需要一些数学上的洞察力，读者也不应该轻易放弃，因为这些例子往往提供了很多构造 MM 算法的思路。在实践中，许多非常有用的替代函数都是二次函数。二次函数的梯度是线性的，求解平稳性方程可以简化为线性代数问题。当然，渴望了解 MM 算法历史以及更多应用的读者可以查阅 De Leeuw(1994)，Lange，Hunter 和 Yang(2000)以及 Hunter 和 Lange(2004)的相关文献。

当读者们学完本章节的内容后，很可能会产生这样一种观点，与其说 MM 算法是一种算法，不如说是一种推导算法的模糊规则或哲学。同样的观点也适用于 EM 算法。当读者们继续阅读本书的第 4、5、6 章内容时，我们希望通过各种各样的参数、半参数的例子使读者们相信一个统一的规则和一个解决具体问题的框架所具有的价值。MM 算法与凸性和不等式的紧密联系使它具有加强这些领域技能的天然教学优势。

3.2 MM 算法原理

MM 算法原则最初由数值分析学家 Ortega 和 Rheinboldt 于 1970 年提出。随后，De Leeuw 意识到了 MM 算法原则的潜力，并于 1977 年创造了第一个 MM 算法。在统计学领域，众所周知的 EM 算法是一种非常流行的在不完全数据问题中求解极大似然估计的方法，事实上，EM 算法也属于 MM 算法家族中的一个特殊成员。MM 算法的基本思想和构造动机就是将一个困难的优化问题转化为一系列更简单的优化问题。因此，MM 算法是解决优化问题的一个重要而强大的工具，由于概念简单、易于实现和数值计算具有稳定性，MM 算法在统计计算中颇受欢迎[参看 Hunter 和 Lange(2000)，Hunter 和 Li(2005)，Chi 和 Lange(2014)的文献]。MM 算法的优点之一是它具有双重优化功能。在极小化问题中，第一个 M 代表极大化，即构造目标优化函数的极大化函数；第二个 M 代表极小化。在极大化问题中，第一个 M 代表极小化，即构造目标优化函数的极小化函数；第二个 M 代表极大化。下面我们基于极大化问题来说明 MM 算法的基本原理和计算步骤。

在极大化问题中，假设 $l(\boldsymbol{\theta}|Y_{\text{obs}})$ 为目标优化函数，其中，$\boldsymbol{\theta}$ 为未知参数向量，$\boldsymbol{\theta}\in\boldsymbol{\Theta}$，$\boldsymbol{\Theta}$ 为参数空间。MM 算法构建流程颇为简单，其主要包含极小化和极大化两个步骤。事实上，MM 算法的基本原理就是在第一个极小化步骤和第二个极大化步骤之间交替迭代，直到收敛。首先，第一个极小化步骤的任务是构造目标优化函数 $l(\boldsymbol{\theta}|Y_{\text{obs}})$ 的一个极小化函数（或称为：替代函数），通常记为符号 $Q(\boldsymbol{\theta}|\boldsymbol{\theta}^{(t)})$，使得 $Q(\boldsymbol{\theta}|\boldsymbol{\theta}^{(t)})$ 满足下述两个条件：

$$\begin{cases} Q(\boldsymbol{\theta}|\boldsymbol{\theta}^{(t)})\leqslant l(\boldsymbol{\theta}|Y_{\text{obs}}),\ \forall\,\boldsymbol{\theta},\boldsymbol{\theta}^{(t)}\in\boldsymbol{\Theta} \\ Q(\boldsymbol{\theta}^{(t)}|\boldsymbol{\theta}^{(t)})=l(\boldsymbol{\theta}^{(t)}|Y_{\text{obs}}) \end{cases}$$

其中，$\boldsymbol{\theta}^{(t)}$ 表示第 t 次迭代中对 $\hat{\boldsymbol{\theta}}$ 的近似值。值得注意的是，替代函数 $Q(\boldsymbol{\theta}|\boldsymbol{\theta}^{(t)})$ 总是落在目标优化函数 $l(\boldsymbol{\theta}|Y_{\text{obs}})$ 的下边，且在点 $\boldsymbol{\theta}=\boldsymbol{\theta}^{(t)}$ 处与目标优化函数相切。当替代函数构造好以后，第二个极大化步骤则是直接极大化替代函数 $Q(\boldsymbol{\theta}|\boldsymbol{\theta}^{(t)})$，即

$$\boldsymbol{\theta}^{(t+1)}=\arg\max Q(\boldsymbol{\theta}|\boldsymbol{\theta}^{(t)})$$

便可得第 t 步 $\boldsymbol{\theta}^{(t)}$ 与下一步 $\boldsymbol{\theta}^{(t+1)}$ 的交替迭代公式。基于替代函数所满足的两个条件，我们有目标优化函数 $l(\boldsymbol{\theta}|Y_{\text{obs}})$ 在第 t 步 $\boldsymbol{\theta}^{(t)}$ 与下一步 $\boldsymbol{\theta}^{(t+1)}$ 的关系式如下：

$$l(\boldsymbol{\theta}^{(t+1)})\geqslant Q(\boldsymbol{\theta}^{(t+1)}|\boldsymbol{\theta}^{(t)})\geqslant Q(\boldsymbol{\theta}^{(t)}|\boldsymbol{\theta}^{(t)})=l(\boldsymbol{\theta}^{(t)})$$

可见，MM 算法在每次迭代中都会增加目标函数值，即具有使目标函数 $l(\boldsymbol{\theta}|Y_{\text{obs}})$ 上坡的上升特性。严格来说，MM 算法的上升特性主要取决于其每一次迭代都会使得替代函数 $Q(\boldsymbol{\theta}|\boldsymbol{\theta}^{(t)})$ 增加。因此，在一定的条件下[具体详情请参看 Vaida(2005)和 Lange(2010)的文献]，可保证 MM 算法收敛于目标优化函数的局部最大值。当一个优化问题的 MM 算法开发成功以后，MM 算法就可以通过：(1)分离优化问题中包含的高维参数；(2)将复杂的优化问题线性化；(3)有效地避开大维矩阵求逆的过程；(4)“优雅”地处理等式或不等式约束条件；(5)将不可微的优化问题转化为光滑的优化问题等方式简化我们的优化步骤。在 MM 算法的开发过程中，一个最具挑战性的问题是构造一个易于处理的替代函数 $Q(\boldsymbol{\theta}|\boldsymbol{\theta}^{(t)})$，使其尽可能紧密地拥抱目标函数 $l(\cdot|Y_{\text{obs}})$。在和、非负积、极限等形式与递增函数复合的条件下，函数之间的极小化关系是封闭的。这些规则促使我们能够逐步简化复杂的目标函数。在极小化步骤中，不平等的处理技巧是替代函数成功开发的关键。而 Jensen 不等式、算术-几何均值不等式、Cauchy-Schwarz 不等式以及支撑超平面不

等式等在设计MM算法中被证明是非常有用的。我们将在下一小节中介绍不等式的处理技巧与关系。

3.3 不等式

3.3.1 Jensen不等式及其应用

假设$\varphi(\cdot)$为凹函数，X是在$\varphi(\cdot)$的定义域内取值的随机变量，当两个期望$E(X)$和$E[\varphi(X)]$都存在时，则Jensen不等式为

$$\varphi[E(X)] \geqslant E[\varphi(X)]$$

(1)Jensen不等式的连续版本为

$$\varphi\left[\int_Z \tau(z) g(z) dz\right] \geqslant \int_Z \varphi[\tau(z)] g(z) \mathrm{d}z$$

其中Z是实数集R的一个子集，$\tau(\cdot)$是定义在Z上的任意实值函数且$g(\cdot)$是定义在Z上的概率密度函数。

(2)Jensen不等式的离散版本为

$$\varphi\left(\sum_{i=1}^{n} \alpha_i z_i\right) \geqslant \sum_{i=1}^{n} \alpha_i \varphi(z_i) \tag{3.1}$$

其中，$\alpha_i \geqslant 0$且$\sum_{i=1}^{n} \alpha_i = 1$。我们可从式(3.1)中观察到两个重要的事实：第一，式(3.1)的右端是完全可加分离的；第二，式(3.1)的两边，函数形式并没有改变。

例3.1(混合分布模型) 混合分布模型常常被用于从异质性数据中提取分组信息并进行建模分析，在统计学、经济学、生物医学等众多领域都有广泛的应用。通常，一个混合分布的概率密度$f(y|\pi,\boldsymbol{\theta})$可以写成各分量概率密度的凸组合，即

$$f(y|\pi,\boldsymbol{\theta}) = \sum_{j=1}^{M} \pi_j f_j(y|\boldsymbol{\theta}_j)$$

这里，π_j为非负的混合概率，且其概率之和为1，即$\sum_{j=1}^{M} \pi_j = 1$；$f_j(\boldsymbol{y}|\boldsymbol{\theta}_j)$是$M$个分量中第$j$个分量的概率密度。假设$y_1, y_2, \cdots, y_n$是来自混合概率$f(y|\pi,\boldsymbol{\theta})$的随机观测样本，记观测数据为$Y_{\text{obs}} = \{y_i\}_{i=1}^{n}$，则观测对数似然函数$l(\boldsymbol{\pi},\boldsymbol{\theta}|Y_{\text{obs}})$就可以表示为线性组合$\sum_{j=1}^{M} \pi_j f_j(y_i|\boldsymbol{\theta}_j)$的凹函数结构，即

$$l(\boldsymbol{\pi},\boldsymbol{\theta}|Y_{\mathrm{obs}})=\sum_{i=1}^{n}\ln\Big[\sum_{j=1}^{M}\pi_j f_j(y_i|\boldsymbol{\theta}_j)\Big]$$

不难发现,上述对数似然函数 $l(\boldsymbol{\pi},\boldsymbol{\theta}|Y_{\mathrm{obs}})$ 正如 Jensen 不等式(3.1)的左端,故可利用 Jensen 不等式对上式进行放缩,便可得 $l(\boldsymbol{\pi},\boldsymbol{\theta}|Y_{\mathrm{obs}})$ 的替代函数为

$$Q(\boldsymbol{\pi},\boldsymbol{\theta}|\pi^{(t)},\boldsymbol{\theta}^{(t)})=\sum_{i=1}^{n}\sum_{j=1}^{M}\omega_{ij}(y_i|\pi^{(t)},\boldsymbol{\theta}^{(t)})\{\ln(\pi_j)+\ln[f_j(y_i|\theta_j)]\}+c$$

其中,$\omega_{ij}(y_i|\pi^{(t)},\boldsymbol{\theta}^{(t)})=\dfrac{\pi_j^{(t)}f_j(y_i|\boldsymbol{\theta}_j^{(t)})}{\sum_{j=1}^{M}\pi_j^{(t)}f_j(y_i|\boldsymbol{\theta}_j^{(t)})}$,$c$ 是与参数向量$(\boldsymbol{\pi},\boldsymbol{\theta})$无关的常数。因为 $\boldsymbol{\pi}$ 和 $\boldsymbol{\theta}$ 在替代函数中是分离的,所以关于参数 $\boldsymbol{\pi}$ 直接极大化,便可得到参数 $\boldsymbol{\pi}$ 的 MM 算法迭代公式为

$$\boldsymbol{\pi}_j^{(t+1)}=\frac{\sum_{i=1}^{n}\omega_{ij}(y_i|\boldsymbol{\pi}^{(t)},\boldsymbol{\theta}^{(t)})}{\sum_{i=1}^{n}\sum_{j=1}^{M}\omega_{ij}(y_i|\boldsymbol{\pi}^{(t)},\boldsymbol{\theta}^{(t)})}=\frac{\sum_{i=1}^{n}\omega_{ij}(y_i|\boldsymbol{\pi}^{(t)},\boldsymbol{\theta}^{(t)})}{n}$$

根据贝叶斯规则,在给定数据 y_i 和当前参数值$(\boldsymbol{\pi}^{(t)},\boldsymbol{\theta}^{(t)})$的情况下,权重 $\omega_{ij}(y_i|\boldsymbol{\pi}^{(t)},\boldsymbol{\theta}^{(t)})$恰好是数据 y_i 来自第 j 个分量的后验概率。而 $Q(\boldsymbol{\pi}^{(t+1)},\boldsymbol{\theta}|\boldsymbol{\pi}^{(t)},\boldsymbol{\theta}^{(t)})$关于参数 $\boldsymbol{\theta}$ 的极大化是一个特定的问题,需根据各分量概率密度的具体形式来讨论,但各分量概率密度的对数函数在替代函数中也是完全分离的,所以分别对各分量概率密度进行极大化并不是什么难事,这里我们不再继续进行讨论。

3.3.2 支撑超平面不等式及其应用

假设 $\psi(z)$为凸函数,则支撑超平面不等式为

$$\psi(z)\geqslant\psi(z_0)+(z-z_0)\psi'(z_0)\tag{3.2}$$

注意:式(3.2)的右端是一条直线,它总是位于凸函数 $\psi(z)$的下边,并且在点 $z=z_0$ 处与凸函数 $\psi(z)$相切。换句话说,在式(3.2)的两边,函数形式是不同的,左端的凸函数 $\psi(z)$ 被变换成了右端关于 z 的线性函数形式。若令 $\varphi(z)=-\psi(z)$,则式(3.2)就变为 $\varphi(z)\leqslant\varphi(z_0)+(z-z_0)\varphi'(z_0)$,此时,该式子与离散版本的 Jensen 不等式是等价的。

例 3.2(紧集上的凸函数) 紧集 S 上凸函数 $f(\boldsymbol{x})$的极大化问题有时会屈服于支撑超平面不等式。给定一个子梯度 $\boldsymbol{v}\in\partial f(\boldsymbol{x}^{(n)})$,支撑超平面不等式提供了仿射替代函数,即

$$g(\boldsymbol{x}|\boldsymbol{x}^{(n)})=f(\boldsymbol{x}^{(n)})+\boldsymbol{v}^{\mathrm{T}}(\boldsymbol{x}-\boldsymbol{x}^{(n)})$$

来极小化 $f(\boldsymbol{x})$。接下来，替代函数的极大化问题就等价于紧集 S 中支撑函数的求解问题。许多紧凸集都可以生成显式的支撑函数。如果 S 是紧多面体集，则支撑函数的求解问题就简化为线性规划问题。即使 S 是非凸的，有时也可以显式地计算支撑函数。比如，如果 S 是单位球(单位球的表面)，则线性函数 $\boldsymbol{v}^{\mathrm{T}}\boldsymbol{x}$ 在 $\boldsymbol{x}=\|\boldsymbol{v}\|^{-1}\boldsymbol{v}$ 处达到最大值。用幂方法计算正定矩阵 $\boldsymbol{M}$ 的优势特征值可以看作是在单位球上极大化凸函数。如例 2.1 所述，显性特征值 λ 等于凸函数 $f(x)=\boldsymbol{x}^{\mathrm{T}}\boldsymbol{M}\boldsymbol{x}$ 在 S 上的最大值。因为 $f(x)$ 具有梯度 $2\boldsymbol{M}\boldsymbol{x}$，则幂方法的下一步迭代为：$\boldsymbol{x}^{(n+1)}=\|\boldsymbol{M}\boldsymbol{x}^{(n)}\|^{-1}\boldsymbol{M}\boldsymbol{x}^{(n)}$。当 $\boldsymbol{M}$ 不是正定矩阵时，对于任意足够大的 $c>0$，可以用正定矩阵 $M+c\boldsymbol{I}$ 来代替它，用 $\boldsymbol{M}+c\boldsymbol{I}$ 代替 $\boldsymbol{M}$ 的移幂法可以得到优势特征值 $\lambda+c$。

考虑另一个例子，计算两个紧凸集 A 和 B 之间的 Hausdorff 距离

$$d_H(A,B)=\max\{d(A,B),d(B,A)\}$$

其中，$d(A,B)=\sup_{x\in A}d(x,B)$，$d(B,A)=\sup_{y\in B}d(y,A)$。显然，Hausdorff 距离只需分别计算 $d(A,B)$ 和 $d(B,A)$ 并取最大值就足够了。在前面的情况下，下列极小化过程

$$\operatorname{dist}(\boldsymbol{x},B)\geqslant\operatorname{dist}(\boldsymbol{x}^{(n)},B)+(\boldsymbol{v}^{(n)})^{\mathrm{T}}(\boldsymbol{x}-\boldsymbol{x}^{(n)})$$

适用于任何次梯度 $\boldsymbol{v}^{(n)}\in\partial\operatorname{dist}(\boldsymbol{x}^{(n)},B)$。当 $\boldsymbol{x}^{(n)}$ 落在集合 B 的内部时，不幸的是，唯一的选择 $\boldsymbol{v}^{(n)}=0$ 意味着没有进展。当更有利的事件 $\boldsymbol{x}^{(n)}\notin B$ 发生时，唯一的子梯度就是梯度。

$$\boldsymbol{v}^{(n)}=\|\boldsymbol{x}^{(n)}-P_B(\boldsymbol{x}^{(n)})\|^{-1}[\boldsymbol{x}^{(n)}-P_B(\boldsymbol{x}^{(n)})]$$

在这种情况下，下一次迭代就是通过在紧凸集 A 上极大化 $\boldsymbol{v}^{(n)\mathrm{T}}(\boldsymbol{x}-\boldsymbol{x}^{(n)})$ 来推得，正如已经观察到的，这可以简化为对支撑函数的计算。幸运的是，当迭代从 $A\backslash B$ 开始时，它们仍然在 $A\backslash B$ 中。确实，如果 $\boldsymbol{x}^{(n)}\in A\backslash B$，但 $\boldsymbol{x}^{(n+1)}\in B$，则钝角条件要求

$$\begin{aligned}[\boldsymbol{x}^{(n)}-P_B(\boldsymbol{x}^{(n)})]^{\mathrm{T}}\boldsymbol{x}^{(n+1)}&\leqslant[\boldsymbol{x}^{(n)}-P_B(\boldsymbol{x}^{(n)})]^{\mathrm{T}}P_B(\boldsymbol{x}^{(n)})\\&<[\boldsymbol{x}^{(n)}-P_B(\boldsymbol{x}^{(n)})]^{\mathrm{T}}\boldsymbol{x}^{(n)}\end{aligned}$$

与 $\boldsymbol{x}^{(n+1)}$ 的最优性相矛盾。上述简单的论证表明，$d(\boldsymbol{x},B)$ 的任何最大值必定出现在集合 A 的边界上。事实上，著名的 Krein-Milman 定理表明，只需检查集合 A 的极值点就足够了。

例 3.3(凹凸准则) 假设 $f(x)$ 和 $g(x)$ 是两个凸函数，并且 $\boldsymbol{s}^{(n)}\in\partial g(\boldsymbol{x}^{(n)})$，则极小化

$$g(x)\geqslant g(\boldsymbol{x}^{(n)})+(\boldsymbol{s}^{(n)})^{\mathrm{T}}(\boldsymbol{x}-\boldsymbol{x}^{(n)})$$

给出凸极大化

$$f(x)-g(x)\leqslant f(x)-g(x^{(n)})-(s^{(n)})^{\mathrm{T}}(\boldsymbol{x}-\boldsymbol{x}^{(n)})$$

由上述极大化生成的 MM 算法称为凹凸过程(Convex-Concave procedure)。类似这样凸函数的差的形式在很多情况下都会出现。比如,考虑一个二次方程 $b(\boldsymbol{x})=\boldsymbol{x}^{\mathrm{T}}\boldsymbol{A}\boldsymbol{x}$,其中矩阵 $\boldsymbol{A}$ 是对称不定的。如果 $\boldsymbol{A}$ 有谱分解 $\boldsymbol{A}=\sum_i \lambda_i \boldsymbol{u}\boldsymbol{u}^{\mathrm{T}}$,那么我们可以将 $b(\boldsymbol{x})$ 分解为差 $\boldsymbol{x}^{\mathrm{T}}\boldsymbol{B}\boldsymbol{x}-\boldsymbol{x}^{\mathrm{T}}\boldsymbol{C}\boldsymbol{x}$,其中 $\boldsymbol{B}=\sum_{\lambda_i>0}\lambda_i \boldsymbol{u}\boldsymbol{u}^{\mathrm{T}}$,$\boldsymbol{C}=-\sum_{\lambda_i<0}\lambda_i \boldsymbol{u}\boldsymbol{u}^{\mathrm{T}}$。或者,我们可以取 $\boldsymbol{B}=\boldsymbol{A}+\rho\boldsymbol{I}$,$\boldsymbol{C}=\rho\boldsymbol{I}$,其中 $\rho+\min_i\lambda_i\geqslant 0$。

凹凸过程也适用于带约束的情况。考虑一个带不等式约束 $a(\boldsymbol{x})-b(\boldsymbol{x})\leqslant 0$ 的情形,其中 $a(\boldsymbol{x})$ 和 $b(\boldsymbol{x})$ 都是凹的。如果 $\boldsymbol{s}^{(n)}$ 是 $b(\boldsymbol{x})$ 在当前迭代点 $\boldsymbol{x}^{(n)}$ 处的子梯度,那么可以用凸约束

$$a(\boldsymbol{x})-b(\boldsymbol{x}^{(n)})-(\boldsymbol{s}^{(n)})^{\mathrm{T}}(\boldsymbol{x}-\boldsymbol{x}^{(n)})\leqslant 0$$

表示原始约束 $a(\boldsymbol{x})-b(\boldsymbol{x})\leqslant 0$。因此,任何具有凹凸目标函数和凹凸不等式约束的极小化问题都可以转化为一系列凸规划问题。求解附加在当前迭代上的凸规划可以使得受原始约束的原始目标函数减小。

3.3.3 算术-几何均值不等式及其应用

假设 z_i 和 α_i 是非负的,$\boldsymbol{\alpha}=(\alpha_1,\alpha_2,\cdots,\alpha_n)$,则算术-几何均值不等式为

$$\prod_{i=1}^{n} z_i^{\alpha_i}\leqslant \sum_{i=1}^{n}\frac{\alpha_i}{\|\boldsymbol{\alpha}\|_1} z_i^{\|\boldsymbol{\alpha}\|_1} \tag{3.3}$$

其中,$\|\boldsymbol{\alpha}\|_1 \triangleq \sum_{i=1}^{n}|\alpha_i|$ 表示向量 $\boldsymbol{\alpha}$ 的 L_1 范数。该不等式通过将左端的连乘积转化为右端多项式的方式达到参数分离的目的。事实上,上述不等式(3.3)是 Jensen 不等式的一种特殊形式,也可由 Jensen 不等式推出。若我们取 $\varphi(\cdot)=\ln(\cdot)$,根据离散版本的 Jensen 不等式,可得

$$\ln\left(\sum_{i=1}^{n}\frac{\alpha_i}{\|\boldsymbol{\alpha}\|_1} z_i^{\|\boldsymbol{\alpha}\|_1}\right)\geqslant \sum_{i=1}^{n}\frac{\alpha_i}{\|\boldsymbol{\alpha}\|_1}\ln z_i^{\|\boldsymbol{\alpha}\|_1}=\sum_{i=1}^{n}\ln z_i^{\alpha_i}$$

通过对上述不等式的两边进行指数运算,我们便立即可得算术-几何均值不等式(3.3)。另外,一个与式(3.3)相关的不等式为

$$\prod_{i=1}^{n} x_i^{\alpha_i}\geqslant \prod_{i=1}^{n} x_{mi}^{\alpha_i}\left(1+\sum_{i=1}^{n}\alpha_i \ln x_i-\sum_{i=1}^{n}\alpha_i \ln x_{mi}\right) \tag{3.4}$$

实际上,不等式(3.4)来自支撑超平面不等式(3.2)。我们选取凸函数 $\psi(\cdot)=-\ln(\cdot)$ 在点 $z_0=1$ 处展开,即 $-\ln(z)\geqslant -z+1$ 或 $z\geqslant 1+\ln z$,并令 $z=\prod_{i=1}^{n}(x_i/x_{mi})^{\alpha_i}$,便立即可得上述不等式(3.4)。

例 3.4(几何程序建模问题) 几何与信号中的一个典型优化问题为 $\min_{x_1,x_2\geqslant 0} f(x)$，其中，$f(x)=\frac{1}{x_1^3}+\frac{3}{x_1x_2^2}+x_1x_2-\sqrt{x_1x_2}$。不难发现，该目标函数 $f(x)$ 中存在三项连乘积，本小节介绍的算术-几何均值不等式恰好可用于放缩此类目标函数 $f(\boldsymbol{x})$ 以达到分离参数的目的，即

$$x_1x_2\leqslant\frac{x_2^{(t)}}{2x_1^{(t)}}x_1^2+\frac{x_1^{(t)}}{2x_2^{(t)}}x_2^2$$

$$\frac{1}{x_1x_2^2}\leqslant\frac{1}{3}\cdot\frac{(x_1^{(t)})^2}{(x_2^{(t)})^2}\cdot\frac{1}{x_1^3}+\frac{2}{3}\cdot\frac{x_2^{(t)}}{x_1^{(t)}}\cdot\frac{1}{x_2^3}$$

$$-\sqrt{x_1x_2}\leqslant-\frac{1}{2}\sqrt{x_1^{(t)}x_2^{(t)}}(2+\ln x_1+\ln x_2-\ln x_1^{(t)}-\ln x_2^{(t)})$$

由上可见，左端的三项连乘积通过上述三个不等式达到了分离参数的目的。其中第一式和第二式就是基于算术-几何均值不等式(3.3)得到，第三式则是不等式(3.4)的特殊形式。因此，接下来的极小化步骤中仅涉及两个分离的单变量优化问题，此处，我们不再继续讨论。

3.3.4 Cauchy-Schwarz 不等式及其应用

Cauchy-Schwarz 不等式是数学中应用最广泛的不等式之一，它在 MM 算法的构建中同样占据重要地位。在欧式空间 R^n 中，对任意的向量 $\boldsymbol{x}=(x_1,x_2,\cdots,x_n)$ 和 $\boldsymbol{y}=(y_1,y_2,\cdots,y_n)$，Cauchy-Schwarz 不等式表示为

$$\sum_{i=1}^n x_iy_i\leqslant\Big(\sum_{i=1}^n x_i^2\Big)^{1/2}\Big(\sum_{i=1}^n y_i^2\Big)^{1/2}\Leftrightarrow$$

$$\Big(\sum_{i=1}^n x_iy_i\Big)^2\leqslant\Big(\sum_{i=1}^n x_i^2\Big)\cdot\Big(\sum_{i=1}^n y_i^2\Big)$$

当 $x_i=\lambda y_i,i=1,2,\cdots,n$ 时，Cauchy-Schwarz 不等式的等号成立。

例 3.5(多维标度模型) 多维标度表示 p 维空间中的 q 个对象，基于对每对对象 i 和 j 的非负权重 $\omega_{ij}=\omega_{ji}$ 和相异性度量 $d_{ij}=d_{ji}\geqslant 0$。假设 $\boldsymbol{x}_i\in R^p$ 是对象 i 的位置，则可通过极小化应力函数 $f(\boldsymbol{X})$ 来估计 $p\times q$ 维参数矩阵 $\boldsymbol{X}$ 的第 i 个列向量 $\boldsymbol{x}_i$：

$$\begin{aligned}f(\boldsymbol{X})&=\sum_{1\leqslant i<j\leqslant q}\omega_{ij}(d_{ij}-\|\boldsymbol{x}_i-\boldsymbol{x}_j\|)^2\\&=\sum_{1\leqslant i<j\leqslant q}\omega_{ij}d_{ij}^2-2\sum_{1\leqslant i<j\leqslant q}\omega_{ij}d_{ij}\|\boldsymbol{x}_i-\boldsymbol{x}_j\|+\sum_{1\leqslant i<j\leqslant q}\omega_{ij}\|\boldsymbol{x}_i-\boldsymbol{x}_j\|^2\end{aligned}$$

应力函数 $f(\boldsymbol{X})$ 在 R^p 空间中进行平移、旋转和反射都保持不变。由于我们的目标

是极小化上述应力函数 $f(\boldsymbol{X})$，根据MM算法原理，事先需要为目标函数 $f(X)$ 构造一个参数分离的替代函数（极大化函数）。这里，我们利用Cauchy-Schwarz不等式来构造应力函数 $f(\boldsymbol{X})$ 中第二项的局部极大化函数，即

$$-\|\boldsymbol{x}_i-\boldsymbol{x}_j\|\leqslant-\frac{(\boldsymbol{x}_i-\boldsymbol{x}_j)^{\mathrm{T}}(\boldsymbol{x}_i^{(t)}-\boldsymbol{x}_j^{(t)})}{\|\boldsymbol{x}_i^{(t)}-\boldsymbol{x}_j^{(t)}\|}$$

其中，$\boldsymbol{x}_i^{(t)}$ 表示 $\boldsymbol{x}_i\in R^p$ 在当前第 t 步的迭代值。紧接着，为了分离应力函数 $f(\boldsymbol{X})$ 第三项中的参数变量，根据函数 $\|\boldsymbol{x}\|^2$ 的凸性，即

$$\begin{aligned}\|\boldsymbol{x}_i-\boldsymbol{x}_j\|^2&=\left\|\frac{1}{2}(2\boldsymbol{x}_i-\boldsymbol{x}_i^{(t)}-\boldsymbol{x}_j^{(t)})-\frac{1}{2}(2\boldsymbol{x}_j-\boldsymbol{x}_i^{(t)}-\boldsymbol{x}_j^{(t)})\right\|^2\\&\leqslant2\left\|\boldsymbol{x}_i-\frac{1}{2}(\boldsymbol{x}_i^{(t)}+\boldsymbol{x}_j^{(t)})\right\|^2+2\left\|\boldsymbol{x}_j-\frac{1}{2}(\boldsymbol{x}_i^{(t)}+\boldsymbol{x}_j^{(t)})\right\|^2\end{aligned}$$

综上，在 $\omega_{ij}=\omega_{ji}$ 给定的情况下，即可得目标应力函数 $f(\boldsymbol{X})$ 的全局替代函数为

$$\begin{aligned}Q(\boldsymbol{X}\,|\,\boldsymbol{X}^{(t)})=&2\sum_{1\leqslant i<j\leqslant q}\omega_{ij}\left[\left\|\boldsymbol{x}_i-\frac{1}{2}(\boldsymbol{x}_i^{(t)}+\boldsymbol{x}_j^{(t)})\right\|^2-\frac{d_{ij}\boldsymbol{x}_i(\boldsymbol{x}_i^{(t)}-\boldsymbol{x}_j^{(t)})}{\|\boldsymbol{x}_i^{(t)}-\boldsymbol{x}_j^{(t)}\|}\right]+\\&2\sum_{1\leqslant i<j\leqslant q}\omega_{ij}\left[\left\|\boldsymbol{x}_j-\frac{1}{2}(\boldsymbol{x}_i^{(t)}+\boldsymbol{x}_j^{(t)})\right\|^2-\frac{d_{ij}\boldsymbol{x}_i(\boldsymbol{x}_i^{(t)}-\boldsymbol{x}_j^{(t)})}{\|\boldsymbol{x}_i^{(t)}-\boldsymbol{x}_j^{(t)}\|}\right]\\=&2\sum_{i=1}^{q}\sum_{j\neq i}\left[\omega_{ij}\left\|\boldsymbol{x}_i-\frac{1}{2}(\boldsymbol{x}_i^{(t)}+\boldsymbol{x}_j^{(t)})\right\|^2-\frac{\omega_{ij}d_{ij}\boldsymbol{x}_i(\boldsymbol{x}_i^{(t)}-\boldsymbol{x}_j^{(t)})}{\|\boldsymbol{x}_i^{(t)}-\boldsymbol{x}_j^{(t)}\|}\right]\end{aligned}$$

令上述替代函数 $Q(\boldsymbol{X}\,|\,\boldsymbol{X}^{(t)})$ 的梯度为0，则可得所有参数 x_{ik} 的MM算法迭代步骤为

$$x_{ik}^{(t)}=\frac{\displaystyle\sum_{j\neq i}\left[\omega_{ij}(x_{ik}^{(t)}+x_{jk}^{(t)})+\frac{\omega_{ij}d_{ij}(\boldsymbol{x}_{ik}^{(t)}-\boldsymbol{x}_{jk}^{(t)})}{\|\boldsymbol{x}_i^{(t)}-\boldsymbol{x}_j^{(t)}\|}\right]}{\displaystyle 2\sum_{j\neq i}\omega_{ij}}$$

3.3.5 二次上界原理及其应用

二次上界原理适用于曲率有界的二次可微函数 $f(\boldsymbol{x})$，对于这样的一个函数，该方法假定存在一个矩阵 $\boldsymbol{B}$ 满足 $\boldsymbol{B}>\mathrm{d}^2f(\boldsymbol{x})$ 和 $\boldsymbol{B}>0$，即 $\boldsymbol{B}-\mathrm{d}^2f(\boldsymbol{x})$ 对所有 $\boldsymbol{x}$ 都是半正定的，并且 $\boldsymbol{B}$ 是正定的。二次上界原理可通过

$$\begin{aligned}f(\boldsymbol{x})=&f(\boldsymbol{y})+\mathrm{d}f(\boldsymbol{y})(\boldsymbol{x}-\boldsymbol{y})+\\&(\boldsymbol{x}-\boldsymbol{y})^{\mathrm{T}}\int_0^1\mathrm{d}^2f[\boldsymbol{y}+t(\boldsymbol{x}-\boldsymbol{y})](1-t)\mathrm{d}t(\boldsymbol{x}-\boldsymbol{y})\\\leqslant&f(\boldsymbol{y})+\mathrm{d}f(\boldsymbol{y})(\boldsymbol{x}-\boldsymbol{y})+\frac{1}{2}(\boldsymbol{x}-\boldsymbol{y})^{\mathrm{T}}\boldsymbol{B}(\boldsymbol{x}-\boldsymbol{y})\end{aligned}\tag{3.5}$$

极大化函数 $f(\boldsymbol{x})$。同样地，也存在相应的二次下界原理，使得目标函数 $f(\boldsymbol{x})$被一个二次函数极小化。在这种情况下，我们只需寻找一个矩阵 $\boldsymbol{B}$ 使得 $\boldsymbol{B}$ 是负定的，并且 $\boldsymbol{B}-d^2f(\boldsymbol{x})$对所有 $\boldsymbol{x}$ 都是半负定的。

该原理的旧版本完全省略了第二个微分。假设梯度$\nabla f(\boldsymbol{x})$是相对于欧几里得范数具有恒定常数 L 的 Lipschitz 梯度$\nabla f(\boldsymbol{x})$。考虑一阶泰勒展开

$$\begin{aligned}
f(\boldsymbol{x}) &= f(\boldsymbol{y}) + \int_0^1 \mathrm{d}f[\boldsymbol{y}+t(\boldsymbol{x}-\boldsymbol{y})](x-\boldsymbol{y})\mathrm{d}t \\
&= f(\boldsymbol{y}) + \mathrm{d}f(\boldsymbol{y})(\boldsymbol{x}-\boldsymbol{y}) + \int_0^1 \{\mathrm{d}f[\boldsymbol{y}+t(\boldsymbol{x}-\boldsymbol{y})] - \mathrm{d}f(\boldsymbol{y})\}(\boldsymbol{x}-\boldsymbol{y})\mathrm{d}t \\
&\leqslant f(\boldsymbol{y}) + \mathrm{d}f(\boldsymbol{y})(\boldsymbol{x}-\boldsymbol{y}) + \int_0^1 |\{\mathrm{d}f[\boldsymbol{y}+t(\boldsymbol{x}-\boldsymbol{y})] - \mathrm{d}f(\boldsymbol{y})\}(\boldsymbol{x}-\boldsymbol{y})|\,\mathrm{d}t
\end{aligned}$$

将 Cauchy-Schwarz 不等式和 Lipschitz 不等式应用于上述被积函数，可以得到下列极大化函数：

$$\begin{aligned}
f(\boldsymbol{x}) &\leqslant f(\boldsymbol{y}) + \mathrm{d}f(\boldsymbol{y})(\boldsymbol{x}-\boldsymbol{y}) + L\|\boldsymbol{x}-\boldsymbol{y}\|^2\int_0^1 t\,\mathrm{d}t \\
&= f(\boldsymbol{y}) + \mathrm{d}f(\boldsymbol{y})(\boldsymbol{x}-\boldsymbol{y}) + \frac{L}{2}\|\boldsymbol{x}-\boldsymbol{y}\|^2 \qquad (3.6)
\end{aligned}$$

这个极大化函数通常不像式(3.5)中更精确的极大化函数那样严格，但是它所依赖的条件更弱。

例 3.6(Landweber 方法) 求解正定矩阵 $\boldsymbol{A}$ 的二次型的最小值。

$$f(\boldsymbol{x}) = \frac{1}{2}\boldsymbol{x}^{\mathrm{T}}\boldsymbol{A}\boldsymbol{x} + \boldsymbol{b}^{\mathrm{T}}\boldsymbol{x}$$

等价于求解线性方程组 $\boldsymbol{A}\boldsymbol{x}=-\boldsymbol{b}$。当 $\boldsymbol{A}$ 是 $p\times p$ 维的，后一项任务需要 $O(p^3)$次算术运算。幸运的是，迭代求解是可行的。梯度不等式

$$\|\nabla f(\boldsymbol{x}) - \nabla f(\boldsymbol{y})\| = \|\boldsymbol{A}(\boldsymbol{x}-\boldsymbol{y})\| \leqslant \|\boldsymbol{A}\| \cdot \|\boldsymbol{x}-\boldsymbol{y}\|$$

将$\nabla f(\boldsymbol{x})$的 Lipschitz 常数确定为范数$\|\boldsymbol{A}\|$。因此，如果 L 超过范数$\|\boldsymbol{A}\|$，则极小化极大化函数式(3.6)可得目标函数 $f(\boldsymbol{x})$极小化的迭代方案为

$$\boldsymbol{x}^{(n+1)} = \boldsymbol{x}^{(n)} - \frac{1}{L}\nabla f(\boldsymbol{x}^{(n)}) = \boldsymbol{x}^{(n)} - \frac{1}{L}(\boldsymbol{A}\boldsymbol{x}^{(n)} + \boldsymbol{b})$$

容易发现，此更新过程不涉及矩阵乘法和矩阵求逆的运算。当矩阵 $\boldsymbol{A}$ 是稀疏的，上述更新过程特别高效。与这些优点相平衡的是，在该迭代过程收敛之前可能会经历大量的迭代步骤，并且计算谱范数是必要的。

关于目标函数

$$f(\boldsymbol{x}) = \frac{1}{2}\|\boldsymbol{v} - \boldsymbol{W}\boldsymbol{x}\|^2$$

的最小二乘中，$\boldsymbol{v}$ 为响应向量，$\boldsymbol{W}$ 为设计矩阵，$\boldsymbol{x}$ 为回归系数向量。在例 3.6 目前使用的符号中，$\boldsymbol{A}=\boldsymbol{W}^{\mathrm{T}}\boldsymbol{W}$，$\boldsymbol{b}=-\boldsymbol{W}^{\mathrm{T}}\boldsymbol{v}$，则 Landweber 方法给出迭代过程为

$$\boldsymbol{x}^{(n+1)}=\boldsymbol{x}^{(n)}-\frac{1}{L}\boldsymbol{W}^{\mathrm{T}}(\boldsymbol{W}\boldsymbol{x}^{(n)}-\boldsymbol{v})$$

通过调用恒等式 $\|\boldsymbol{W}^{\mathrm{T}}\boldsymbol{W}\|=\|\boldsymbol{W}\|^2$ 以及涉及 $\boldsymbol{W}$ 的最大绝对列和乘以 $\boldsymbol{W}$ 的最大绝对行和的经典上界 $\|\boldsymbol{W}\|^2\leqslant\|\boldsymbol{W}\|_1\|\boldsymbol{W}\|_\infty$，可以避免谱范数的计算，但代价是在收敛前需要经历更多的迭代步骤。

例 3.7(Jacobi 迭代)　考虑求解线性方程 $(\boldsymbol{D}+\boldsymbol{N})\boldsymbol{x}=-\boldsymbol{b}$ 的问题，其中 $\boldsymbol{D}$ 和 $\boldsymbol{N}$ 是对称矩阵，矩阵 $\boldsymbol{A}=\boldsymbol{D}+\boldsymbol{N}$ 是正定的。如果在 $\boldsymbol{N}$ 的谱半径上有上界 ρ，则 $f(\boldsymbol{x})=\frac{1}{2}\boldsymbol{x}^{\mathrm{T}}(\boldsymbol{D}+\boldsymbol{N})\boldsymbol{x}+\boldsymbol{b}^{\mathrm{T}}\boldsymbol{x}$ 可以通过下列不等式

$$\begin{aligned}f(\boldsymbol{x})&=\frac{1}{2}\boldsymbol{x}^{\mathrm{T}}\boldsymbol{D}\boldsymbol{x}+\frac{1}{2}(\boldsymbol{x}-\boldsymbol{x}^{(n)})^{\mathrm{T}}\boldsymbol{N}(\boldsymbol{x}-\boldsymbol{x}^{(n)})+(\boldsymbol{x}^{(n)})^{\mathrm{T}}\boldsymbol{N}\boldsymbol{x}-\frac{1}{2}(\boldsymbol{x}^{(n)})^{\mathrm{T}}\boldsymbol{N}\boldsymbol{x}^{(n)}+\boldsymbol{b}^{\mathrm{T}}\boldsymbol{x}\\&\leqslant\frac{1}{2}\boldsymbol{x}^{\mathrm{T}}\boldsymbol{D}\boldsymbol{x}+\frac{\rho}{2}\|\boldsymbol{x}-\boldsymbol{x}^{(n)}\|^2+(\boldsymbol{x}^{(n)})^{\mathrm{T}}\boldsymbol{N}\boldsymbol{x}-\frac{1}{2}(\boldsymbol{x}^{(n)})^{\mathrm{T}}\boldsymbol{N}\boldsymbol{x}^{(n)}+\boldsymbol{b}^{\mathrm{T}}\boldsymbol{x}\\&=g(\boldsymbol{x}\mid\boldsymbol{x}^{(n)})\end{aligned}$$

来极大化。根据平稳条件

$$\boldsymbol{0}=\nabla g(\boldsymbol{x}\mid\boldsymbol{x}^{(n)})=(\boldsymbol{D}+\rho\boldsymbol{I})\boldsymbol{x}-\rho\boldsymbol{x}^{(n)}+\boldsymbol{N}\boldsymbol{x}^{(n)}+\boldsymbol{b}$$

可得更新过程为

$$\boldsymbol{x}^{(n+1)}=(D+\rho I)^{-1}(\rho x^{(n)}-\boldsymbol{N}\boldsymbol{x}^{(n)}-\boldsymbol{b})$$

当 $\boldsymbol{D}+\rho\boldsymbol{I}$ 的逆矩阵容易求解时，该更新过程很方便计算。

当 $\boldsymbol{D}$ 为正定时，Jacobi 迭代是可行的。如果我们假设 $\boldsymbol{N}$ 是半负定的，那么替代函数

$$\begin{aligned}f(\boldsymbol{x})&=\frac{1}{2}\boldsymbol{x}^{\mathrm{T}}\boldsymbol{D}\boldsymbol{x}+\frac{1}{2}(\boldsymbol{x}-\boldsymbol{x}^{(n)})^{\mathrm{T}}\boldsymbol{N}(\boldsymbol{x}-\boldsymbol{x}^{(n)})+(\boldsymbol{x}^{(n)})^{\mathrm{T}}\boldsymbol{N}\boldsymbol{x}-\frac{1}{2}(\boldsymbol{x}^{(n)})^{\mathrm{T}}\boldsymbol{N}\boldsymbol{x}^{(n)}+\boldsymbol{b}^{\mathrm{T}}\boldsymbol{x}\\&\leqslant\frac{1}{2}\boldsymbol{x}^{\mathrm{T}}\boldsymbol{D}\boldsymbol{x}+(\boldsymbol{x}^{(n)})^{\mathrm{T}}\boldsymbol{N}\boldsymbol{x}-\frac{1}{2}(\boldsymbol{x}^{(n)})^{\mathrm{T}}\boldsymbol{N}\boldsymbol{x}^{(n)}+\boldsymbol{b}^{\mathrm{T}}\boldsymbol{x}\end{aligned}$$

可使得 $f(\boldsymbol{x})$ 极大化。此时，替代函数的最小值点

$$\boldsymbol{x}^{(n+1)}=-\boldsymbol{D}^{-1}\boldsymbol{N}\boldsymbol{x}^{(n)}-\boldsymbol{D}^{-1}\boldsymbol{b}$$

与经典的 Jacobi 迭代一致。如果我们作一个不那么严格的假设，即假设 $\boldsymbol{D}-\boldsymbol{N}$ 是半正定的，那么下列替代函数：

$$f(\boldsymbol{x})=\frac{1}{2}\boldsymbol{x}^{\mathrm{T}}\boldsymbol{D}\boldsymbol{x}+\frac{1}{2}(\boldsymbol{x}-\boldsymbol{x}^{(n)})^{\mathrm{T}}\boldsymbol{N}(\boldsymbol{x}-\boldsymbol{x}^{(n)})+(\boldsymbol{x}^{(n)})^{\mathrm{T}}\boldsymbol{N}\boldsymbol{x}-\frac{1}{2}(\boldsymbol{x}^{(n)})^{\mathrm{T}}\boldsymbol{N}\boldsymbol{x}^{(n)}+\boldsymbol{b}^{\mathrm{T}}\boldsymbol{x}$$

$$\leqslant\frac{1}{2}\boldsymbol{x}^{\mathrm{T}}\boldsymbol{D}\boldsymbol{x}+\frac{1}{2}(\boldsymbol{x}-\boldsymbol{x}^{(n)})^{\mathrm{T}}\boldsymbol{D}(\boldsymbol{x}-\boldsymbol{x}^{(n)})+(\boldsymbol{x}^{(n)})^{\mathrm{T}}\boldsymbol{N}\boldsymbol{x}-\frac{1}{2}(\boldsymbol{x}^{(n)})^{\mathrm{T}}\boldsymbol{N}\boldsymbol{x}^{(n)}+\boldsymbol{b}^{\mathrm{T}}\boldsymbol{x}$$

是可行的，其最小值点

$$\boldsymbol{x}^{(n+1)}=\frac{1}{2}\boldsymbol{x}^{(n)}-\frac{1}{2}\boldsymbol{D}^{-1}\boldsymbol{N}\boldsymbol{x}^{(n)}-\frac{1}{2}\boldsymbol{D}^{-1}\boldsymbol{b}$$

表示 Jacobi 迭代的一个宽松版本。这些 Jacobi 迭代过程使得目标函数减少，并且可以直接在矩阵 $\boldsymbol{D}$ 求逆时使用。

3.4 组装技术

通常，组装技术能为目标函数如何分解提供一定的方向性指引。在本小节中，我们首先定义 8 个函数族，其关键思想是引入组装元(或基函数)和互补组装元的概念。在每个函数族中，每一个函数都可以表示成两个或多个组装元和互补组装元的线性组合。其次，在组装过程中，我们给出了一系列充分条件，在这些条件下，所构造的极小化函数(替代函数)是严格凹函数且有唯一的峰值。总而言之，本小节组装元概念引入的主要目的是指导目标函数的分解。

(1)log-generalized-gamma 函数族

函数 $g_1(\theta)$是 log-generalized-gamma 函数族的成员，即 $g_1(\theta)\in \mathrm{LGG}_k(\theta)$，其形式为

$$g_1(\theta)=c_0+c_1\ln\theta+c_2(-\theta^k),\theta\in(0,\infty)$$

其中 $c_0\in(-\infty,+\infty)$是一个与参数 θ 无关的常数，$c_1,c_2\geqslant 0$ 且 $k\in\{1,2,\cdots,\infty\}$。这里，我们称$\{\ln\theta,-\theta^k\}$是 log-generalized-gamma 函数族的一组互补组装元，其中 $\ln(\theta)$或$-\theta^k$ 为组装元。特别地，当 $k=1$ 时，log-generalized-gamma 函数族退化为 log-gamma 函数族，表示为 $\mathrm{LG}(\theta)$。当 $k=2$ 时，log-generalized-gamma 函数族就退化为 log-Rayleigh 函数族，表示为 $\mathrm{LR}(\theta)$。当 $c_1\geqslant 0$ 且 $c_2\geqslant 0$ 时，函数 $g_1(\theta)$是严格凹函数且有唯一的峰值，即

$$\hat{\theta}=\arg\max_{\theta\in(0,\infty)} g_1(\theta)=\left(\frac{c_1}{kc_2}\right)^{1/k}$$

(2)log-beta 函数族

函数 $g_2(\theta)$是 log-beta 函数族的成员，即 $g_2(\theta)\in \mathrm{LB}(\theta)$，其形式为

$$g_2(\theta)=c_0+c_1\ln\theta+c_2\ln(1-\theta),\theta\in[0,1]$$

其中，$c_0\in(-\infty,+\infty)$是一个与参数 θ 无关的常数且 $c_1,c_2\geqslant 0$。这里，我们称 $\{\ln\theta,\ln(1-\theta)\}$是 log-beta 函数族的一组互补组装元。当 $c_1>0$ 且 $c_2>0$ 时，函数 $g_2(\theta)$是严格凹函数且有唯一的峰值，即

$$\hat{\theta}=\arg\max_{\theta\in[0,1]} g_2(\theta)=\left(\frac{c_1}{c_1+c_2}\right)$$

(3)log-extended-beta 函数族

函数 $g_3(\theta)$是 log-extended-beta 函数族的成员，即 $g_3(\theta)\in \mathrm{LEB}(\theta)$，其形式为

$$g_3(\theta)=c_0+c_1\ln\theta+c_2\ln(1-\theta)+c_3(-\theta),\theta\in[0,1]$$

其中，$c_0\in(-\infty,+\infty)$是一个与参数 θ 无关的常数且 $c_1,c_2,c_3\geqslant 0$。这里，我们称 $\{\ln\theta,\ln(1-\theta),-\theta\}$是 log-extended-beta 函数族的一组互补组装元。特别地，当 $c_3=0$，log-extended-beta 函数族就退化为 log-beta 函数族。当 $c_1>0,c_2>0$ 且 $c_3>0$ 时，log-extended-beta 函数族里的成员 $g_3(\theta)$是严格凹函数且有唯一的峰值，即

$$\hat{\theta}=\arg\max_{\theta\in[0,1]} g_3(\theta)=\frac{c_1+c_2+c_3-\sqrt{(c_1+c_2+c_3)^2-4c_1c_3}}{2c_3}\in[0,1]$$

其中，$(c_1+c_2+c_3)^2-4c_1c_3=(c_1-c_3)^2+2c_2(c_1+c_3)>0$。

(4)log-inverted-beta 函数族

函数 $g_4(\theta)$是 log-inverted-beta 函数族的成员，即 $g_4(\theta)\in \mathrm{LIB}(\theta)$，其形式为

$$g_4(\theta)=c_0+c_1\ln\theta+(c_1+c_2)[-\ln(1+\theta)],\theta\in(0,\theta_0)$$

其中，$\theta_0\triangleq[c_1+\sqrt{c_1(c_1+c_2)}]/c_2$，$c_0\in(-\infty,\infty)$为一个常数且 $c_1,c_2>0$。这里，我们称$\{\ln\theta,-\ln(1+\theta)\}$为 log-inverted-beta 函数族的一组互补组装元。函数 $g_4(\theta)$是有效凹的且有唯一的峰值，即

$$\hat{\theta}=\arg\max_{\theta\in(0,\theta_0)} g_4(\theta)=\frac{c_1}{c_2}$$

(5)log-extended-gamma 函数族

函数 $g_5(\theta)$是 log-extended-gamma 函数族的成员，即 $g_5(\theta)\in \mathrm{LEG}(\theta)$，其形式为

$$g_5(\theta)=c_0+c_1\ln\theta+c_2(-\theta)+c_3\ln(1+\theta),\theta\in(0,\infty)$$

其中，c_0 是实数集中的一个常数，$c_1,c_2>0$ 且 $c_3\geqslant 0$。这里，我们称$\{\ln\theta,-\theta,\ln(1+\theta)\}$是 log-extended-gamma 函数族的一组互补组装元。特别地，当 $c_3=0$， log-extended-gamma 函数族就退化为 log-gamma 函数族。log-extended-gamma 函数族里的成员 $g_5(\theta)$是有效凹的且有唯一的峰值，即

$$\hat{\theta}=\arg\max_{\theta>0} g_5(\theta)=\frac{c_1-c_2+c_3+\sqrt{(c_1-c_2+c_3)^2+4c_1c_2}}{2c_2}$$

(6)log-inverted-gamma 函数族

函数 $g_6(\theta)$是 log-inverted-gamma 函数族的成员，即 $g_6(\theta)\in \mathrm{LIG}(\theta)$，其形式为

$$g_6(\theta)=c_0+c_1[-\ln\theta]+c_2(-1/\theta),\theta\in(0,\theta_0)$$

其中，$\theta_0\triangleq\frac{2c_2}{c_1}$，$c_0$ 是实数集中的一个常数且 $c_1,c_2>0$。这里，我们称$\{-\ln\theta,-1/\theta\}$是 log-inverted-gamma 函数族的一组互补组装元，且 log-inverted-gamma 函数族里的函数 $g_6(\theta)$是有效凹的且有唯一的峰值，即

$$\hat{\theta}=\arg\max_{\theta\in(0,\theta_0)} g_6(\theta)=\frac{c_2}{c_1}$$

(7)log-Gumbel-maximum 函数族

函数 $g_7(\theta)$是 log-Gumbel-maximum 函数族的成员，即 $g_7(\theta)\in \mathrm{LGM}(\theta)$，其形式为

$$g_7(\theta)=c_0+c_1(-\mathrm{e}^{-c_2\theta})+c_3(-\theta),\theta\in(-\infty,\infty)$$

其中，c_0 是实数集中的一个常数且 $c_1,c_2,c_3>0$。这里，我们称$\{-\mathrm{e}^{-c_2\theta},-\theta\}$是 log-Gumbel-maximum 函数族的一组互补组装元，且 log-Gumbel-maximum 函数族里的函数 $g_7(\theta)$是有效凹的且有唯一的峰值，即

$$\hat{\theta}=\operatorname*{argmax}_{\theta\in(-\infty,\infty)} g_7(\theta)=\frac{\ln(c_1c_2/c_3)}{c_2}\begin{cases}\geqslant 0, & c_1c_2/c_3\geqslant 1\\ <0, & c_1c_2/c_3<1\end{cases}$$

(8)log-Dirichlet 函数族

函数 $g_8(\boldsymbol{\theta})$是 log-Dirichlet 函数族的成员，即 $g_8(\boldsymbol{\theta})\in \mathrm{LD}_q(\boldsymbol{\theta})$，其形式为

$$g_8(\boldsymbol{\theta})=c_0+\sum_{j=1}^{q}c_j\ln\theta_j,\boldsymbol{\theta}\in T_q\triangleq\{\boldsymbol{\theta}:\theta_j\geqslant 0,\boldsymbol{\theta}^{\mathrm{T}}\mathbf{1_q}=\mathbf{1}\},$$

其中，$c_0\in(-\infty,+\infty)$是一个与参数向量 $\boldsymbol{\theta}$ 无关的常数且 $c_j\geqslant 0$。$\{\ln\theta_j\}_{j=1}^{q}$ 是 log-Dirichlet 函数族的一组互补组装元，它是 log-beta 函数族的扩展形式。当所有的 $c_j>0$，log-Dirichlet 函数族里的函数 $g_8(\boldsymbol{\theta})$是有效凹的且有唯一的峰值，即

$$\hat{\boldsymbol{\theta}}=\arg\max_{\theta\in\mathbf{T}_q} g_8(\boldsymbol{\theta})=\frac{\boldsymbol{c}}{\sum_{j=1}^{q}c_j},\boldsymbol{c}=(c_1,c_2,\cdots,c_q)^{\mathrm{T}}$$

基于以上 8 个函数族，我们可得到如下（互补）组装元库：

$$B=\{\pm\ln\theta,\ln(1-\theta),\pm\ln(1+\theta),-\theta^{k},-\theta^{-1},-\mathrm{e}^{-c_2\theta}\} \tag{3.7}$$

组装元库可为下一步对数似然函数的分解提供指导和帮助。当然，除了上述总结的 8 个常见的函数族之外，原则上还有其他的有效凹函数族可以进一步添加到我们的组装元库中。然而，正如本书第 4～6 章详细介绍的应用案例中所展示的那样，我们发现由这 8 个函数族组成的组装元库已经为构造 MM 算法的极小化函数提供了足够的指导和方便。

3.5　分解技术

3.5.1　对数似然函数的分解

假设对数似然函数 $l(\boldsymbol{\theta}|Y_{\rm obs})$ 是凹的。一般来说，我们可以将 $l(\boldsymbol{\theta}|Y_{\rm obs})$ 分解为如下形式：

$$l(\boldsymbol{\theta}|Y_{\rm obs})=l_0(\boldsymbol{\theta})+\sum_{i=1}^{n_1}l_{1i}[\boldsymbol{a}_i^{\rm T}\boldsymbol{h}_i(\boldsymbol{\theta})]+\sum_{i=1}^{n_2}l_{2i}[f_i(\boldsymbol{\theta})] \tag{3.8}$$

其中，

(a)第一部分 $l_0(\boldsymbol{\theta})=\sum_{i=1}^{q}l_{0i}(\theta_i)$ 是完全可加分离的，或者是组装元库(3.7)中所示的一些（互补）组装元的线性组合，且 $l_0(\boldsymbol{\theta})$ 可以为零。

(b)第二部分中的每一个 $l_{1i}(\cdot)$ 为定义在实数集 R 或实数集 R 的子集上的一维凹函数，每个 $l_{1i}(\cdot)$ 仅通过线性组合 $\boldsymbol{a}_i^{\rm T}\boldsymbol{h}_i(\boldsymbol{\theta})$ 依赖于参数向量 $\boldsymbol{\theta}$，这里 $\boldsymbol{a}_i=(a_{i1},a_{i2},\cdots,a_{ip_i})^{\rm T}$ 是维度为 p_i 的常数向量，$\boldsymbol{h}_i(\boldsymbol{\theta})=[h_{i1}(\boldsymbol{\theta}),h_{i2}(\boldsymbol{\theta}),\cdots,h_{ip_i}(\boldsymbol{\theta})]^{\rm T}$，$\{h_{ij}(\boldsymbol{\theta})\}_{j=1}^{p_i}$ 被允许是参数向量 $\boldsymbol{\theta}$ 的非线性函数，且各个维度 $\{p_i\}_{i=1}^{n_1}$ 不一定相同。当 $n_1=0$ 时，我们定义 $\sum_{i=1}^{n_1}l_{1i}(\cdot)=0$。

(c)第三部分中的每一个 $l_{2i}(\cdot)$ 是定义在实数集 R 中或实数集 R 的子集中的一维凸函数，每个 $l_{2i}(\cdot)$ 仅通过 $f_i(\cdot)$ 函数依赖于参数向量 $\boldsymbol{\theta}$，它是第一部分 $l_0(\boldsymbol{\theta})$ 中互补组装元的线性组合。当 $n_2=0$ 时，我们定义 $\sum_{i=1}^{n_2}l_{2i}(\cdot)=0$。

对于式(3.8)中的目标对数似然函数 $l(\boldsymbol{\theta}|Y_{\text{obs}})$，首先，根据 Jensen 不等式，我们容易得到第二部分中每一项 $l_{1i}[\boldsymbol{a}_i^{\mathrm{T}}\boldsymbol{h}_i(\boldsymbol{\theta})]$ 的替代函数为

$$Q_{1i}(\boldsymbol{\theta}|\boldsymbol{\theta}^{(t)})=\sum_{j=1}^{p_i}\frac{a_{ij}h_{ij}(\boldsymbol{\theta}^{(t)})}{\boldsymbol{a}_i^{\mathrm{T}}\boldsymbol{h}_i(\boldsymbol{\theta}^{(t)})}l_{1i}\left[\frac{\boldsymbol{a}_i^{\mathrm{T}}\boldsymbol{h}_i(\boldsymbol{\theta}^{(t)})}{h_{ij}(\boldsymbol{\theta}^{(t)})}\cdot h_{ij}(\boldsymbol{\theta})\right] \tag{3.9}$$

对于任意的 $i=1,2,\cdots,n_1$ 和 $j=1,2,\cdots,p_i$，$a_{ij}h_{ij}(\boldsymbol{\theta}^{(t)})\geqslant 0$，式(3.9)使得凹函数 $l_{1i}[\boldsymbol{a}_i^{\mathrm{T}}\boldsymbol{h}_i(\boldsymbol{\theta})]$ 在 $\boldsymbol{\theta}=\boldsymbol{\theta}^{(t)}$ 处极小化，换句话说，我们得到凹函数 $l_{1i}[\boldsymbol{a}_i^{\mathrm{T}}\boldsymbol{h}_i(\boldsymbol{\theta})]$ 在 $\boldsymbol{\theta}=\boldsymbol{\theta}^{(t)}$ 处的极小化函数(替代函数)为 $Q_{1i}(\boldsymbol{\theta}|\boldsymbol{\theta}^{(t)})$，即 $Q_{1i}(\boldsymbol{\theta}|\boldsymbol{\theta}^{(t)})$ 满足如下条件：

$$Q_{1i}(\boldsymbol{\theta}|\boldsymbol{\theta}^{(t)})\leqslant l_{1i}[\boldsymbol{a}_i^{\mathrm{T}}\boldsymbol{h}_i(\boldsymbol{\theta})],\ \forall\,\boldsymbol{\theta}\in\Theta$$

$$Q_{1i}(\boldsymbol{\theta}^{(t)}|\boldsymbol{\theta}^{(t)})=l_{1i}[\boldsymbol{a}_i^{\mathrm{T}}\boldsymbol{h}_i(\boldsymbol{\theta}^{(t)})]$$

其次，利用支撑超平面不等式对第三部分中的 $l_{2i}(\cdot)$ 进行放缩，可得

$$Q_{2i}(\boldsymbol{\theta}|\boldsymbol{\theta}^{(t)})=l_{2i}[f_i(\boldsymbol{\theta}^{(t)})]+[f_i(\boldsymbol{\theta})-f_i(\boldsymbol{\theta}^{(t)})]l_{2i}'[f_i(\boldsymbol{\theta}^{(t)})] \tag{3.10}$$

对于任意的 $i=1,2,\cdots,n_2$，式(3.10)使得凸函数 $l_{2i}[f_i(\boldsymbol{\theta})]$ 在 $\boldsymbol{\theta}=\boldsymbol{\theta}^{(t)}$ 处极小化，换句话说，我们得到凸函数 $l_{2i}[f_i(\boldsymbol{\theta})]$ 在 $\boldsymbol{\theta}=\boldsymbol{\theta}^{(t)}$ 处的极小化函数(替代函数)为 $Q_{2i}(\boldsymbol{\theta}|\boldsymbol{\theta}^{(t)})$，即 $Q_{2i}(\boldsymbol{\theta}|\boldsymbol{\theta}^{(t)})$ 满足如下条件：

$$Q_{2i}(\boldsymbol{\theta}|\boldsymbol{\theta}^{(t)})\leqslant l_{2i}[f_i(\boldsymbol{\theta})],\ \forall\,\boldsymbol{\theta}\in\Theta$$

$$Q_{2i}(\boldsymbol{\theta}^{(t)}|\boldsymbol{\theta}^{(t)})=l_{2i}[f_i(\boldsymbol{\theta}^{(t)})]$$

最后，我们为对数似然函数 $l(\theta|Y_{\text{obs}})$ 所构造的全局极小化函数为

$$Q(\boldsymbol{\theta}|\boldsymbol{\theta}^{(t)})=l_0(\boldsymbol{\theta})+\sum_{i=1}^{n_1}Q_{1i}(\boldsymbol{\theta}|\boldsymbol{\theta}^{(t)})+\sum_{i=1}^{n_2}Q_{2i}(\boldsymbol{\theta}|\boldsymbol{\theta}^{(t)}) \tag{3.11}$$

容易验证

$$\begin{aligned}Q(\boldsymbol{\theta}|\boldsymbol{\theta}^{(t)})&=l_0(\boldsymbol{\theta})+\sum_{i=1}^{n_1}Q_{1i}(\boldsymbol{\theta}|\boldsymbol{\theta}^{(t)})+\sum_{i=1}^{n_2}Q_{2i}(\boldsymbol{\theta}|\boldsymbol{\theta}^{(t)})\\&\leqslant l_0(\boldsymbol{\theta})+\sum_{i=1}^{n_1}l_{1i}[\boldsymbol{a}_i^{\mathrm{T}}\boldsymbol{h}_i(\boldsymbol{\theta})]+\sum_{i=1}^{n_2}l_{2i}[f_i(\boldsymbol{\theta})]=l(\boldsymbol{\theta}|Y_{\text{obs}}),\ \forall\,\boldsymbol{\theta}\in\Theta\end{aligned}$$

且

$$\begin{aligned}Q(\boldsymbol{\theta}^{(t)}|\boldsymbol{\theta}^{(t)})&=l_0(\boldsymbol{\theta}^{(t)})+\sum_{i=1}^{n_1}Q_{1i}(\boldsymbol{\theta}^{(t)}|\boldsymbol{\theta}^{(t)})+\sum_{i=1}^{n_2}Q_{2i}(\boldsymbol{\theta}^{(t)}|\boldsymbol{\theta}^{(t)})\\&\leqslant l_0(\boldsymbol{\theta}^{(t)})+\sum_{i=1}^{n_1}l_{1i}[\boldsymbol{a}_i^{\mathrm{T}}\boldsymbol{h}_i(\boldsymbol{\theta}^{(t)})]+\sum_{i=1}^{n_2}l_{2i}[f_i(\boldsymbol{\theta}^{(t)})]=l(\boldsymbol{\theta}^{(t)}|Y_{\text{obs}})\end{aligned}$$

当完成得出目标对数似然函数 $l(\boldsymbol{\theta}|Y_{\text{obs}})$ 的全局极小化函数 $Q(\boldsymbol{\theta}|\boldsymbol{\theta}^{(t)})$ 这一关键性步骤之后，接下来就是在极大化步骤中直接对全局极小化函数 $Q(\boldsymbol{\theta}|\boldsymbol{\theta}^{(t)})$

进行极大化，以获得 MM 算法的迭代步骤，即

$$\boldsymbol{\theta}^{(t+1)}=\arg\max_{\theta\in\Theta} Q(\boldsymbol{\theta}|\boldsymbol{\theta}^{(t)})$$

注意，式(3.8)中的对数似然函数 $l(\boldsymbol{\theta}|Y_{\text{obs}})$包含以下几种重要的特殊情形。

情形 1：$l(\boldsymbol{\theta}|Y_{\text{obs}})=l_0(\boldsymbol{\theta})+l_1(\boldsymbol{a}^{\mathrm{T}}\boldsymbol{\theta})$，$l_1(\cdot)$为凹函数；

情形 2：$l(\boldsymbol{\theta}|Y_{\text{obs}})=l_0(\boldsymbol{\theta})+\sum_{i=1}^{n_1} l_{1i}(\boldsymbol{a}_i^{\mathrm{T}}\boldsymbol{\theta})$，$l_{1i}(\cdot)$为凹函数；

情形 3：$l(\boldsymbol{\theta}|Y_{\text{obs}})=l_0(\boldsymbol{\theta})+l_1[\boldsymbol{a}^{\mathrm{T}}\boldsymbol{h}(\boldsymbol{\theta})]$，$l_1(\cdot)$为凹函数；

情形 4：$l(\boldsymbol{\theta}|Y_{\text{obs}})=l_0(\boldsymbol{\theta})+\sum_{i=1}^{n_1} l_{1i}[\boldsymbol{a}_i^{\mathrm{T}}\boldsymbol{h}_i(\boldsymbol{\theta})]$，$l_{1i}(\cdot)$为凹函数；

情形 5：$l(\boldsymbol{\theta}|Y_{\text{obs}})=l_0(\boldsymbol{\theta})+\sum_{i=1}^{n_2} l_{2i}(\boldsymbol{a}_i^{\mathrm{T}}\boldsymbol{\theta})$，$l_{2i}(\cdot)$为凸函数；

情形 6：$l(\boldsymbol{\theta}|Y_{\text{obs}})=l_0(\boldsymbol{\theta})+\sum_{i=1}^{n_2} l_{2i}[f_i(\boldsymbol{\theta})]$，$l_{2i}(\cdot)$为凸函数。

以情形 1 为例，对数似然函数被分解为两部分，第一部分 $l_0(\boldsymbol{\theta})$是组装元库 **B** 中若干组装元的线性组合，第二部分 $l_1(\cdot)$是凹函数且仅通过线性组合 $\boldsymbol{a}^{\mathrm{T}}\boldsymbol{\theta}=\sum_{j=1}^{q} a_j\theta_j$ 依赖于参数向量$\boldsymbol{\theta}$。作为式(3.9)的一个特例，我们可以类似地为$l_1(\boldsymbol{a}^{\mathrm{T}}\boldsymbol{\theta})$建立 $\boldsymbol{\theta}=\boldsymbol{\theta}^{(t)}$时的替代函数，即

$$Q_1(\boldsymbol{\theta}|\boldsymbol{\theta}^{(t)})=\sum_{j=1}^{q}\frac{a_j\theta_j^{(t)}}{\boldsymbol{a}^{\mathrm{T}}\boldsymbol{\theta}^{(t)}}l_1\left(\frac{\boldsymbol{a}^{\mathrm{T}}\boldsymbol{\theta}^{(t)}}{\theta_j^{(t)}}\theta_j\right)$$

对于所有的 $a_j\theta_j^{(t)}\geqslant 0, j=1,2,\cdots,q$。特别地，当 $l_1(\cdot)=\log(\cdot)$时，可以看出上述替代函数 $Q_1(\boldsymbol{\theta}|\boldsymbol{\theta}^{(t)})$是$\{\ln(\theta_j)\}_{j=1}^{q}$ 的凸组合。因此，情形 1 中目标函数的一个全局替代函数就可以构建为

$$Q(\boldsymbol{\theta}|\boldsymbol{\theta}^{(t)})=l_0(\boldsymbol{\theta})+Q_1(\boldsymbol{\theta}|\boldsymbol{\theta}^{(t)})$$

我们将上式 $l_0(\boldsymbol{\theta})$中的组装元和 $Q_1(\boldsymbol{\theta}|\boldsymbol{\theta}^{(t)})$中的互补组装元进行结合，便容易求得 $Q(\boldsymbol{\theta}|\boldsymbol{\theta}^{(t)})$的显示极大值点。显然地，情形 2～情形 4 是情形 1 的几个拓展形式，我们可以进行类似的讨论。然而，为了处理情形 5 和情形 6，我们还需要下一小节中介绍的双重极小化技术。

3.5.2 双重极小化技术

在实际应用中，我们还常常遇到对数似然函数的如下分解形式：

$$l(\boldsymbol{\theta} | Y_{\text{obs}}) = l_0(\boldsymbol{\theta}) - \sum_{i=0}^{n_3} b_i \ln[1 - \boldsymbol{a}_i^{\mathrm{T}} \boldsymbol{h}_i(\boldsymbol{\theta})] \tag{3.12}$$

与式(3.8)一样，在式中，$l_0(\boldsymbol{\theta}) = \sum_{i=1}^{q} l_{0i}(\theta_i)$ 是完全可加分离的，或者是组装元库式(3.7)中所示的一些(互补)组装元的线性组合，$\boldsymbol{a}_i = (a_{i1}, a_{i2}, \cdots, a_{ip_i})^{\mathrm{T}}$ 是维度为 p_i 的常数向量，$\boldsymbol{h}_i(\boldsymbol{\theta}) = [h_{i1}(\boldsymbol{\theta}), h_{i2}(\boldsymbol{\theta}), \cdots, h_{ip_i}(\boldsymbol{\theta})]^{\mathrm{T}}$，$\{h_{ij}(\boldsymbol{\theta})\}_{j=1}^{p_i}$ 被允许是参数向量 $\boldsymbol{\theta}$ 的非线性函数，且各个维度 $\{p_i\}_{i=1}^{n_1}$ 不一定相同。对于任意的 $\boldsymbol{\theta} \in \boldsymbol{\Theta}$ 和 $i = 0, 1, \cdots, n_3$，$0 < \boldsymbol{a}_i^{\mathrm{T}} \boldsymbol{h}_i(\boldsymbol{\theta}) < 1$，$b_i > 0$。从式(3.12)中，我们容易发现凸函数 $-\ln(\cdot)$ 内存在一个负的线性组合。针对这样的情形，我们在本小节中介绍另一种双重极小化技术。首先，我们将 $n=2$ 的 Jensen 不等式应用于 $\ln(\cdot)$ 函数，可得

$$\begin{aligned} 0 &= \ln[1 - \boldsymbol{a}_i^{\mathrm{T}} \boldsymbol{h}_i(\boldsymbol{\theta}) + \boldsymbol{a}_i^{\mathrm{T}} \boldsymbol{h}_i(\boldsymbol{\theta})] \\ &\geqslant \omega_i^{(t)} \ln\left[\frac{1 - \boldsymbol{a}_i^{\mathrm{T}} \boldsymbol{h}_i(\boldsymbol{\theta})}{\omega_i^{(t)}}\right] + (1 - \omega_i^{(t)}) \ln\left[\frac{\boldsymbol{a}_i^{\mathrm{T}} \boldsymbol{h}_i(\boldsymbol{\theta})}{1 - \omega_i^{(t)}}\right] \end{aligned}$$

经过化简，可得

$$-\ln[1 - \boldsymbol{a}_i^{\mathrm{T}} \boldsymbol{h}_i(\boldsymbol{\theta})] \geqslant c_i^{(t)} + \frac{1 - \omega_i^{(t)}}{\omega_i^{(t)}} \ln[\boldsymbol{a}_i^{\mathrm{T}} \boldsymbol{h}_i(\boldsymbol{\theta})] \triangleq Q_{3i}(\boldsymbol{\theta} | \boldsymbol{\theta}^{(t)})$$

其中，$c_i^{(t)} = -\ln \omega_i^{(t)} - \dfrac{1 - \omega_i^{(t)}}{\omega_i^{(t)}} \ln(1 - \omega_i^{(t)})$，$\omega_i^{(t)} = 1 - \boldsymbol{a}_i^{\mathrm{T}} \boldsymbol{h}_i(\boldsymbol{\theta}^{(t)})$。

此时，我们就得到凸函数 $-\ln[1 - \boldsymbol{a}_i^{\mathrm{T}} \boldsymbol{h}_i(\boldsymbol{\theta})]$ 的极小化函数为 $Q_{3i}(\boldsymbol{\theta} | \boldsymbol{\theta}^{(t)})$。将 $Q_{3i}(\boldsymbol{\theta} | \boldsymbol{\theta}^{(t)})$ 代入式(3.12)中，则式(3.12)中对数似然函数 $l(\boldsymbol{\theta} | Y_{\text{obs}})$ 的极小化函数就可以构造成如下形式

$$\begin{aligned} Q_3(\boldsymbol{\theta} | \boldsymbol{\theta}^{(t)}) &= l_0(\boldsymbol{\theta}) + \sum_{i=1}^{n_3} b_i Q_{3i}(\boldsymbol{\theta} | \boldsymbol{\theta}^{(t)}) \\ &= c + l_0(\boldsymbol{\theta}) + \sum_{i=1}^{n_3} \frac{b_i(1 - \omega_i^{(t)})}{\omega_i^{(t)}} \ln[\boldsymbol{a}_i^{\mathrm{T}} \boldsymbol{h}_i(\boldsymbol{\theta})] \end{aligned}$$

这里，c 是与参数向量 $\boldsymbol{\theta}$ 无关的一个常数。值得注意的是，经过第一次极小化处理之后，函数 $Q_3(\boldsymbol{\theta} | \boldsymbol{\theta}^{(t)})$ 就退化成了式(3.8)的一种特殊形式。接下来，我们便可直接利用 3.5.1 节中的分解技术对目标函数 $Q_3(\boldsymbol{\theta} | \boldsymbol{\theta}^{(t)})$ 进行第二次极小化处理，这也是双重极小化技术这一名称的由来。

第4章　单(多)元分布参数估计的MM算法

4.1　引言

统计学家是优化算法的主要使用者。20世纪中叶，许多统计数据都依赖于由最小二乘法和极大似然法提供的点估计。当代统计学家则更关心稀疏性、平滑性、异质性、约束条件和模型选择等。这些概念常常出现在频率论和贝叶斯理论中，但是在贝叶斯理论中为了理解完全后验分布的偏好往往需要进行随机抽样，这在高维数据情形下显然是非常费时费力的。在本章中，我们从频率论的角度考察了MM算法原理在单(多)元分布参数估计中的一些成功应用案例。为了与我们撰写本书的初衷保持一致，本章的重点是提供MM算法的推导思路。虽然没有给出数值比较，但我们已经尝试给出在实践中具有竞争力的算法，并且在章节的最后附上了相关分布模型的程序代码以供读者们比较和参考。

本章所讨论的内容包括一些简单的单元(截断)分布模型和一些复杂的多元(零膨胀)分布模型，如零截断的二项分布、广义泊松分布、左截断的正态分布、高维泊松回归模型与变量选择、多元泊松分布、I型多元零膨胀广义泊松分布以及多元复合零膨胀广义泊松分布等。在阅读本章内容时，读者们会发现在第3章提及的大多数放缩技巧都会再次出现。虽然我们给出的例子并不详尽，但读者可以不断创新，并在可预见的未来继续设计新的更巧妙的算法。

4.2 零截断的二项分布

4.2.1 零截断的二项分布概述

一个离散随机变量 Y 服从零截断的二项(ZTB)分布，表示为 $Y\sim \mathrm{ZTB}(m,\pi)$，其概率分布函数为

$$\Pr(Y=y)=\frac{1}{1-(1-\pi)^m}\binom{m}{y}\pi^y(1-\pi)^{m-y},y=1,2,\cdots,m$$

假设 $Y_1,Y_2,\cdots,Y_n$ 独立同分布于零截断二项分布 $\mathrm{ZTB}(m,\pi)$，观测数据为 $Y_{\mathrm{obs}}=\{y_i\}_{i=1}^n$，其中 $\bar{y}=(1/n)\sum_{i=1}^n y_i$。根据 3.5 节目标对数似然函数的分解方式，零截断的二项分布关于参数 π 的观测数据的对数似然函数就可以分解为

$$l(\pi|Y_{\mathrm{obs}})=l_0(\pi)+l_3(\pi) \tag{4.1}$$

其中，$l_0(\pi)=n\bar{y}\ln\pi+n(m-\bar{y})\ln(1-\pi)\in \mathrm{LB}(\pi)$，$l_3(\pi)=-n\ln[1-(1-\pi)^m]$。

4.2.2 基于 LB 函数族的第一个 MM 算法

我们注意到零截断的二项分布关于参数 π 的对数似然函数的分解式(4.1)中的 $l_0(\pi)\in \mathrm{LB}(\pi)$，这一信息引导我们需从 $l_3(\pi)$ 的极小化函数中构造组装元 $\ln\pi$ 或者 $\ln(1-\pi)$。此外，我们还容易发现零截断的二项分布的对数似然函数 $l(\pi|Y_{\mathrm{obs}})$ 属于式(4.1)的一种特殊情况，对应的 $b_i=n,\boldsymbol{a}_i^{\mathrm{T}}\boldsymbol{h}_i(\boldsymbol{\theta})=(1-\pi)^m,n_3=1$。因此，根据双重极小化技术，我们便可得到式(4.1)对数似然函数 $l(\pi|Y_{\mathrm{obs}})$ 的极小化函数为

$$\begin{aligned}Q(\pi|\pi^{(t)})&=c+l_0(\pi)+\frac{nm(1-\pi^{(t)})^m}{1-(1-\pi^{(t)})^m}\ln(1-\pi)\\&=c+n\bar{y}\ln\pi+\left[\frac{nm}{1-(1-\pi^{(t)})^m}-n\bar{y}\right]\ln(1-\pi)\in \mathrm{LB}(\pi)\end{aligned}$$

接下来，对极小化函数 $Q(\pi|\pi^{(t)})$ 进行极大化，便可得到零截断的二项分布极大似然估计的基于 LB 函数族的第一个 MM 算法的迭代步骤为

$$\pi^{(t+1)}=\arg\max_{0<\pi<1}Q(\pi|\pi^{(t)})=\frac{\bar{y}[1-(1-\pi^{(t)})^m]}{m}$$

4.2.3 基于 LEB 函数族的第二个 MM 算法

此外，由于零截断的二项分布关于参数 π 的对数似然函数的分解式(4.1)中 $l_0(\pi)\in \mathrm{LB}(\pi)$，如果我们能从 $l_3(\pi)$的极小化函数中构造出组装元 $-\pi$，则最终的全局替代函数就属于 LEB 函数族，并可求得显示解。首先，令 $u=g(\pi)=1-\pi$，则 $l_3(u)=-n\ln(1-u^m)$。由于

$$l_3'(u)=\frac{nmu^{m-1}}{1-u^m}>0 \text{ 且 } l_3''(u)=\frac{nm(m-1)u^{m-2}}{1-u^m}+\frac{nm^2u^{2m-2}}{(1-u^m)^2}>0$$

则可知 $l_3(u)$是关于 u 的严格凸函数。根据式(3.10)，我们可得到 $l_3(1-\pi)$的局部极小化函数为

$$Q_2(\pi|\pi^{(t)})=c_2-\frac{nm(1-\pi^{(t)})^{m-1}}{1-(1-\pi^{(t)})^m}\pi$$

进而，将 $Q_2(\pi|\pi^{(t)})$代回式(4.1)中替换 $l_3(u)$，则对数似然函数 $l(\pi|Y_{\mathrm{obs}})$的全局极小化函数为

$$Q(\pi|\pi^{(t)})=c_2+l_0(\pi)+\frac{nm(1-\pi^{(t)})^{m-1}}{1-(1-\pi^{(t)})^m}(-\pi)\in \mathrm{LEB}(\pi)$$

接下来，对上述极小化函数 $Q(\pi|\pi^{(t)})$进行极大化，便可得到零截断的二项分布极大似然估计的基于 LEB 函数族的第二个 MM 算法的迭代步骤为

$$\pi^{(t+1)}=\arg\max_{0<\pi<1} Q(\pi|\pi^{(t)})=\frac{a^{(t)}+b^{(t)}-\sqrt{(a^{(t)}+b^{(t)})^2-4\bar{y}a^{(t)}b^{(t)}/m}}{2a^{(t)}}$$

其中，$a^{(t)}=(1-\pi^{(t)})^{m-1}$，$b^{(t)}=1-(1-\pi^{(t)})^m$。

4.3 广义泊松分布

4.3.1 广义泊松分布概述

在本小节中，我们构造了一种新的 MM 算法，用于计算单变量广义泊松(GP)分布中两个未知参数的极大似然估计。由于缺乏潜在变量结构，EM 算法并不适用。

一个取值为非负整数值的随机变量 Y 称为服从参数为 $\lambda>0$ 和 π 的广义泊松分布，记为 $Y\sim \mathrm{GP}(\lambda,\pi)$，其概率分布函数为

$$p(y|\lambda,\pi)=\begin{cases}\dfrac{\lambda(\lambda+\pi y)^{y-1}e^{-\lambda-\pi y}}{y!}, & y=0,1,\cdots,\infty\\ 0, & 当\ \pi<0,y>r\end{cases}$$

其中，$\max(-1,-\lambda/r)<\pi\leqslant 1$，这里，$r(\geqslant 4)$是$\pi<0$时使得$\lambda+\pi r>0$的最大正整数。当$\pi=0$时，广义泊松分布$\mathrm{GP}(\lambda,\pi)$就退化为通常的泊松分布$\mathrm{Poisson}(\lambda)$，并且该分布具有过度分散(当$\pi>0$)和分散不足(当$\pi<0$)的双重特性。然而，最常见的广义泊松分布$\mathrm{GP}(\lambda,\pi)$的假设为$\lambda>0,\pi\in[0,1)$。

假设$Y_1,Y_2,\cdots,Y_n$独立同分布于广义泊松分布$\mathrm{GP}(\lambda,\pi)$，观测数据为$Y_{\mathrm{obs}}=\{y_i\}_{i=1}^n$。令$I_0=\{i:y_i=0,1\leqslant i\leqslant n\}$，$I_1=\{i:y_i=1,1\leqslant i\leqslant n\}$，$I_2=\{i:y_i\geqslant 2,1\leqslant i\leqslant n\}$，定义$m_k$表示$I_k$中元素的个数，$k=0,1,2$。显然，我们有$m_0+m_1+m_2=n$，则广义泊松分布$\mathrm{GP}(\lambda,\pi)$关于参数$\lambda>0$和$\pi$的观测似然函数就可表示为

$$L(\lambda,\pi|Y_{\mathrm{obs}})=\prod_{i\in I_0}\mathrm{e}^{-\lambda}\cdot\prod_{i\in I_1}\lambda\mathrm{e}^{-\lambda-\pi}\cdot\prod_{i\in I_2}\frac{\lambda(\lambda+\pi y_i)^{y_i-1}\mathrm{e}^{-\lambda-\pi y_i}}{y_i!}$$

由于$\sum\limits_{i\in I_2}y_i=n\bar{y}-m_1$，则广义泊松分布$\mathrm{GP}(\lambda,\pi)$的对数似然函数就可以分解为

$$\begin{aligned}l(\lambda,\pi|Y_{\mathrm{obs}})&=c+(m_1+m_2)\ln\lambda+n(-\lambda)+n\bar{y}(-\pi)+\\&\quad\sum_{i\in I_2}(y_i-1)\ln(\lambda+\pi y_i)\\&\triangleq l_0(\lambda,\pi)+\sum_{i\in I_2}l_i(\boldsymbol{a}_i^{\mathrm{T}}\boldsymbol{\theta})\end{aligned}\tag{4.2}$$

这里c是与参数(λ,π)无关的一个常数；其中：

(a)第一部分$l_0(\lambda,\pi)=l_0(\lambda)+l_0(\pi)$已经是完全分离可加的，即$l_0(\lambda)=c+(m_1+m_2)\ln\lambda+n(-\lambda)\in\mathrm{LG}(\lambda)$，$l_0(\lambda)$包含一对互补组装元$\{\ln\lambda,-\lambda\}$，而$l_0(\pi)=n\bar{y}(-\pi)$中仅包含一个组装元$-\pi$；

(b)第二部分中的$l_i(\cdot)=(y_i-1)\ln(\cdot)$是定义在正实数集$R_+$上的凹函数，其中$\boldsymbol{a}_i=(1,y_i)^{\mathrm{T}}$，$\boldsymbol{\theta}=(\lambda,\pi)^{\mathrm{T}}$。

4.3.2 基于LG函数族的MM算法

从广义泊松分布$\mathrm{GP}(\lambda,\pi)$的对数似然函数的分解式中，我们不难看出式(4.2)是式(3.8)的一个特殊情形，对应的$p_i=2$，$\boldsymbol{h}_i(\boldsymbol{\theta})=\boldsymbol{\theta}$，$n_2=0$。因此，仿照式(3.9)运用Jensen不等式对式(4.2)进行放缩，我们可得第二部分中每一项$l_i(\boldsymbol{a}_i^{\mathrm{T}}\boldsymbol{\theta})$的替代函数为

$$Q_i(\boldsymbol{\theta}|\boldsymbol{\theta}^{(t)})=c_i^{(t)}+(y_i-1)\left[\frac{\lambda^{(t)}}{\beta_i^{(t)}}\ln\lambda+\frac{\pi^{(t)}}{\beta_i^{(t)}}\ln\pi\right]$$

其中,$\beta_i^{(t)}\triangleq\lambda^{(t)}+\pi^{(t)}y_i$。将 $Q_i(\boldsymbol{\theta}|\boldsymbol{\theta}^{(t)})$代回对数似然函数式(4.2)中替换 $l_i(\boldsymbol{a}_i^{\mathrm{T}}\boldsymbol{\theta})$,则可得广义泊松分布对数似然函数的全局极小化函数为

$$Q(\boldsymbol{\theta}|\boldsymbol{\theta}^{(t)})=l_0(\lambda,\pi)+\sum_{i\in I_2}Q_i(\boldsymbol{\theta}|\boldsymbol{\theta}^{(t)})=c^*+Q_{[\mathrm{I}]}(\lambda|\boldsymbol{\theta}^{(t)})+Q_{[\mathrm{II}]}(\pi|\boldsymbol{\theta}^{(t)})$$

其中$\{c_i^{(t)},c^*\}$为不依赖于参数 $\boldsymbol{\theta}$ 的常数。可见,所构造的极小化函数 $Q(\boldsymbol{\theta}|\boldsymbol{\theta}^{(t)})$已经是完全分离可加的,其中

$$\begin{aligned}Q_{[\mathrm{I}]}(\lambda|\boldsymbol{\theta}^{(t)})&=\left(m_1+m_2+\lambda^{(t)}\sum_{i\in I_2}\frac{y_i-1}{\beta_i^{(t)}}\right)\ln\lambda-n\lambda\\&=\left(n+\lambda^{(t)}\sum_{i=1}^{n}\frac{y_i-1}{\beta_i^{(t)}}\right)\ln\lambda-n\lambda\in\mathrm{LG}(\lambda)\end{aligned}$$

$$Q_{[\mathrm{II}]}(\pi|\boldsymbol{\theta}^{(t)})=\pi^{(t)}\left[\sum_{i=1}^{n}\frac{(y_i-1)y_i}{\beta_i^{(t)}}\right]\ln\pi-n\bar{y}\pi\in\mathrm{LG}(\pi)$$

接下来,对上述全局极小化函数 $Q(\boldsymbol{\theta}|\boldsymbol{\theta}^{(t)})$进行极大化就等价于分别极大化 $Q_{[\mathrm{I}]}(\lambda|\boldsymbol{\theta}^{(t)})$和 $Q_{[\mathrm{II}]}(\pi|\boldsymbol{\theta}^{(t)})$,便可得到广义泊松分布极大似然估计的 MM 迭代步骤为

$$\lambda^{(t+1)}=\frac{n+\lambda^{(t)}\sum_{i=1}^{n}[(y_i-1)/\beta_i^{(t)}]}{n},\quad\pi^{(t+1)}=\frac{\pi^{(t)}\sum_{i=1}^{n}[(y_i-1)/\beta_i^{(t)}]}{n\bar{y}}$$

需要说明的是,在 $Q_{[\mathrm{I}]}(\lambda|\boldsymbol{\theta}^{(t)})$的推导过程中,我们运用了下述相等关系

$$\begin{aligned}\sum_{i=1}^{n}\frac{y_i-1}{\beta_i^{(t)}}&=\Big(\sum_{i\in I_0}+\sum_{i\in I_1}+\sum_{i\in I_2}\Big)\frac{y_i-1}{\beta_i^{(t)}}\\&=\sum_{i\in I_0}\frac{-1}{\lambda^{(t)}}+0+\sum_{i\in I_2}\frac{y_i-1}{\beta_i^{(t)}}\\&=-\frac{m_0}{\lambda^{(t)}}+\sum_{i\in I_2}\frac{y_i-1}{\beta_i^{(t)}}\end{aligned}$$

4.4 左截断的正态分布

4.4.1 左截断的正态分布概述

一个随机变量 Y 服从左截断的正态(LTN)分布,表示为 $Y\sim\mathrm{LTN}(\mu,\sigma^2;a)$,

其概率密度函数为

$$f(y;\mu,\sigma^2,a,\infty)=\frac{1}{c\sqrt{2\pi}\sigma}\cdot\exp\left[-\frac{(y-\mu)^2}{2\sigma^2}\right]I(y\geqslant a)$$

其中，(μ,σ^2)是左截断的正态分布中的两个未知参数，a 是一个已知的常数，$c=1-\Phi[(a-\mu)/\sigma]$，$\Phi(\cdot)$为标准正态分布的累积分布函数。假设 $Y_1,Y_2,\cdots,Y_n$ 独立同分布于左截断的正态分布 $\mathrm{LTN}(\mu,\sigma^2;a)$，观测数据为 $Y_{\mathrm{obs}}=\{y_i\}_{i=1}^n$，则左截断的正态分布关于参数$(\mu,\sigma^2)$的观测对数似然函数就可以表示为

$$l(\mu,\sigma^2|Y_{\mathrm{obs}})=-\frac{n\ln 2\pi}{2}-\frac{n\ln\sigma^2}{2}-\sum_{i=1}^n\frac{(y_i-\mu)^2}{2\sigma^2}-n\ln\left[1-\Phi\left(\frac{a-\mu}{\sigma}\right)\right]$$

4.4.2 MM算法的构造流程

从左截断正态分布的观测对数似然函数的表达式来看，我们容易发现该对数似然函数的最后一项是分解式(3.12)的一种特殊形式，且对应的 $n_3=1$。因此，根据双重极小化技术，我们有

$$-n\ln\left[1-\Phi\left(\frac{a-\mu}{\sigma}\right)\right]\geqslant -n\ln\omega^{(t)}-ns_1^{(t)}\ln(1-\omega^{(t)})+ ns_1^{(t)}\ln\left[\Phi\left(\frac{a-\mu}{\sigma}\right)\right]$$

其中，$\omega^{(t)}=1-\Phi\left(\frac{a-\mu^{(t)}}{\sigma^{(t)}}\right)$，$s_1^{(t)}=\frac{1-\omega^{(t)}}{\omega^{(t)}}$，此时可得目标对数似然函数暂时的极小化函数为

$$Q_1(\mu,\sigma^2|\mu^{(t)},\sigma^{2(t)})=c_1^{(t)}-\frac{n\ln\sigma^2}{2}-\frac{\sum_{i=1}^n(y_i-\mu)^2}{2\sigma^2}+ ns_1^{(t)}\ln\left[\Phi\left(\frac{a-\mu}{\sigma}\right)\right]$$

其中，$c_1^{(t)}$ 是不依赖于参数(μ,σ^2)的一个常数。由于上式中存在 $\ln\{\Phi[(a-\mu)/\sigma]\}$，这导致直接对上式进行极大化，不能得到参数$(\mu,\sigma^2)$的显示迭代解。为了克服这一困难，令

$$\tau(x;\mu,\sigma^2)=\frac{1}{\sqrt{2\pi}\sigma}\exp\left[-\frac{(y-\mu)^2}{2\sigma^2}\right]$$

则

$$g(x;\mu^{(t)},(\sigma^2)^{(t)},-\infty,a)=\frac{\tau(x;\mu^{(t)},(\sigma^2)^{(t)})I(x<a)}{\Phi[(a-\mu^{(t)})/\sigma^{(t)}]}=\frac{\tau(x;\mu^{(t)},(\sigma^2)^{(t)})I(x<a)}{1-\omega^{(t)}}$$

为定义在$(-\infty,a)$上的右截断的正态密度函数。因此，对于最后一项 $\ln[\Phi((a-\mu)/\sigma)]$，有

$$\begin{aligned}
&\ln\left[\Phi\left(\frac{a-\mu}{\sigma}\right)\right]\\
&=\ln\left[\int_{-\infty}^{a}\frac{\tau(x;\mu,\sigma^2)}{g(x;\mu^{(t)},(\sigma^2)^{(t)},-\infty,a)}\cdot g(x;\mu^{(t)},(\sigma^2)^{(t)},-\infty,a)\mathrm{d}x\right]\\
&\geqslant\int_{-\infty}^{a}\ln\left[\frac{\tau(x;\mu,\sigma^2)}{g(x;\mu^{(t)},(\sigma^2)^{(t)},-\infty,a)}\right]\cdot g(x;\mu^{(t)},(\sigma^2)^{(t)},-\infty,a)\mathrm{d}x\\
&=c_2^{(t)}+\int_{-\infty}^{a}\ln[\tau(x;\mu,\sigma^2)]\cdot g(x;\mu^{(t)},(\sigma^2)^{(t)},-\infty,a)\mathrm{d}x\\
&=c_3^{(t)}-\frac{\ln(\sigma^2)}{2}-\frac{(\sigma^2)^{(t)}+(\mu^{(t)}-\mu)^2}{2\sigma^2}+\\
&\quad\frac{(\sigma^2)^{(t)}(a+\mu^{(t)}-2\mu)\cdot g(a;\mu^{(t)},(\sigma^2)^{(t)},-\infty,a)}{2\sigma^2}
\end{aligned}$$

其中，$c_3^{(t)}$ 为不依赖于参数向量(μ,σ^2)的一个常数。将上述放缩表达式代入 $Q_1(\mu,\sigma^2|\mu^{(t)},(\sigma^2)^{(t)})$中，则可得左截断的正态分布对数似然函数 $l(\mu,\sigma^2|Y_{\text{obs}})$ 的全局极小化函数为

$$\begin{aligned}
Q(\mu,\sigma^2|\mu^{(t)},(\sigma^2)^{(t)})=&\ c_4^{(t)}-\frac{n(1+s_1^{(t)})}{2}\ln\sigma^2-\frac{ns_1^{(t)}[(\sigma^2)^{(t)}+(\mu^{(t)}-\mu)^2]}{2\sigma^2}\\
&+\frac{ns_1^{(t)}(\sigma^2)^{(t)}(a+\mu^{(t)}-2\mu)\cdot g(a;\mu^{(t)},(\sigma^2)^{(t)},-\infty,a)}{2\sigma^2}\\
&-\frac{\sum_{i=1}^{n}(y_i-\mu)^2}{2\sigma^2}
\end{aligned}$$

这里，$c_4^{(t)}$ 是与参数向量(μ,σ^2)无关的另一个常数。接下来，我们直接极大化全局极小化函数 $Q(\mu,\sigma^2|\mu^{(t)},(\sigma^2)^{(t)})$，便可得左截断的正态分布极大似然估计的 MM 显示迭代解为

$$\begin{cases}
\mu^{(t+1)}=\dfrac{\bar{y}+s_1^{(t)}[\mu^{(t)}-(\sigma^2)^{(t)}g(a;\mu^{(t)},(\sigma^2)^{(t)},-\infty,a)]}{1+s_1^{(t)}}\\[2ex]
(\sigma^2)^{(t+1)}=\dfrac{\sum_{i=1}^{n}(y_i-\mu^{(t+1)})^2+ns_1^{(t)}\delta^{(t)}}{n(1+s_1^{(t)})}
\end{cases}$$

其中，

$$\delta^{(t)} \triangleq (\sigma^2)^{(t)} + (\mu^{(t)} - \mu^{(t+1)})^2 - (\sigma^2)^{(t)}(a + \mu^{(t)} - 2\mu^{(t+1)}) \cdot g(a; \mu^{(t)}, (\sigma^2)^{(t)}, -\infty, a)$$

4.5 高维泊松回归模型与变量选择

4.5.1 透射断层扫描的泊松回归模型

假设有 n 个探测器，Y_i 为第 i 个探测器的投射量。考虑如下的泊松回归模型：

$$Y_i \overset{\text{iid}}{\sim} \text{Poisson}(r_i + s_i \mathrm{e}^{-[\boldsymbol{A}^{\mathrm{T}}\boldsymbol{\theta}]_i}), i = 1, 2, \cdots, n$$

其中，r_i 是第 i 个探测器背后计数的平均值，s_i 是第 i 个探测器空白扫描的次数，$\boldsymbol{A} = (a_{ij})$ 为 $n \times q$ 维的系统矩阵，其第 i 行向量表示为 $\boldsymbol{a}_i^{\mathrm{T}} = (a_{i1}, a_{i2}, \cdots, a_{iq})$，即系统矩阵又可表示为 $\boldsymbol{A}^{\mathrm{T}} = (\boldsymbol{a}_1, \boldsymbol{a}_2, \cdots, \boldsymbol{a}_n)$，$[\boldsymbol{A}^{\mathrm{T}}\boldsymbol{\theta}]_i \triangleq \boldsymbol{a}_i^{\mathrm{T}}\boldsymbol{\theta}$ 表示衰减映射 $\boldsymbol{\theta} = (\theta_1, \theta_2, \cdots, \theta_q)^{\mathrm{T}}$ 的第 i 个线积分，其中，θ_j 为第 j 个像素的未知衰减系数，q 表示总的像素数。同时，将观测数据表示为 $Y_{\text{obs}} = \{y_i\}_{i=1}^n$，且在该模型中 $\{r_i, s_i, a_{ij}\}$ 为已知的非负常数。此时，泊松回归模型的观测对数似然函数就可以表示为

$$\begin{aligned} l(\boldsymbol{\theta} | Y_{\text{obs}}) &= c + \sum_{i=1}^n [-s_i \exp(-\boldsymbol{a}_i^{\mathrm{T}}\boldsymbol{\theta})] + \sum_{i=1}^n [y_i \ln(r_i + s_i \mathrm{e}^{-\boldsymbol{a}_i^{\mathrm{T}}\boldsymbol{\theta}})] \\ &\triangleq c + \sum_{i=1}^n l_{1i}(\boldsymbol{a}_i^{\mathrm{T}}\boldsymbol{\theta}) + \sum_{i=1}^n l_{2i}[g_i(\boldsymbol{\theta})] \end{aligned} \tag{4.3}$$

4.5.2 基于 LGM 函数族的 MM 算法

从泊松回归模型的观测对数似然函数的分解式可知，式(4.3)是式(3.8)的一种特殊情形，其中第二部分的 $l_{1i}(u_i) = -s_i \mathrm{e}^{-u_i}$ 是关于 $u_i = \boldsymbol{a}_i^{\mathrm{T}}\boldsymbol{\theta}$ 的严格凹函数，因为 $l''_{1i}(u_i) = l_{1i}(u_i) < 0$。而第三部分的 $l_{2i}(v_i) = y_i \ln(r_i + s_i \mathrm{e}^{-v_i})$ 是关于 $v_i = g_i(\boldsymbol{\theta}) = \boldsymbol{a}_i^{\mathrm{T}}\boldsymbol{\theta}$ 的严格凸函数，这是因为

$$l'_{2i}(v_i) = -\frac{y_i s_i \mathrm{e}^{-v_i}}{r_i + s_i \mathrm{e}^{-v_i}} < 0 \text{ 且 } l''_{2i}(v_i) = -\frac{y_i r_i s_i \mathrm{e}^{-v_i}}{(r_i + s_i \mathrm{e}^{-v_i})^2} > 0$$

类似式(3.9)和式(3.10)，我们分别用 Jensen 不等式和支撑超平面不等式对凹函数 $l_{1i}(u_i)=-s_i\mathrm{e}^{-u_i}$ 和凸函数 $l_{2i}(v_i)=y_i\ln(r_i+s_i\mathrm{e}^{-v_i})$ 进行放缩，便可得凹函数 $l_{1i}(u_i)=-s_i\mathrm{e}^{-u_i}$ 的局部极小化函数为

$$Q_{1i}(\boldsymbol{\theta}|\boldsymbol{\theta}^{(t)})=-\sum_{j=1}^{q}\frac{a_{ij}\theta_j^{(t)}s_i}{\boldsymbol{a}_i^{\mathrm{T}}\boldsymbol{\theta}^{(t)}}\exp\left(-\frac{\boldsymbol{a}_i^{\mathrm{T}}\boldsymbol{\theta}^{(t)}}{\theta_j^{(t)}}\theta_j\right)$$

其中，$a_{ij}\theta_j^{(t)}>0, i=1,2,\cdots,n, j=1,2,\cdots,q$。同时，可得凸函数 $l_{2i}(v_i)=y_i\ln(r_i+s_i\mathrm{e}^{-v_i})$ 的局部极小化函数为

$$Q_{2i}(\boldsymbol{\theta}|\boldsymbol{\theta}^{(t)})=y_i\ln[r_i+s_i\exp(-\boldsymbol{a}_i^{\mathrm{T}}\boldsymbol{\theta}^{(t)})]-(\boldsymbol{a}_i^{\mathrm{T}}\boldsymbol{\theta}-\boldsymbol{a}_i^{\mathrm{T}}\boldsymbol{\theta}^{(t)})\frac{y_is_i\exp(-\boldsymbol{a}_i^{\mathrm{T}}\boldsymbol{\theta}^{(t)})}{r_i+s_i\exp(-\boldsymbol{a}_i^{\mathrm{T}}\boldsymbol{\theta}^{(t)})}$$

其中，$i=1,2,\cdots,n$。最后，我们将两部分局部极小化函数 $Q_{1i}(\boldsymbol{\theta}|\boldsymbol{\theta}^{(t)})$ 和 $Q_{2i}(\boldsymbol{\theta}|\boldsymbol{\theta}^{(t)})$ 代回目标对数似然函数中，分别替换 $l_{1i}(u_i)=-s_i\mathrm{e}^{-u_i}$ 和 $l_{2i}(v_i)=y_i\ln(r_i+s_i\mathrm{e}^{-v_i})$，便可得泊松回归模型的观测对数似然函数的全局极小化函数为

$$Q(\boldsymbol{\theta}|\boldsymbol{\theta}^{(t)})=c+\sum_{i=1}^{n}Q_{1i}(\boldsymbol{\theta}|\boldsymbol{\theta}^{(t)})+\sum_{i=1}^{n}Q_{2i}(\boldsymbol{\theta}|\boldsymbol{\theta}^{(t)})=c_1+\sum_{j=1}^{q}\sum_{i=1}^{n}Q_{3,ij}(\theta_j|\boldsymbol{\theta}^{(t)})$$

其中，

$$\begin{aligned}&Q_{3,ij}(\theta_j|\boldsymbol{\theta}^{(t)})\\&=\frac{a_{ij}\theta_j^{(t)}s_i}{\boldsymbol{a}_i^{\mathrm{T}}\boldsymbol{\theta}^{(t)}}\left[-\exp\left(-\frac{\boldsymbol{a}_i^{\mathrm{T}}\boldsymbol{\theta}^{(t)}}{\theta_j^{(t)}}\theta_j\right)\right]+\frac{a_{ij}y_is_i\exp(-\boldsymbol{a}_i^{\mathrm{T}}\boldsymbol{\theta}^{(t)})}{r_i+s_i\exp(-\boldsymbol{a}_i^{\mathrm{T}}\boldsymbol{\theta}^{(t)})}(-\theta_j)\in\mathrm{LGM}(\theta_j)\end{aligned}$$

可见，上述全局极小化函数已经达成参数完全分离的目标。此时，为了极大化 $Q(\boldsymbol{\theta}|\boldsymbol{\theta}^{(t)})$，我们令 $\partial Q(\boldsymbol{\theta}|\boldsymbol{\theta}^{(t)})/\partial\theta_j=0$，则基于 MM 算法极大似然估计 $\hat{\theta}_j$ 的第 $(t+1)$ 步近似值 $\theta_j^{(t+1)}$ 便是下列一元方程的根：

$$\sum_{i=1}^{n}a_{ij}s_i\left[\exp\left(-\frac{\boldsymbol{a}_i^{\mathrm{T}}\boldsymbol{\theta}^{(t)}}{\theta_j^{(t)}}\theta_j\right)-\frac{y_i\exp(-\boldsymbol{a}_i^{\mathrm{T}}\boldsymbol{\theta}^{(t)})}{r_i+s_i\exp(-\boldsymbol{a}_i^{\mathrm{T}}\boldsymbol{\theta}^{(t)})}\right]=0$$

显然，牛顿法可以用于求解上述方程的根。

4.5.3 高维泊松回归模型的变量选择

随着科技的发展，数据收集比以往更便利，这使得收集丰富的数据集成为可能，同时这也使得对各种实际问题建立更精确的模型成为可能。一般来说，引入的变量越多，模型的偏差越小，但实际上，其中的很多变量是不重要的，且变量太多，模型的解释性和预测性会较差。针对这种高维数据问题，目前普遍的方法是对模

型进行变量选择。有效的变量选择通过剔除冗余的变量,得到最简洁的模型,从而提高模型的解释性和预测性。变量选择的方法主要有两大类:最优子集变量选择和压缩惩罚变量选择。鉴于后者能同时进行变量选择和参数估计,故本小节采用压缩惩罚变量选择方法对高维泊松回归模型进行变量选择和参数估计。Fan 和 Li (2001)提出的 SCAD 惩罚函数和 Zhang(2010)提出的满足 Oracle 的三个性质的 MCP 惩罚函数,在变量选择上具有优良的性质,故本节考虑把 SCAD 惩罚和 MCP 惩罚引入到 4.5.1 节给出的泊松回归模型的观测对数似然函数中,则高维泊松回归模型的惩罚对数似然函数可以分解为如下三个部分:

$$
\begin{aligned}
& l_P(\boldsymbol{\theta} \mid Y_{\text{obs}}) \\
&= c + \sum_{i=1}^{n}[-s_i \exp(-\boldsymbol{a}_i^{\mathrm{T}}\boldsymbol{\theta})] + \sum_{i=1}^{n}[y_i \ln(r_i + s_i \mathrm{e}^{-\boldsymbol{a}_i^{\mathrm{T}}\theta})] - n\sum_{j=1}^{q} P_\gamma(|\theta_j|, \lambda) \\
&\triangleq c + \sum_{i=1}^{n} l_{1i}(\boldsymbol{a}_i^{\mathrm{T}}\boldsymbol{\theta}) + \sum_{i=1}^{n} l_{2i}[g_i(\boldsymbol{\theta})] + l_3(\boldsymbol{\theta})
\end{aligned}
$$

上式中的前两个部分与 4.4.1 节中的对数似然函数一样,第一部分中的 $l_{1i}(u_i) = -s_i \mathrm{e}^{-u_i}$,$u_i = \boldsymbol{a}_i^{\mathrm{T}}\boldsymbol{\theta}$;第二部分中的 $l_{2i}(v_i) = y_i \ln(r_i + s_i \mathrm{e}^{-v_i})$,$v_i = g_i(\boldsymbol{\theta}) = \boldsymbol{a}_i^{\mathrm{T}}\boldsymbol{\theta}$;而第三部分为 $l_3(\boldsymbol{\theta}) = -n\sum_{j=1}^{q} P_\gamma(|\theta_j|, \lambda)$,其中的 $P_\gamma(|\theta_j|, \lambda)$ 可为 SCAD 惩罚函数也可为 MCP 惩罚函数,SCAD 惩罚函数为

$$
P_\gamma(t, \lambda) = \lambda \int_0^t \min\left\{1, \frac{1}{\gamma - 1}\left(\gamma - \frac{x}{\lambda}\right)_+\right\} \mathrm{d}x, t \geqslant 0
$$

而 MCP 惩罚函数为

$$
P_\gamma(t, \lambda) = \lambda \int_0^t \left(1 - \frac{x}{\gamma\lambda}\right)_+ \mathrm{d}x, t \geqslant 0
$$

4.5.4 高维泊松回归模型正则估计的 MM 算法

由于我们在 4.5.3 节中已经得到了高维泊松回归模型惩罚对数似然函数 $l_P(\boldsymbol{\theta} \mid Y_{\text{obs}})$ 的第一部分中每一个凹函数 $l_{1i}(u_i) = -s_i \mathrm{e}^{-u_i}$ 的局部极小化函数,也得到了第二部分中每一个凸函数 $l_{2i}(v_i) = y_i \ln(r_i + s_i \mathrm{e}^{-v_i})$ 的局部极小化函数,于是,我们的重点任务是处理 $l_P(\boldsymbol{\theta} \mid Y_{\text{obs}})$ 的最后一部分 $l_3(\boldsymbol{\theta}) = -n\sum_{j=1}^{q} P_\gamma(|\theta_j|, \lambda)$,虽然 $l_3(\boldsymbol{\theta})$ 已实现参数分离,但 $P_\gamma(|\theta_j|, \lambda)$ 在零点处存在奇异性,这里我们利用局部二次逼近对 $P_\gamma(|\theta_j|, \lambda)$ 进行处理,即

$$
-P_\gamma(|\theta_j|, \lambda) \geqslant -P_\gamma(|\theta_j^{(t)}|, \lambda) - \frac{P_\gamma'(|\theta_j^{(t)}|, \lambda)}{2|\theta_j^{(t)}|}[\theta_j^2 - (\theta_j^{(t)})^2]
$$

从而可得$l_3(\boldsymbol{\theta})$的替代函数为

$$Q_3(\boldsymbol{\theta}|\boldsymbol{\theta}^{(t)})=-n\sum_{j=1}^{q}\frac{P'_\gamma(|\theta_j^{(t)}|,\lambda)}{2|\theta_j^{(t)}|}\theta_j^2+c_1$$

综合上述三个局部替代函数，可得高维泊松回归模型惩罚对数似然函数$l_P(\boldsymbol{\theta}|Y_{\text{obs}})$的全局极小化函数为

$$Q_P(\boldsymbol{\theta}|\boldsymbol{\theta}^{(t)})=\sum_{j=1}^{q}\left[\sum_{i=1}^{n}Q_{3,ij}(\theta_j|\boldsymbol{\theta}^{(t)})-n\frac{P'_\gamma(|\theta_j^{(t)}|,\lambda)}{2|\theta_j^{(t)}|}\theta_j^2\right]+c_2$$

其中c_2是与参数向量$\boldsymbol{\theta}$无关的常数，$Q_{3,ij(\theta_j/\theta^{(t)})}$的具体表达式可见4.4.2节。

从上述全局极小化函数$Q_P(\boldsymbol{\theta}|\boldsymbol{\theta}^{(t)})$的表达式可以看出，目标惩罚对数似然函数$l_P(\boldsymbol{\theta}|Y_{\text{obs}})$已经被分解成$q$个单变量函数之和，实现了把高维转化为低维函数的优化问题，所构造的MM算法在其极大化步骤中仅涉及q个单独的单变量优化问题，因此在下一步极大化步骤中不再需要矩阵求逆，同时也不存在零点奇异性的问题。我们令$\partial Q_P(\boldsymbol{\theta}|\boldsymbol{\theta}^{(t)})/\partial\theta_j=0$，利用牛顿-拉弗森算法进行迭代求解，得到高维泊松回归模型正则估计的MM算法迭代公式为

$$\theta_j^{(t+1)}=\theta_j^{(t)}-\frac{\sum_{i=1}^{n}\left\{a_{ij}s_i\exp(-\boldsymbol{a}_i^{\mathrm{T}}\boldsymbol{\theta}^{(t)})-\frac{a_{ij}y_is_i\exp(-\boldsymbol{a}_i^{\mathrm{T}}\boldsymbol{\theta}^{(t)})}{r_i+s_i\exp(-\boldsymbol{a}_i^{\mathrm{T}}\boldsymbol{\theta}^{(t)})}\right\}-n\frac{P'_\gamma(|\theta_j^{(t)}|,\lambda)}{|\theta_j^{(t)}|}\theta_j^{(t)}}{-\sum_{i=1}^{n}\left\{\frac{a_{ij}s_i\boldsymbol{a}_i^{\mathrm{T}}\boldsymbol{\theta}^{(t)}}{\theta_j^{(t)}}\cdot\exp(-\boldsymbol{a}_i^{\mathrm{T}}\boldsymbol{\theta}^{(t)})\right\}-n\frac{P'_\gamma(|\theta_j^{(t)}|,\lambda)}{|\theta_j^{(t)}|}}$$

4.6 多元泊松分布

4.6.1 多元泊松分布概述

假设$\{W_i\}_{i=0}^m$独立地服从泊松分布Poisson(λ_i)，其中$i=0,1,\cdots,m$。令$X_i=W_0+W_i$，则称离散随机向量$\boldsymbol{X}=(X_1,X_2,\cdots,X_m)^{\mathrm{T}}$服从$m$元泊松分布，其分布参数为$\lambda_0\geqslant0$，$\boldsymbol{\lambda}=(\lambda_1,\lambda_2,\cdots,\lambda_m)^{\mathrm{T}}\in R_+^m$，记为$\boldsymbol{X}\sim\text{MP}(\lambda_0,\lambda_1,\cdots,\lambda_m)$或者$\boldsymbol{X}\sim\text{MP}_m(\lambda_0,\boldsymbol{\lambda})$，则$\boldsymbol{X}$的联合概率分布函数为

$$\Pr(\boldsymbol{X}=\boldsymbol{x})=\sum_{k=0}^{\min(\boldsymbol{x})}\frac{\lambda_0^k\mathrm{e}^{-\lambda_0}}{k!}\prod_{i=1}^{m}\frac{\lambda_i^{x_i-k}\mathrm{e}^{-\lambda_i}}{(x_i-k)!}$$

其中，$\boldsymbol{x}=(x_1,x_2,\cdots,x_m)^{\mathrm{T}}$，$\{x_i\}_{i=1}^m$ 表示随机变量 $\{X_i\}_{i=1}^m$ 的观测结果，并记 $\min(\boldsymbol{x})\triangleq\min(x_1,x_2,\cdots,x_m)$。

假设 $\{\boldsymbol{X}_j\}_{j=1}^n$ 独立同分布于 m 元泊松分布 $\mathrm{MP}(\lambda_0,\lambda_1,\cdots,\lambda_m)$，其中 $j=1,2,\cdots,n$，观测数据记为 $Y_{\mathrm{obs}}=\{\boldsymbol{x}_j\}_{j=1}^n$，其中 $\boldsymbol{x}_j=(x_{1j},x_{2j},\cdots,x_{mj})^{\mathrm{T}}$ 为相应随机向量 $\boldsymbol{X}_j=(X_{1j},X_{2j},\cdots,X_{mj})^{\mathrm{T}}$ 的观测结果。为了后续表达的方便，我们定义如下符号：

$$\boldsymbol{\theta}=(\lambda_0,\lambda_1,\cdots,\lambda_m)^{\mathrm{T}},p_j=\min(\boldsymbol{x}_j)$$

$$h_{jk}(\boldsymbol{\theta})=\frac{\lambda_0^k\mathrm{e}^{-\lambda_0}}{k!}\cdot\frac{\lambda_1^{x_{1j}-k}\mathrm{e}^{-\lambda_1}}{(x_{1j}-k)!}\cdots\frac{\lambda_m^{x_{mj}-k}\mathrm{e}^{-\lambda_m}}{(x_{mj}-k)!}$$

$$b_{jk}^{(t)}=\frac{h_{jk}(\boldsymbol{\theta}^{(t)})}{\mathbf{1}_{p_j+1}^{\mathrm{T}}\boldsymbol{h}_j(\boldsymbol{\theta}^{(t)})},j=1,2,\cdots,n,k=0,1,\cdots,p_j$$

此时，m 元泊松分布关于参数 $\boldsymbol{\theta}=(\lambda_0,\lambda_1,\cdots,\lambda_m)^{\mathrm{T}}$ 的观测对数似然函数就可以表示为

$$\begin{aligned}l(\boldsymbol{\theta}|Y_{\mathrm{obs}})&=\sum_{j=1}^n\ln[h_{j0}(\boldsymbol{\theta})+h_{j1}(\boldsymbol{\theta})+\cdots+h_{jp_j}(\boldsymbol{\theta})]\\&=\sum_{j=1}^n\ln[\mathbf{1}_{p_j+1}^{\mathrm{T}}\boldsymbol{h}_j(\boldsymbol{\theta})]\end{aligned}\tag{4.4}$$

其中，$\boldsymbol{h}_j(\boldsymbol{\theta})=[h_{j0}(\boldsymbol{\theta})+h_{j1}(\boldsymbol{\theta})+\cdots+h_{jp_j}(\boldsymbol{\theta})]^{\mathrm{T}}$。

4.6.2 基于 LG 函数族的 MM 算法

从 m 元泊松分布 $\mathrm{MP}(\lambda_0,\lambda_1,\cdots,\lambda_m)$ 的对数似然函数中，我们不难看出式(4.4)是式(3.8)的一个特殊情形，对应的 $l_0(\boldsymbol{\theta})=0$，$n_2=0$。因此，仿照式(3.9)的构造流程，我们即可得到对数似然函数 $l(\boldsymbol{\theta}|Y_{\mathrm{obs}})$ 中每一项 $\ln[\mathbf{1}_{p_j+1}^{\mathrm{T}}\boldsymbol{h}_j(\boldsymbol{\theta})]$ 的局部极小化函数为

$$\begin{aligned}Q_j(\boldsymbol{\theta}|\boldsymbol{\theta}^{(t)})&=\sum_{k=0}^{p_j}\frac{h_{jk}(\boldsymbol{\theta}^{(t)})}{\mathbf{1}^{\mathrm{T}}\boldsymbol{h}_j(\boldsymbol{\theta}^{(t)})}\ln\left[\frac{\mathbf{1}^{\mathrm{T}}\boldsymbol{h}_j(\boldsymbol{\theta}^{(t)})}{h_{jk}(\boldsymbol{\theta}^{(t)})}h_{jk}(\boldsymbol{\theta})\right]\\&=c_j^{(t)}+\Big(\sum_{k=0}^{p_j}kb_{jk}^{(t)}\Big)\ln\lambda_0-\lambda_0+\\&\quad\sum_{i=1}^m\Big\{\Big[\sum_{k=0}^{p_j}(x_{ij}-k)b_{jk}^{(t)}\Big]\ln\lambda_i-\lambda_i\Big\}\end{aligned}$$

将 $Q_j(\boldsymbol{\theta}|\boldsymbol{\theta}^{(t)})$ 代回对数似然函数 $l(\boldsymbol{\theta}|Y_{\mathrm{obs}})$ 中替换 $\ln[\mathbf{1}_{p_j+1}^{\mathrm{T}}\boldsymbol{h}_j(\boldsymbol{\theta})]$，我们便可得到 m 元泊松分布对数似然函数 $l(\boldsymbol{\theta}|Y_{\mathrm{obs}})$ 的全局极小化函数为

$$Q(\boldsymbol{\theta}|\boldsymbol{\theta}^{(t)})=\sum_{j=1}^{n}Q_j(\boldsymbol{\theta}|\boldsymbol{\theta}^{(t)})=\sum_{j=1}^{n}c_j^{(t)}+Q_{[0]}(\lambda_0|\boldsymbol{\theta}^{(t)})+\sum_{i=1}^{m}Q_{[i]}(\lambda_i|\boldsymbol{\theta}^{(t)})$$

可见,替代函数 $Q(\boldsymbol{\theta}|\boldsymbol{\theta}^{(t)})$ 已经达到完全分离可加的目的。其中,$\{c_j^{(t)}\}$ 是与参数向量 $\boldsymbol{\theta}$ 无关的常数,且

$$Q_{[0]}(\lambda_0|\boldsymbol{\theta}^{(t)})=\Big(\sum_{j=1}^{n}\sum_{k=0}^{p_j}kb_{jk}^{(t)}\Big)\ln\lambda_0-n\lambda_0\in \mathrm{LG}(\lambda_0)$$

$$Q_{[i]}(\lambda_i|\boldsymbol{\theta}^{(t)})=\Big[\sum_{j=1}^{n}\sum_{k=0}^{p_j}(x_{ij}-k)b_{jk}^{(t)}\Big]\ln\lambda_i-n\lambda_i\in \mathrm{LG}(\lambda_i)$$

此时,对上述全局极小化函数 $Q(\boldsymbol{\theta}|\boldsymbol{\theta}^{(t)})$ 进行极大化就等价于分别极大化每一个 $Q_{[i]}(\lambda_i|\boldsymbol{\theta}^{(t)}),i=0,1,\cdots,m$,最终可得 m 元泊松分布极大似然估计的 MM 迭代步骤为

$$\lambda_0^{(t+1)}=\frac{\sum_{j=1}^{n}\sum_{k=0}^{p_j}kb_{jk}^{(t)}}{n},\lambda_i^{(t+1)}=\frac{\sum_{j=1}^{n}\sum_{k=0}^{p_j}(x_{ij}-k)b_{jk}^{(t)}}{n},i=1,\cdots,m$$

4.7 I型多元零膨胀广义泊松分布

4.7.1 I型多元零膨胀广义泊松分布概述

令 $Z\sim\mathrm{Bernoulli}(1-\phi)$,$X_i\sim\mathrm{GP}(\lambda_i,\pi_i)$,记 $\boldsymbol{x}=(X_1,X_2,\cdots,X_m)^{\mathrm{T}},i=1,2,\cdots,m$,且设随机向量 $(Z,X_1,X_2,\cdots,X_m)$ 是相互独立的。m 元离散随机向量 $\boldsymbol{Y}=(Y_1,Y_2,\cdots,Y_m)^{\mathrm{T}}$ 被称为是服从I型多元零膨胀广义泊松(ZIGP)分布,定义

$$\boldsymbol{y}\triangleq Z\boldsymbol{x}=\begin{cases}\boldsymbol{0}, & \text{以概率 }\phi\\ \boldsymbol{x}, & \text{以概率 }1-\phi\end{cases}$$

其中,$\phi\in[0,1)$。我们记 $\boldsymbol{Y}\sim\mathrm{ZIP}_m^{(\mathrm{I})}(\phi,\boldsymbol{\lambda},\boldsymbol{\pi})$,$\boldsymbol{Y}\sim\mathrm{ZIP}^{(I)}(\phi;\lambda_1,\lambda_2,\cdots,\lambda_m,\pi_1,\pi_2,\cdots,\pi_m)$,其中,$\boldsymbol{\lambda}=(\lambda_1,\lambda_2,\cdots,\lambda_m)^{\mathrm{T}}\in R_+^m$,$\pi=(\pi_1,\pi_2,\cdots,\pi_m)^{\mathrm{T}}$,$\pi_i\in[0,1)$,则 $\boldsymbol{y}$ 的联合概率分布函数为

$$[\phi+(1-\phi)\mathrm{e}^{-\lambda_+}]I(\boldsymbol{y}=\boldsymbol{0})+(1-\phi)\mathrm{e}^{-\lambda_+-\sum_{i=1}^{m}\pi_iy_i}\cdot\prod_{i=1}^{m}\frac{\lambda_i(\lambda_i+\pi_iy_i)^{y_i-1}}{y_i!}I(\boldsymbol{y}\neq\boldsymbol{0})$$

这里，$\lambda_+=\sum_{i=1}^{m}\lambda_i$。假设$\boldsymbol{Y}_1,\boldsymbol{Y}_2,\cdots,\boldsymbol{Y}_n$独立同分布于I型多元零膨胀广义泊松分布 $\mathrm{ZIGP}^{(I)}(\boldsymbol{\theta})$，其中$\boldsymbol{\theta}=(\phi,\lambda_1,\lambda_2,\cdots,\lambda_m,\pi_1,\pi_2,\cdots,\pi_m)^{\mathrm{T}}$，$\boldsymbol{Y}_j=(Y_{1j},Y_{2j},\cdots,Y_{mj})^{\mathrm{T}},j=1,2,\cdots,n$。令$\boldsymbol{y}_j=(y_{1j},y_{2j},\cdots,y_{mj})^{\mathrm{T}}$表示随机向量$\boldsymbol{Y}$的第$j$次观测结果，$Y_{\mathrm{obs}}=\{\boldsymbol{y}_j\}_{j=1}^{n}$表示观测数据。并且，为了表达的方便，我们定义如下符号：

$$J_0=\{j\,|\,\boldsymbol{y}_j=\boldsymbol{0},j=1,2,\cdots,n\}$$

$n_0=\sum_{j=1}^{n}I(\boldsymbol{y}=\boldsymbol{0})=\#\{J_0\}$，即符号$\#\{J_0\}$表示集合$J_0$的元素个数

$J=\{j\,|\,\boldsymbol{y}_j\neq\boldsymbol{0},j=1,2,\cdots,n\}$，

$J_i=\{j\,|\,y_{ij}\neq 0,j=1,2,\cdots,n\},i=1,2,\cdots,m$

$J_{i0}=\{j\,|\,y_{ij}=0,\boldsymbol{y}_j\neq\boldsymbol{0},j=1,2,\cdots,n\}$，

$n_{i0}=\#\{J_{i0}\}$，即符号$\#\{J_{i0}\}$表示集合J_{i0}中的元素个数。

基于上述定义，我们可得$\#\{J_i\}=\#\{J\}-\#\{J_{i0}\}=n-n_0-n_{i0}$，$\#\{J\}=n-n_0$，则I型多元零膨胀广义泊松分布 $\mathrm{ZIGP}^{(\mathrm{I})}(\boldsymbol{\theta})$关于参数向量$\boldsymbol{\theta}=(\varphi,\lambda_1,\lambda_2,\cdots,\lambda_m,\pi_1,\pi_2,\cdots,\pi_m)^{\mathrm{T}}$的观测似然函数就可以表示为

$$\begin{aligned}L(\boldsymbol{\theta}\,|\,Y_{\mathrm{obs}})&=[\phi+(1-\phi)\mathrm{e}^{-\lambda_+}]^{n_0}(1-\phi)^{n-n_0}\prod_{j\in J}\prod_{i=1}^{m}\frac{\lambda_i(\lambda_i+\pi_i y_{ij})^{y_{ij}-1}\mathrm{e}^{-\lambda_i-\pi_i y_{ij}}}{y_{ij}!}\\&\propto[\phi+(1-\phi)\mathrm{e}^{-\lambda_+}]^{n_0}(1-\phi)^{n-n_0}\prod_{i=1}^{m}\prod_{j\in J}\lambda_i(\lambda_i+\pi_i y_{ij})^{y_{ij}-1}\mathrm{e}^{-\lambda_i-\pi_i y_{ij}}\\&=[\phi+(1-\phi)\mathrm{e}^{-\lambda_+}]^{n_0}(1-\phi)^{n-n_0}\prod_{i=1}^{m}\mathrm{e}^{-n_{i0}\lambda_i}\prod_{j\in J_i}\lambda_i(\lambda_i+\pi_i y_{ij})^{y_{ij}-1}\mathrm{e}^{-\lambda_i-\pi_i y_{ij}}\end{aligned}$$

则其对数似然函数就可以分解为

$$l(\boldsymbol{\theta}\,|\,Y_{\mathrm{obs}})=l_0(\boldsymbol{\theta})+l_1(\phi,\boldsymbol{\lambda})+\sum_{i=1}^{m}\sum_{j\in J_i}l_{ij}(\boldsymbol{\lambda},\boldsymbol{\pi})$$

其中，

$$l_0(\boldsymbol{\theta})=c+(n-n_0)\ln(1-\phi)+\sum_{i=0}^{m}l_{i0}(\lambda_i)-\sum_{i=0}^{m}(\sum_{j\in J_i}y_{ij})\pi_i$$

$$l_{i0}(\lambda_i)=(n-n_0-n_{i0})\ln\lambda_i-(n-n_0)\lambda_i\in\mathrm{LG}(\lambda_i)$$

$$l_1(\phi,\boldsymbol{\lambda})=n_0\ln[\phi+(1-\phi)\mathrm{e}^{-\lambda_+}]$$

$$l_{ij}(\boldsymbol{\lambda},\boldsymbol{\pi})=(y_{ij}-1)\ln(\lambda_i+\pi_i y_{ij}),j\in J_i,i=1,2,\cdots,m_i$$

这里，c是与参数向量$\boldsymbol{\theta}$无关的一个常数。

4.7.2 基于 LB 和 LG 函数族的 MM 算法

从 I 型多元零膨胀广义泊松分布对数似然函数的表达式来看，我们发现分解式的第一部分 $l_0(\boldsymbol{\theta})$ 是 $1+3m$ 个组装元 $\ln(1-\phi)$ 与 $\{\ln\lambda_i, -\lambda_i, -\pi_i\}_{i=1}^m$ 的线性组合，其中 $\{\ln\lambda_i, -\lambda_i\}$ 是一对互补组装元。另外，第二部分 $l_1(\phi, \boldsymbol{\lambda})$ 可以重新表示为线性组合 $\boldsymbol{a}^{\mathrm{T}}\boldsymbol{h}(\boldsymbol{\theta})$ 的对数函数，即

$$l_1(\phi, \boldsymbol{\lambda}) = n_0 \ln\left[(1,1)\begin{pmatrix}\phi \\ (1-\phi)\mathrm{e}^{-\lambda_+}\end{pmatrix}\right] = n_0 \ln[\boldsymbol{a}^{\mathrm{T}}\boldsymbol{h}(\boldsymbol{\theta})]$$

我们利用 Jensen 不等式对 $l_1(\phi, \boldsymbol{\lambda})$ 进行放缩，则可得第二部分 $l_1(\phi, \boldsymbol{\lambda})$ 的局部极小化函数为

$$Q_1(\phi, \boldsymbol{\lambda} | \varphi^{(t)}, \boldsymbol{\lambda}^{(t)}) = c_1 + \frac{n_0 \phi^{(t)}}{\beta^{(t)}} \ln\phi + \frac{n_0(\beta^{(t)} - \phi^{(t)})}{\beta^{(t)}} \ln(1-\phi) - \frac{n_0(\beta^{(t)} - \phi^{(t)})}{\beta^{(t)}} \lambda_+$$

其中，c_1 是与参数向量 $(\phi, \boldsymbol{\lambda})$ 无关的一个常数，$\beta^{(t)} = \phi^{(t)} + (1-\phi^{(t)})\mathrm{e}^{-\lambda_+^{(t)}}$。事实上，分解式第三部分的每一项 $l_{ij}(\boldsymbol{\lambda}, \boldsymbol{\pi})$ 可以重新表示为线性组合 $\boldsymbol{a}_{ij}^{\mathrm{T}}\boldsymbol{h}_i(\boldsymbol{\theta})$ 的对数函数，即

$$l_{ij}(\boldsymbol{\lambda}, \boldsymbol{\pi}) = (y_{ij} - 1)\ln\left[(\mathbf{1}, y_{ij})\begin{pmatrix}\lambda_i \\ \pi_i\end{pmatrix}\right] = (y_{ij} - 1)\ln[\boldsymbol{a}_{ij}^{\mathrm{T}}\boldsymbol{h}_i(\boldsymbol{\theta})]$$

我们同样利用 Jensen 不等式对 $l_{ij}(\boldsymbol{\lambda}, \boldsymbol{\pi})$ 进行放缩，则可得 $l_{ij}(\boldsymbol{\lambda}, \boldsymbol{\pi})$ 的局部极小化函数为

$$Q_{ij}(\boldsymbol{\lambda}, \boldsymbol{\pi} | \boldsymbol{\lambda}^{(t)}, \boldsymbol{\pi}^{(t)}) = c_{ij} + \frac{\lambda_i^{(t)}(y_{ij} - 1)}{\lambda_i^{(t)} + \pi_i^{(t)} y_{ij}} \ln\lambda_i + \frac{\pi_i^{(t)} y_{ij}(y_{ij} - 1)}{\lambda_i^{(t)} + \pi_i^{(t)} y_{ij}} \ln\pi_i$$

其中，c_{ij} 是与参数向量 (λ, π) 无关的一个常数。至此，将局部极小化函数 $Q_1(\phi, \boldsymbol{\lambda} | \phi^{(t)}, \boldsymbol{\lambda}^{(t)})$ 和 $Q_{ij}(\boldsymbol{\lambda}, \boldsymbol{\pi} | \boldsymbol{\lambda}^{(t)}, \boldsymbol{\pi}^{(t)})$ 代回 I 型多元零膨胀广义泊松分布的对数似然函数中分别替换 $l_1(\varphi, \boldsymbol{\lambda})$ 和 $l_{ij}(\boldsymbol{\lambda}, \boldsymbol{\pi})$，则可得目标对数似然函数 $l(\boldsymbol{\theta} | Y_{\mathrm{obs}})$ 的全局极小化函数为

$$\begin{aligned} Q(\boldsymbol{\theta} | \boldsymbol{\theta}^{(t)}) &= l_0(\boldsymbol{\theta}) + Q_1(\phi, \boldsymbol{\lambda} | \phi^{(t)}, \lambda^{(t)}) + \sum_{i=1}^m \sum_{j \in J_i} Q_{ij}(\boldsymbol{\lambda}, \boldsymbol{\pi} | \boldsymbol{\lambda}^{(t)}, \pi^{(t)}) \\ &= c + Q_{[\mathrm{I}]}(\phi | \boldsymbol{\theta}^{(t)}) + \sum_{i=1}^m Q_{[\mathrm{II}, i]}(\lambda_i | \boldsymbol{\theta}^{(t)}) + \sum_{i=1}^m Q_{[\mathrm{III}, i]}(\pi_i | \boldsymbol{\theta}^{(t)}) \end{aligned}$$

其中，c 是与参数向量 $\boldsymbol{\theta}$ 无关的常数，且

$$Q_{[\mathrm{I}]}(\phi\,|\,\boldsymbol{\theta}^{(t)})=\frac{n_0\phi^{(t)}}{\beta^{(t)}}\ln\phi+\left(n-\frac{n_0\phi^{(t)}}{\beta^{(t)}}\right)\ln(1-\phi)\in \mathrm{LB}(\phi)$$

$$Q_{[\mathrm{II},i]}(\lambda_i\,|\,\boldsymbol{\theta}^{(t)})=\left[n-n_0-n_{i0}+\sum_{j\in J_i}\frac{(y_{ij}-1)\lambda_i^{(t)}}{\lambda_i^{(t)}+\pi_i^{(t)}y_{ij}}\right]\ln\lambda_i-n(1-\phi^{(t+1)})\lambda_i\in \mathrm{LG}(\lambda_i)$$

$$Q_{[\mathrm{III},i]}(\pi_i\,|\,\boldsymbol{\theta}^{(t)})=\left[\sum_{j\in J_i}\frac{\pi_i^{(t)}y_{ij}(y_{ij}-1)}{\lambda_i^{(t)}+\pi_i^{(t)}y_{ij}}\right]\ln\pi_i-\Big(\sum_{j\in J_i}y_{ij}\Big)\pi_i\in \mathrm{LG}(\pi_i)$$

可见替代函数 $Q(\boldsymbol{\theta}\,|\,\boldsymbol{\theta}^{(t)})$已经达到完全分离可加的目标，接下来，直接极大化全局极小化函数 $Q(\boldsymbol{\theta}\,|\,\boldsymbol{\theta}^{(t)})$就等价于分别极大化每一个 $Q_{[\mathrm{I}]}(\phi\,|\,\boldsymbol{\theta}^{(t)})$、$Q_{[\mathrm{II},i]}(\lambda_i\,|\,\boldsymbol{\theta}^{(t)})$和 $Q_{[\mathrm{III},i]}(\pi_i\,|\,\boldsymbol{\theta}^{(t)})$，$i=0,1,\cdots,m$，最终可得 I 型多元零膨胀广义泊松分布极大似然估计的 MM 迭代步骤为

$$\phi^{(t+1)}=\frac{n_0\phi^{(t)}}{n\beta^{(t)}}$$

$$\lambda_i^{(t+1)}=\frac{n-n_0-n_{i0}+\sum\limits_{j\in J_i}\dfrac{(y_{ij}-1)\lambda_i^{(t)}}{\lambda_i^{(t)}+\pi_i^{(t)}y_{ij}}}{n-n\phi^{(t+1)}}$$

$$\pi_i^{(t+1)}=\frac{\sum\limits_{j\in J_i}\dfrac{\pi_i^{(t)}y_{ij}(y_{ij}-1)}{\lambda_i^{(t)}+\pi_i^{(t)}y_{ij}}}{\sum\limits_{j\in J_i}y_{ij}},\quad i=1,2,\cdots,m$$

4.8 多元复合零膨胀广义泊松分布

4.8.1 多元复合零膨胀广义泊松分布概述

令 $Z_0\sim\mathrm{Bernoulli}(1-\phi_0)$，$X_i\sim\mathrm{ZIGP}(\phi_i,\lambda_i,\pi_i)$，这属于 4.6 节中 ZIGP 分布的一种特殊形式，即一元零膨胀广义泊松分布，记 $\boldsymbol{x}=(X_1,X_2,\cdots,X_m)^{\mathrm{T}}$，$i=1,2,\cdots,m$，且设随机向量$(Z_0,X_1,X_2,\cdots,X_m)$是相互独立的。$m$ 元离散随机向量 $\boldsymbol{Y}=(Y_1,Y_2,\cdots,Y_m)^{\mathrm{T}}$ 被称为是服从多元复合零膨胀广义泊松(CZIGP)分布，定义

$$\boldsymbol{Y} \triangleq Z_0 \boldsymbol{x} = \begin{cases} \boldsymbol{0}, & 以概率\ \phi_0 \\ \boldsymbol{x}, & 以概率\ 1-\phi_0 \end{cases}$$

其中,$\phi_0 \in [0,1)$。我们记为$\boldsymbol{Y} \sim \mathrm{CZIGP}_m(\phi_0, \boldsymbol{\phi}, \boldsymbol{\lambda}, \boldsymbol{\pi})$,其中$\boldsymbol{\phi}=(\phi_1,\phi_2,\cdots,\phi_m)^{\mathrm{T}} \in [0,1)^m$,$\boldsymbol{\lambda}=(\lambda_1,\lambda_2,\cdots,\lambda_m)^{\mathrm{T}} \in R_+^m$,$\boldsymbol{\pi}=(\pi_1,\pi_2,\cdots,\pi_m)^{\mathrm{T}} \in [0,1)^m$,则$\boldsymbol{Y}$的联合概率分布函数为

$$\gamma_1^{I(\boldsymbol{y}=\boldsymbol{0})} \cdot [(1-\phi_0)\gamma_2]^{I(\boldsymbol{y}\neq\boldsymbol{0})}$$

其中,

$$\gamma_1 = \phi_0 + (1-\phi_0)\prod_{i=1}^m [\phi_i + (1-\phi_i)\mathrm{e}^{-\lambda_i}]$$

$$\gamma_2 = \prod_{i=1}^m [\phi_i + (1-\phi_i)\mathrm{e}^{-\lambda_i}]^{I(y_i=0)} \left[(1-\phi_i)\frac{\lambda_i(\lambda_i+\pi_i y_i)^{y_i-1} \cdot \mathrm{e}^{-\lambda_i-\pi_i y_i}}{y_i!}\right]^{I(y_i>0)}$$

假设$\boldsymbol{Y}_1,\boldsymbol{Y}_2,\cdots,\boldsymbol{Y}_n$独立同分布于多元复合零膨胀广义泊松分布$\mathrm{CZIGP}_m(\boldsymbol{\theta})$,其中,$\boldsymbol{\theta}=(\phi_0,\phi_1,\cdots,\phi_m,\lambda_1,\lambda_2,\cdots,\lambda_m,\pi_1,\pi_2,\cdots,\pi_m)^{\mathrm{T}}$,$\boldsymbol{Y}_j=(Y_{1j},Y_{2j},\cdots,Y_{mj})^{\mathrm{T}}$,$j=1,2,\cdots,n$。令$\boldsymbol{y}_j=(y_{1j},y_{2j},\cdots,y_{mj})^{\mathrm{T}}$表示随机向量$\boldsymbol{Y}$的第$j$次观测结果,$Y_{\mathrm{obs}}=\{\boldsymbol{y}_j\}_{j=1}^n$表示所有观测数据,同时记$n_0=\sum_{j=1}^n I(\boldsymbol{y}_j=\boldsymbol{0})$,则多元复合零膨胀广义泊松分布$\mathrm{CZIGP}_m(\boldsymbol{\theta})$关于参数向量$\boldsymbol{\theta}$的观测对数似然函数就可以分解为

$$\begin{aligned}
l(\boldsymbol{\theta}|\boldsymbol{Y}_{\mathrm{obs}}) = {} & c_0 + n_0\ln\left\{\phi_0 + (1-\phi_0)\prod_{i=1}^m [\phi_i + (1-\phi_i)\mathrm{e}^{-\lambda_i}]\right\} + (n-n_0)\ln(1-\phi_0) + \\
& \sum_{j=1}^n I(\boldsymbol{y}_j \neq \boldsymbol{0}) \sum_{i=1}^m \{I(y_{ji}=0)\ln[\phi_i + (1-\phi_i)\mathrm{e}^{-\lambda_i}] + \\
& I(y_{ji}\neq 0)[\ln(1-\phi_i) + \ln\lambda_i + (y_{ji}-1)\ln(\lambda_i+\pi_i y_{ji}) - \lambda_i - \pi_i y_{ji}]\} \\
\triangleq {} & l_0(\boldsymbol{\theta}) + l_1(\boldsymbol{\theta}) + \sum_{j=1}^n \sum_{i=1}^m I(\boldsymbol{y}_j \neq \boldsymbol{0})[I(y_{ji}=0)l_{2i}(\boldsymbol{\theta}) + \\
& I(y_{ji}\neq 0)l_{3ji}(\boldsymbol{\theta})]
\end{aligned}$$

其中,c_0是与参数向量$\boldsymbol{\theta}$无关的一个常数,且

$$\begin{aligned}
l_0(\boldsymbol{\theta}) = {} & c_0 + (n-n_0)\ln(1-\phi_0) + \\
& \sum_{j=1}^n I(\boldsymbol{y}_j \neq \boldsymbol{0}) \sum_{i=1}^m \{I(y_{ji}\neq 0)[\ln(1-\phi_i) + \ln\lambda_i - \lambda_i - \pi_i y_{ji}]\}
\end{aligned}$$

$$\begin{aligned}
l_1(\boldsymbol{\theta}) &= n_0\ln\left\{\phi_0 + (1-\phi_0)\prod_{i=1}^m [\phi_i + (1-\phi_i)\mathrm{e}^{-\lambda_i}]\right\} \\
&= n_0\ln\left[(1,1)\begin{pmatrix} \phi_0 \\ (1-\phi_0)\prod_{i=1}^m [\phi_i + (1-\phi_i)\mathrm{e}^{-\lambda_i}] \end{pmatrix}\right] = n_0\ln[\boldsymbol{a}^{\mathrm{T}}\boldsymbol{h}_1(\boldsymbol{\theta})]
\end{aligned}$$

$$
\begin{aligned}
l_{2i}(\boldsymbol{\theta}) &= \ln[\phi_i + (1-\phi_i)e^{-\lambda_i}] \\
&= \ln\left[(1,1)\begin{pmatrix}\phi_i \\ (1-\phi_i)e^{-\lambda_i}\end{pmatrix}\right] = \ln[\boldsymbol{a}^{\mathrm{T}}\boldsymbol{h}_{2i}(\boldsymbol{\theta})]
\end{aligned}
$$

$$
\begin{aligned}
l_{3ji}(\boldsymbol{\theta}) &= (y_{ji}-1)\ln(\lambda_i + \pi_i y_{ji}) \\
&= (y_{ji}-1)\ln\left[(1,y_{ji})\begin{pmatrix}\lambda_i \\ \pi_i\end{pmatrix}\right] = (y_{ji}-1)\ln[\boldsymbol{a}_{ji}^{\mathrm{T}}\boldsymbol{h}_{3i}(\boldsymbol{\theta})]
\end{aligned}
$$

4.8.2 基于 LB 和 LG 函数族的 MM 算法

根据多元复合零膨胀广义泊松分布观测对数似然函数的分解式，我们不难发现 $l(\boldsymbol{\theta}|Y_{\text{obs}})$ 分解式的第一部分 $l_0(\boldsymbol{\theta})$ 已经是 $1+4m$ 个组装元 $\ln(1-\phi_0)$ 与 $\{\ln(1-\phi_i),\ln\lambda_i,-\lambda_i,-\pi_i\}_{i=1}^m$ 的线性组合，其中 $\{\ln\lambda_i,-\lambda_i\}$ 是一对互补组装元。此外，我们还发现 $l(\boldsymbol{\theta}|Y_{\text{obs}})$ 分解式的其余三部分 $l_1(\boldsymbol{\theta}),l_{2i}(\boldsymbol{\theta}),l_{3ji}(\boldsymbol{\theta})$ 分别为线性组合 $\boldsymbol{a}^{\mathrm{T}}\boldsymbol{h}_1(\boldsymbol{\theta}),\boldsymbol{a}^{\mathrm{T}}\boldsymbol{h}_{2i}(\boldsymbol{\theta})$ 和 $\boldsymbol{a}_{ji}^{\mathrm{T}}\boldsymbol{h}_{3i}(\boldsymbol{\theta})$ 的凹函数。显然，$l(\boldsymbol{\theta}|Y_{\text{obs}})$ 分解式是式(3.8)的一个特殊情形，这里我们均可利用 Jensen 不等式分别构造 $l_1(\boldsymbol{\theta})$、$l_{2i}(\boldsymbol{\theta})$ 和 $l_{3ji}(\boldsymbol{\theta})$ 的局部极小化函数，并将三个局部极小化函数组合为 $Q^*(\boldsymbol{\theta}|\boldsymbol{\theta}^{(t)})$，即

$$
\begin{aligned}
Q^*(\boldsymbol{\theta}|\boldsymbol{\theta}^{(t)}) = {}& \frac{n_0\phi_0^{(t)}}{\gamma_1^{(t)}}\ln\phi_0 + \\
& n_0\left(1-\frac{\phi_0^{(t)}}{\gamma_1^{(t)}}\right)\left\{\ln(1-\phi_0) + \sum_{i=1}^m \ln[\phi_i + (1-\phi_i)\mathrm{e}^{-\lambda_i}]\right\} + \\
& \sum_{j=1}^n\sum_{i=1}^m I(\boldsymbol{y}_i \neq \boldsymbol{0})I(y_{ji}=0)\cdot \\
& \left\{\frac{\phi_i^{(t)}}{\beta_i^{(t)}}\ln\phi_i + \left(1-\frac{\phi_i^{(t)}}{\beta_i^{(t)}}\right)[\ln(1-\phi_i)-\lambda_i]\right\} + \\
& \sum_{j=1}^n\sum_{i=1}^m I(y_{ji}>0)\left[\frac{\lambda_i^{(t)}(y_{ji}-1)}{\lambda_i^{(t)}+\pi_i^{(t)}y_{ji}}\ln\lambda_i + \frac{\pi_i^{(t)}y_{ji}(y_{ji}-1)}{\lambda_i^{(t)}+\pi_i^{(t)}y_{ji}}\ln\pi_i\right]
\end{aligned}
$$

其中，$\beta_i^{(t)} = \phi_i^{(t)} + (1-\phi_i^{(t)})\mathrm{e}^{-\lambda_i^{(t)}}, i=1,2,\cdots,m$。此时，可以发现我们并没有完全分离所有的参数，因为 $Q^*(\boldsymbol{\theta}|\boldsymbol{\theta}^{(t)})$ 中所包含的 $\sum_{i=1}^m \ln[\phi_i + (1-\phi_i)\mathrm{e}^{-\lambda_i}]$ 与 $l_{2i}(\boldsymbol{\theta})$ 的形式一样。与 $l_{2i}(\boldsymbol{\theta})$ 的处理方式一样，这里，我们继续应用 Jensen 不等式对 $\sum_{i=1}^m \ln[\phi_i + (1-\phi_i)e^{-\lambda_i}]$ 进行放缩。最终，我们得到目标似然函数 $l(\boldsymbol{\theta}|\boldsymbol{Y}_{\text{obs}})$

的全局极小化函数 $Q(\boldsymbol{\theta}|\boldsymbol{\theta}^{(t)})$，即

$$Q(\boldsymbol{\theta}|\boldsymbol{\theta}^{(t)})=Q(\phi_0|\boldsymbol{\theta}^{(t)})+\sum_{i=1}^{m}[Q(\phi_i|\boldsymbol{\theta}^{(t)})+Q(\lambda_i|\boldsymbol{\theta}^{(t)})+Q(\pi_i|\boldsymbol{\theta}^{(t)})]$$

其中，

$$Q(\phi_0|\boldsymbol{\theta}^{(t)})=\frac{n_0\phi_0^{(t)}}{\gamma_1^{(t)}}\ln\phi_0+\left(n_0-\frac{n_0\phi_0^{(t)}}{\gamma_1^{(t)}}\right)\ln(1-\phi_0)\in\mathrm{LB}(\phi_0)$$

$$\begin{aligned}Q(\phi_i|\boldsymbol{\theta}^{(t)})=&\left[\frac{n_0\phi_0^{(t)}(\gamma_1^{(t)}-\phi_0^{(t)})}{\gamma_1^{(t)}\beta_i^{(t)}}+\sum_{j=1}^{n}\frac{I(\boldsymbol{y}_i\neq\boldsymbol{0})I(y_{ji}=0)\phi_i^{(t)}}{\beta_i^{(t)}}\right]\ln\phi_i+\\&\left\{n_0\left(1-\frac{\phi_0^{(t)}}{\gamma_1^{(t)}}\right)\left(1-\frac{\phi_i^{(t)}}{\beta_i^{(t)}}\right)+\right.\\&\left.\sum_{j=1}^{n}I(\boldsymbol{y}_i\neq\boldsymbol{0})\left[1-\frac{\phi_i^{(t)}I(y_{ji}=0)}{\beta_i^{(t)}}\right]\right\}\ln(1-\phi_i)\in\mathrm{LB}(\phi_i)\end{aligned}$$

$$\begin{aligned}Q(\lambda_i|\boldsymbol{\theta}^{(t)})=&\left\{\sum_{j=1}^{n}\frac{I(\boldsymbol{y}_i\neq\boldsymbol{0})I(y_{ji}>0)(\lambda_i+\pi_i)y_{ji}}{\lambda_i+\pi_iy_{ji}}\right\}\ln\lambda_i-\\&\left\{n_0\left(1-\frac{\phi_0^{(t)}}{\gamma_1^{(t)}}\right)\left(1-\frac{\phi_i^{(t)}}{\beta_i^{(t)}}\right)+\right.\\&\left.\sum_{j=1}^{n}I(\boldsymbol{y}_i\neq\boldsymbol{0})\left[1-\frac{\phi_i^{(t)}I(y_{ji}=0)}{\beta_i^{(t)}}\right]\right\}\lambda_i\in\mathrm{LG}(\lambda_i)\end{aligned}$$

$$\begin{aligned}Q(\pi_i|\boldsymbol{\theta}^{(t)})=&\left\{\sum_{j=1}^{n}\frac{I(y_i\neq\boldsymbol{0})I(y_{ji}>0)\pi_i^{(t)}y_{ji}(y_{ji}-1)}{\lambda_i^{(t)}+\pi_i^{(t)}y_{ji}}\right\}\ln\pi_i-\\&\left\{\sum_{j=1}^{n}I(\boldsymbol{y}_i\neq\boldsymbol{0})I(y_{ji}>0)y_{ji}\right\}\pi_i\in\mathrm{LG}(\pi_i)\end{aligned}$$

从上述全局极小化函数 $Q(\boldsymbol{\theta}|\boldsymbol{\theta}^{(t)})$ 的表达式可以看出，目标惩罚对数似然函数 $l(\boldsymbol{\theta}|Y_{\text{obs}})$ 已经被分解成 $1+4m$ 个单变量函数之和，我们实现了把高维转化为低维函数的优化。接下来，直接极大化全局极小化函数 $Q(\boldsymbol{\theta}|\boldsymbol{\theta}^{(t)})$ 就等价于分别极大化每一个 $Q(\phi_0|\boldsymbol{\theta}^{(t)})$、$Q(\phi_i|\boldsymbol{\theta}^{(t)})$、$Q(\lambda_i|\boldsymbol{\theta}^{(t)})$ 和 $Q(\pi_i|\boldsymbol{\theta}^{(t)})$，$i=0,1,\cdots,m$，最终可得多元复合零膨胀广义泊松分布极大似然估计的 MM 迭代步骤为

$$\phi_0^{(t+1)}=\frac{n_0\phi_0^{(t)}}{n\gamma_1^{(t)}}$$

$$\phi_i^{(t+1)}=\frac{n_0\phi_i^{(t)}(\boldsymbol{\gamma}_1^{(t)}-\phi_0^{(t)})/\gamma_1^{(t)}\beta_i^{(t)}+\sum_{j=1}^{n}I(\boldsymbol{y}_j\neq\boldsymbol{0})I(y_{ji}=0)\phi_i^{(t)}/\beta_i^{(t)}}{(n-n_0\phi_0^{(t)}/\boldsymbol{\gamma}_1^{(t)})}$$

$$\lambda_i^{(t+1)} = \frac{\sum_{j=1}^{n} I(\mathbf{y}_j \neq \mathbf{0}) I(y_{ji}=0)(y_{ji}+\pi_i) y_{ji}/(\lambda_i+\pi_i y_{ji})}{n_0(1-\phi_0^{(t)}/\gamma_1^{(t)})(1-\phi_i^{(t)}/\beta_i^{(t)}) + \sum_{j=1}^{n} I(\mathbf{y}_j \neq \mathbf{0})[1-\phi_i^{(t)} I(y_{ji}=0)/\beta_i^{(t)}]}$$

$$\pi_i^{(t+1)} = \frac{\sum_{j=1}^{n} I(\mathbf{y}_j \neq \mathbf{0}) I(y_{ji}=0)\pi_i^{(t)} y_{ji}(y_{ji}-1)/(\lambda_i^{(t)}+\pi_i^{(t)} y_{ji})}{\sum_{j=1}^{n} I(\mathbf{y}_j \neq \mathbf{0}) I(y_{ji}=0) y_{ji}}, i=1,2,\cdots,m$$

附录

1. 零截断的二项分布

```
# 产生零截断二项分布的随机数
ZTB_sample <- function(m, pi, n) {
  x <- rep(0, n)

  for (i in 1:n) {
    repeat {
      a <- rbinom(1, m, pi)
      if (a > 0) break
    }
    x[i] <- a
  }

  return(x)
}

# 基于 LB 的 MM 算法程序与模拟程序
LBMM <- function(y, m, pi) {
  n <- length(y)
  by <- mean(y)
```

```
  # log - likelihood function
  log_ell <- n * (by * log(pi) + (m - by) * log(1 - pi) - log(1 - (1 - pi)^m))

  el <- c(log_ell)
  error <- 3.0
  k <- 1
  start<- proc.time()[1]

  while (error > 1e-06) {
    pi <- by * (1 - (1 - pi)^m) / m
    log_el <- n * (by * log(pi) + (m - by) * log(1 - pi) - log(1 - (1 - pi)^m))
    el <- c(el, log_el)

    error <- abs(el[k + 1]- el[k]) / (1 + abs(el[k]))
    k <- k + 1
  }

  end <- proc.time()[1]

  result <- list(
    iters = k,
  log_el = el[length(el)],
  cost_time = end - start,
  pi =  pi
  )

  return(result)
}

m <- 10
pi.true <- 0.4
N <- 1000
y <- ZTB_sample(m, pi.true, N)
pi.in <- 0.3
```

```
results <- function(n) {
  est_MM <- c()
  for (r in 1:n) {
    # Generate simulation data
    Y_obs <- ZTB_sample(m, pi.true, N)
    # Estimation
    par_est <- LBMM(Y_obs, m, pi.in)
    # Record estimation value of all parameters
    est_MM <- c(est_MM, c(par_est$pi, par_est$iters, par_est$log_el, par_est$cost_
time))
  }

  result <- matrix(est_MM, byrow = True, nrow = n)
  return(result)
}

est_MM <- results(500)
par.true <- c(pi.true)
used_time <- mean(est_MM[, ncol(est_MM)])
log_likelihood_val <- mean(est_MM[, ncol(est_MM) - 1])
iters <- mean(est_MM[, ncol(est_MM) - 2])
est_params <- est_MM[, 1:(ncol(est_MM) - 3)]

num_rep <- nrow(est_params)
est_MEAN <- apply(est_params, 2, mean)
est_Bias <- par.true - est_MEAN
est_SD <- apply(est_params, 2, sd)
est_MSE <- apply((est_params - matrix(rep(par.true, num_rep), num_rep, byrow =
True))^2, 2, mean)

results<- as.data.frame(list(True = par.true, Est = est_MEAN, Bias = est_Bias, MSE =
est_MSE, SD = est_SD, iters = iters, used_time = used_time, log_likelihood_val = log_
likelihood_val))

print(results)
```

```
# 基于 LEB 的 MM 算法程序与模拟程序
LEBMM <- function(y, m, pi) {
  n = length(y)
  by = mean(y)

  # log- likelihood function
  log_ell = n * (by * log(pi) + (m - by) * log(1 - pi) - log(1 - (1 - pi)^m))
  el = c(log_ell)
  error = 3
  k <- 1
  start <- proc.time()[1]
  while (error > 1e-06) {
    a = (1 - pi)^(m - 1)
    b = 1 - (1 - pi)^m
    pi = (a + b - sqrt((a + b)^2 - 4 * by * a * b / m)) / (2 * a)
    log_el = n * (by * log(pi) + (m - by) * log(1 - pi) - log(1 - (1 - pi)^m))
    el <- append(el, log_el)
    error = abs(el[k + 1] - el[k]) / (1 + abs(el[k]))
    k <- k + 1
  }
  end <- proc.time()[1]

  result <- list()
  result$iters <- k
  result$log_el <- log_el
  result$cost_time <- end - start
  result$pi <- pi
  return(result)
}

m <- 10
pi.true <- 0.4
N <- 1000
y <- ZTB_sample(m, pi.true, N)
pi.in <- 0.3
```

```
results <- function(n) {
  est_MM <- c()
  for (r in 1:n) {
    # Generate simulation data
    Y_obs <- ZTB_sample(m, pi.true, N)
    # Estimation
    par_est <- LEBMM(Y_obs, m, pi.in)
    # Record estimation value of all parameters
    est_MM <- append(est_MM, c(par_est$pi, par_est$iters, par_est$log_el,
par_est$cost_time))
  }
  result <- matrix(est_MM, byrow = True, nrow = n)
  return(result)
}

est_MM <- results(500)
par.true <- c(pi.true)
used_time <- mean(est_MM[, ncol(est_MM)])
log_likelihood_val <- mean(est_MM[, ncol(est_MM) - 1])
iters <- mean(est_MM[, ncol(est_MM) - 2])
est_MM <- matrix(est_MM[, 1:(ncol(est_MM) - 3)], ncol = 1)
num_rep <- nrow(est_MM)
est_MEAN <- apply(est_MM, 2, mean)
est_Bias <- par.true - est_MEAN
est_SD <- apply(est_MM, 2, sd)
est_MSE <- apply((est_MM - matrix(rep(par.true, num_rep), num_rep, byrow =
True))^2, 2, mean)

results <- as.data.frame(list(True = par.true, Est = est_MEAN, Bias = est_Bi-
as, MSE = est_MSE, SD = est_SD, iters = iters, used_time = used_time, log_like-
lihood_val = log_likelihood_val))

print(results)
```

2. 广义泊松分布

 # 产生广义泊松分布的随机数

```
GP_sample <- function(la, pi, n) {
  GP <- function(x, la, pi) {
    b <- gamma(x + 1)

    if (pi <  1 && pi >= 0) {
      p <- exp(- la - pi * x) * la * (la + pi * x)^(x - 1) / b
    } else if (pi < 0 && pi > -1 && la + pi * x <= 0) {
      p <- 0
    } else if (pi < 0 && pi > -1 && la + pi * x > 0) {
      p <- exp(- la - pi * x) * la * (la + pi * x)^(x - 1) / b
    }

    return(p)
  }

  P <- rep(0, 100)
  for (i in 0:99) {
    P[i + 1] <- GP(i, la, pi)
  }

  a <- 0:99
  x <- sample(a, n, P, replace = TRUE)
}
```

 # 基于 LG 的 MM 算法程序与模拟程序

```
GPMM <- function(y, ela, epi) {
  n <- length(y)

  # Log- likelihood function
  log_ell <- n * log(ela[1]) - n * ela[1] - n * mean(y) * epi[1] + sum((y - 1) *
log(ela[1] + epi[1] * y))
```

```
  el <- c(log_ell)
  error <- 3
  k <- 1
  start <- proc.time()[1]

  while (error > 1e-06) {
    ela <- (n + ela * sum((y - 1) / (ela + epi * y))) / n
    epi <- (epi * sum(y * (y - 1) / (ela + epi * y))) / (sum(y))
    log_el <- n * log(ela) - n * ela - sum(y) * epi + sum((y - 1) * log(ela +
epi * y))
    el <- append(el, log_el)
    error <- abs(el[k + 1] - el[k]) / (1 + abs(el[k]))
    k <- k + 1
  }

  end <- proc.time()[1]

  result <- list()
  result$iters <- k
  result$log_el <- log_el
  result$cost_time <- end - start
  result$ela <- ela
  result$epi <- epi

  return (result)
}

ela.true <- 2
epi.true <- 0.7
N <- 200
ela.in <- 1
epi.in <- 0.5

results <- function(n) {
  est_MM <- c()
```

```
  for (r in 1:n) {
    # Generate simulation data
    Y_obs <- GP_sample(ela.true, epi.true, N)
    # Estimation
    par_est <- GPMM(Y_obs, ela.in, epi.in)
    # Record estimation value of all parameters
    est_MM <- append(est_MM, c(par_est$ela, par_est$epi, par_est$iters, par_
est$log_el, par_est$cost_time))
  }
  result <- matrix(est_MM, byrow = True, nrow = n)  # Convert to matrix
  return (result)
}

est_MM <- results(500)
par.true <- c(ela.true, epi.true)

used_time <- mean(est_MM[, ncol(est_MM)])
log_likelihood_val <- mean(est_MM[, ncol(est_MM) - 1])
iters <- mean(est_MM[, ncol(est_MM) - 2])
est_MM <- est_MM[, 1:(ncol(est_MM) - 3)]

num_rep <- nrow(est_MM)
est_MEAN <- apply(est_MM, 2, mean)
est_Bias <- par.true - est_MEAN
est_SD <- apply(est_MM, 2, sd)
est_MSE <- apply((est_MM - matrix(rep(par.true, num_rep), num_rep, byrow =
True))^2, 2, mean)

results<- as.data.frame(list(True = par.true, Est = est_MEAN, Bias = est_Bi-
as, MSE = est_MSE, SD = est_SD, iters = iters, used_time = used_time, log_like-
lihood_val = log_likelihood_val))

print(results)
```

3. 左截断的正态分布

```
# 产生左截断正态分布的随机数
LTN_sample <- function(a, mu, si2, n) {
  x <- rep(0, n)  #  Initialize vector of zeros

  for (i in 1:n) {
  repeat {
    z <- rnorm(1, mean = mu, sd = sqrt(si2))
    if (z >= a) {
      break
    }
    x[i] <- z
  }
}

    return(x)
  }

# 左截断正态分布的对数似然函数
LTN_ell <- function(a, mu, si2, y) {
  n <- length(y)
  si <- sqrt(si2)

  ell <- -n * log(si2) / 2 - sum((y - mu)^2) / (2 * si2) - n * log(1 - pnorm((a -
mu) / si))

  ell
}

# 左截断正态分布 MM 估计算法的模拟程序
N <- 500
RES <- matrix(0, N, 12)

for (i in 1:N) {
```

```
a <- 5
n <- 200
mu0 <- 7
si20 <- 4
alpha0 <- c(mu0, si20)
y <- LTN_sample(a, mu0, si20, n)

mu <- 1
si2 <- 1
el <- rep(0, 10000)
k <- 1
el[k] <- LTN_ell(a, mu, si2, y)
error <- 3
start <- proc.time()[1]

while (error > 0.000001) {
  si <- sqrt(si2)
  a1 <- (a - mu) / si
  w <- 1 - pnorm(a1)
  s1 <- (1 - w) / w
  tao <- exp(- (a - mu)^2 / (2 * si2)) / sqrt(2 * 3.14159265 * si2)
  g <- tao / pnorm(a1)
  deta <- si2 - si2 * (a - mu) * g

  mu1 <- (mean(y) + s1 * (mu - si2 * g)) / (1 + s1)
  deta <- si2 + (mu1 - mu)^2 - si2 * (a + mu - 2 * mu1) * g
  mu <- mu1
  si2 <- (sum((y - mu)^2) / n + s1 * deta) / (1 + s1)

  el[k + 1] <- LTN_ell(a, mu, si2, y)
  error <- abs(el[k + 1] - el[k]) / (abs(el[k]) + 1)
  k <- k + 1
}

end <- proc.time()[1]
```

```
  time <- end - start
  ELL <- LTN_ell(a, mu, si2, y)
  alpha <- c(mu, si2)
  mse <- sum((alpha - alpha0)^2) / 2

  RES[i, ] <- c(k, time, ELL, alpha, mse)
}

RES
MRES <- apply(RES, 2, mean)
MRES
```

4. 透射断层扫描的泊松回归模型

```
# 产生透射断层扫描的泊松回归模型的随机数
LG_sample <- function(n, theta) {
  p <- length(theta)
  A <- matrix(0, n, p)
  r <- rpois(n, 0.1)
  z <- rnorm(n, 0, 1)
  s <- exp(1 + 0.3 * z)
  y <- rep(0, n)

  for (i in 1:n) {
    A[i, ] <- runif(p, min = 0, max = 0.1)
    la <- r[i] + s[i] * exp(- sum(A[i, ] * theta))
    y[i] <- rpois(1, la)
  }

  return(list(y = y, A = A, s = s, r = r))
}

# 透射断层扫描的泊松回归模型的对数似然函数
ell <- function(theta, y, A, s, r) {
```

```
  p <- length(theta)
  TH <- matrix(rep(theta, each = n), n, p)
  a <- rowSums(A * TH)
  b <- log(r + s * exp(- a))
  el <- sum(- s * exp(- a) + y * b)
  return(el)
}

# 泊松回归模型 MM 估计算法的模拟程序
N <- 500
RES <- matrix(0, N, 30)

for (i in 1:N) {
  n <- 500
  theta1 <- rep(0.5, 10)
  theta2 <- rep(0.8, 10)
  theta3 <- rep(0.2, 10)
  theta <- c(theta1, theta2, theta3)
  p <- length(theta)
  yy <- LG_sample(n, theta)
  y <- yy$y
  A <- yy$A
  s <- yy$s
  r <- yy$r
  n <- length(y)
  theta <- rep(0.1, p)
  el <- rep(0, 10000)
  k <- 1
  el[k] <- ell(theta, y, A, s, r)
  error <- 3

  while (error > 0.000001) {
    ww <- t(matrix(rep(rowSums(A), each = p), p, n))
    w <- A / ww
    TH <- matrix(rep(theta, each = n), n, p)
```

```
    a <- exp(- rowSums(A * TH))

    for (j in 1:p) {
      Q1 <- sum(A[, j] * s * a) - sum(y * A[, j] * s * a / (r + s * a))
      Q2 <- -sum(A[, j]^2 * s * a / w[, j])
      theta[j] <- theta[j] - Q1 / Q2
    }

    el[k + 1] <- ell(theta, y, A, s, r)
    error <- abs(el[k + 1] - el[k]) / (1 + abs(el[k]))
    k <- k + 1
  }

  RES[i, ] <- theta
}

RES
MRES <- apply(RES, 2, mean)
MRES

# 产生高维泊松回归模型的随机数
sam <- function(be, n, q) {
  r <- rbinom(n, 1, 0.5)
  s <- runif(n)
  rho <- 0.75
  R1 <- matrix(1:q,nrow = q, ncol = q)
  R <- rho^(abs(R1 - t(R1))) * 0.1
  miu <- rep(0, q)
  x <- rmvnorm(n, miu, R)
  la <- r + s * exp(- x %*% be)
  y <- vector(length = n)

  for (i in 1:n) {
    y[i] <- rpois(1, la[i])
  }
```

```
  return(list(r = r, s = s, x = x, y = y))
}
```

 # 高维泊松回归模型 MCP 惩罚的正则化估计

```
parameter <- function(r, s, x, y, be, gam, lam, fs) {
  n <- dim(x)[1]
  q <- dim(x)[2]
  la <- r + s * exp(-x %*% be)
  s1 <- s * exp(-x %*% be)
  s2 <- y * s1
  w <- abs(x) / matrix(rowSums(abs(x)), nrow = n, ncol = q)
  newbe <- vector(length = q)

  for (j in 1:q) {
  th <- abs(be[j])
    if (th <= gam * lam)
      v <- lam - th / gam
    else
      v <- 0

    f1 <- sum(x[, j] * s1) - sum(x[, j] * s2 / la) - n * v * be[j] /th
    f2 <- -sum(x[, j] * x[, j] * s1 / w[, j]) - n * v /th
    newbe[j] <- be[j] - f1 / f2
  }

  fac <- function(z) {
    if (z <= 0) {
      fy <- 0
    } else {
      ss <- vector(length = z)
      for (k in 1:z) {
        ss[k] <- log(k)
      }
      fy <- sum(ss)
    }
```

```
    return(fy)
  }

  fs <- vector(length = n)
  for (k in 1:n) {
    fs[k] <- fac(y[k])
  }

  newla <- r + s * exp(- x %*% newbe)
  lfun <- sum(y * log(la) - la - fs)
  newlfun <- sum(y * log(newla) - newla - fs)
  veps <- abs(newlfun - lfun) / abs(lfun)

  return(list(newbe = newbe, veps = veps, newlfun = newlfun))
}

# 高维泊松回归模型 MCP 惩罚下正则化估计的模拟研究
N <- 500
q <- 30
gam <- 3
be.tr <- c(1, 2, - 3, rep(0, 27))
be.in <- c(1, 1, - 1, rep(0.1, 9), rep(-0.1, 9), rep(0.1, 9))
eps <- 1e-06
lam <- 0.1
results <- function(n) {
est_MM <- c()
for (i in 1:n) {
da <- sam(be = be.tr, N, q)
r <- da$r
s <- da$s
x <- da$x
y <- da$y
veps <- 1
newbe <- be.in
i <- 1
```

```
start <- proc.time()[1]
while (veps > eps) {
re <- parameter(r, s, x, y,newbe, gam, lam)
newbe <- re$newbe
veps <- re$veps
newlfun <- re$newlfun
i <- i + 1
}
end <- proc.time()[1]
time <- start - end
iters <- i
est_MM <- append(est_MM, c(as.vector(newbe), iters, newlfun, time))
}
result <- matrix(est_MM, byrow = True, nrow = n)
return(result)
}
est_MM <- results(10)
#  Result
par.true <- c(be.tr)
used_time <- mean(est_MM[, ncol(est_MM)])
log_likelihood_val <- mean(est_MM[, ncol(est_MM) - 1])
iters <- mean(est_MM[, ncol(est_MM) - 2])
est_MM <- est_MM[, 1:(ncol(est_MM) - 3)]
num_rep <- nrow(est_MM)
est_MEAN <- apply(est_MM, 2, mean)
est_Bias <- par.true - est_MEAN
est_SD <- apply(est_MM, 2, sd)
est_MSE <- apply((est_MM - matrix(rep(par.true, num_rep), num_rep,
byrow = True))^2, 2, mean)
results <- as.data.frame(list(True = par.true, Est = est_MEAN, Bias =
est_Bias, MSE = est_MSE, SD = est_SD, iters = iters, used_time =
used_time, log_likelihood_val = log_likelihood_val))
print(results)
```

```
# 高维泊松回归模型 SCAD 惩罚的正则化估计
parameter <- function(r, s, x, y, be, gam, lam, fs) {
  n <- dim(x)[1]
  q <- dim(x)[2]
  la <- r +s * exp(- %*% be)
  s1 <- s * exp(- %*% be)
  s2 <- y * s1
  w <- abs(x) / matrix(rowSums(abs(x)), nrow =n, ncol =q)

  newbe <- vector(length =q)
  for (j in1:q) {
    th <- abs(be[j])
    if (th <lam) {
      v <- lam
    } else if (th > =lam & th <gam * lam) {
      v <- (gam * lam / (gam - 1) - th / (gam - 1))
    } else {
      v <- 0
    }
    f1 <- sum(x[, j] * s1) - sum(x[, j] * s2 / la) - n * v * be[j] / th
    f2 <- - sum(x[, j] * x[, j] * s1 / w[, j]) - n * v / th
    newbe[j] <- be[j] - f1 / f2
  }

  fac <- function(z) {
    if (z <=0) {
      fy <- 0
    } else {
      ss <- vector(length =z)
      for (k in1:z) {
        ss[k] <- log(k)
      }
      fy <- sum(ss)
    }
    return(fy)
```

```
  }

  fs <- vector(length =n)
  for (k in1:n) {
    fs[k] <- fac(y[k])
  }

  newla <- r +s * exp(- %*% newbe)
  lfun <- sum(y * log(la) - la - fs)
  newlfun <- sum(y * log(newla) - newla - fs)
  veps <- abs(newlfun - lfun) / abs(lfun)

  return(list(newbe =newbe, veps =veps, newlfun =newlfun))
}
```

 # 高维泊松回归模型 SCAD 惩罚下正则化估计的模拟研究

```
N <- 500
q <- 30
gam <- 3
be.tr <- c(1, 2, -3, rep(0, 27))
be.in <- c(1, 1, -1, rep(0.1, 9), rep(-0.1, 9), rep(0.1, 9))
eps <- 1e-6
lam <- 0.1

results <- function(n) {
  est_MM <- c()
  for (i in 1:n) {
    da <- sam(be =be.tr, N, q)
    r <- da$r
    s <- da$s
    x <- da$x
    y <- da$y
    veps <- 1
    newbe <- be.in
    i <- 1
```

```
    start <- proc.time()[1]

    while (veps >  eps) {
      re <- parameter(r, s, x, y, newbe, gam, lam, fs)
      newbe <- re$newbe
      veps <- re$veps
      newlfun <- re$newlfun
      i <- i +1
    }

    end <- proc.time()[1]
    time <- start - end
    iterations <- i
    est_MM <- c(est_MM, c(as.vector(newbe), iterations, newlfun, time)
  }

  result <- matrix(est_MM, byrow =True, nrow =n)
  return(result)
}

est_MM <- results(10)

par.true <- c(be.tr)
used_time <- mean(est_MM[, ncol(est_MM)])
log_likelihood_val <- mean(est_MM[, ncol(est_MM) - 1])
iterations <- mean(est_MM[, ncol(est_MM) - 2])
est_MM <- est_MM[, 1:(ncol(est_MM) - 3)]

est_MEAN <- apply(est_MM, 2, mean)
est_Bias <- par.true - est_MEAN
est_SD <- apply(est_MM, 2, sd)
est_MSE <- apply((est_MM - matrix(rep(par.true, nrow(est_MM)), nrow(est_MM),
byrow =TRUE))^2, 2, mean)

results <- as.data.frame(list(True =par.true, Est =est_MEAN, Bias =est_Bias,
```

```
MSE = est_MSE, SD = est_SD, iters = iterations, used_time = used_time, log_like-
lihood_val = log_likelihood_val))

print(results)
```

5. 多元泊松分布

```
# 产生多元泊松分布的随机数
MP_sample <- function(la0, la1, la2, la3, n) {
  y0 <- rpois(n, la0)
  y1 <- rpois(n, la1)
  y2 <- rpois(n, la2)
  y3 <- rpois(n, la3)

  x1 <- y0 + y1
  x2 <- y0 + y2
  x3 <- y0 + y3

  x <- cbind(x1, x2, x3)

  return(x)
}

# 多元泊松分布的对数似然函数
MP_ell <- function(la0, la, x) {
  n <- nrow(x)
  p1 <- rep(0, n)
  hh <- rep(0, n)
  lh <- rep(0, n)

  for (j in 1:n) {
    p1[j] <- min(x[j, ])

    for (k in 0:p1[j]) {
      hh[j] <- hh[j] + la0^k * exp(-la0) * prod(la^(x[j, ] - k)) * exp(-sum
```

```
(la)) / (factorial(k) * prod(factorial(x[j, ] - k)))
    }
    lh[j] <- log(hh[j])
  }

  ell <- sum(lh)
  return(ell)
}
```

 # 多元泊松分布的 MM 算法程序与模拟程序

```
MPMM <- function(ela0, elai, x) {
  n <- nrow(x)
  num_var <- length(elai)
  log_ell <- MP_ell(ela0, elai, x)
  ell <- c(log_ell)

  ela <- matrix(elai, ncol = num_var, nrow = 1)

  error <- 0.03
  t <- 1
  start <- proc.time()[1]

  while (error > 0.000001) {
    p <- rep(0, n)
    h <- rep(0, n)
    s0 <- rep(0, n)
    s <- matrix(0, ncol = num_var, nrow = n)
    l <- max(x) + 1
    vh <- matrix(0, n, l)
    b <- matrix(0, n, l)

    for (j in 1:n) {
      p[j] <- min(x[j, ])
      for (kj in 0:p[j]) {
        vh[j, kj + 1] <- ela0[t]^kj * exp(-ela0[t]) / factorial(kj)
```

```
        for (i in 1:num_var) {
          vh[j, kj + 1] <- vh[j, kj + 1] * ela[t, i]^(x[j, i] - kj) * exp(- ela
[t, i]) / factorial(x[j, i] - kj)
        }
      }
      h[j] <- sum(vh[j, 1:(p[j] + 1)])
      for (kj in 0:p[j]) {
        b[j, kj + 1] <- vh[j, kj + 1] / h[j]
        s0[j] <- s0[j] + kj * b[j, kj + 1]
        for (i in 1:num_var) {
          s[j, i] <- s[j, i] + (x[j, i] - kj) * b[j, kj + 1]
        }
      }
    }

    ela0 <- append(ela0, sum(s0[]) / n)
    cela <- c()
    for (i in 1:num_var) {
      cela <- append(cela, sum(s[, i]) / n)
    }
    ela <- rbind(ela, cela)
    log_el <- MP_ell(ela0[t + 1], ela[t + 1, ], x)
    ell <- append(ell, log_el)
    error <- abs(ell[t + 1] - ell[t]) / (abs(ell[t]) + 1)
    t <- t + 1
  }

  end <- proc.time()[1]
  result <- list()
  result$iters <- t
  result$log_el <- log_el
  result$cost_time <- end - start
  result$ela0 <- ela0[t]
  result$elai <- cela
  return (result)
```

```
}

# Simulation
la0.true <- 1
la1.true <- 2
la2.true <- 3
la3.true <- 4
N <- 1000

# init_values
la0 <- 1
la1 <- 1
la2 <- 1
la3 <- 1
lai <- c(la1, la2, la3)

results <- function(n) {
  est_MM <- c()

  for (r in 1:n) {
    # Generate simulation data
    Y_obs <- MP_sample(la0.true, la1.true, la2.true, la3.true, N)
    # Estimation
    par_est <- MPMM(la0, lai, Y_obs)
    # Record estimation value of all parameters
    est_MM <- append(est_MM, c(par_est$ela0, par_est$elai, par_est$iters,
par_est$log_el, par_est$cost_time))
  }

  result <- matrix(est_MM, byrow = True, nrow = n)
  return (result)
}

est_MM <- results(10)
```

```
# Result
par.true <- c(la0.true, la1.true, la2.true, la3.true)
used_time <- mean(est_MM[, ncol(est_MM)])
log_likelihood_val <- mean(est_MM[, ncol(est_MM) - 1])
iters <- mean(est_MM[, ncol(est_MM) - 2])
est_MM <- est_MM[, 1:(ncol(est_MM) - 3)]

num_rep <- nrow(est_MM)
est_MEAN <- apply(est_MM, 2, mean)
est_Bias <- par.true - est_MEAN
est_SD <- apply(est_MM, 2, sd)
est_MSE <- apply((est_MM - matrix(rep(par.true, num_rep), num_rep, byrow =
True))^2, 2, mean)

results <- as.data.frame(list(True = par.true, Est = est_MEAN, Bias = est_Bias,
MSE = est_MSE, SD = est_SD, iters = iters, used_time = used_time, log_likeli-
hood_val = log_likelihood_val))

print(results)
```

6. I 型多元零膨胀广义泊松分布

```
# 产生 I 型多元零膨胀广义泊松分布的随机数
ZIGP_sample <- function(phi0, la, th, n) {
  GP <- function(x, la0, th0) {
    b <- gamma(x + 1)
    p <- 0

    if (th0 <  1 && th0 >= 0) {
      p <- exp(-la0 - th0 * x) * la0 * ((la0 + th0 * x)^(x - 1) / b)
    } else if (th0 < 0 && th0 > -1 && la0 + th0 * x <= 0) {
      p <- 0
    } else if (th0 < 0 && th0 > -1 && la0 + th0 * x > 0) {
      p <- exp(-la0 - th0 * x) * la0 * ((la0 + th0 * x)^(x - 1) / b)
```

```
    }

    return(p)
  }

  m <- length(la)
  Y <- matrix(0, n, m)
  P <- matrix(0, 100, m)

  for (j in 1:m) {
    for (i in 0:99) {
      P[i + 1, j] <- GP(i, la[j], th[j])
    }

    a <- 0:99
    X <- sample(a, n, prob = P[, j] , replace = TRUE)
    Y[, j] <- X
  }

  z0 <- sample(c(0, 1), n, prob = c(phi0, 1 - phi0) , replace = TRUE)
  zz <- matrix(z0, n, m)
  y <- zz * Y

  return(y)
}

# I 型多元零膨胀广义泊松分布的对数似然函数
ZIGP_ell <- function(phi0, la, th, y) {
  n <- nrow(y)
  m <- length(la)
  zero <- matrix(0, n, m)
  yz <- apply(1 * (y = = zero), 1, prod)
  n0 <- sum(yz)

  Iy <- 1 - yz
```

```
  a <- n0 * log(phi0 + (1 - phi0) * prod(exp(- la))) + (n - n0) * log(1 - phi0)

  b1 <- sum(Iy * (y == 0) * la)
  b2 <- sum(Iy * (y != 0) * (log(la) + (y - 1) * log(la + th * y) - la - th * y))

  ell <- a + b1 + b2
  return(ell)
}
```

 # I 型多元零膨胀广义泊松分布 MM 估计算法的模拟程序

```
n <- 500
phi0 <- 0.4
la <- rep(9, 2)
th <- rep(0.7, 2)
alpha0 <- c(phi0, la, th)
m <- length(la)
zero <- matrix(0, n, m)
y <- ZIGP_sample(phi0, la, th, n)
yz <- apply((1 * (y == zero)), 1, prod)
Iy <- 1 - yz
n0 <- sum(yz)

phi0 <- 0.5
la <- rep(1, m)
th <- rep(0.1, m)

el <- rep(0, 10000)
k <- 1
el[k] <- ZIGP_ell(phi0, la, th, y)

error <- 3

start <- proc.time()[1]

while (error > 0.000001) {
```

```
    be0 <- phi0 + (1 - phi0) * prod(exp(-la))
    phi0 <- n0 * phi0 / (n * be0)

    for (i in 1:m) {
        ala <- sum(Iy * (y[, i] != 0)) + sum(Iy * (y[, i] != 0) * la[i] * (y[,
i] - 1) / (la[i] + th[i] * y[, i]))
        bla <- n * (1 - phi0)
        la[i] <- ala / bla

        at <- sum(Iy * (y[, i] != 0) * th[i] * y[, i] * (y[, i] - 1) / (la[i] + th
[i] * y[, i]))
        bt <- sum(Iy * (y[, i] != 0) * y[, i])
        th[i] <- at / bt
    }

    el[k + 1] <- ZIGP_ell(phi0, la, th, y)
    error <- abs(el[k + 1] - el[k]) / (1 + abs(el[k]))
    k <- k + 1
}

end <- proc.time()[1]
time <- end - start

alpha <- c(phi0, la,th)
alpha
```

7. 多元复合零膨胀广义泊松分布

```
# 产生多元复合零膨胀广义泊松分布的随机数
CZIGP_sample <- function(phi0, phi, la, th, n) {
  GP <- function(x, la0, th0) {
    b <- gamma(x + 1)
    p <- 0
```

```
    if (th0 < 1 && th0 >= 0) {
      p <- exp(- la0 - th0 * x) * la0 * ((la0 + th0 * x)^(x - 1) / b)
    } else if (th0 < 0 && th0 > -1 && la0 + th0 * x <= 0) {
      p <- 0
    } else if (th0 < 0 && th0 > -1 && la0 + th0 * x > 0) {
      p <- exp(-la0 - th0 * x) * la0 * ((la0 + th0 * x)^(x - 1) / b)
    }

    return(p)
  }

  m <- length(la)
  Y <- matrix(0, n, m)
  P <- matrix(0, 100, m)

  for (j in 1:m) {
    for (i in 0:99) {
      P[i + 1, j] <- GP(i, la[j], th[j])
    }

    a <- 0:99
    X <- sample(a, n, prob = P[, j], replace = TRUE)
    Z <- sample(c(0, 1), n, prob = c(phi[j], 1 - phi[j]), replace = TRUE)
    Y[, j] <- X * Z
  }

  z0 <- sample(c(0, 1), n, prob = c(phi0, 1 - phi0), replace = TRUE)
  zz <- matrix(z0, n, m)
  y <- zz * Y

  return(y)
}

# 多元复合零膨胀广义泊松分布的对数似然函数
CZIGP_ell <- function(phi0, phi, la, th, y) {
```

```
  n <- nrow(y)
  m <- length(la)
  zero <- matrix(0, n, m)
  yz <- apply(1 * (y == zero), 1, prod)
  n0 <- sum(yz)
  Iy <- 1 - yz

  a <- n0 * log(phi0 + (1 - phi0) * prod(phi + (1 - phi) * exp(- la))) + (n - n0)
* log(1 - phi0)
  b1 <- sum(Iy * (y == 0) * log(phi + (1 - phi) * exp(- la)))
  b2 <- sum(Iy * (y != 0) * (log(1 - phi) + log(la) + (y - 1) * log(la + th * y)
- la - th * y))

  ell <- a + b1 + b2

  return(ell)
}

# 多元复合零膨胀广义泊松分布 MM 估计算法的模拟程序
n <- 400
phi0 <- 0.4
phi <- rep(0.2, 2)
la <- rep(9, 2)
th <- rep(0.7, 2)
alpha0 <- c(phi0, phi, la,th)
m <- length(la)
zero <- matrix(0, n, m)
y <- CZIGP_sample(phi0, phi, la, th, n)
yz <- apply(1 * (y == zero), 1, prod)
Iy <- 1 - yz
n0 <- sum(yz)

phi0 <- 0.5
phi <- rep(0.5, m)
la <- rep(1, m)
```

```
th <- rep(0.1, m)

el <- rep(0, 10000)
k <- 1
el[k] <- CZIGP_ell(phi0, phi, la, th, y)
error <- 3

start <- proc.time()[1]

while (error > 0.000001) {
  be0 <- phi0 + (1 - phi0) * prod(phi + (1 - phi) * exp(- la))
  phi0 <- n0 * phi0 / (n * be0)

  be <- phi + (1 - phi) * exp(-la)
  for (i in 1:m) {
    ap <- n0 * phi[i] * (be0 - phi0) / (be0 * be[i]) + sum(Iy * (y[, i] == 0) *
phi[i] / be[i])
    phi[i] <- ap / (n - n0 * phi0 / be0)

    ala <- sum(Iy * (y[, i] != 0) * (la[i] + th[i]) * y[, i] / (la[i] + th[i] *
y[, i]))
    bla <- n0 * (be0 - phi0) * (be[i] - phi[i]) / (be0 * be[i]) + sum(Iy * (1 -
(y[, i] = = 0) * phi[i]) / be[i])
    la[i] <- ala / bla

    at <- sum(Iy * (y[, i] != 0) * th[i] * y[, i] * (y[, i] - 1) / (la[i] + th[i]
* y[, i]))
    bt <- sum(Iy * (y[, i] != 0) * y[, i])
    th[i] <- at / bt
  }

  el[k + 1] <- CZIGP_ell(phi0, phi, la, th, y)
  error <- abs(el[k + 1] - el[k]) / (1 + abs(el[k]))
  k <- k + 1
}
```

```
end <- proc.time()[1]
time <- end - start

alpha <- c(phi0, phi, la, th)
alpha
```

第 5 章 混合模型的 MM 算法

5.1 引言

随着信息技术的发展，现实生活中越来越多的数据存在异质性，而有限混合分布模型也被广泛地应用在经济学、生物医学等众多领域对异质性数据的建模分析中，其功能主要是识别数据中隐藏的混合类别。简单地说，混合数据可以分为连续型混合数据、离散型混合数据和连续-离散混合数据。Everitt(1981)和 Titterington(1985)两位学者分别在自己的著作中对有限混合分布模型做了全面且深入的介绍，并给出了有限混合分布模型在不同领域的应用案例。此外，针对连续型混合数据建模的连续混合分布模型，混合指数分布也常常被用在精算学中来模拟损失分布[参看 Keatinge(1999)的文献]。Marín，Rodriguez-Bernal 和 Wiper(2005)使用混合威布尔分布对临床医学中的异质性生存数据进行了建模。针对离散型混合数据建模的离散混合分布模型来说，混合泊松分布是最常见的一个离散混合分布，比如 Haro，Randall 和 Sapiro(2008)通过混合泊松分布来拟合高维的噪声数据；高迎心，温佳威，徐尔等(2017)将混合泊松分布模型应用于新生儿基因突变位点的识别中。宋玉平和陈志兰(2020)运用混合正态分布对期货定价的偏差进行了分布拟合。

一般来说，混合模型最通用的估计方法是 EM 算法。然而，当混合模型较为复杂或目标对数似然函数涉及高维协变量时，EM 算法中 M 步的计算效率会很低，甚至会出现失效的情况。基于此，Meng 和 Rubin(1993)引入了与 EM 算法具有类似收敛性质的 ECM 算法，该算法本质上是使用计算更简单的 CM 步来取代 M 步。但是，ECM 算法有时也不能处理混合个数未知的一般化混合模型，尤其是似然函数较为复杂的情形。因此，为了实现对一般化混合模型的有效估计，本章整理了笔者及合作者最近几年所发表的研究成果，在这些前期工作基础上，通过第 3

章介绍的组装分解技术对一般化混合分布模型的对数似然函数进行分解，针对三种不同的混合数据类型分别设计了相应的 MM 算法，避开了 EM 算法中复杂的期望计算，最终给出了混合分布模型极大似然估计的一般化 MM 算法步骤。由于本章的目的是展示 MM 算法的推导思路，为此，我们也在本章中讨论了一些具体混合分布的推导案例，包括混合正态分布、混合 T 分布、混合伽玛分布、混合威布尔分布、混合泊松分布、混合几何分布、正态-泊松混合分布、指数-泊松混合分布、伽玛-几何混合分布、伽玛-泊松混合分布等。虽然我们给出的有些例子也存在其他的估计方法，但由于本章的重点是提供基于 MM 算法原理的估计方式，因此并没有进一步讨论其他估计方法的具体内容和步骤，感兴趣的读者可以直接运行本章附录里的程序，与现有的估计算法进行比较。

5.2 混合分布的一般化 MM 算法

5.2.1 连续/离散混合分布模型的一般化 MM 算法

假设随机变量 Y 来自一个由 m 个连续或离散分布组成的混合分布，其中 $g_k(\boldsymbol{y}|\boldsymbol{\theta}_k)$为第 k 个分布的概率密度函数，混合比例为 $\pi_k, k=1,2,\cdots,m$，且 $\sum_{k=1}^{m}\pi_k=1$，则混合分布的概率密度函数可表示为

$$f(\boldsymbol{y}|\boldsymbol{v})=\sum_{k=1}^{m}\pi_k g_k(\boldsymbol{y}|\boldsymbol{\theta}_k) \tag{5.1}$$

其所有的参数表示为 $\boldsymbol{v}=\{\{\pi_k\}_{k=1}^{m},\{\boldsymbol{\theta}_k\}_{k=1}^{m}\}\in\Theta$，$\Theta$ 为参数空间。$g_k(\boldsymbol{y}|\boldsymbol{\theta}_k)$为第 k 个分布的概率密度函数，其对应的参数为 $\boldsymbol{\theta}_k$。这里，$\{g_k(\boldsymbol{y}|\boldsymbol{\theta}_k)\}_{k=1}^{m}$ 要么全部是连续分布的密度函数，要么全部是离散分布的概率函数，我们称式(5.1)为 m 阶连续/离散混合分布模型。

设 $Y_{\text{obs}}=\{y_i\}_{i=1}^{n}$ 为 m 阶连续/离散混合分布模型的观测数据，则其似然函数可表示为

$$L(\boldsymbol{v}|Y_{\text{obs}})=\prod_{i=1}^{n}\sum_{k=1}^{m}\pi_k g_k(y_i|\boldsymbol{\theta}_k)$$

令 $l(\boldsymbol{v}|Y_{\text{obs}})=\ln L(\boldsymbol{v}|Y_{\text{obs}})$，则其对数似然函数为

$$l(\boldsymbol{v}|Y_{\text{obs}})=\sum_{i=1}^{n}\ln\Big[\sum_{k=1}^{m}\pi_k g_k(y_i|\boldsymbol{\theta}_k)\Big]$$

对于混合的连续分布模型或混合的离散分布模型，根据 3.5 节介绍的组装分解技术，我们可将上述对数似然函数 $l(\boldsymbol{v}|Y_{\text{obs}})$分解为如下形式：

$$l(\boldsymbol{v}|Y_{\text{obs}})=\sum_{i=1}^{n}\ln[\boldsymbol{a}_i^{\text{T}}\boldsymbol{h}_i(\boldsymbol{v}|y_i)]=\sum_{i=1}^{n}l_{1i}(\boldsymbol{a}_i^{\text{T}}\boldsymbol{h}_i(\boldsymbol{v}|y_i))$$

其中，$l_{1i}(\cdot)=\ln(\cdot)$，$\boldsymbol{a}_i=(a_{i1},a_{i2},\cdots,a_{im})^{\text{T}}$，对于所有的 $k=1,2,\cdots,m$，都有 $a_{ik}=1$；此外，$\boldsymbol{h}_i(\boldsymbol{v}|y_i)=(h_{i1}(\boldsymbol{v}_1|y_i),h_{i2}(\boldsymbol{v}_2|y_i),\cdots,h_{im}(\boldsymbol{v}_m|y_i))^{\text{T}}$，$h_{ik}(\boldsymbol{v}_k|y_i)=\pi_k g_k(y_i|\boldsymbol{\theta}_k)$，可以看出，$l(\boldsymbol{v}|Y_{\text{obs}})$只包含 3.5 节中一般化分解式的第二部分，即包含线性组合的凹函数形式。此时，定义权重函数为

$$w_{ik}(\boldsymbol{v}^{(t)}|y_i)=\frac{\pi_k^{(t)}g_k(y_i|\boldsymbol{\theta}_k^{(t)})}{\sum_{k=1}^{m}\pi_k^{(t)}g_k(y_i|\boldsymbol{\theta}_k^{(t)})}$$

其中，$w_{ik}(\boldsymbol{v}^{(t)}|y_i)\geqslant 0$，$\sum_{i=1}^{m}w_{ik}(\boldsymbol{v}^{(t)}|y_i)=1$。进而，我们将对数似然函数重新改写为如下形式，并利用 Jensen 不等式对 $l(\boldsymbol{v}|Y_{\text{obs}})$ 进行放缩：

$$\begin{aligned}l(\boldsymbol{v}|Y_{\text{obs}})&=\sum_{i=1}^{n}\ln\left[\sum_{k=1}^{m}w_{ik}(\boldsymbol{v}^{(t)}|y_i)\frac{\pi_k g_k(y_i|\boldsymbol{\theta}_k)}{w_{ik}(\boldsymbol{v}^{(t)}|y_i)}\right]\\&\geqslant\sum_{i=1}^{n}\sum_{k=1}^{m}w_{ik}(\boldsymbol{v}^{(t)}|y_i)\ln[\pi_k g_k(y_i|\boldsymbol{\theta}_k)]+c^{(t)}\end{aligned}$$

可得 $l(\boldsymbol{v}|Y_{\text{obs}})$的替代函数为

$$\begin{aligned}Q(\boldsymbol{v}|\boldsymbol{v}^{(t)})&=\sum_{k=1}^{m}\sum_{i=1}^{n}w_{ik}(\boldsymbol{v}^{(t)}|y_i)\ln[\pi_k g_k(y_i|\boldsymbol{\theta}_k)]+c^{(t)}\\&=\sum_{k=1}^{m}[Q_{1k}(\pi_k|\boldsymbol{v}^{(t)})+Q_{2k}(\boldsymbol{\theta}_k|\boldsymbol{v}^{(t)})]+c^{(t)}\end{aligned}$$

其中，$c^{(t)}=-\sum_{i=1}^{n}\sum_{k=1}^{m}w_{ik}(\boldsymbol{v}^{(t)}|y_i)\ln[w_{ik}(\boldsymbol{v}^{(t)}|y_i)]$ 是一个常数项，与参数向量 $\boldsymbol{v}$ 无关，且

$$Q_{1k}(\pi_k|\boldsymbol{v}^{(t)})=\sum_{i=1}^{n}w_{ik}(\boldsymbol{v}^{(t)}|y_i)\ln\pi_k$$

$$Q_{2k}(\boldsymbol{\theta}_k|\boldsymbol{v}^{(t)})=\sum_{i=1}^{n}w_{ik}(\boldsymbol{v}^{(t)}|y_i)\ln g_k(y_i|\boldsymbol{\theta}_k)$$

可见，替代函数 $Q(\boldsymbol{v}|\boldsymbol{v}^{(t)})$已成功地将参数 $\pi_1,\pi_2,\cdots,\pi_m$ 与 $\boldsymbol{\theta}_1,\boldsymbol{\theta}_2,\cdots,\boldsymbol{\theta}_m$ 分离，$Q_{1k}(\pi_k|\boldsymbol{v}^{(t)})$中只包含参数 π_k，$Q_{2k}(\boldsymbol{\theta}_k|\boldsymbol{v}^{(t)})$中只包含参数 $\boldsymbol{\theta}_k$。此时，极大化替

代函数 $Q(\boldsymbol{v}|\boldsymbol{v}^{(t)})$ 就等价于分别极大化 $Q_{1k}(\pi_k|\boldsymbol{v}^{(t)})$ 和 $Q_{2k}(\boldsymbol{\theta}_k|\boldsymbol{v}^{(t)})$，$k=1,2,\cdots,m$。需要说明的是，由于 $\boldsymbol{\theta}_k$ 为第 k 个子分布的参数向量，其参数个数大多仅为 1～3 个，局部函数 $Q_{2k}(\boldsymbol{\theta}_k|\boldsymbol{v}^{(t)})$ 中参数向量 $\boldsymbol{\theta}_k$ 的具体分离方式需根据第 k 个分布的概率密度函数 $g_k(y|\boldsymbol{\theta}_k)$ 的特定形式进行具体讨论。当然，根据本书第 4 章所介绍的一系列单元、多元分布的 MM 算法替代函数的构造经验，我们仍然可以对局部函数 $Q_{2k}(\boldsymbol{\theta}_k|\boldsymbol{v}^{(t)})$ 进行放缩，达到所有参数完全分离的效果，但本小节重点介绍混合分布的一般化 MM 算法的构造方式，故此处不再赘述。

对于连续/离散混合分布模型，模型参数极大似然估计 MM 算法的迭代步骤概况如下：

第一步，给定参数向量 $\boldsymbol{v}$ 的初值 $\boldsymbol{v}^{(0)}$；

第二步，通过极大化 $Q_{1k}(\pi_k|\boldsymbol{v}^{(t)})$ 来更新参数 π_k 的估计，通过极大化 $Q_{2k}(\boldsymbol{\theta}_k|\boldsymbol{v}^{(t)})$ 来更新参数 $\boldsymbol{\theta}_k$ 的估计；

第三步，重复第二步迭代过程，直到满足收敛条件 $|l(\boldsymbol{v}^{(t+1)}|Y_{\text{obs}})-l(\boldsymbol{v}^{(t)}|Y_{\text{obs}})|/(|l(\boldsymbol{v}^{(t)}|Y_{\text{obs}})|+1)<\varepsilon$ 时方可停止，其中 ε 是一个充分小的正数。

5.2.2 连续-离散混合分布模型的一般化 MM 算法

假设随机变量 Y 服从由 m_1 个连续分布和 m_2 个离散分布以比例 π_k 混合而成的混合分布，其中 $\pi_k\geqslant 0,k=1,2,\cdots,m$，$\sum_{k=1}^{m}\pi_k=1$，且 $m=m_1+m_2$。满足上述要求的混合分布的概率密度函数可表示为

$$f(y|\boldsymbol{v})=\sum_{k=1}^{m_1}\pi_k u_k(y|\boldsymbol{\varphi}_k)+\sum_{k=m_1+1}^{m}\pi_k v_k(y|\boldsymbol{\eta}_k) \tag{5.2}$$

其所有的参数表示为 $\boldsymbol{v}=\{\{\pi_k\}_{k=1}^{m},\{\boldsymbol{\varphi}_k\}_{k=1}^{m},\{\boldsymbol{\eta}_k\}_{k=1}^{m}\}\in\Theta$，$\Theta$ 为参数空间。这里，$\{u_k(y|\boldsymbol{\varphi}_k)\}_{k=1}^{m_1}$ 表示连续分布的密度函数，而 $\{v_k(y|\boldsymbol{\eta}_k)\}_{k=m_1+1}^{m}$ 表示离散分布的概率质量函数，我们称式(5.2)为 m 阶连续-离散混合分布模型。

设 $Y_{\text{obs}}=\{y_i\}_{i=1}^{n}$ 为 m 阶连续-离散混合分布模型的观测数据，则观测样本似然函数可表示为

$$L(\boldsymbol{v}|Y_{\text{obs}})=\prod_{i=1}^{n}\left[\sum_{k=1}^{m_1}\pi_k u(y_i|\boldsymbol{\varphi}_k)+\sum_{k=m_1+1}^{m}\pi_k v(y_i|\boldsymbol{\eta}_k)\right]$$

令 $l(\boldsymbol{v}|Y_{\text{obs}})=\ln L(\boldsymbol{v}|Y_{\text{obs}})$，则其对数似然函数为

$$l(\boldsymbol{v}|Y_{\text{obs}})=\sum_{i=1}^{n}\ln\left[\sum_{k=1}^{m_1}\pi_k u(y_i|\boldsymbol{\varphi}_k)+\sum_{k=m_1+1}^{m}\pi_k v(y_i|\boldsymbol{\eta}_k)\right]$$

与前一节讨论的连续/离散混合分布模型的分解式类似，我们可将上述对数似然函数 $l(\boldsymbol{v}|Y_{\mathrm{obs}})$ 分解为如下形式：

$$l(\boldsymbol{v}|\boldsymbol{Y}_{\mathrm{obs}})=\sum_{i=1}^{n}\ln[\boldsymbol{a}_i^{\mathrm{T}}\boldsymbol{h}_i(\boldsymbol{v}|y_i)]=\sum_{i=1}^{n}l_{1i}[\boldsymbol{a}_i^{\mathrm{T}}\boldsymbol{h}_i(\boldsymbol{v}|y_i)] \tag{5.3}$$

其中，$l_{1i}(\cdot)=\ln(\cdot)$ 为凹函数，对于所有的 $k=1,2,\cdots,m$，我们令 $\boldsymbol{a}_i=(1,1,\cdots,1)$，此外，$\boldsymbol{h}_i(\boldsymbol{v}|y_i)=(h_{i1}(\boldsymbol{v}_1|y_i),h_{i2}(\boldsymbol{v}_2|y_i),\cdots,h_{im}(\boldsymbol{v}_m|y_i))^{\mathrm{T}}$，即当 $k=1,2,\cdots,m_1$ 时，$h_{ik}(\boldsymbol{v}_k|y_i)=\pi_k u(y_i|\boldsymbol{\varphi}_k)$；当 $k=m_1+1,m_1+2,\cdots,m$ 时，$h_{ik}(\boldsymbol{v}_k|y_i)=\pi_k v(y_i|\boldsymbol{\eta}_k)$。同样，$l(\boldsymbol{v}|Y_{\mathrm{obs}})$ 只包含 3.5 节中一般化分解式的第二部分，即包含线性组合的凹函数形式。此时，定义权重函数为

$$w_{ik}(\boldsymbol{v}^{(t)}|y_i)=\begin{cases}\pi_k^{(t)}\dfrac{1}{f(y_i|\boldsymbol{v}^{(t)})}u(y_i|\boldsymbol{\varphi}_k^{(t)}), & k=1,2,\cdots,m_1\\[2ex] \pi_k^{(t)}\dfrac{1}{f(y_i|\boldsymbol{v}^{(t)})}v(y_i|\boldsymbol{\eta}_k^{(t)}), & k=m_1+1,m_1+2\cdots,m\end{cases}$$

其中，$w_{ik}(\boldsymbol{v}^{(t)}|y_i)\geqslant 0$，$\sum_{i=1}^{m}w_{ik}(\boldsymbol{v}^{(t)}|y_i)=1$。根据 Jensen 不等式，可得式(5.3)中 $l(\boldsymbol{v}|Y_{\mathrm{obs}})$ 的参数分离的替代函数为

$$\begin{aligned}Q(\boldsymbol{v}|\boldsymbol{v}^{(t)})&=\sum_{k=1}^{m}\sum_{i=1}^{n}w_{ik}(\boldsymbol{v}^{(t)}|y_i)\ln\pi_k+\sum_{k=1}^{m_1}\sum_{i=1}^{n}w_{ik}(\boldsymbol{v}^{(t)}|y_i)\ln[u(y_i|\boldsymbol{\varphi}_k)]+\\&\quad\sum_{k=m_1+1}^{m}\sum_{i=1}^{n}w_{ik}(\boldsymbol{v}^{(t)}|y_i)\ln[v(y_i|\boldsymbol{\eta}_k)]+c^{(t)}\\&\triangleq\sum_{k=1}^{m}Q_{1k}(\pi_k|\boldsymbol{v}^{(t)})+\sum_{k=1}^{m_1}Q_{2k}(\varphi_k|\boldsymbol{v}^{(t)})+\sum_{k=m_1+1}^{m}Q_{3k}(\boldsymbol{\eta}_k|\boldsymbol{v}^{(t)})+c^{(t)}\end{aligned}$$

其中，$c^{(t)}=-\sum_{i=1}^{n}\sum_{k=1}^{m}w_{ik}(\boldsymbol{v}^{(t)}|y_i)\ln[w_{ik}(\boldsymbol{v}^{(t)}|y_i)]$ 为不依赖参数 $\boldsymbol{v}$ 的常数项，且

$$Q_{1k}(\pi_k|\boldsymbol{v}^{(t)})=\sum_{i=1}^{n}w_{ik}(\boldsymbol{v}^{(t)}|y_i)\ln\pi_k$$

是关于参数 π_k 的函数，而

$$Q_{2k}(\boldsymbol{\varphi}_k|\boldsymbol{v}^{(t)})=\sum_{i=1}^{n}w_{ik}(\boldsymbol{v}^{(t)}|y_i)\ln[u(y_i|\boldsymbol{\varphi}_k)],k=1,2,\cdots,m_1$$

为关于参数 $\boldsymbol{\varphi}_k$ 的函数，而第三部分中的

$$Q_{3k}(\boldsymbol{\eta}_k|\boldsymbol{v}^{(t)})=\sum_{i=1}^{n}w_{ik}(\boldsymbol{v}^{(t)}|y_i)\ln[v(y_i|\boldsymbol{\eta}_k)],k=m_1+1,m_1+2,\cdots,m$$

是关于参数 $\boldsymbol{\eta}_k$ 的函数。当目标函数的替代函数构造好以后，下一个 M 步则是直接极大化替代函数 $Q(\boldsymbol{v}|\boldsymbol{v}^{(t)})$。由于替代函数 $Q(\boldsymbol{v}|\boldsymbol{v}^{(t)})$已成功地将参数 $\pi_1,\pi_2,\cdots,\pi_m$ 与 $\boldsymbol{\varphi}_1,\boldsymbol{\varphi}_2,\cdots,\boldsymbol{\varphi}_{m_1}$ 以及 $\boldsymbol{\eta}_{m_1+1},\boldsymbol{\eta}_{m_1+2},\cdots,\boldsymbol{\eta}_m$ 分离，因此极大化替代函数 $Q(\boldsymbol{v}|\boldsymbol{v}^{(t)})$就等价于分别极大化 $Q_{1k}(\pi_k|\boldsymbol{v}^{(t)})$，$Q_{2k}(\boldsymbol{\varphi}_k|\boldsymbol{v}^{(t)})$和 $Q_{3k}(\boldsymbol{\eta}_k|\boldsymbol{v}^{(t)})$。当然，对于 $Q_{2k}(\boldsymbol{\varphi}_k|\boldsymbol{v}^{(t)})$和 $Q_{3k}(\boldsymbol{\eta}_k|\boldsymbol{v}^{(t)})$的极大化问题，需根据 $u_k(y|\boldsymbol{\varphi}_k)$和 $v_k(y|\boldsymbol{\eta}_k)$的特定分布形式而定，由于 $\boldsymbol{\varphi}_k$ 和 $\boldsymbol{\eta}_k$ 的参数个数大多仅为 1～3 个，这里不再继续讨论局部函数 $Q_{2k}(\boldsymbol{\varphi}_k|\boldsymbol{v}^{(t)})$和 $Q_{3k}(\boldsymbol{\eta}_k|\boldsymbol{v}^{(t)})$中参数向量 $\boldsymbol{\varphi}_k$ 和 $\boldsymbol{\eta}_k$ 的分离方式，后续我们会通过几个特定的连续-离散混合分布模型进行介绍，具体请参考本章第 5.9 节～第 5.11 节。

对于连续-离散混合分布模型，其模型参数极大似然估计 MM 算法的迭代步骤概况如下：

第一步，给定参数向量 $\boldsymbol{v}$ 的初值 $\boldsymbol{v}^{(0)}$；

第二步，通过极大化 $Q_{1k}(\pi_k|\boldsymbol{v}^{(t)})$来更新参数 π_k 的估计，通过极大化 $Q_{2k}(\boldsymbol{\varphi}_k|\boldsymbol{v}^{(t)})$来更新参数 $\boldsymbol{\varphi}_k$ 的估计，通过极大化 $Q_{3k}(\boldsymbol{\eta}_k|\boldsymbol{v}^{(t)})$来更新参数 $\boldsymbol{\eta}_k$ 的估计；

第三步，不断重复第二步迭代过程，直到满足收敛条件 $|l(\boldsymbol{v}^{(t+1)}|Y_{\text{obs}})-l(\boldsymbol{v}^{(t)}|Y_{\text{obs}})|/(|l(\boldsymbol{v}^{(t)}|Y_{\text{obs}})|+1)<\varepsilon$ 时方可停止，其中 ε 是一个充分小的正数。

5.3 混合正态分布

假设 $Y_{\text{obs}}=\{y_i\}_{i=1}^n$ 是 m 阶混合正态分布的观测数据，其密度函数的具体表达式为

$$f(y|\boldsymbol{v})=\sum_{k=1}^m \pi_k \frac{1}{\sqrt{2\pi\sigma_k^2}}\exp\left[-\frac{(y-\mu_k)^2}{2\sigma_k^2}\right]$$

其中，$\pi_1,\pi_2,\cdots,\pi_m$ 为混合比例，$\boldsymbol{v}=\{\{\pi_k\}_{k=1}^m,\{\mu_k\}_{k=1}^m,\{\sigma_k\}_{k=1}^m\}$为该混合分布的 $3m$ 个未知参数，则 m 阶混合正态分布的观测对数似然函数为

$$l(\boldsymbol{v}|Y_{\text{obs}})=\sum_{i=1}^n \ln\sum_{k=1}^m \pi_k \frac{1}{\sqrt{2\pi\sigma_k^2}}\exp\left[-\frac{(y_i-\mu_k)^2}{2\sigma_k^2}\right]$$

参数向量 $\boldsymbol{v}$ 的极大似然估计则可通过极大化对数似然函数 $l(\boldsymbol{v}|Y_{\text{obs}})$ 得到。根据 MM 算法原理以及 5.2.1 节给出的连续/离散混合分布的一般化 MM 算法的构造方式，我们即可得到 m 阶混合正态分布对数似然函数的替代函数为

$$Q(\boldsymbol{v}|\boldsymbol{v}^{(k)})=\sum_{k=1}^{m}[Q_{1k}(\pi_k|\boldsymbol{v}^{(t)})+Q_{2k}(\mu_k,\sigma_k^2|\boldsymbol{v}^{(t)})]+c^{(t)}$$

这里，$c^{(t)}$ 是一个与参数向量 $\boldsymbol{v}$ 无关的常数项，且

$$Q_{1k}(\pi_k|\boldsymbol{v}^{(t)})=\sum_{i=1}^{n}w_{ik}(\boldsymbol{v}^{(t)}|y_i)\ln\pi_k$$

仅为参数 π_k 的函数，而

$$Q_{2k}(\mu_k,\sigma_k^2|\boldsymbol{v}^{(t)})=\sum_{i=1}^{n}w_{ik}(\boldsymbol{v}^{(t)}|y_i)\left[-\frac{\ln\sigma_k^2}{2}-\frac{(y_i-\mu_k)^2}{2\sigma_k^2}\right]$$

为参数 μ_k,σ_k^2 的函数，其中的权重函数 $w_{ik}(\boldsymbol{v}^{(t)}|y_i)$ 则为

$$w_{ik}(\boldsymbol{v}^{(t)}|y_i)=\frac{1}{f(y_i|\boldsymbol{v}^{(t)})}\cdot\frac{\pi_k^{(t)}}{\sqrt{2\pi(\sigma_k^2)^{(t)}}}\exp\left[-\frac{(y_i-\mu_k^{(t)})^2}{2(\sigma_k^2)^{(t)}}\right]$$

此时，求解参数向量 $\boldsymbol{v}$ 的极大似然估计就可以转化为求解替代函数 $Q(\boldsymbol{v}|\boldsymbol{v}^{(t)})$ 的最大值。我们分别令 $\partial Q_{1k}(\pi_k|\boldsymbol{v}^{(t)})/\partial\pi_k=0$、$\partial Q_{2k}(\mu_k,\sigma_k^2|\boldsymbol{v}^{(t)})/\partial\mu_k=0$ 和 $\partial Q_{2k}(\mu_k,\sigma_k^2|\boldsymbol{v}^{(t)})/\partial\sigma_k^2=0$，$k=1,2,\cdots,m$，则可得所有参数 $\boldsymbol{v}$ 的 MM 算法迭代步骤为

$$\pi_k^{(t+1)}=\sum_{i=1}^{n}w_{ik}(\boldsymbol{v}^{(t)}|y_i)/n$$

$$\mu_k^{(t+1)}=\sum_{i=1}^{n}w_{ik}(\boldsymbol{v}^{(t)}|y_i)y_i\Big/\sum_{i=1}^{n}w_{ik}(\boldsymbol{v}^{(t)}|y_i)$$

$$(\sigma_k^2)^{(t+1)}=\sum_{i=1}^{n}w_{ik}(\boldsymbol{v}^{(t)}|y_i)(y_i-\mu_k^{(t)})^2\Big/\sum_{i=1}^{n}w_{ik}(\boldsymbol{v}^{(t)}|y_i)$$

5.4　混合 T 分布

假设 $Y_{\text{obs}}=\{y_i\}_{i=1}^{n}$ 是 m 阶混合 T 分布的观测数据，其密度函数的具体表达式为

$$f(y|\boldsymbol{v})=\sum_{k=1}^{m}\pi_k\frac{\Gamma\left(\frac{1+v_k}{2}\right)}{\Gamma\left(\frac{v_k}{2}\right)}\left(\frac{1}{\pi\sigma_k^2v_k}\right)^{\frac{1}{2}}\left[1+\frac{(y-u_k)^2}{\sigma_k^2v_k}\right]^{-\frac{1+v_k}{2}}$$

其中,$\pi_1,\pi_2,\cdots,\pi_m$ 为混合比例,$\boldsymbol{v}=\{\{\pi_k\}_{k=1}^m,\{u_k\}_{k=1}^m,\{\sigma_k\}_{k=1}^m\}$为该混合 T 分布的 $3m$ 个未知参数,自由度 v_k 为已知参数,u_k 为位置参数,σ_k 为尺度参数。则 m 阶混合 T 分布的观测对数似然函数为

$$l(\boldsymbol{v}|Y_{\text{obs}})=\sum_{i=1}^{n}\ln\sum_{k=1}^{m}\pi_k\frac{\Gamma\left(\frac{1+v_k}{2}\right)}{\Gamma\left(\frac{v_k}{2}\right)}\left(\frac{1}{\pi\sigma_k^2v_k}\right)^{\frac{1}{2}}\left[1+\frac{(y_i-u_k)^2}{\sigma_k^2v_k}\right]^{-\frac{1+v_k}{2}}$$

同样,通过极大化对数似然函数 $l(\boldsymbol{v}|Y_{\text{obs}})$即可获得参数向量 $\boldsymbol{v}$ 的极大似然估计。根据 MM 算法原理,构造参数分离的替代函数是 MM 算法成功的关键。因而,我们仿照 5.2.1 节给出的连续/离散型混合分布的一般化 MM 算法的构造方式,即可得到 m 阶混合 T 分布对数似然函数的替代函数为

$$Q(\boldsymbol{v}|\boldsymbol{v}^{(t)})=\sum_{k=1}^{m}[Q_{1k}(\pi_k|\boldsymbol{v}^{(t)})+Q_{2k}(u_k,\sigma_k^2|\boldsymbol{v}^{(t)})]+c^{(t)}$$

其中,$c^{(t)}$是一个与参数向量 $\boldsymbol{v}$ 无关的常数项,且

$$Q_{1k}(\pi_k|\boldsymbol{v}^{(t)})=\sum_{i=1}^{n}w_{ik}(\boldsymbol{v}^{(t)}|y_i)\ln\pi_k$$

仅为参数 π_k 的函数,而

$$Q_{2k}(u_k,\sigma_k^2|\boldsymbol{v}^{(t)})=\sum_{i=1}^{n}w_{ik}(\boldsymbol{v}^{(t)}|y_i)\left[\ln\Gamma\left(\frac{1+v_k}{2}\right)-\ln\Gamma\left(\frac{v_k}{2}\right)-\right.$$
$$\left.\frac{1}{2}\ln\pi\sigma_k^2v_k-\frac{1+v_k}{2}\ln\left(1+\frac{(y_i-u_k)^2}{\sigma_k^2v_k}\right)\right]$$

则为参数 u_k 和σ_k^2 的函数,其中的权重函数 $w_{ik}(\boldsymbol{v}^{(t)}|y_i)$则为

$$w_{ik}(\boldsymbol{v}^{(t)}|y_i)=\pi_k^{(t)}\frac{1}{f(x|\boldsymbol{v}^{(t)})}\cdot\frac{\Gamma\left(\frac{1+v_k}{2}\right)}{\Gamma\left(\frac{v_k}{2}\right)}\left[\frac{1}{\pi(\sigma_k^2)^{(t)}v_k}\right]^{\frac{1}{2}}\left[1+\frac{(y_i-u_k^{(t)})^2}{(\sigma_k^2)^{(t)}v_k}\right]^{-\frac{1+v_k}{2}}$$

此时,求解参数向量 $\boldsymbol{v}$ 的极大似然估计就可以转化为求解替代函数 $Q(\boldsymbol{v}|\boldsymbol{v}^{(t)})$的最大值。因而,我们分别令$\partial Q_{1k}(\pi_k|\boldsymbol{v}^{(t)})/\partial\pi_k=0$、$\partial Q_{2k}(u_k,\sigma_k^2|\boldsymbol{v}^{(t)})/\partial u_k=0$ 和 $\partial Q_{2k}(u_k,\sigma_k^2|\boldsymbol{v}^{(t)})/\partial\sigma_k^2=0,k=1,2,\cdots,m$,则可得 m 阶混合 T 分布所有参数 $\boldsymbol{v}$ 的 MM 算法迭代步骤为

$$\pi_k^{(t+1)}=\frac{1}{n}\sum_{i=1}^{n}w_{ik}(\boldsymbol{v}^{(t)}\mid y_i)$$

$$u_k^{(t+1)}=\frac{1}{\sum_{i=1}^{n}w_{ik}(\boldsymbol{v}^{(t)}\mid y_i)\tau_{ik}^{(t)}}\sum_{i=1}^{n}w_{ik}(\boldsymbol{v}^{(t)}\mid y_i)\tau_{ik}^{(t)}y_i$$

$$(\sigma_k^2)^{(t+1)}=\frac{1}{\sum_{i=1}^{n}w_{ik}(\boldsymbol{v}^{(t)}\mid y_i)}\sum_{i=1}^{n}w_{ik}(\boldsymbol{v}^{(t)}\mid y_i)(\sigma_k^2)^{(t)}\tau_{ik}^{(t)}(y_i-u_k^{(t)})^2$$

其中，$\tau_{ik}^{(t)}=\dfrac{1+v_k}{v_k(\sigma_k^2)^{(t)}+(y_i-u_k^{(t)})^2}$。

5.5　混合伽玛分布

假设 $Y_{\text{obs}}=\{y_i\}_{i=1}^n$ 是 m 阶混合伽玛分布的观测数据，其密度函数的具体表达式为

$$f(y\mid\boldsymbol{v})=\sum_{k=1}^{m}\pi_k\,\frac{\beta_k^{\alpha_k}}{\Gamma(\alpha_k)}y^{\alpha_k-1}\mathrm{e}^{-\beta_k y}$$

其中，$\pi_1,\pi_2,\cdots,\pi_m$ 为混合比例，$\boldsymbol{v}=\{\{\pi_k\}_{k=1}^m,\{\alpha_k\}_{k=1}^m,\{\beta_k\}_{k=1}^m\}$为该混合伽玛分布的 $3m$ 个未知参数，α_k 为形状参数，β_k 为逆尺度参数。则 m 阶混合伽玛分布的观测对数似然函数为

$$l(\boldsymbol{v}\mid Y_{\text{obs}})=\sum_{i=1}^{n}\ln\sum_{k=1}^{m}\pi_k\,\frac{\beta_k^{\alpha_k}}{\Gamma(\alpha_k)}y_i^{\alpha_k-1}\mathrm{e}^{-\beta_k y_i}$$

同样，参数向量 $\boldsymbol{v}$ 的极大似然估计则可通过极大化对数似然函数 $l(\boldsymbol{v}\mid Y_{\text{obs}})$得到。根据 MM 算法原理以及 5.2.1 节给出的连续/离散混合分布的一般化 MM 算法的构造方式，我们针对 m 阶混合伽玛分布对数似然函数所构造的替代函数为

$$Q(\boldsymbol{v}\mid\boldsymbol{v}^{(t)})=\sum_{k=1}^{m}\left[Q_{1k}(\pi_k\mid\boldsymbol{v}^{(t)})+Q_{2k}(\alpha_k,\beta_k\mid\boldsymbol{v}^{(t)})\right]+c^{(t)}$$

其中，$c^{(t)}$是一个与参数向量 $\boldsymbol{v}$ 无关的常数项，且

$$Q_{1k}(\pi_k\mid\boldsymbol{v}^{(t)})=\sum_{i=1}^{n}w_{ik}(\boldsymbol{v}^{(t)}\mid y_i)\ln\pi_k$$

仅为参数 π_k 的函数，而

$$Q_{2k}(\alpha_k,\beta_k|\boldsymbol{v}^{(t)})=\sum_{i=1}^{n}w_{ik}(\boldsymbol{v}^{(t)}|y_i)[\alpha_k\ln\beta_k-\ln\Gamma(\alpha_k)+(\alpha_k-1)\ln y_i-\beta_k y_i]$$

则为参数 α_k 和 β_k 的函数，其中的权重函数 $w_{ik}(\boldsymbol{v}^{(t)}|y_i)$ 则为

$$w_{ik}(\boldsymbol{v}^{(t)}|y_i)=\frac{\pi_k^{(t)}}{f(y_i|\boldsymbol{v}^{(t)})}\left[\frac{1}{\Gamma(\alpha_k^{(t)})}(\beta_k^{(t)})^{\alpha_k^{(t)}}y_i^{\alpha_k^{(t)}-1}e^{-\beta_k^{(t)}y_i}\right]$$

与混合正态分布类似，在 MM 算法原理的指导下，求解参数向量 $\boldsymbol{v}$ 的极大似然估计就可以转化为求解目标函数的替代函数 $Q(\boldsymbol{v}|\boldsymbol{v}^{(t)})$ 的最大值。此时，分别令 $\partial Q_{1k}(\pi_k|\boldsymbol{v}^{(t)})/\partial\pi_k=0$、$\partial Q_{2k}(\alpha_k,\beta_k|\boldsymbol{v}^{(t)})/\partial\alpha_k=0$ 和 $\partial Q_{2k}(\alpha_k,\beta_k|\boldsymbol{v}^{(t)})/\partial\beta_k=0$，$k=1,2,\cdots,m$。由于参数 α_k 得不到显示迭代解，所以我们采用牛顿法求解方程 $\partial Q_{2k}(\alpha_k,\beta_k|\boldsymbol{v}^{(t)})/\partial\alpha_k=0$ 的根。最终，可以得到 m 阶混合伽玛分布所有参数 $\boldsymbol{v}$ 的 MM 算法迭代步骤为

$$\pi_k^{(t+1)}=\frac{1}{n}\sum_{i=1}^{n}w_{ik}(\boldsymbol{v}^{(t)}|y_i)$$

$$\alpha_k^{(t+1)}=\alpha_k^{(t)}+\frac{\sum_{i=1}^{n}w_{ik}(\boldsymbol{v}^{(t)}|y_i)\{[\Gamma(\alpha_k^{(t)})]^2(\ln\beta_k^{(t)}+\ln y_i)-\Gamma(\alpha_k^{(t)})\Gamma'(\alpha_k^{(t)})\}}{\sum_{i=1}^{n}w_{ik}(\boldsymbol{v}^{(t)}|y_i)\,[\Gamma(\alpha_k^{(t)})\Gamma''(\alpha_k^{(t)})-(\Gamma'(\alpha_k^{(t)}))^2]}$$

$$\beta_k^{(t+1)}=\frac{1}{\sum_{i=1}^{n}w_{ik}(\boldsymbol{v}^{(t)}|y_i)y_i}\sum_{i=1}^{n}w_{ik}(\boldsymbol{v}^{(t)}|y_i)\alpha_k^{(t)}$$

5.6 混合威布尔分布

假设 $Y_{\text{obs}}=\{y_i\}_{i=1}^n$ 是来自 m 阶混合威布尔分布的观测数据，其密度函数的具体表达式为

$$f(y|\boldsymbol{v})=\sum_{k=1}^{m}\pi_k\frac{\eta_k}{\lambda_k^{\eta_k}}y^{\eta_k-1}\exp\left[-\left(\frac{y}{\lambda_k}\right)^{\eta_k}\right]$$

其中，$\pi_1,\pi_2,\cdots,\pi_m$ 为混合比例，$\boldsymbol{v}=\{\{\pi_k\}_{k=1}^m,\{\eta_k\}_{k=1}^m,\{\lambda_k\}_{k=1}^m\}$ 为该混合威布尔分布的 $3m$ 个未知参数。m 阶混合威布尔分布的观测对数似然函数为

$$l(\boldsymbol{v}|Y_{\text{obs}})=\sum_{i=1}^{n}\ln\sum_{k=1}^{m}\pi_k\frac{\eta_k}{\lambda_k^{\eta_k}}y_i^{\eta_k-1}\exp\left[-\left(\frac{y_i}{\lambda_k}\right)^{\eta_k}\right]$$

通过极大化上述对数似然函数 $l(\boldsymbol{v}|Y_{\text{obs}})$ 即可得到混合威布尔分布参数向量 $\boldsymbol{v}$ 的极大

似然估计。根据MM算法原理以及5.2.1节给出的连续/离散混合分布的一般化MM算法的构造方式,我们针对 m 阶混合威布尔分布对数似然函数所构造的替代函数为

$$Q(\boldsymbol{v}\mid\boldsymbol{v}^{(t)})=\sum_{k=1}^{m}[Q_{1k}(\pi_k\mid\boldsymbol{v}^{(t)})+Q_{2k}(\eta_k,\lambda_k\mid\boldsymbol{v}^{(t)})]+c^{(t)}$$

其中,$c^{(t)}$ 是一个与参数向量 $\boldsymbol{v}$ 无关的常数项,且

$$Q_{1k}(\pi_k\mid\boldsymbol{v}^{(t)})=\sum_{i=1}^{n}w_{ik}(\boldsymbol{v}^{(t)}\mid y_i)\ln\pi_k$$

仅为参数 π_k 的函数,而

$$Q_{2k}(\eta_k,\lambda_k\mid\boldsymbol{v}^{(t)})=\sum_{i=1}^{n}w_{ik}(\boldsymbol{v}^{(t)}\mid y_i)\left[\ln\eta_k-\eta_k\ln\lambda_k+(\eta_k-1)\ln y_i-\left(\frac{y_i}{\lambda_k}\right)^{\eta_k}\right]$$

则为参数 η_k 和 λ_k 的函数,其中的权重函数 $w_{ik}(\boldsymbol{v}^{(t)}\mid y_i)$ 为

$$w_{ik}(\boldsymbol{v}^{(t)}\mid y_i)=\pi_k^{(t)}\frac{1}{f(y_i\mid\boldsymbol{v}^{(t)})}\frac{\eta_k^{(t)}}{(\lambda_k^{(t)})^{\eta_k^{(t)}}}y_i^{\eta_k^{(t)}-1}\exp\left[-\left(\frac{y_i}{\lambda_k^{(t)}}\right)^{\eta_k^{(t)}}\right]$$

基于MM算法原理,求解参数向量 $\boldsymbol{v}$ 的极大似然估计就可以转化为求解目标函数的替代函数 $Q(\boldsymbol{v}\mid\boldsymbol{v}^{(t)})$ 的最大值。此时,分别令 $\partial Q_{1k}(\pi_k\mid\boldsymbol{v}^{(t)})/\partial\pi_k=0$、$\partial Q_{2k}(\eta_k,\lambda_k\mid\boldsymbol{v}^{(t)})/\partial\eta_k=0$ 和 $\partial Q_{2k}(\eta_k,\lambda_k\mid\boldsymbol{v}^{(t)})/\partial\lambda_k=0,k=1,2,\cdots,m$。由于参数 η_k 得不到显示迭代解,所以我们采用牛顿法求解方程 $\partial Q_{2k}(\eta_k,\lambda_k\mid\boldsymbol{v}^{(t)})/\partial\eta_k=0$ 的根。最终,可以得到 m 阶混合威布尔分布所有参数 $\boldsymbol{v}$ 的MM算法迭代步骤为

$$\pi_k^{(t+1)}=\frac{1}{n}\sum_{i=1}^{n}w_{ik}(y_i\mid\boldsymbol{v}^{(t)})$$

$$\lambda_k^{(t+1)}=\left(\frac{1}{\sum_{i=1}^{n}w_{ik}(y_i\mid\boldsymbol{v}^{(t)})}\sum_{i=1}^{n}w_{ik}(y_i\mid\boldsymbol{v}^{(t)})y_i^{\eta_k^{(t)}}\right)^{\frac{1}{\eta_k^{(t)}}}$$

$$\eta_k^{(t)}=\eta_k^{(t)}+\frac{\sum_{i=1}^{n}w_{ik}(y_i\mid\boldsymbol{v}^{(t)})[1/\eta_k^{(t)}+(1-(y_i/\lambda_k^{(t)})^{\eta_k^{(t)}})\ln y_i/\lambda_k^{(t)}]}{\sum_{i=1}^{n}w_{ik}(y_i\mid\boldsymbol{v}^{(t)})[1/(\eta_k^{(t)})^2+(y_i/\lambda_k^{(t)})^{\eta_k^{(t)}}\ln^2(y_i/\lambda_k^{(t)})]}$$

5.7　混合泊松分布

假设 $Y_{\text{obs}}=\{y_i\}_{i=1}^{n}$ 是来自 m 阶混合泊松分布的观测数据,其密度函数的具

体表达式为

$$f(y|\boldsymbol{v})=\sum_{k=1}^{m}\pi_k\frac{\lambda_k^y}{y!}\exp(-\lambda_k)$$

其中，$\pi_1,\pi_2,\cdots,\pi_m$ 为混合比例，$\boldsymbol{v}=\{\{\pi_k\}_{k=1}^m,\{\lambda_k\}_{k=1}^m\}$ 为该混合泊松分布的 $2m$ 个未知参数。m 阶混合泊松分布的观测对数似然函数为

$$l(\boldsymbol{v}|Y_{\text{obs}})=\sum_{i=1}^{n}\ln\sum_{k=1}^{m}\pi_k\frac{\lambda_k^{y_i}}{y_i!}\exp(-\lambda_k)$$

通过极大化上述对数似然函数 $l(\boldsymbol{v}|Y_{\text{obs}})$ 可得到混合泊松分布参数向量 $\boldsymbol{v}$ 的极大似然估计。根据 MM 算法原理以及 5.2.1 节给出的连续/离散混合分布的一般化 MM 算法的构造方式，我们针对 m 阶混合泊松分布对数似然函数所构造的替代函数为

$$Q(\boldsymbol{v}|\boldsymbol{v}^{(t)})=\sum_{k=1}^{m}[Q_{1k}(\pi_k|\boldsymbol{v}^{(t)})+Q_{2k}(\lambda_k|\boldsymbol{v}^{(t)})]+c^{(t)}$$

其中，$c^{(t)}$ 是一个与参数向量 $\boldsymbol{v}$ 无关的常数项，且

$$Q_{1k}(\pi_k|\boldsymbol{v}^{(t)})=\sum_{i=1}^{n}w_{ik}(\boldsymbol{v}^{(t)}|y_i)\ln\pi_k$$

仅为参数 π_k 的函数，而

$$Q_{2k}(\lambda_k|\boldsymbol{v}^{(t)})=\sum_{i=1}^{n}w_{ik}(\boldsymbol{v}^{(t)}|y_i)(y_i\ln\lambda_k-\lambda_k)$$

仅为参数 λ_k 的函数，其中的权重函数 $w_{ik}(\boldsymbol{v}^{(t)}|y_i)$ 则为

$$w_{ik}(\boldsymbol{v}^{(t)}|y_i)=\frac{\pi_k^{(t)}}{f(y_i|\boldsymbol{v}^{(t)})}\cdot\frac{(\lambda_k^{(t)})y_i}{y_i!}e^{-\lambda_k^{(t)}}$$

与前面介绍的连续混合分布类似，在 MM 算法原理的指导下，求解参数向量 $\boldsymbol{v}$ 的极大似然估计就可以转化为求解目标函数的替代函数 $Q(\boldsymbol{v}|\boldsymbol{v}^{(t)})$ 的最大值。并且，本案例中所构造的替代函数 $Q(\boldsymbol{v}|\boldsymbol{v}^{(t)})$ 已成功地将所有参数 π_k、λ_k $(k=1,2,\cdots,m)$ 完全分离。因此，我们分别令 $\partial Q_{1k}(\pi_k|\boldsymbol{v}^{(t)})/\partial\pi_k=0$ 和 $\partial Q_{2k}(\lambda_k|\boldsymbol{v}^{(t)})/\partial\lambda_k=0,k=1,2,\cdots,m$。最终，可以得到 m 阶混合泊松分布所有参数 $\boldsymbol{v}$ 的 MM 算法迭代步骤为

$$\pi_k^{(t+1)}=\frac{1}{n}\sum_{i=1}^{n}w_{ik}(\boldsymbol{v}^{(t)}|y_i)$$

$$\lambda_k^{(t+1)}=\frac{1}{\sum_{i=1}^{n}w_{ik}(\boldsymbol{v}^{(t)}|y_i)}\sum_{i=1}^{n}w_{ik}(\boldsymbol{v}^{(t)}|y_i)y_i$$

5.8　混合几何分布

假设 $Y_{\text{obs}}=\{y_i\}_{i=1}^n$ 是来自 m 阶混合几何分布的观测数据，其密度函数的具体表达式为

$$f(y|\boldsymbol{v})=\sum_{k=1}^m \pi_k(1-p_k)^y p_k$$

其中，$\pi_1,\pi_2,\cdots,\pi_m$ 为混合比例，$\boldsymbol{v}=\{\{\pi_k\}_{k=1}^m,\{p_k\}_{k=1}^m\}$ 为该混合几何分布的 $2m$ 个未知参数。m 阶混合几何分布的观测对数似然函数为

$$l(\boldsymbol{v}|Y_{\text{obs}})=\sum_{i=1}^n \ln\sum_{k=1}^m \pi_k(1-p_k)^{y_i} p_k$$

通过极大化上述对数似然函数 $l(\boldsymbol{v}|Y_{\text{obs}})$ 可得到混合几何分布参数向量 $\boldsymbol{v}$ 的极大似然估计。根据 MM 算法原理以及 5.2.1 节给出的连续/离散混合分布的一般化 MM 算法的构造方式，我们可以针对 m 阶混合几何分布对数似然函数构造其替代函数为

$$Q(\boldsymbol{v}|\boldsymbol{v}^{(t)})=\sum_{k=1}^m [Q_{1k}(\pi_k|\boldsymbol{v}^{(t)})+Q_{2k}(p_k|\boldsymbol{v}^{(t)})]+c^{(t)}$$

其中，$c^{(t)}$ 是一个与参数向量 $\boldsymbol{v}$ 无关的常数项，且

$$Q_{1k}(\pi_k|\boldsymbol{v}^{(t)})=\sum_{i=1}^n w_{ik}(\boldsymbol{v}^{(t)}|y_i)\ln\pi_k$$

仅为参数 π_k 的函数，而

$$Q_{2k}(p_k|\boldsymbol{v}^{(t)})=\sum_{i=1}^n w_{ik}(\boldsymbol{v}^{(t)}|y_i)[y_i\ln(1-p_k)+\ln p_k]$$

仅为参数 p_k 的函数，其中的权重函数 $w_{ik}(\boldsymbol{v}^{(t)}|y_i)$ 则为

$$w_{ik}(\boldsymbol{v}^{(t)}|y_i)=\pi_k^{(t)}\frac{1}{f(y_i|\boldsymbol{v}^{(t)})}(1-p_k^{(t)})^{y_i}p_k^{(t)}$$

基于 MM 算法原理，求解参数向量 $\boldsymbol{v}$ 的极大似然估计就可以转化为求解目标函数的替代函数 $Q(\boldsymbol{v}|\boldsymbol{v}^{(t)})$ 的最大值，且本案例中所构造的替代函数 $Q(\boldsymbol{v}|\boldsymbol{v}^{(t)})$ 已成功地将所有参数 π_k 和 $p_k(k=1,2,\cdots,m)$ 完全分离。因此，我们分别令 $\partial Q_{1k}(\pi_k|\boldsymbol{v}^{(t)})/\partial\pi_k=0$ 和 $\partial Q_{2k}(p_k|\boldsymbol{v}^{(t)})/\partial p_k=0,k=1,2,\cdots,m$。最终，可以得到 m 阶混

合几何分布所有参数 $\boldsymbol{v}$ 的 MM 算法迭代步骤为

$$\pi_k^{(t+1)}=\frac{1}{n}\sum_{i=1}^{n}w_{ik}(\boldsymbol{v}^{(t)}\mid y_i)$$

$$p_k^{(t+1)}=\frac{1}{\sum_{i=1}^{n}w_{ik}(\boldsymbol{v}^{(t)}\mid y_i)(y_i+1)}\sum_{i=1}^{n}w_{ik}(\boldsymbol{v}^{(t)}\mid y_i)$$

5.9 正态-泊松混合分布

假设 $Y_{\text{obs}}=\{y_i\}_{i=1}^{n}$ 是来自 m 阶正态-泊松混合分布的观测数据，其密度函数为

$$f(y\mid\boldsymbol{v})=\sum_{k=1}^{m_1}\pi_k\frac{1}{\sqrt{2\pi\sigma_k^2}}\exp\left[-\frac{(y-\mu_k)^2}{2\sigma_k^2}\right]+\sum_{k=m_1+1}^{m}\pi_k\frac{\lambda_k^y}{y!}\mathrm{e}^{-\lambda_k}$$

其中，$\pi_1,\pi_2,\cdots,\pi_m$ 为混合比例，$m=m_1+m_2$，$\boldsymbol{v}=\{\{\pi_k\}_{k=1}^{m},\{\mu_k\}_{k=1}^{m_1},\{\sigma_k^2\}_{k=1}^{m_1},\{\lambda_k\}_{k=m_1+1}^{m}\}$为 m 阶正态-泊松混合分布的 $2m+m_1$ 个未知参数。m 阶正态-泊松混合分布的观测对数似然函数为

$$l(\boldsymbol{v}\mid Y_{\text{obs}})=\sum_{i=1}^{n}\ln\left[\sum_{k=1}^{m_1}\pi_k\frac{1}{\sqrt{2\pi\sigma_k^2}}\exp\left(-\frac{(y_i-\mu_k)^2}{2\sigma_k^2}\right)+\sum_{k=m_1+1}^{m}\pi_k\frac{\lambda_k^{y_i}}{y_i!}\mathrm{e}^{-\lambda_k}\right]$$

极大化上述对数似然函数 $l(\boldsymbol{v}\mid Y_{\text{obs}})$即可得到 m 阶正态-泊松混合分布参数向量 $\boldsymbol{v}$ 的极大似然估计。根据 MM 算法原理以及 5.2.1 节给出的连续-离散混合分布的一般化 MM 算法的构造方式，我们针对 m 阶正态-泊松混合分布对数似然函数所构造的替代函数为

$$Q(v\mid v^{(t)})=\sum_{k=1}^{m}Q_{1k}(\pi_k\mid\boldsymbol{v}^{(t)})+\sum_{k=1}^{m_1}Q_{2k}(\mu_k,\sigma_k^2\mid\boldsymbol{v}^{(t)})+\sum_{k=m_1+1}^{m}Q_{3k}(\lambda_k\mid\boldsymbol{v}^{(t)})+c^{(t)}$$

其中，$c^{(t)}$ 是一个与参数向量 $\boldsymbol{v}$ 无关的常数项，且

$$Q_{1k}(\pi_k\mid\boldsymbol{v}^{(t)})=\sum_{i=1}^{n}w_{ik}(\boldsymbol{v}^{(t)}\mid y_i)\ln\pi_k$$

仅为参数 π_k 的函数，而

$$Q_{2k}(\mu_k,\sigma_k^2\mid\boldsymbol{v}^{(t)})=\sum_{i=1}^{n}w_{ik}(\boldsymbol{v}^{(t)}\mid y_i)\left[-\frac{\ln\sigma_k^2}{2}-\frac{(y_i-\mu_k)^2}{2\sigma_k^2}\right]$$

是关于参数 μ_k 和 σ_k^2 的函数，而第三部分中的

$$Q_{3k}(\lambda_k \mid \boldsymbol{v}^{(t)}) = \sum_{i=1}^{n} w_{ik}(\boldsymbol{v}^{(t)} \mid y_i)[y_i \ln\lambda_k - \lambda_k]$$

是关于参数 λ_k 的函数，且权重函数 $w_{ik}(\boldsymbol{v}^{(t)} \mid y_i)$ 为

$$w_{ik}(\boldsymbol{v}^{(t)} \mid y_i) = \begin{cases} \pi_k^{(t)} \dfrac{1}{f(y_i \mid \boldsymbol{v}^{(t)})} \cdot \dfrac{1}{\sqrt{2\pi(\sigma_k^2)^{(t)}}} \exp\left[-\dfrac{(y_i - \mu_k^{(t)})^2}{2(\sigma_k^2)^{(t)}}\right], k=1,2,\cdots,m_1 \\ \pi_k^{(t)} \dfrac{1}{f(y_i \mid \boldsymbol{v}^{(t)})} \cdot \dfrac{(\lambda_k^{(t)})^{y_i}}{y_i!} \exp[-\lambda_k^{(t)}], k=m_1+1,\cdots,m \end{cases}$$

基于 MM 算法原理，极大化对数似然函数求解参数向量 $\boldsymbol{v}$ 的极大似然估计就转化为求解目标函数的替代函数 $Q(\boldsymbol{v} \mid \boldsymbol{v}^{(t)})$ 的最大值。由 $Q(\boldsymbol{v} \mid \boldsymbol{v}^{(t)})$ 的表达式可知，替代函数中的未知参数 π_k、μ_k、σ_k^2、$\lambda_k(k=1,2,\cdots,m)$ 已几乎完全分离。因此，我们分别令 $\partial Q_{1k}(\pi_k \mid \boldsymbol{v}^{(t)})/\partial\pi_k=0$、$\partial Q_{2k}(\mu_k, \sigma_k^2 \mid \boldsymbol{v}^{(t)})/\partial\mu_k=0$、$\partial Q_{2k}(\mu_k, \sigma_k^2 \mid \boldsymbol{v}^{(t)})/\partial\sigma_k^2=0$ 和 $\partial Q_{3k}(\lambda_k \mid \boldsymbol{v}^{(t)})/\partial\lambda_k=0$。最终，可以得到 m 阶正态-泊松混合分布所有参数 $\boldsymbol{v}$ 的 MM 算法迭代步骤为

$$\pi_k^{(t+1)} = \frac{1}{n}\sum_{i=1}^{n} w_{ik}(\boldsymbol{v}^{(t)} \mid y_i)$$

$$\mu_k^{(t+1)} = \frac{1}{\sum_{i=1}^{n} w_{ik}(\boldsymbol{v}^{(t)} \mid y_i)} \sum_{i=1}^{n} w_{ik}(\boldsymbol{v}^{(t)} \mid y_i) y_i$$

$$(\sigma_k^2)^{(t+1)} = \frac{1}{\sum_{i=1}^{n} w_{ik}(\boldsymbol{v}^{(t)} \mid y_i)} \sum_{i=1}^{n} w_{ik}(\boldsymbol{v}^{(t)} \mid y_i)(y_i - \mu_k^{(t)})^2$$

$$\lambda_k^{(t+1)} = \frac{1}{\sum_{i=1}^{n} w_{ik}(\boldsymbol{v}^{(t)} \mid y_i)} \sum_{i=1}^{n} w_{ik}(\boldsymbol{v}^{(t)} \mid y_i) y_i$$

5.10　指数-泊松混合分布

假设 $Y_{\text{obs}} = \{y_i\}_{i=1}^{n}$ 是来自 m 阶指数-泊松混合分布的观测数据，其密度函数为

$$f(y|\boldsymbol{v})=\sum_{k=1}^{m_1}\pi_k\alpha_k\mathrm{e}^{-\alpha_k y}+\sum_{k=m_1+1}^{m}\pi_k\frac{\lambda_k^y}{y!}\exp(-\lambda_k)$$

其中，$\pi_1,\pi_2,\cdots,\pi_m$ 为混合比例，$m=m_1+m_2$，$\boldsymbol{v}=\{\{\pi_k\}_{k=1}^{m},\{\alpha_k\}_{k=1}^{m_1},\{\lambda_k\}_{k=m_1+1}^{m}\}$为 m 阶指数-泊松混合分布的 $2m$ 个未知参数。m 阶指数-泊松混合分布的观测对数似然函数为

$$l(\boldsymbol{v}|Y_{\text{obs}})=\sum_{i=1}^{n}\ln\left[\sum_{k=1}^{m_1}\pi_k\alpha_k e^{-\alpha_k y_i}+\sum_{k=m_1+1}^{m}\pi_k\frac{\lambda_k^{y_i}}{y_i!}\exp(-\lambda_k)\right]$$

极大化对数似然函数 $l(\boldsymbol{v}|Y_{\text{obs}})$即可得到 m 阶指数-泊松混合分布参数向量 $\boldsymbol{v}$ 的极大似然估计。根据 MM 算法原理以及 5.2.1 节给出的连续/离散混合分布的一般化 MM 算法的构造方式，我们针对 m 阶指数-泊松混合分布对数似然函数所构造的替代函数为

$$Q(\boldsymbol{v}|\boldsymbol{v}^{(t)})=\sum_{k=1}^{m}Q_{1k}(\pi_k|\boldsymbol{v}^{(t)})+\sum_{k=1}^{m_1}Q_{2k}(\alpha_k|\boldsymbol{v}^{(t)})+\sum_{k=m_1+1}^{m}Q_{3k}(\lambda_k|\boldsymbol{v}^{(t)})+c^{(t)}$$

其中，$c^{(t)}$是一个与参数向量 $\boldsymbol{v}$ 无关的常数项，且

$$Q_{1k}(\pi_k|\boldsymbol{v}^{(t)})=\sum_{i=1}^{n}w_{ik}(\boldsymbol{v}^{(t)}|y_i)\ln\pi_k$$

是关于参数 π_k 的函数，而

$$Q_{2k}(\alpha_k|\boldsymbol{v}^{(t)})=\sum_{i=1}^{n}w_{ik}(\boldsymbol{v}^{(t)}|y_i)[\ln\alpha_k-\alpha_k y_i]$$

是关于参数 α_k 的函数，且

$$Q_{3k}(\lambda_k|\boldsymbol{v}^{(t)})=\sum_{i=i}^{n}w_{ik}(\boldsymbol{v}^{(t)}|y_i)[y_i\ln\lambda_k-\lambda_k]$$

为关于参数 λ_k 的函数，且权重函数 $w_{ik}(\boldsymbol{v}^{(t)}|y_i)$为

$$w_{ik}(\boldsymbol{v}^{(t)}|y_i)=\begin{cases}\pi_k^{(t)}\dfrac{1}{f(y_i|\boldsymbol{v}^{(t)})}\alpha_k^{(t)}\exp[-\alpha_k^{(t)}y_i],k=1,2,\cdots,m_1\\[2ex]\pi_k^{(t)}\dfrac{1}{f(y_i|\boldsymbol{v}^{(t)})}\cdot\dfrac{(\lambda_k^{(t)})^{y_i}}{y_i!}\exp[-\lambda_k^{(t)}],k=m_1+1,\cdots,m\end{cases}$$

基于 MM 算法原理，极大化对数似然函数求解参数向量 $\boldsymbol{v}$ 的极大似然估计就转化为求解目标函数的替代函数 $Q(\boldsymbol{v}|\boldsymbol{v}^{(t)})$的最大值。由 $Q(\boldsymbol{v}|\boldsymbol{v}^{(t)})$的表达式可知，替代函数中的未知参数 π_k、α_k 和 λ_k 已完全分离。此时，我们分别令

$$\frac{\partial Q_{1k}(\pi_k|\boldsymbol{v}^{(t)})}{\partial\pi_k}=0,k=1,2,\cdots,m$$

$$\frac{\partial Q_{2k}(\alpha_k|\boldsymbol{v}^{(t)})}{\partial \alpha_k}=0, k=1,2,\cdots,m_1$$

$$\frac{\partial Q_{3k}(\lambda_k|\boldsymbol{v}^{(t)})}{\partial \lambda_k}=0, k=m_1+1,\cdots,m$$

最终可得 m 阶指数-泊松混合分布所有参数 $\boldsymbol{v}$ 的 MM 算法迭代步骤为

$$\pi_k^{(t+1)}=\sum_{i=1}^{n} w_{ik}(\boldsymbol{v}^{(t)}|y_i)/n$$

$$\alpha_k^{(t+1)}=\sum_{i=1}^{n} w_{ik}(\boldsymbol{v}^{(t)}|y_i)/\left[\sum_{i=1}^{n} w_{ik}(\boldsymbol{v}^{(t)}|y_i)y_i\right]$$

$$\lambda_k^{(t+1)}=\sum_{i=1}^{n} w_{ik}(\boldsymbol{v}^{(t)}|y_i)y_i/\left[\sum_{i=1}^{n} w_{ik}(\boldsymbol{v}^{(t)}|y_i)\right]$$

5.11　伽玛-几何混合分布

假设 $Y_{\text{obs}}=\{y_i\}_{i=1}^n$ 为来自 m 阶伽玛-几何混合分布的观测数据，其密度函数为

$$f(y|\boldsymbol{v})=\sum_{k=1}^{m_1}\pi_k\frac{\lambda_k^{\alpha_k}}{\Gamma(\alpha_k)}y^{\alpha_k-1}\exp(-\lambda_k y)+\sum_{k=m_1+1}^{m}\pi_k p_k(1-p_k)^{y-1}$$

其中，$\pi_1,\pi_2,\cdots,\pi_m$ 为混合比例，$\boldsymbol{v}=\{\{\pi_k\}_{k=1}^m,\{\alpha_k\}_{k=1}^{m_1},\{\lambda_k\}_{k=1}^{m_1},\{p_k\}_{k=m_1+1}^m\}$ 为 m 阶伽玛-几何混合分布的 $2m+m_1$ 个未知参数。m 阶伽玛-几何混合分布的观测对数似然函数为

$$l(\boldsymbol{v}|Y_{\text{obs}})=\sum_{i=1}^{n}\ln\left[\sum_{k=1}^{m_1}\pi_k\frac{\lambda_k^{\alpha_k}}{\Gamma(\alpha_k)}y_i^{\alpha_k-1}\exp(-\lambda_k y_i)+\sum_{k=m_1+1}^{m}\pi_k p_k(1-p_k)^{y_i-1}\right]$$

极大化上述对数似然函数 $l(\boldsymbol{v}|Y_{\text{obs}})$ 即可得到 m 阶伽玛-几何混合分布参数向量 $\boldsymbol{v}$ 的极大似然估计。根据 MM 算法原理以及 5.2.1 节给出的连续-离散混合分布的一般化 MM 算法的构造方式，我们针对 m 阶伽玛-几何混合分布对数似然函数所构造的替代函数为

$$Q(\boldsymbol{v}|\boldsymbol{v}^{(t)})=\sum_{k=1}^{m}Q_{1k}(\pi_k|\boldsymbol{v}^{(t)})+\sum_{k=1}^{m_1}Q_{2k}(\alpha_k,\lambda_k|\boldsymbol{v}^{(t)})+\sum_{k=m_1+1}^{m}Q_{3k}(p_k|\boldsymbol{v}^{(t)})+c^{(t)}$$

其中，$c^{(t)}$是一个与参数向量 $\boldsymbol{v}$ 无关的常数项，且

$$Q_{1k}(\pi_k|\boldsymbol{v}^{(t)})=\sum_{i=1}^{n}w_{ik}(\boldsymbol{v}^{(t)}|y_i)\ln\pi_k$$

是关于参数 π_k 的函数，而

$$Q_{2k}(\alpha_k,\lambda_k|\boldsymbol{v}^{(t)})=\sum_{i=1}^{n}w_{ik}(y_i|\boldsymbol{v}^{(t)})[\alpha_k\ln\lambda_k-\ln\Gamma(\alpha_k)+\alpha_k\ln y_i-\lambda_k y_i]$$

是关于参数 α_k 和 λ_k 的函数，且

$$Q_{3k}(p_k|\boldsymbol{v}^{(t)})=\sum_{i=1}^{n}w_{ik}(y_i|\boldsymbol{v}^{(t)})[(y_i-1)\ln(1-p_k)+\ln p_k]$$

为关于参数 p_k 的函数，且权重函数 $w_{ik}(\boldsymbol{v}^{(t)}|y_i)$为

$$w_{ik}(\boldsymbol{v}^{(t)}|y_i)=\begin{cases}\pi_k^{(t)}\dfrac{1}{f(y_i|\boldsymbol{v}^{(t)})}\cdot\dfrac{\lambda_k^{(t)\alpha_k^{(t)}}}{\Gamma(\alpha_k^{(t)})}y_i^{\alpha_k^{(t)}-1}\exp(-\lambda_k^{(t)}y_i), & k=1,2,\cdots,m_1\\[2ex]\pi_k^{(t)}\dfrac{1}{f(y_i|\boldsymbol{v}^{(t)})}(1-p_k^{(t)})^{y_i-1}p_k^{(t)}, & k=m_1+1,\cdots,m\end{cases}$$

在 MM 算法原理的指导下，求解参数向量 $\boldsymbol{v}$ 的极大似然估计就可以转化为求解目标函数的替代函数$Q(\boldsymbol{v}|\boldsymbol{v}^{(t)})$的最大值。并且，本案例中所构造的替代函数 $Q(\boldsymbol{v}|\boldsymbol{v}^{(t)})$已几乎将所有参数 π_k、α_k、λ_k、$p_k(k=1,2,\cdots,m)$完全分离。因此，我们分别令$\partial Q_{1k}(\pi_k|\boldsymbol{v}^{(t)})/\partial\pi_k=0$、$\partial Q_{2k}(\alpha_k,\lambda_k|\boldsymbol{v}^{(t)})/\partial\alpha_k=0$、$\partial Q_{2k}(\alpha_k,\lambda_k|\boldsymbol{v}^{(t)})/\partial\lambda_k=0$ 和 $\partial Q_{3k}(p_k|\boldsymbol{v}^{(t)})/\partial p_k=0$。由于参数 α_k 得不到显示迭代解，所以我们采用牛顿法求解方程$\partial Q_{2k}(\alpha_k,\lambda_k|\boldsymbol{v}^{(t)})/\partial\alpha_k=0$ 的根。最终，可以得到 m 阶伽玛-几何混合分布所有参数 $\boldsymbol{v}$ 的 MM 算法迭代步骤为

$$\pi_k^{(t+1)}=\sum_{i=1}^{n}w_{ik}(\boldsymbol{v}^{(t)}|y_i)/n$$

$$\alpha_k^{(t+1)}=\alpha_k^{(t)}-\frac{\sum_{i=1}^{n}w_{ik}(\boldsymbol{v}^{(t)}|y_i)\{[\Gamma(\alpha_k^{(t)})]^2(\ln\lambda_k^{(t)}+\ln y_i)-\Gamma(\alpha_k^{(t)})\Gamma'(\alpha_k^{(t)})\}}{\sum_{i=1}^{n}w_{ik}(\boldsymbol{v}^{(t)}|y_i)\{\Gamma''(\alpha_k^{(t)})\Gamma(\alpha_k^{(t)})-[\Gamma'(\alpha_k^{(t)})]^2\}}$$

$$\lambda_k^{(t+1)}=\sum_{i=1}^{n}w_{ik}(\boldsymbol{v}^{(t)}|y_i)\alpha_k^{(t)}/\left[\sum_{i=1}^{n}w_{ik}(\boldsymbol{v}^{(t)}|y_i)y_i\right]$$

$$p_k^{(t+1)}=\sum_{i=1}^{n}w_{ik}(\boldsymbol{v}^{(t)}|y_i)/\left[\sum_{i=1}^{n}w_{ik}(\boldsymbol{v}^{(t)}|y_i)y_i\right]$$

5.12　伽玛-泊松混合分布

假设 $Y_{\text{obs}}=\{y_i\}_{i=1}^n$ 是来自 m 阶伽玛-泊松混合分布的观测数据，其密度函数为

$$f(y\mid\boldsymbol{v})=\sum_{k=1}^{m_1}\pi_k\frac{\beta_k^{\alpha_k}}{\Gamma(\alpha_k)}y^{\alpha_k-1}\exp(-\beta_k y)+\sum_{k=m_1+1}^{m}\pi_k\frac{\lambda_k^y}{y!}\exp(-\lambda_k)$$

其中，$\pi_1,\pi_2,\cdots,\pi_m$ 为混合比例，$\boldsymbol{v}=\{\{\pi_k\}_{k=1}^m,\{\alpha_k\}_{k=1}^{m_1},\{\beta_k\}_{k=1}^{m_1},\{\lambda_k\}_{k=m_1+1}^m\}$ 为 m 阶伽玛-几何混合分布的 $2m+m_1$ 个未知参数。m 阶伽玛-几何混合分布的观测对数似然函数为

$$l(\boldsymbol{v}\mid Y_{\text{obs}})=\sum_{i=1}^n\ln\left[\sum_{k=1}^{m_1}\pi_k\frac{\beta_k^{\alpha_k}}{\Gamma(\alpha_k)}y_i^{\alpha_k-1}\mathrm{e}^{-\beta_k y_i}+\sum_{k=m_1+1}^{m}\pi_k\frac{\lambda_k^{y_i}}{y_i!}\mathrm{e}^{-\lambda_k}\right]$$

极大化上述对数似然函数 $l(\boldsymbol{v}\mid Y_{\text{obs}})$ 即可得到 m 阶伽玛-泊松混合分布参数向量 $\boldsymbol{v}$ 的极大似然估计。根据 MM 算法原理以及 5.2.1 节给出的连续-离散混合分布的一般化 MM 算法的构造方式，我们针对 m 阶伽玛-泊松混合分布对数似然函数所构造的替代函数为

$$Q(\boldsymbol{v}\mid\boldsymbol{v}^{(t)})=\sum_{k=1}^{m}Q_{1k}(\pi_k\mid\boldsymbol{v}^{(t)})+\sum_{k=1}^{m_1}Q_{2k}(\alpha_k,\beta_k\mid\boldsymbol{v}^{(t)})+\sum_{k=m_1+1}^{m}Q_{3k}(\lambda_k\mid\boldsymbol{v}^{(t)})+c^{(t)}$$

其中，$c^{(t)}$ 是一个与参数向量 $\boldsymbol{v}$ 无关的常数项，且

$$Q_{1k}(\pi_k\mid\boldsymbol{v}^{(t)})=\sum_{i=1}^n w_{ik}(\boldsymbol{v}^{(t)}\mid y_i)\ln\pi_k$$

是关于参数 π_k 的函数，而

$$Q_{2k}(\alpha_k,\beta_k\mid\boldsymbol{v}^{(t)})=\sum_{i=1}^n w_{ik}(y_i\mid\boldsymbol{v}^{(t)})[\alpha_k\ln(\beta_k)-\ln\Gamma(\alpha_k)+\alpha_k\ln y_i-\beta_k y_i]$$

是关于参数 α_k 和 β_k 的函数，且

$$Q_{3k}(\lambda_k\mid\boldsymbol{v}^{(t)})=\sum_{i=i}^n w_{ik}(\boldsymbol{v}^{(t)}\mid y_i)\,[y_i\ln\lambda_k-\lambda_k]$$

为关于参数 λ_k 的函数，且权重函数 $w_{ik}(\boldsymbol{v}^{(t)}\mid y_i)$ 为

$$w_{ik}(\boldsymbol{v}^{(t)}\mid y_i)=\begin{cases}\pi_k^{(t)}\dfrac{1}{f(y_i\mid\boldsymbol{v}^{(t)})}\cdot\dfrac{\beta_k^{(t)\alpha_k^{(t)}}}{\Gamma(\alpha_k^{(t)})}y_i^{\alpha_k^{(t)}-1}\exp(-\beta_k^{(t)}y_i), & k=1,2,\cdots,m_1\\ \pi_k^{(t)}\dfrac{1}{f(y_i\mid\boldsymbol{v}^{(t)})}\cdot\dfrac{(\lambda_k^{(t)})^{y_i}}{y_i!}\exp(-\lambda_k^{(t)}), & k=m_1+1,\cdots,m\end{cases}$$

基于MM算法原理,求解参数向量 $\boldsymbol{v}$ 的极大似然估计就可以转化为求解目标函数的替代函数 $Q(\boldsymbol{v}\mid\boldsymbol{v}^{(t)})$ 的最大值。并且,本案例中所构造的替代函数 $Q(\boldsymbol{v}\mid\boldsymbol{v}^{(t)})$ 已几乎将所有参数 π_k、α_k、β_k、λ_k 完全分离。因此,我们分别令 $\partial Q_{1k}(\pi_k\mid\boldsymbol{v}^{(t)})/\partial\pi_k=0$、$\partial Q_{2k}(\alpha_k,\beta_k\mid\boldsymbol{v}^{(t)})/\partial\alpha_k=0$、$\partial Q_{2k}(\alpha_k,\beta_k\mid\boldsymbol{v}^{(t)})/\partial\beta_k=0$ 和 $\partial Q_{3k}(\lambda_k\mid\boldsymbol{v}^{(t)})/\partial\lambda_k=0$。由于参数 α_k 得不到显示迭代解,所以我们采用牛顿法求解方程 $\partial Q_{2k}(\alpha_k,\lambda_k\mid\boldsymbol{v}^{(t)})/\partial\alpha_k=0$ 的根。最终,可以得到 m 阶伽玛-泊松混合分布所有参数 $\boldsymbol{v}$ 的MM算法迭代步骤为

$$\pi_k^{(t+1)}=\sum_{i=1}^{n}w_{ik}(\boldsymbol{v}^{(t)}\mid y_i)/n$$

$$\alpha_k^{(t+1)}=\alpha_k^{(t)}-\frac{\sum_{i=1}^{n}w_{ik}(\boldsymbol{v}^{(t)}\mid y_i)\{[(\Gamma(\alpha_k^{(t)})]^2(\ln\beta_k^{(t)}+\ln y_i)-\Gamma(\alpha_k^{(t)})\Gamma'(\alpha_k^{(t)})\}}{\sum_{i=1}^{n}w_{ik}(\boldsymbol{v}^{(t)}\mid y_i)\{\Gamma''(\alpha_k^{(t)})\Gamma(\alpha_k^{(t)})-[\Gamma'(\alpha_k^{(t)})]^2\}}$$

$$\beta_k^{(t+1)}=\sum_{i=1}^{n}w_{ik}(\boldsymbol{v}^{(t)}\mid y_i)\alpha_k^{(t)}\Big/\Big[\sum_{i=1}^{n}w_{ik}(\boldsymbol{v}^{(t)}\mid y_i)y_i\Big]$$

$$\lambda_k^{(t+1)}=\sum_{i=1}^{n}y_iw_{ik}(\boldsymbol{v}^{(t)}\mid y_i)\Big/\sum_{i=1}^{n}w_{ik}(\boldsymbol{v}^{(t)}\mid y_i)$$

附录

1. 混合正态分布

```
# 产生混合正态分布的随机数
single_sam_gen <- function(mu_vec, var_vec, pi_vec) {
  n_1 <- length(mu_vec)
```

```
  x <- c()

  for (j in 1:n_1) {
    x <- append(x, rnorm(1, mu_vec[j], sqrt(var_vec[j])))
  }

  out <- sample(x, 1, prob = pi_vec)
  return(out)
}

sam_gen <- function(num_samples, mu_vec, var_vec, pi_vec) {
  out <- c()  #  Initialize an empty vector to store the generated numbers

  for (i in 1:num_samples) {
    out <- append(out, single_sam_gen(mu_vec, var_vec, pi_vec))
  }

  return(out)
}

# 混合正态分布的参数估计
h_calc <- function(obs_data, mu_vec, var_vec, pi_vec) {
  n <- length(obs_data)
  n_1 <- length(mu_vec)
  h <- matrix(NA,nrow = n, ncol = n_1)

  for (j in 1:n_1) {
    h[, j] <- pi_vec[j] * dnorm(obs_data, mean = mu_vec[j], sd = sqrt(var_vec[j]))
  }

  return(h)
}

log_likelihood <- function(obs_data, mu_vec, var_vec, pi_vec) {
```

```
  h <- h_calc(obs_data, mu_vec, var_vec, pi_vec)
  out <- sum(log(rowSums(h)))
  return(out)
}

par_optim <- function(obs_data, mu.ini, var.ini, pi.ini, eps = 1e-06) {
  n <- length(obs_data)
  n_1 <- length(mu.ini)
  mu_t <- mu.ini
  var_t <- var.ini
  pi_t <- pi.ini

  err <- 1e+08
  i <- 1
  log_likelihood_val <- c(log_likelihood(obs_data, mu_t, var_t, pi_t))
  start <- proc.time()[1]

  while (err > eps) {
    # Compute weights
    h <- h_calc(obs_data, mu_t, var_t, pi_t)
    w <- h /rowSums(h)

    pi_t_ <- colSums(w) / n
    mu_t_ <- colSums(w * obs_data) / colSums(w)
    y_mu <- matrix(rep(obs_data, n_1), n, n_1) - matrix(rep(mu_t, n), n, n_1,
byrow = True)
    var_t_ <- colSums(w * y_mu^2) / colSums(w)

    # Compute error
    log_likelihood_val_ <- log_likelihood(obs_data, mu_t_, var_t_, pi_t_)
    log_likelihood_val <- append(log_likelihood_val, log_likelihood_val_)
    err <- abs(log_likelihood_val[i + 1] - log_likelihood_val[i]) / (abs(log_
likelihood_val[i]) + 1)

    mu_t <- mu_t_
```

```
    var_t <- var_t_
    pi_t <- pi_t_
    i <- i + 1
  }

  end <- proc.time()[1]

  return(list(mu = mu_t, var = var_t, pi = pi_t, iters = i - 1, log_llhd = log_
likelihood_val_, time = end - start))
}
```

 # 混合正态分布 MM 估计算法的模拟程序

```
num_samples <- 150
eps <- 1e-06
seed <- sample(1:100000, 1)
mu.true <- c(1, 5, 9)
var.true <- c(0.5, 0.8, 1)^2
pi.true <- c(0.3, 0.4, 0.3)
pi.ini <- rep(1 / length(pi.true), length(pi.true))
mu.ini <- c(1.5, 6, 8)
var.ini <- c(0.4, 0.5, 1)^2

results <- function(n) {
  est_MM <- c()

  for (r in 1:n) {
    # Generate simulation data
    Y_obs <- sam_gen(num_samples, mu.true, var.true, pi.true)

    # Estimation
    par_est <- par_optim(Y_obs, mu.ini, var.ini, pi.ini, eps)

    # Record estimation value of all parameters
    est_MM <- append(est_MM, c(par_est$mu, par_est$var, par_est$pi, par_est
$iters, par_est$log_llhd, par_est$time))
```

```
  }

  result <- matrix(est_MM, byrow = True, nrow = n)
  return(result)
}

est_MM <- results(500)

# Result
par.true <- c(mu.true, var.true, pi.true)
used_time <- mean(est_MM[, ncol(est_MM)])
log_likelihood_val <- mean(est_MM[, ncol(est_MM) - 1])
iters <- mean(est_MM[, ncol(est_MM) - 2])
est_MM <- est_MM[, 1:(ncol(est_MM) - 3)]
num_rep <- nrow(est_MM)
est_MEAN <- apply(est_MM, 2, mean)
est_Bias <- par.true - est_MEAN
est_SD <- apply(est_MM, 2, sd)
est_MSE <- apply((est_MM - matrix(rep(par.true, num_rep), num_rep, byrow =
True))^2, 2, mean)

results <- as.data.frame(list(True = par.true, Est = est_MEAN, Bias = est_Bi-
as, MSE = est_MSE, SD = est_SD, iters = iters, used_time = used_time, log_like-
lihood_val = log_likelihood_val))

print(results)
```

2. 混合 T 分布

```
# 产生混合 T 分布的随机数
library(extraDistr)

single_sam_gen <- function(mu_vec, sigma_vec, dof_vec, pi_vec) {
  n_1 <- length(mu_vec)
  x <- c()
```

```
  for (j in 1:n_1) {
    x <- append(x, rlst(1, dof_vec[j], mu_vec[j], sqrt(sigma_vec[j])))
  }

  out <- sample(x, 1, prob = pi_vec)
  return(out)
}

sam_gen <- function(num_samples, mu_vec, sigma_vec, dof_vec, pi_vec) {
  out <- c()

  for (i in 1:num_samples) {
    out <- append(out, single_sam_gen(mu_vec, sigma_vec, dof_vec, pi_vec))
  }

  return(out)
}

# 混合 T 分布的对数似然函数
h_calc <- function(obs_data, mu_vec, sigma_vec, dof_vec, pi_vec) {
  n <- length(obs_data)
  n_1 <- length(mu_vec)

  h <- matrix(NA, nrow = n, ncol = n_1)
  for (j in 1:n_1) {
    h[, j] <- pi_vec[j] * dlst(obs_data, dof_vec[j], mu_vec[j], sqrt(sigma_
vec[j]))
  }
  return(h)
}

# log_likelihood
log_likelihood <- function(obs_data, mu_vec, sigma_vec, dof_vec, pi_vec) {
  h <- h_calc(obs_data, mu_vec, sigma_vec, dof_vec, pi_vec)
  out <- sum(log(rowSums(h)))
```

```
  return(out)
}

# 混合 T 分布的参数估计
u_ik <- function(obs_data, mu_vec, sigma_vec, dof_vec) {
  n <- length(obs_data)
  n_1 <- length(mu_vec)
  u <- matrix(NA, nrow = n, ncol = n_1)
  for (j in 1:n_1) {
    u[, j] <- (1 + dof_vec[j]) / (sigma_vec[j] * dof_vec[j] + (obs_data - mu_
vec[j])^2)
  }
  return(u)
}

par_optim_mm <- function(obs_data, mu.ini, sigma.ini, dof.ini, pi.ini, eps =
1e-06) {
  n <- length(obs_data)
  n_1 <- length(mu.ini)
  mu_t <- mu.ini
  sigma_t <- sigma.ini
  dof_t <- dof.ini
  pi_t <- pi.ini

  err <- 1e+08
  i <- 1
  log_likelihood_val <- c(log_likelihood(obs_data, mu_t, sigma_t, dof_
t, pi_t))
  start <- proc.time()[1]

  while (err > eps) {
    # Compute weights
    h <- h_calc(obs_data, mu_t, sigma_t, dof_t, pi_t)
    w <- h / rowSums(h)
    uik <- u_ik(obs_data, mu_t, sigma_t, dof_t)
```

```
    pi_t_ <- colSums(w) / n
    mu_t_ <- colSums(w * uik * obs_data) / colSums(w * uik)
    y_mu <- matrix(rep(obs_data, n_1), n, n_1) - matrix(rep(mu_t, n), n,
n_1,byrow= TRUE)
    sigma_t_ <- colSums(w * uik * y_mu^2) / colSums(w * uik)
    dof_t_ <- dof_t


    log_likelihood_val_ <- log_likelihood(obs_data, mu_t_, sigma_t_, dof_t_,
pi_t_)
    log_likelihood_val <- append(log_likelihood_val, log_likelihood_val_)
    err <- abs(log_likelihood_val[i + 1] - log_likelihood_val[i]) / (abs(log_
likelihood_val[i]) + 1)

    mu_t <- mu_t_
    sigma_t <- sigma_t_
    pi_t <- pi_t_
    i <- i + 1
  }

  end <- proc.time()[1]

  return(list(mu = mu_t, sigma = sigma_t, pi = pi_t, iters = i - 1, log_llhd = log_
likelihood_val_, time = end - start))
}
```

 # 混合 T 分布 MM 估计算法的模拟程序

```
num_samples <- 100
eps <- 1e-06
seed <- sample(1:100000, 1)
mu.true <- c(2, 7, 11)
sigma.true <- c(1, 1, 1)^2
dof.true <- c(3, 3, 3)
pi.true <- c(0.3, 0.4, 0.3)
```

```
mu.ini <- c(1.8, 6.7, 10.5)
sigma.ini <- c(0.96, 0.9, 0.91)^2
dof.ini <- c(3, 3, 3)
pi.ini <- rep(1 / length(pi.true), length(pi.true))

results <- function(n) {
  est_MM <- c()

  for (r in 1:n) {
    # Generate simulation data
    Y_obs <- sam_gen(num_samples, mu.true, sigma.true, dof.true, pi.true)

    # Estimation
    par_est <- par_optim_mm(Y_obs, mu.ini, sigma.ini, dof.ini, pi.ini, eps)

    # Record estimation value of all parameters
    est_MM <- append(est_MM, c(par_est$mu, par_est$sigma, par_est$pi, par_
est$iters, par_est$log_llhd, par_est$time))
  }

  result <- matrix(est_MM, byrow = True, nrow = n)
  return(result)
}

est_MM <- results(500)

# Result
par.true <- c(mu.true, sqrt(sigma.true), pi.true)
used_time_MM <- mean(est_MM[, ncol(est_MM)])
log_likelihood_val_MM <- mean(est_MM[, ncol(est_MM) - 1])
iters_MM <- mean(est_MM[, ncol(est_MM) - 2])
est_MM <- est_MM[, 1:(ncol(est_MM) - 3)]
num_rep_MM <- nrow(est_MM)
est_MEAN_MM <- apply(est_MM, 2, mean)
est_Bias_MM <- par.true - est_MEAN_MM
```

```
est_SD_MM <- apply(est_MM, 2, sd)
est_MSE_MM <- apply((est_MM - matrix(rep(par.true, num_rep_MM), num_rep_MM,
byrow = True))^2, 2, mean)

results <- as.data.frame(list(True = par.true, Est = est_MEAN_MM, Bias = est_
Bias_MM, MSE = est_MSE_MM, SD = est_SD_MM, iters = iters_MM, used_time = used_
time_MM, log_likelihood_val = log_likelihood_val_MM))

print(results)
```

3. 混合伽玛分布

```
# 产生混合伽玛分布的随机数
single_sam_gen <- function(al_vec, be_vec, pi_vec) {
  n_11 <- length(al_vec)
  if (n_11 == length(pi_vec)) {
    x <- c()

    for (j in 1:n_11) {
      x <- append(x, rgamma(1, shape = al_vec[j], rate = be_vec[j]))
    }

    out <- sample(x, 1, prob = pi_vec)
    return(out)
  }
}

sam_gen <- function(num_samples, al_vec, be_vec, pi_vec) {
  out <- c()

  for (i in 1:num_samples) {
    out <- append(out, single_sam_gen(al_vec, be_vec, pi_vec))
  }

  return(out)
```

```
}

# 混合伽玛分布的对数似然函数
h_calc <- function(obs_data, al_vec, be_vec, pi_vec) {
  n <- length(obs_data)
  n_11 <- length(al_vec)

  h_1 <- matrix(NA, nrow = n, ncol = n_11)
  for (j in 1:n_11) {
    h_1[, j] <- pi_vec[j] * dgamma(obs_data, shape = al_vec[j], rate = be_vec
[j])
  }

  h <- h_1

  return(h)
}

log_likelihood <- function(obs_data, al_vec, be_vec, pi_vec) {
  h <- h_calc(obs_data, al_vec, be_vec, pi_vec)

  out <- sum(log(rowSums(h)))

  return(out)
}

# 混合伽玛分布的参数估计
al_solver <- function(al, w, be, obs_data) {
  out <- sum(w * (al * log(be) - log(gamma(al)) + (al - 1) * log(obs_data) - be *
obs_data))
  return(out)
}

par_optim <- function(obs_data, al.ini, be.ini, pi.ini, eps = 1e-06) {
  n <- length(obs_data)
```

```
  n_11 <- length(al.ini)
  al_t <- al.ini
  be_t <- be.ini
  pi_t <- pi.ini
  err <- 1e+08
  i <- 1
  log_likelihood_val <- c(log_likelihood(obs_data, al_t, be_t, pi_t))
  start <- proc.time()[1]

  while (err > eps) {
    # Compute weights
    h <- h_calc(obs_data, al_t, be_t, pi_t)
    w <- h /rowSums(h)

    al_t_ <- c()
    be_t_ <- c()
    pi_t_ <- c()

    for (j in 1:n_11) {
      pi_t_ <- append(pi_t_, sum(w[, j]) / n)

      if (j <= n_11) {
        al_t_ <- append(al_t_, al_t[j] + sum(w[, j] * (log(be_t[j]) - digamma
(al_t[j]) + log(obs_data))) / sum(w[, j] * trigamma(al_t[j])))
        be_t_ <- append(be_t_, sum(w[, j] * al_t[j]) / sum(w[, j] * obs_data))
      }
    }

    # Compute error
    log_likelihood_val_ <- log_likelihood(obs_data, al_t_, be_t_, pi_t_)
    log_likelihood_val <- append(log_likelihood_val, log_likelihood_val_)
    err <- abs(log_likelihood_val[i + 1] - log_likelihood_val[i]) / (abs(log_
likelihood_val[i]) + 1)

    al_t <- al_t_
```

```
    be_t <- be_t_
    pi_t <- pi_t_
    i <- i + 1
  }

  end <- proc.time()[1]

  return(list(al = al_t, be = be_t, pi = pi_t, iters = i - 1, log_llhd = log_
likelihood_val_, time = end - start))
}

# 混合伽玛分布 MM 估计算法的模拟程序
num_samples <- 100
eps <- 1e-06
seed <- sample(1:100000, 1)
al.true <- c(40, 6)
be.true <- c(20, 1)
pi.true <- c(0.4, 0.6)

al.ini <- c(35, 5.5)
be.ini <- c(19, 0.96)
pi.ini <- rep(1 / length(pi.true), length(pi.true))

results <- function(n) {
  est_MM <- c()

  for (r in 1:n) {
    # Generate simulation data
    Y_obs <- sam_gen(num_samples, al.true, be.true, pi.true)

    # Estimation
    par_est <- par_optim(Y_obs, al.ini, be.ini, pi.ini, eps)

    # Record estimation value of all parameters
    est_MM <- c(est_MM, c(par_est$al, par_est$be, par_est$pi, par_est$iters,
```

```
par_est$log_llhd, par_est$time))
  }

  result <- matrix(est_MM, byrow = True, nrow = n)
  return(result)
}

est_MM <- results(500)

# Result
par.true <- c(al.true, be.true, pi.true)
used_time <- mean(est_MM[, ncol(est_MM)])
log_likelihood_val <- mean(est_MM[, ncol(est_MM) - 1])
iters <- mean(est_MM[, ncol(est_MM) - 2])
est_MM <- est_MM[, 1:(ncol(est_MM) - 3)]
num_rep <- nrow(est_MM)
est_MEAN <- apply(est_MM, 2, mean)
est_Bias <- par.true - est_MEAN
est_SD <- apply(est_MM, 2, sd)
est_MSE <- apply((est_MM - matrix(rep(par.true, num_rep), num_rep, byrow =
True))^2, 2, mean)

results <- as.data.frame(list(True = par.true, Est = est_MEAN, Bias = est_Bi-
as,  MSE = est_MSE, SD = est_SD, iters = iters, used_time = used_time, log_like-
lihood_val = log_likelihood_val))

print(results)
```

4. 混合威布尔分布

```
# 产生混合威布尔分布的随机数
single_sam_gen <- function(k_vec, la_vec, pi_vec) {
  n_12 <- length(la_vec)
  x <- c()
```

```
  for (j in 1:n_12) {
    x <- append(x, rweibull(1, shape = k_vec[j], scale = la_vec[j]))
  }

  out <- sample(x, 1, prob = pi_vec)
  return(out)
}

sam_gen <- function(num_samples, k_vec, la_vec, pi_vec) {
  out <- c()

  for (i in 1:num_samples) {
    out <- append(out, single_sam_gen(k_vec, la_vec, pi_vec))
  }

  return(out)
}

# 混合威布尔分布的参数估计
h_calc <- function(obs_data, k_vec, la_vec, pi_vec) {
  n <- length(obs_data)
  n_12 <- length(k_vec)
  h_2 <- matrix(NA, nrow = n, ncol = n_12)

  for (j in 1:n_12) {
    h_2[, j] <- pi_vec[j] * dweibull(obs_data, shape = k_vec[j], scale = la_
vec[j])
  }
  h <- h_2
  return(h)
}

log_likelihood <- function(obs_data, k_vec, la_vec, pi_vec) {
  h <- h_calc(obs_data, k_vec, la_vec, pi_vec)
  out <- sum(log(rowSums(h)))
```

```
  return(out)
}

k_solver <- function(k, w, la, obs_data) {
  out <- sum(w * (log(k) - log(la) + (k - 1) * log(obs_data / la) - (obs_data /
la)^k))
  return(out)
}

par_optim <- function(obs_data, k.ini, la.ini, pi.ini, eps = 1e-06) {
  n <- length(obs_data)
  k_t <- k.ini
  la_t <- la.ini
  pi_t <- pi.ini
  err <- 1e+08
  i <- 1
  log_likelihood_val <- c(log_likelihood(obs_data, k_t, la_t, pi_t))
  start <- proc.time()[1]

  while (err > eps) {
    # Compute weights
    h <- h_calc(obs_data, k_t, la_t, pi_t)
    w <- h /rowSums(h)

    # estimation
    k_t_ <- c()
    la_t_ <- c()
    pi_t_ <- c()

    for (j in 1:n_12) {
      pi_t_ <- append(pi_t_, sum(w[, j]) / n)

      if (j <= n_12) {
        # Weibull
        j_ <- j
```

```
        est <- optimize(k_solver, c(0, 1e+ 02), w = w[, j], la = la_t[j_], obs_
data = obs_data, maximum = TRUE)
        k_t_ <- append(k_t_, est$maximum)

        la_t_ <- append(la_t_, (sum(w[, j] * k_t_[j_] * obs_data^k_t_[j_]) /
sum(w[, j] * k_t_[j_]))^(1 / k_t_[j_]))
      }
    }

    # Compute error
    log_likelihood_val_ <- log_likelihood(obs_data, k_t_, la_t_, pi_t_)
    log_likelihood_val <- append(log_likelihood_val, log_likelihood_val_)
    err <- abs(log_likelihood_val[i + 1] - log_likelihood_val[i]) / (abs(log_
likelihood_val[i]) + 1)

    k_t <- k_t_
    la_t <- la_t_
    pi_t <- pi_t_
    i <- i + 1
  }

  end <- proc.time()[1]

  return(list(k = k_t, la = la_t, pi = pi_t, iters = i - 1, log_llhd = log_like-
lihood_val_, time = end - start))
}

# 混合威布尔分布 MM 估计算法的模拟程序
num_samples <- 100
eps <- 1e-06
seed <- sample(1:100000, 1)
eta.true <- c(3, 9)
la.true <- c(0.5, 5)
pi.true <- c(0.4, 0.6)
```

```
eta.ini <- c(2.7, 8.7)
la.ini <- c(0.46, 4.5)
pi.ini <- rep(1 / length(pi.true), length(pi.true))

results <- function(n) {
  est_MM <- c()

  for (r in 1:n) {
    # Generate simulation data
    Y_obs <- sam_gen(num_samples, eta.true, la.true, pi.true)

    # Estimation
    par_est <- par_optim(Y_obs, eta.ini, la.ini, pi.ini, eps)

    # Record estimation value of all parameters
    est_MM <- append(est_MM, c(par_est$k, par_est$la, par_est$pi, ar_est
$iters, par_est$log_llhd, par_est$time))
  }

  result <- matrix(est_MM, byrow = True, nrow = n)
  return(result)
}

est_MM <- results(500)

par.true <- c(eta.true, la.true, pi.true)
used_time <- mean(est_MM[, ncol(est_MM)])
log_likelihood_val <- mean(est_MM[, ncol(est_MM) - 1])
iters <- mean(est_MM[, ncol(est_MM) - 2])
est_MM <- est_MM[, 1:(ncol(est_MM) - 3)]
num_rep <- nrow(est_MM)
est_MEAN <- apply(est_MM, 2, mean)
est_Bias <- par.true - est_MEAN
est_SD <- apply(est_MM, 2, sd)
est_MSE <- apply((est_MM - matrix(rep(par.true, num_rep), num_rep, byrow =
```

```
True))^2, 2, mean)

results <- as.data.frame(list(True = par.true, Est = est_MEAN, Bias = est_Bi-
as, MSE = est_MSE, SD = est_SD, iters = iters, used_time = used_time,  log_like-
lihood_val = log_likelihood_val))

print(results)
```

5. 混合泊松分布

```
# 产生混合泊松分布的单个随机数
single_sam_gen <- function(la_vec, pi_vec) {
  n_2 <- length(la_vec)
  x <- c()

  for (j in 1:n_2) {
    x <- append(x, rpois(1, lambda = la_vec[j]))
  }

  out <- sample(x, 1, prob = pi_vec)
  return(out)
}

sam_gen <- function(num_samples, la_vec, pi_vec) {
  out <- c()

  for (i in 1:num_samples) {
    out <- append(out, single_sam_gen(la_vec, pi_vec))
  }

  return(out)
}

# 混合泊松分布的参数估计
h_calc <- function(obs_data, la_vec, pi_vec) {
```

```
  n <- length(obs_data)
  n_2 <- length(la_vec)
  h <- matrix(NA,nrow = n, ncol = n_2)
  for (j in 1:n_2) {
    h[, j] <- pi_vec[j] * dpois(obs_data, la_vec[j])
  }
  return(h)
}

log_likelihood <- function(obs_data, la_vec, pi_vec) {
  h <- h_calc(obs_data, la_vec, pi_vec)
  out <- sum(log(rowSums(h)))
  return(out)
}

par_optim <- function(obs_data, la.ini, pi.ini, eps = 1e-06) {
  n <- length(obs_data)
  la_t <- la.ini
  pi_t <- pi.ini
  err <- 1e+08
  i <- 1
  log_likelihood_val <- c(log_likelihood(obs_data, la_t, pi_t))
  start <- proc.time()[1]

  while (err > eps) {

    # Compute weights
    h <- h_calc(obs_data, la_t, pi_t)
    w <- h /rowSums(h)
    pi_t_ <- colSums(w) / n
    la_t_ <- colSums(w * obs_data) / colSums(w)

    # Compute error
    log_likelihood_val_ <- log_likelihood(obs_data, la_t_, pi_t_)
    log_likelihood_val <- append(log_likelihood_val, log_likelihood_val_)
```

```
    err <- abs(log_likelihood_val[i + 1] - log_likelihood_val[i]) / (abs(log_
likelihood_val[i]) + 1)

    la_t <- la_t_
    pi_t <- pi_t_
    i <- i + 1
  }

  end <- proc.time()[1]
  return(list(la = la_t, pi = pi_t, iters = i - 1, log_llhd = log_likelihood_val_,
time = end - start))
}

# 混合泊松分布 MM 估计算法的模拟程序
num_samples <- 100
eps <- 1e-06
seed <- sample(1:100000, 1)
la.true <- c(5, 16, 59)
pi.true <- c(0.3, 0.3, 0.4)
la.ini <- c(6, 17, 60)
pi.ini <- rep(1 / length(pi.true), length(pi.true))

results <- function(n) {
  est_MM <- c()

  for (r in 1:n) {

    # Generate simulation data
    Y_obs <- sam_gen(num_samples, la.true, pi.true)

    # Estimation
    par_est <- par_optim(Y_obs, la.ini, pi.ini, eps)

    # Record estimation value of all parameters
    est_MM <- append(est_MM, c(par_est$la, par_est$pi, par_est$iters, par_
```

```
est$log_llhd, par_est$time))
  }

  result <- matrix(est_MM, byrow = True, nrow = n)
  return(result)
}

est_MM <- results(500)

par.true <- c(la.true, pi.true)
used_time <- mean(est_MM[, ncol(est_MM)])
log_likelihood_val <- mean(est_MM[, ncol(est_MM) - 1])
iters <- mean(est_MM[, ncol(est_MM) - 2])
est_MM <- est_MM[, 1:(ncol(est_MM) - 3)]
num_rep <- nrow(est_MM)
est_MEAN <- apply(est_MM, 2, mean)
est_Bias <- par.true - est_MEAN
est_SD <- apply(est_MM, 2, sd)
est_MSE <- apply((est_MM - matrix(rep(par.true, num_rep), num_rep, byrow =
True))^2, 2, mean)

results <- as.data.frame(list(True = par.true, Est = est_MEAN, Bias = est_Bi-
as,  MSE = est_MSE, SD = est_SD, iters = iters, used_time = used_time,  log_
likelihood_val = log_likelihood_val))

print(results)
```

6. 混合几何分布

```
# 产生混合几何分布的随机数
single_sam_gen <- function(p_vec, pi_vec) {
  n_2 <- length(p_vec)
  x <- c()

  for (j in 1:n_2) {
```

```
    x <- append(x, rgeom(1, prob = p_vec[j]))
  }

  out <- sample(x, 1, prob = pi_vec)
  return(out)
}

sam_gen <- function(num_samples, p_vec, pi_vec) {
  out <- c()

  for (i in 1:num_samples) {
    out <- append(out, single_sam_gen(p_vec, pi_vec))
  }

  return(out)
}

# 混合几何分布的参数估计
h_calc <- function(obs_data, p_vec, pi_vec) {
  n <- length(obs_data)
  n_2 <- length(p_vec)
  h <- matrix(NA, nrow = n, ncol = n_2)
  for (j in 1:n_2) {
    h[, j] <- pi_vec[j] * dgeom(obs_data, p_vec[j])
  }
  return(h)
}

log_likelihood <- function(obs_data, p_vec, pi_vec) {
  h <- h_calc(obs_data, p_vec, pi_vec)
  out <- sum(log(rowSums(h)))
  return(out)
}

par_optim <- function(obs_data, p.ini, pi.ini, eps = 1e-06) {
```

```
  n <- length(obs_data)
  p_t <- p.ini
  pi_t <- pi.ini
  err <- 1e+08
  i <- 1
  log_likelihood_val <- c(log_likelihood(obs_data, p_t, pi_t))
  start <- proc.time()[1]

  while (err > eps) {

    # Compute weights
    h <- h_calc(obs_data, p_t, pi_t)
    w <- h /rowSums(h)
    pi_t_ <- colSums(w) / n
    p_t_ <- colSums(w) / colSums(w * (obs_data + 1))

    # Compute error
    log_likelihood_val_ <- log_likelihood(obs_data, p_t_, pi_t_)
    log_likelihood_val <- append(log_likelihood_val, log_likelihood_val_)
    err <- abs(log_likelihood_val[i + 1] - log_likelihood_val[i]) / (abs(log_
likelihood_val[i]) + 1)

    la_t <- p_t_
    pi_t <- pi_t_
    i <- i + 1
  }

  end <- proc.time()[1]
  return(list(p = la_t, pi = pi_t, iters = i - 1, log_llhd = log_likelihood_val
_, time = end - start))
}
```

```
# 混合几何分布 MM 估计算法的模拟程序
num_samples <- 50
eps <- 1e-06
```

```
seed <- sample(1:100000, 1)
p.true <- c(0.1, 0.7)
pi.true <- c(0.4, 0.6)

p.ini <- c(0.096, 0.67)
pi.ini <- rep(1 / length(pi.true), length(pi.true))

results <- function(n) {
  est_MM <- c()

  for (r in 1:n) {
    # Generate simulation data
    Y_obs <- sam_gen(num_samples, p.true, pi.true)

    # Estimation
    par_est <- par_optim(Y_obs, p.ini, pi.ini, eps)

    # Record estimation value of all parameters
    est_MM <- c(est_MM, c(par_est$p, par_est$pi, par_est$iters, par_est$log_
llhd, par_est$time))
  }

  result <- matrix(est_MM, byrow = True, nrow = n)
  return(result)
}

est_MM <- results(500)

par.true <- c(p.true, pi.true)
used_time <- mean(est_MM[, ncol(est_MM)])
log_likelihood_val <- mean(est_MM[, ncol(est_MM) - 1])
iters <- mean(est_MM[, ncol(est_MM) - 2])
est_MM <- est_MM[, 1:(ncol(est_MM) - 3)]
num_rep <- nrow(est_MM)
est_MEAN <- apply(est_MM, 2, mean)
```

```
est_Bias <- par.true - est_MEAN
est_SD <- apply(est_MM, 2, sd)
est_MSE <- apply((est_MM - matrix(rep(par.true, num_rep), num_rep, byrow =
True))^2, 2, mean)

results <- as.data.frame(list(True = par.true, Est = est_MEAN, Bias = est_Bi-
as, MSE = est_MSE, SD = est_SD, iters = iters, used_time = used_time, log_like-
lihood_val = log_likelihood_val))

print(results)
```

7. 正态—泊松混合分布

```
# 产生正态—泊松混合分布的随机数
sam_gen <- function(num_samples, mu, sig_2, la, al) {
  n_1 <- length(mu)
  n_2 <- length(la)

  if ((n_1 + n_2) == length(al)) {
    out <- c()

    for (i in 1:num_samples) {
      x <- c()

      for (j in 1:n_1) {
        x <- append(x, rnorm(1, mean = mu[j], sd = sqrt(sig_2[j])))
      }

      for (j in 1:n_2) {
        x <- append(x, rpois(1, lambda = la[j]))
      }

      out <- append(out, sample(x, 1, prob = al))
    }
```

```
  }

  return(out)
}

# 正态—泊松混合分布的参数估计
weight_pdf_calc <- function(obs_data, mu, sig_2, la, al) {
num_samples <- length(obs_data)
  n_1 <- length(mu)
  n_2 <- length(la)

  if ((n_1 + n_2) == length(al)) {
    h_nor <- matrix(NA, nrow = num_samples, ncol = n_1)
    h_poi <- matrix(NA, nrow = num_samples, ncol = n_2)

    for (j in 1:n_1) {
      h_nor[, j] <- al[j] * (1 / sqrt(2 * pi * sig_2[j])) * exp(- ((obs_data -
mu[j])^2) / (2 * sig_2[j]))
    }

    for (j in 1:n_2) {
      h_poi[, j] <- al[n_1 + j] * (la[j]^obs_data) / factorial(obs_data) * exp
(- la[j])
    }

    h <- cbind(h_nor, h_poi)
  }

  return(h)
}

# Log- likelihood function
log_llhd <- function(obs_data, mu, sig_2, la, al) {
  h <- weight_pdf_calc(obs_data, mu, sig_2, la, al)
  log_val <- log(rowSums(h))
```

```
  out <- sum(log_val)
  return(out)
}

weight_calc <- function(obs_data, mu, sig_2, la, al) {
  h <- weight_pdf_calc(obs_data, mu, sig_2, la, al)
  weight <- h /rowSums(h)
  return(weight)
}

# Parameters iteration
par_optim <- function(obs_data, mu.ini, sig_2.ini, la.ini, al.ini, eps = 1e-
06) {
  num_samples <- length(obs_data)
  n_1 <- length(mu.ini)
  n_2 <- length(la.ini)

  mu_t <- mu.ini
  sig_2_t <- sig_2.ini
  la_t <- la.ini
  al_t <- al.ini
  err <- 1e+08
  i <- 1
  log_lklhd_val <- c(log_llhd(obs_data, mu_t, sig_2_t, la_t, al_t))
  start <- proc.time()[1]

  while (err >= eps) {

    # Compute weights
    w <- weight_calc(obs_data, mu_t, sig_2_t, la_t, al_t)

    # Compute t+1 approximation for each parameters
    # alpha
    al_t_ <- colSums(w) / num_samples
```

```
    # mu
    mu_t_ <- colSums(matrix(w[, 1:n_1], ncol = n_1) * obs_data) / colSums(matrix(w[, 1:n_1], ncol = n_1))

    # sigma^2
    y_mu <- matrix(rep(obs_data, n_1), nrow = num_samples, ncol = n_1) - matrix(rep(mu_t, num_samples), nrow = num_samples, ncol = n_1, byrow = True)
    sig_2_t_ <- colSums(matrix(w[, 1:n_1], ncol = n_1) * y_mu^2) / colSums(matrix(w[, 1:n_1], ncol = n_1))

    # lambda
    la_t_ <- colSums(matrix(w[, (n_1 + 1):(n_1 + n_2)], ncol = n_2) * obs_data) / colSums(matrix(w[, (n_1 + 1):(n_1 + n_2)], ncol = n_2))

    # Compute log- likelihood value at t+ 1 iteration
    log_lklhd_val_ <- log_llhd(obs_data, mu_t_, sig_2_t_, la_t_, al_t_)
    log_lklhd_val <- append(log_lklhd_val, log_lklhd_val_)

    # Compute error
    err <- abs(log_lklhd_val[i + 1] - log_lklhd_val[i]) / (abs(log_lklhd_val[i]) + 1)
    i <- i + 1

    mu_t <- mu_t_
    sig_2_t <- sig_2_t_
    la_t <- la_t_
    al_t <- al_t_
  }

  end <- proc.time()[1]

  return(list(mu = mu_t, sig_2 = sig_2_t, la = la_t, al = al_t, iters = i - 1, log_llhd = log_lklhd_val_, time = end - start))
}
```

```
# 正态—泊松混合分布 MM 估计算法的模拟程序
num_samples <- 150
eps <- 1e-06
seed <- sample(1:100000, 1)

# Parameters setting
mu.true <- c(5, 9)
sig_2.true <- c(0.8, 1)^2
la.true <- c(16, 60)
al.true <- c(0.2, 0.3, 0.2, 0.3)

mu.ini <- c(4.7, 8.7)
sig_2.ini <- c(0.78, 0.98)^2
la.ini <- c(15.6, 59.6)
al.ini <- rep(1 / length(al.true), length(al.true))

results <- function(n) {
  est_MM <- c()

  for (r in 1:n) {
    # Generate simulation data
    Y_obs <- sam_gen(num_samples, mu.true, sig_2.true, la.true, al.true)

    # MM
    par_est <- par_optim(Y_obs, mu.ini, sig_2.ini, la.ini, al.ini, eps)

    # Record estimation value of all parameters
    est_MM <- append(est_MM, c(par_est$mu, par_est$sig_2, par_est$la, par_
est$al, par_est$iters, par_est$log_llhd, par_est$time))
  }

  result <- matrix(est_MM, byrow = True, nrow = n)
  return(result)
}
```

```
est_MM <- results(500)

par.true <- c(mu.true, sig_2.true, la.true, al.true)
used_time <- mean(est_MM[, ncol(est_MM)])
log_likelihood_val <- mean(est_MM[, ncol(est_MM) - 1])
iters <- mean(est_MM[, ncol(est_MM) - 2])
est_MM <- est_MM[, 1:(ncol(est_MM) - 3)]
num_rep <- nrow(est_MM)
est_MEAN <- apply(est_MM, 2, mean)
est_Bias <- par.true - est_MEAN
est_SD <- apply(est_MM, 2, sd)
est_MSE <- apply((est_MM - matrix(rep(par.true, num_rep), nrow = num_rep, by-
row = True))^2, 2, mean)

results <- as.data.frame(list(True = par.true, Est = est_MEAN, Bias = est_Bi-
as, MSE = est_MSE, SD = est_SD, iters = iters, used_time = used_time, log_like-
lihood_val = log_likelihood_val))

print(results, digits = 6)
```

8. 指数—泊松混合分布

```
# 产生指数—泊松混合分布的随机数
sam_gen <- function(num_samples, la_gam, la_poi, pi) {
  n_1 <- length(la_gam)
  n_2 <- length(la_poi)

  if ((n_1 + n_2) == length(pi)) {
    out <- c()
    for (i in 1:num_samples) {
      x <- c()
      for (j in 1:n_1) {
        x <- append(x, rexp(1, la_gam[j]))
      }
```

```
      for (j in 1:n_2) {
        x <- append(x, rpois(1, la_poi[j]))
      }

      out <- append(out, sample(x, 1, prob= pi))
    }
  }

  return(out)
}

# 指数—泊松混合分布的参数估计
weight_pdf_calc <- function(obs_data, la_gam, la_poi, pi) {
  num_samples <- length(obs_data)
  n_1 <- length(la_gam)
  n_2 <- length(la_poi)

  if ((n_1 + n_2) = = length(pi)) {
    h_1 <- matrix(NA,nrow = num_samples, ncol = n_1)
    h_2 <- matrix(NA,nrow = num_samples, ncol = n_2)

    for (j in 1:n_1) {
      h_1[, j] <- pi[j] * la_gam[j] * exp(- la_gam[j] * obs_data)
    }

    for (j in 1:n_2) {
      h_2[, j] <- pi[n_1 + j] * (la_poi[j]^obs_data) / factorial(obs_data) *
exp(- la_poi[j])
    }

    h <- cbind(h_1, h_2)
  }

  return(h)
}
```

```
# Log- likelihood function
log_llhd <- function(obs_data, la_gam, la_poi, pi) {
  h <- weight_pdf_calc(obs_data, la_gam, la_poi, pi)
  log_val <- log(rowSums(h))
  out <- sum(log_val)
  return(out)
}

# Compute weights
weight_calc <- function(obs_data, la_gam, la_poi, pi) {
  h <- weight_pdf_calc(obs_data, la_gam, la_poi, pi)
  weight <- h /rowSums(h)
  return(weight)
}

# Parameters iteration
par_optim <- function(obs_data, la_gam.ini, la_poi.ini, pi.ini, eps = 1e-
06) {
  num_samples <- length(obs_data)
  n_1 <- length(la_gam.ini)
  n_2 <- length(la_poi.ini)

  la_gam_t <- la_gam.ini
  la_poi_t <- la_poi.ini
  pi_t <- pi.ini
  err <- 1e+ 08; err_ <- 1e+ 08; i <- 1
  log_lklhd_val <- c(log_llhd(obs_data, la_gam_t, la_poi_t, pi_t))
  start <- proc.time()[1]

  while (err >= eps) {
    w <- weight_calc(obs_data, la_gam_t, la_poi_t, pi_t)
    la_gam_t_ <- c()
    la_poi_t_ <- c()
    pi_t_ <- c()
```

```
    for (j in 1:(n_1 + n_2)) {
      # weights vector
      pi_t_ <- append(pi_t_, sum(w[, j]) / num_samples)

      # Parameters of Gamma distribution
      if (j <= n_1) {
        la_gam_t_ <- append(la_gam_t_, sum(w[, j]) / sum(w[, j] * obs_data))
      }

      # Parameters of Poisson distribution
      if (j > n_1) {
        la_poi_t_ <- append(la_poi_t_, sum(w[, j] * obs_data) / sum(w[, j]))
      }
    }

    # Compute log- likelihood value at t+1 iteration
    log_lklhd_val_ <- log_llhd(obs_data, la_gam_t_, la_poi_t_, pi_t_)
    log_lklhd_val <- append(log_lklhd_val, log_lklhd_val_)

    # Compute error
    err <- abs(log_lklhd_val_[i+1] - log_lklhd_val[i]) / (abs(log_lklhd_val
[i]) + 1)

    i <- i + 1
    la_gam_t <- la_gam_t_
    la_poi_t <- la_poi_t_
    pi_t <- pi_t_
  }

  end <- proc.time()[1]
  return(list(la_gam = la_gam_t, la_poi = la_poi_t, pi = pi_t, iters = i - 1,log
_llhd = log_lklhd_val_, time = end - start))
}
```

```
# 指数—泊松混合分布 MM 估计算法的模拟程序
num_samples <- 100
eps <- 1e-06
seed <- sample(1:100000, 1)

la_gam.true <- c(4.5)
la_poi.true <- c(5, 16)
pi.true <- c(0.5, 0.2, 0.3)

la_gam.ini <- c(4.2)
la_poi.ini <- c(4.7, 15.8)
pi.ini <- rep(1/length(pi.true), length(pi.true))

results <- function(n) {
  est_MM <- c()

  for (r in 1:n) {
    # Generate simulation data
    Y_obs <- sam_gen(num_samples, la_gam.true, la_poi.true, pi.true)

    # MM
    par_est <- par_optim(Y_obs, la_gam.ini, la_poi.ini, pi.ini, eps)

    # Record estimation value of all parameters
    est_MM <- append(est_MM, c( par_est$la_gam, par_est$la_poi, par_est$pi,
par_est$iters, par_est$log_llhd, par_est$time))
  }

  result <- matrix(est_MM, byrow= TRUE, nrow= n)

  return(result)
}

est_MM <- results(500)
```

```
par.true <- c(la_gam.true, la_poi.true, pi.true)

used_time <- mean(est_MM[, ncol(est_MM)])
log_likelihood_val <- mean(est_MM[, ncol(est_MM) - 1])
iters <- mean(est_MM[, ncol(est_MM) - 2])
est_MM <- est_MM[, 1:(ncol(est_MM) - 3)]

num_rep <- nrow(est_MM)
est_MEAN <- apply(est_MM, 2, mean)
est_Bias <- par.true - est_MEAN
est_SD <- apply(est_MM, 2, sd)
est_MSE <- apply((est_MM - matrix(rep(par.true, num_rep), nrow = num_rep, by-
row = True))^2, 2, mean)

results <- as.data.frame(list(True = par.true, Est = est_MEAN, Bias = est_Bi-
as, MSE = est_MSE, SD = est_SD, iters = iters, used_time = used_time, log_like-
lihood_val = log_likelihood_val))

print(results, digits = 6)
```

9. 伽玛一几何混合分布

```
# 产生伽玛一几何混合分布的随机数
sam_gen <- function(num_samples, al_gam, la_gam, p_vec, pi) {
  n_1 <- length(al_gam)
  n_2 <- length(p_vec)
  if ((n_1 + n_2) == length(pi)) {
    out <- c()

    for (i in 1:num_samples) {
      x <- c()

      for (j in 1:n_1) {
        x <- append(x, rgamma(1, shape = al_gam[j], rate = la_gam[j]))
```

```
        }

        for (j in 1:n_2) {
          x <- append(x, rgeom(1, prob = p_vec[j]))
        }

        out <- append(out, sample(x, size = 1, prob = pi))
      }
    }

    return(out)
}

# 伽玛—几何混合分布的参数估计
# Compute weighted p.d.f value for each distribution
weight_pdf_calc <- function(obs_data, al_gam, la_gam, p_vec, pi) {
  num_samples <- length(obs_data)
  n_1 <- length(al_gam)
  n_2 <- length(p_vec)

  if ((n_1 + n_2) == length(pi)) {
    h_1 <- matrix(NA, nrow = num_samples, ncol = n_1)
    h_2 <- matrix(NA, nrow = num_samples, ncol = n_2)

    for (j in 1:n_1) {
      h_1[, j] <- pi[j] * la_gam[j]^al_gam[j] / gamma(al_gam[j]) * obs_data^
(al_gam[j] - 1) * exp(- la_gam[j] * obs_data)
      h_1[h_1[,j] == Inf,j] <- 0
    }

    for (j in 1:n_2) {
      h_2[, j] <- pi[n_1 + j] * p_vec[j] * (1 - p_vec[j])^(obs_data - 1)
    }
```

```
    h <- cbind(h_1, h_2)
  }
  return(h)
}

# Log- likelihood function
log_llhd <- function(obs_data, al_gam, la_gam, p_vec, pi) {
  h <- weight_pdf_calc(obs_data, al_gam, la_gam, p_vec, pi)
  log_val <- log(rowSums(h))
  out <- sum(log_val)
  return(out)
}

# Compute weights
weight_calc <- function(obs_data, al_gam, la_gam, p_vec, pi) {
  h <- weight_pdf_calc(obs_data, al_gam, la_gam, p_vec, pi)
  weight <- h /rowSums(h)
  return(weight)
}

# Parameters iteration
par_optim <- function(obs_data, al_gam.ini, la_gam.ini, p_vec.ini, pi.ini,
eps = 1e-06) {
  num_samples <- length(obs_data)
  num_sample_0 <- sum(obs_data = = 0)  # Number of zeros
  obs_data_gam <- obs_data[obs_data != 0]  # Data for gamma (excluding zeros)

  n_1 <- length(al_gam.ini)
  n_2 <- length(p_vec.ini)

  al_gam_t <- al_gam.ini
  la_gam_t <- la_gam.ini
  p_vec_t <- p_vec.ini
  pi_t <- pi.ini
```

```
err <- 1e+08
err_ <- 1e+08
i <- 1
log_lklhd_val <- c(log_llhd(obs_data, al_gam_t, la_gam_t, p_vec_t, pi_t))

start_time <- proc.time()[1]

while (err >= eps) {
  # Compute weights
  w <- weight_calc(obs_data, al_gam_t, la_gam_t, p_vec_t, pi_t)

  log_obs_data_gam <- log(obs_data_gam)

  al_gam_t_ <- c()
  la_gam_t_ <- c()
  p_t_ <- c()
  pi_t_ <- c()

  for (j in 1:(n_1 + n_2)) {
    # weights vector
    pi_t_ <- append(pi_t_, sum(w[, j]) / num_samples)

    # Gamma
    if (j <= n_1) {
      # Update parameters for Gamma distribution
      if (num_sample_0 > 0) {
        data0_index <- which(obs_data = = 0)
        w_gam <- w[- data0_index, j]  # Exclude zeros from weights
      } else {
        w_gam <- w[, j]
      }
      al_gam_t_ <- append(al_gam_t_ + sum(w_gam * (log(la_gam_t[j]) - digam-
ma(al_gam_t[j]) + log_obs_data_gam)) / sum(w_gam * trigamma(al_gam_t[j])))
      la_gam_t_ <- append(la_gam_t_, sum(w_gam * al_gam_t[j]) / sum(w_gam *
obs_data_gam)
```

```
      }

      # Geom
      if (j > n_1) {
        p_t_new[j - n_1] <- sum(w[, j]) / sum(w[, j] * obs_data)
      }
    }

    log_lklhd_val_ <- log_llhd(obs_data, al_gam_t_, la_gam_t_, p_t_, pi_t_)
    log_lklhd_val <- append(log_lklhd_val, log_lklhd_val_)

    # Compute error
    err <- abs(log_lklhd_val[i + 1] - log_lklhd_val[i]) / (abs(log_lklhd_val
[i]) + 1)

    i <- i + 1
    al_gam_t <- al_gam_t_
    la_gam_t <- la_gam_t_
    p_vec_t <- p_t_
    pi_t <- pi_t_
  }

  end_time <- proc.time()[1]

  return(list(al_gam_t = al_gam_t_, la_gam_t = la_gam_t_,p_vec_t = p_t_, pi_t = pi_
t_, iters = i - 1, log_llhd = log_lklhd_val_, time = end_time - start_time))
}
```

 # 伽玛—几何混合分布 MM 估计算法的模拟程序

```
num_samples <- 1000
eps <- 1e-06
seed <- sample(1:1e+05, 1)

# Parameters setting
al_gam.true <- c(0.5)
```

```
la_gam.true <- c(1)
p_vec.true <- c(0.01)
pi.true <- c(0.7, 0.3)

# Initialize parameters value
al_gam.ini <- c(0.4)
la_gam.ini <- c(0.4)
p_vec.ini <- c(0.02)
pi.ini <- rep(1/length(pi.true), length(pi.true))

results <- function(n) {
  est_MM <- c()

  for (r in 1:n) {
    # Generate simulation data
    Y_obs <- sam_gen(num_samples, al_gam.true, la_gam.true, p_vec.true,
pi.true)

    # Estimation
    par_est <- par_optim(Y_obs, al_gam.ini, la_gam.ini, p_vec.ini, pi.ini,
eps)

    # Record estimation value of all parameters
    est_MM <- append(est_MM, c(par_est$al_gam, par_est$la_gam, par_est$p_
vec, par_est$pi, par_est$iters, par_est$log_llhd, par_est$time))
  }

  result <- matrix(est_MM, byrow = True, nrow = n)

  return(result)
}

est_MM <- results(100)

par.true <- c(al_gam.true, la_gam.true, p_vec.true, pi.true)
```

```
used_time <- mean(est_MM[, ncol(est_MM)])
log_likelihood_val <- mean(est_MM[, ncol(est_MM) - 1])
iters <- mean(est_MM[, ncol(est_MM) - 2])
est_MM <- est_MM[, 1:(ncol(est_MM) - 3)]
num_rep <- nrow(est_MM)

est_MEAN <- apply(est_MM, 2, mean)
est_Bias <- par.true - est_MEAN
est_SD <- apply(est_MM, 2, sd)
est_MSE <- apply((est_MM - matrix(rep(par.true, num_rep), nrow = num_rep, by-
row = True))^2, 2, mean)

results <- as.data.frame(list(True = par.true, Est = est_MEAN, Bias = est_Bi-
as, MSE = est_MSE, SD = est_SD, Iters = iters, Used_Time = used_time, log_like-
lihood_val = log_likelihood_val))

print(results)
```

10. 伽玛—泊松混合分布

```
# 产生伽玛—泊松混合分布的随机数
sam_gen <- function(num_samples, al_gam, la_gam, la_poi, pi) {
  n_1 <- length(al_gam)
  n_2 <- length(la_poi)

  if ((n_1 + n_2) == length(pi)) {
    out <- c()

    for (i in 1:num_samples) {
      x <- c()

      for (j in 1:n_1) {
        x <- append(x, rgamma(1, al_gam[j], la_gam[j]))
      }
```

```
      for (j in 1:n_2) {
        x <- append(x, rpois(1, la_poi[j]))
      }

      out <- append(out, sample(x, 1, prob= pi))
    }
  }

  return(out)
}

# 伽玛—泊松混合分布的参数估计
weight_pdf_calc <- function(obs_data, al_gam, la_gam, la_poi, pi) {
  num_samples <- length(obs_data)
  n_1 <- length(al_gam)
  n_2 <- length(la_poi)
  if ((n_1 + n_2) == length(pi)) {
    h_1 <- matrix(NA, nrow = num_samples, ncol = n_1)
    h_2 <- matrix(NA, nrow = num_samples, ncol = n_2)

    for (j in 1:n_1) {
      h_1[, j] <- pi[j] * la_gam[j]^al_gam[j] / gamma(al_gam[j]) * obs_data^
(al_gam[j] - 1) * exp(- la_gam[j] * obs_data)
    }

    for (j in 1:n_2) {
      h_2[, j] <- pi[n_1 + j] * (la_poi[j]^obs_data) / factorial(obs_data) *
exp(- la_poi[j])
    }

    h <- cbind(h_1, h_2)
  }
  return(h)
}
```

```
# Log- likelihood function
log_llhd <- function(obs_data, al_gam, la_gam, la_poi, pi) {
  h <- weight_pdf_calc(obs_data, al_gam, la_gam, la_poi, pi)
  log_val <- log(rowSums(h))
  out <- sum(log_val)

  return(out)
}

# Compute weights
weight_calc <- function(obs_data, al_gam, la_gam, la_poi, pi) {
  h <- weight_pdf_calc(obs_data, al_gam, la_gam, la_poi, pi)
  weight <- h /rowSums(h)
  return(weight)
}

# Parameters iteration
par_optim <- function(obs_data, al_gam.ini, la_gam.ini, la_poi.ini, pi.ini,
eps = 1e-06) {
  num_samples <- length(obs_data)
  n_1 <- length(al_gam.ini)
  n_2 <- length(la_poi.ini)

  al_gam_t <- al_gam.ini
  la_gam_t <- la_gam.ini
  la_poi_t <- la_poi.ini
  pi_t <- pi.ini
  err <- 1e+08
  i <- 1
  log_lklhd_val <- c(log_llhd(obs_data, al_gam_t, la_gam_t, la_poi_t, pi_t))
  start <- proc.time()[1]

  while (err >= eps) {
    # Compute weights
    w <- weight_calc(obs_data, al_gam_t, la_gam_t, la_poi_t, pi_t)
```

```
    log_obs_data <- log(obs_data)
    log_obs_data[log_obs_data == -Inf] <- 0

    # Compute t+1 approximation for each parameters
    al_gam_t_ <- c()
    la_gam_t_ <- c()
    la_poi_t_ <- c()
    pi_t_ <- c()
    for (j in 1:(n_1 + n_2)) {
      # weights vector
      pi_t_ <- append(pi_t_, sum(w[, j]) / num_samples)

      # Parameters
      if (j <= n_1) {
        al_gam_t_ <- append(al_gam_t_, al_gam_t[j] + sum(w[, j] * ( log(la_gam_t
[j]) - digamma(al_gam_t[j]) + log_obs_data)) / sum(w[, j] * trigamma(al_gam_t
[j])))
        la_gam_t_ <- append(la_gam_t_, sum(w[, j] * al_gam_t[j]) / sum(w[, j] *
obs_data))
      }
      # Parameters
      if (j > n_1) {
        la_poi_t_ <- append(la_poi_t_, sum(w[, j] * obs_data) / sum(w[, j]))
      }
    }

    # Compute log- likelihood value at t+1 iteration
    log_lklhd_val_ <- log_llhd(obs_data, al_gam_t_, la_gam_t_, la_poi_t_, pi_t_)
    log_lklhd_val <- append(log_lklhd_val, log_lklhd_val_)

    # Compute error
    err <- abs(log_lklhd_val[i + 1] - log_lklhd_val[i]) / (abs(log_lklhd_val
[i]) + 1)

    i <- i + 1
```

```
    al_gam_t <- al_gam_t_
    la_gam_t <- la_gam_t_
    la_poi_t <- la_poi_t_
    pi_t <- pi_t_
  }
  end <- proc.time()[1]

  return(list(al_gam = al_gam_t, la_gam = la_gam_t, la_poi = la_poi_t, pi = pi_
t, iters = i - 1, log_llhd = log_lklhd_val_, time = end - start))
}
```

 # 伽玛—泊松混合分布 MM 估计算法的模拟程序

```
num_samples <- 100
eps <- 1e-06
set.seed(sample(1:100000, 1))
al_gam.true <- c(10)
la_gam.true <- c(0.2)
la_poi.true <- c(3, 16)
pi.true <- c(0.5, 0.2, 0.3)
al_gam.ini <- c(9)
la_gam.ini <- c(0.19)
la_poi.ini <- c(2.9, 15.8)
pi.ini <- rep(1/length(pi.true), length(pi.true))

results <- function(n) {
  est_MM <- c()
  for (r in 1:n) {
    # Generate simulation data
    Y_obs <- sam_gen(num_samples, al_gam.true, la_gam.true, la_poi.true,
pi.true)

    # MM
    par_est <- par_optim(Y_obs, al_gam.ini, la_gam.ini, la_poi.ini, pi.ini,
eps)
```

```
    # Record estimation value of all parameters
est_MM <- append(est_MM, c(par_est$al_gam, par_est$la_gam, par_est$la_poi,
par_est$pi, par_est$iters, par_est$log_llhd, par_est$time))
  }

  result <- matrix(est_MM, byrow = True, nrow = n)
  return(result)
}

est_MM <- results(500)
par.true <- c(al_gam.true, la_gam.true, la_poi.true, pi.true)
used_time <- mean(est_MM[, ncol(est_MM)])
log_likelihood_val <- mean(est_MM[, ncol(est_MM) - 1])
iters <- mean(est_MM[, ncol(est_MM) - 2])
est_MM <- est_MM[, 1:(ncol(est_MM) - 3)]

num_rep <- nrow(est_MM)
est_MEAN <- apply(est_MM, 2, mean)
est_Bias <- par.true - est_MEAN
est_SD <- apply(est_MM, 2, sd)
est_MSE <- apply((est_MM - matrix(rep(par.true, num_rep), nrow = num_rep, by-
row = True))^2, 2, mean)

results <- as.data.frame(list(True = par.true, Est = est_MEAN, Bias = est_Bi-
as, MSE = est_MSE, SD = est_SD, iters = iters, used_time = used_time, log_like-
lihood_val = log_likelihood_val))

print(results, digits = 6)
```

第6章　生存模型的半参数估计与MM算法

6.1　引言

生存分析技术已经被广泛地应用于各个学科领域，包括人类医学、流行病学、工程学、生物学和经济学等。其中，Cox比例风险模型和比例优势模型是经常被用于分析删失生存数据的经典模型。近年来发表的一系列论文将这些模型扩展成适合处理更复杂生存数据的模型。目前，这些模型为分析集群失效时间数据、半竞争风险数据、多事件失效时间数据等提供了强大的分析工具。在本章中，我们将论述受到众多关注的半参数的脆弱模型和比例优势模型。脆弱模型是包含脆弱因子的比例风险模型，脆弱因子指定了特定集群中研究对象的脆弱程度，为刻画集群内观测值之间的依赖性和（或）集群之间的异质性提供了一种很好的方式。脆弱模型中的危险因子通常依赖于协变量结构，并且可以通过参数或半参数的方式进行建模。比例优势模型则是因其简单直接的可解释性以及允许时变预测的灵活性而被广泛使用。当个体死亡率随时间收敛时，基于比例优势模型进行估计和推断往往比基于经典的比例风险模型更合理。

事实上，半参数生存模型的估计通常不是一件容易的事，因为模型中同时包含参数部分和非参数的基线风险率函数部分。此外，对于脆弱模型而言，其边际似然函数往往涉及脆弱项分布的积分，而这一积分在大多情况下是非常棘手的，往往需要应用更复杂的估计技术，这些技术通常包括轮廓估计方法、EM算法和惩罚似然技术。由于本书撰写的目的之一是展示MM算法的推导思路，本章并没有对所有生存模型及其估计技术进行详尽的概述。本章整理了本人及合作者最近几年所发表的部分研究成果，并通过几个经典的比例风险模型和比例优势模型展示了基于MM算法和组装分解技术的一类新的估计方法。在我们给出的有些案例中可结合轮廓估计方法来处理非参数基线风险率部分，我们称这种方法为轮廓 MM 算法；当然，也可以避开轮廓估计方法，直接运用 MM 算法的组装分解技术来处理模型中的非参数部分，我们称之为非轮廓 MM 算法。此外，由于 MM 算法原理在解决高维优化问题时具有较强的适用性，本章也在部分模型中考虑了高维的协变量情形，并展示了基于 MM 算法原理的正则化估计技术。对本章内容感兴趣的读者可以查看和运行本章附录中的程序，与现有的估计算法进行比较。

6.2 Cox 模型

6.2.1 Cox 模型与右删失数据

令 T_i、C_i 和 $\boldsymbol{X}_i=(x_{i1},x_{i2},\cdots,x_{iq})^{\mathrm{T}}$ 分别表示生存时间、删失时间和维度为 q 的协变量。同时，我们假设生存时间 T_i 和删失时间 C_i 是相互独立的，则右删失情形下 Cox 模型的观测数据可表示为 $Y_{\text{obs}}=\{(Y_i=\min(T_i,C_i),I_i,X_i),i=1,2,\cdots n\}$。其中，$Y_i$ 表示观测时间，$I_i=I(T_i\leqslant C_i)$ 为右删失指标。给定协变量 $\boldsymbol{X}_i=(x_{i1},x_{i2},\cdots,x_{iq})^{\mathrm{T}}$ 的情况下，T_i 的瞬时风险率函数为

$$\lambda(t\,|\,\boldsymbol{X}_i)=\lambda_0(t)\exp(\boldsymbol{X}_i^{\mathrm{T}}\beta)$$

其中，$\lambda_0(\cdot)$ 为基线风险率函数，$\boldsymbol{\beta}=(\beta_1,\beta_2,\cdots,\beta_q)^{\mathrm{T}}$ 为回归参数向量。为了便于表示，我们用 $\Lambda_0(\cdot)$ 表示累积基线风险率。对于右删失数据的 Cox 模型，观测数据的似然函数为

$$L(\boldsymbol{\beta},\Lambda_0\,|\,Y_{\text{obs}})=\prod_{i=1}^{n}\left[\lambda_0(t_i)\exp(\boldsymbol{X}_i^{\mathrm{T}}\boldsymbol{\beta})\right]^{I_i}\exp\left[-\Lambda_0(t_i)\exp(\boldsymbol{X}_i^{\mathrm{T}}\beta)\right]$$

观测数据的对数似然函数为

$$l(\boldsymbol{\beta},\Lambda_0\,|\,Y_{\text{obs}})=\sum_{i=1}^{n}\{I_i\left[\ln(\lambda_0(t_i))+\boldsymbol{X}_i^{\mathrm{T}}\boldsymbol{\beta}\right]-\Lambda_0(t_i)\exp(\boldsymbol{X}_i^{\mathrm{T}}\boldsymbol{\beta})\} \tag{6.1}$$

6.2.2 Cox 模型的轮廓 MM 算法

事实上，Cox 模型的估计属于半参数估计问题，因为模型参数除了包含回归向量部分，还涉及难以处理的非参数风险率函数部分。仿照 Johansen(1983)和 Klein(1992)的文献，我们首先对目标对数似然函数式(6.1)应用轮廓估计方法，即

在给定 $\boldsymbol{\beta}$ 的情况下，将 Λ_0 先从 $l(\boldsymbol{\beta},\Lambda_0|Y_{\text{obs}})$ 中剖解出来，即可得 Λ_0 的估计为

$$\mathrm{d}\hat{\Lambda}_0(t_i)=\frac{I_i}{\sum_{r=1}^{n}I(t_r\geqslant t_i)\exp(\boldsymbol{X}_i^{\mathrm{T}}\boldsymbol{\beta})},i=1,2,\cdots n \tag{6.2}$$

进而，将式(6.2)代入对数似然函数式(6.1)中，可得关于 $\boldsymbol{\beta}$ 的函数为

$$Q(\boldsymbol{\beta}|\boldsymbol{Y}_{\text{obs}})=\sum_{i=1}^{n}\left\{I_i\boldsymbol{X}_i^{\mathrm{T}}\boldsymbol{\beta}-I_i\ln\left[\sum_{r=1}^{n}I(t_r\geqslant t_i)\exp(\boldsymbol{X}_i^{\mathrm{T}}\boldsymbol{\beta})\right]\right\}+c$$

其中，c 是与 $\boldsymbol{\beta}$ 无关的一个常数。此时，可直接利用牛顿-拉弗森算法极大化 $Q(\boldsymbol{\beta}|Y_{\text{obs}})$，即可更新整个参数向量 $\boldsymbol{\beta}$。但是当协变量个数较多时，直接利用牛顿-拉弗森算法求解 $Q(\boldsymbol{\beta}|Y_{\text{obs}})$ 的最大值往往面临大维矩阵求逆的困难。在这种情况下，我们将 $Q(\boldsymbol{\beta}|Y_{\text{obs}})$ 视为新的目标函数，继续采用 MM 算法规则将高维目标函数分解为一系列低维函数的和。首先，我们利用支撑超平面不等式

$$-\ln x\geqslant-\ln x_0-\frac{x-x_0}{x_0}$$

放缩函数 $Q(\boldsymbol{\beta}|Y_{\text{obs}})$ 的第二部分 $-\ln\left[\sum_{r=1}^{n}I(t_r\geqslant t_i)\exp(\boldsymbol{X}_i^{\mathrm{T}}\boldsymbol{\beta})\right]$，则可得目标函数暂时的替代函数为

$$Q_1(\boldsymbol{\beta}|\boldsymbol{\beta}^{(k)})=\sum_{i=1}^{n}\left(I_i\boldsymbol{X}_i^{\mathrm{T}}\boldsymbol{\beta}-\frac{I_i\sum_{r=1}^{n}I(t_r\geqslant t_i)\exp(\boldsymbol{X}_i^{\mathrm{T}}\beta)}{\sum_{r=1}^{n}I(t_r\geqslant t_i)\exp(\boldsymbol{X}_i^{\mathrm{T}}\boldsymbol{\beta}^{(k)})}\right)$$

其次，我们将离散的 Jensen 不等式应用于 $Q_1(\boldsymbol{\beta}|\boldsymbol{\beta}^{(k)})$ 中的凹指数函数 $-\exp(\cdot)$ 部分来分离 $\beta_1,\beta_2,\cdots,\beta_q$。定义权重函数为

$$\omega_{ip}=\frac{|x_{ip}|}{\sum_{p=1}^{q}|x_{ip}|}$$

进而将 $\boldsymbol{X}_i^{\mathrm{T}}\boldsymbol{\beta}$ 重新改写为

$$\boldsymbol{X}_i^{\mathrm{T}}\boldsymbol{\beta}=\sum_{p=1}^{q}\omega_{ip}\left[\omega_{ip}^{-1}x_{ip}(\beta_p-\beta_p^{(k)})+\boldsymbol{X}_i^{\mathrm{T}}\boldsymbol{\beta}^{(k)}\right]$$

且当 $x_{ip}=0$ 时，我们令 $\omega_{ip}^{-1}=0$。随后，我们有

$$-\exp(\boldsymbol{X}_i^{\mathrm{T}}\boldsymbol{\beta})\geqslant-\sum_{p=1}^{q}\omega_{ip}\exp\left[\omega_{ip}^{-1}x_{ip}(\beta_p-\beta_p^{(k)})+\boldsymbol{X}_i^{\mathrm{T}}\boldsymbol{\beta}^{(k)}\right]$$

最后，我们得到 $Q_1(\boldsymbol{\beta}|\boldsymbol{\beta}^{(k)})$ 的替代函数为

$$Q_2(\beta|\beta^{(k)}) \triangleq \sum_{p=1}^{q} Q_{2p}(\beta_p|\boldsymbol{\beta}^{(k)})$$

其中，

$$Q_{2p}(\beta_p|\boldsymbol{\beta}^{(k)}) = \sum_{i=1}^{n}\left\{I_i x_{ip}\beta_p - \frac{I_i\sum_{r=1}^{n} I(t_r \geqslant t_i)\omega_{rp}\exp[\omega_{rp}^{-1}x_{rp}(\beta_p-\beta_p^{(k)})+X_r^{\mathrm{T}}\boldsymbol{\beta}^{(k)}]}{\sum_{r=1}^{n} I(t_r \geqslant t_i)\exp(X_r^{\mathrm{T}}\boldsymbol{\beta}^{(k)})}\right\}$$

从替代函数 $Q_1(\boldsymbol{\beta}|\boldsymbol{\beta}^{(k)})$的表达式可以看出所有的回归参数 $\beta_1,\beta_2,\cdots,\beta_q$ 已经相互分离，目标函数已经分解为 q 个单变量函数之和。因此，MM 算法在接下来的极大化步骤中仅涉及 q 个单独的单变量函数的优化问题，大维矩阵求逆的运算就被巧妙地避开了。

6.2.3 Cox 模型的非轮廓 MM 算法

在本小节中，我们放弃使用轮廓估计方法，提出了另一种将参数部分 $\boldsymbol{\beta}$ 和非参数部分 Λ_0 进行分离的 MM 算法。具体来说，我们首先运用算术-几何均值不等式来处理目标对数似然函数 $l(\boldsymbol{\beta},\Lambda_0|Y_{\mathrm{obs}})$中的第三项，即

$$-\prod_{i=1}^{n} x_i^{a_i} \geqslant -\sum_{i=1}^{n}\frac{a_i}{\|\boldsymbol{a}\|}x_i^{\|\boldsymbol{a}\|}$$

上式中的 x_i 和 a_i 都是非负的。我们令 $x_1=\Lambda_0(t_i)/\Lambda_0^{(k)}(t_i)$，$x_2=\exp(\boldsymbol{X}_i^{\mathrm{T}}\boldsymbol{\beta})/\exp(\boldsymbol{X}_i^{\mathrm{T}}\boldsymbol{\beta}^{(k)})$，则可得如下的替代函数

$$Q_1(\boldsymbol{\beta},\Lambda_0|\boldsymbol{\beta}^{(k)},\Lambda_0^{(k)}) \triangleq Q_{11}(\Lambda_0|\boldsymbol{\beta}^{(k)},\Lambda_0^{(k)})+Q_{12}(\boldsymbol{\beta}|\boldsymbol{\beta}^{(k)},\Lambda_0^{(k)})$$

其中，

$$Q_{11}(\Lambda_0|\boldsymbol{\beta}^{(k)},\Lambda_0^{(k)}) = \sum_{i=1}^{n}\left(I_i\ln[\lambda_0(t_i)] - \frac{\exp(\boldsymbol{X}_i^{\mathrm{T}}\boldsymbol{\beta}^{(k)})}{2\Lambda_0^{(k)}(t_i)}\Lambda_0^2(t_i)\right)$$

$$Q_{12}(\boldsymbol{\beta}|\boldsymbol{\beta}^{(k)},\Lambda_0^{(k)}) = \sum_{i=1}^{n}\left(I_i\boldsymbol{X}_i^{\mathrm{T}}\boldsymbol{\beta} - \frac{\Lambda_0^{(k)}(t_i)}{2\exp(\boldsymbol{X}_i^{\mathrm{T}}\boldsymbol{\beta}^{(k)})}\exp(2\boldsymbol{X}_i^{\mathrm{T}}\boldsymbol{\beta})\right)$$

不难发现，替代函数 $Q_1(\boldsymbol{\beta},\Lambda_0|\boldsymbol{\beta}^{(k)},\Lambda_0^{(k)})$已经成功地将 $\boldsymbol{\beta}$ 和 Λ_0 分离。此时，我们可以通过直接极大化 $Q_{11}(\Lambda_0|\boldsymbol{\beta}^{(k)},\Lambda_0^{(k)})$来得到 $\lambda_0(t_i)$的极大似然估计，即给定 $\boldsymbol{\beta}^{(k)}$，$\lambda_0(t_i)$的估计为

$$\mathrm{d}\hat{\lambda}_0(t_i) = \frac{I_i}{\sum_{r=1}^{n} I(t_r \geqslant t_i)\exp(\boldsymbol{X}_i^{\mathrm{T}}\boldsymbol{\beta}^{(k)})}$$

同样地，我们继续将 $Q_{12}(\boldsymbol{\beta}|\boldsymbol{\beta}^{(k)},\Lambda_0^{(k)})$ 中的 $\beta_1,\beta_2,\cdots,\beta_q$ 进行分离。我们采用轮廓估计方法中同样的方法来构造权重函数，即

$$\omega_{ip}=\frac{|x_{ip}|}{\sum\limits_{p=1}^{q}|x_{ip}|}$$

并将 $Q_{12}(\boldsymbol{\beta}|\boldsymbol{\beta}^{(k)},\Lambda_0^{(k)})$ 中的 $2\boldsymbol{X}_i^{\mathrm{T}}\boldsymbol{\beta}$ 重新改写为

$$2\boldsymbol{X}_i^{\mathrm{T}}\boldsymbol{\beta}=\sum_{p=1}^{q}\omega_{ip}\left[2\omega_{ip}^{-1}x_{ip}(\beta_p-\beta_p^{(k)})+2\boldsymbol{X}_i^{\mathrm{T}}\boldsymbol{\beta}^{(k)}\right]$$

然后运用离散的 Jensen 不等式来放缩 $Q_{12}(\boldsymbol{\beta}|\boldsymbol{\beta}^{(k)},\Lambda_0^{(k)})$ 中的凹函数 $-\exp(\cdot)$，即可得到 $Q_{12}(\boldsymbol{\beta}|\boldsymbol{\beta}^{(k)},\Lambda_0^{(k)})$ 的替代函数为

$$Q_{13}(\beta_1,\beta_2,\cdots,\beta_q|\boldsymbol{\beta}^{(k)},\Lambda_0^{(k)})\xlongequal{\triangle}\sum_{p=1}^{q}Q_{13p}(\beta_p|\boldsymbol{\beta}^{(k)},\Lambda_0^{(k)})$$

其中，

$$\begin{aligned}&Q_{13p}(\beta_p|\boldsymbol{\beta}^{(k)},\Lambda_0^{(k)})\\=&\sum_{i=1}^{n}\left\{I_i x_{ip}\beta_p-\frac{\Lambda_0^{(k)}(t_i)\omega_{ip}\exp\left[2\omega_{ip}^{-1}x_{ip}(\beta_p-\beta_p^{(k)})+2\boldsymbol{X}_i^{\mathrm{T}}\boldsymbol{\beta}^{(k)}\right]}{2\exp(\boldsymbol{X}_i^{\mathrm{T}}\boldsymbol{\beta}^{(k)})}\right\}\end{aligned}$$

与轮廓估计的 MM 算法一样，非轮廓的 MM 算法同样将高维的目标优化函数分解成了一系列低维函数的和，从而在接下来的极大化步骤中有效地避开了高维矩阵求逆的困难。

6.3　伽玛脆弱模型

6.3.1　伽玛脆弱模型与右删失的集群失效时间数据

令 T_{ij}、C_{ij} 和 $X_{ij}=(X_{ij1},X_{ij2},\cdots,X_{ijq})^{\mathrm{T}}$ 分别表示第 i 个集群里第 j 个个体的生存时间、删失时间和协变量向量，其中 $i=1,2,\cdots,B$，$j=1,2,\cdots,M_i$。假设删失时间是无信息的，即给定协变量 $\boldsymbol{X}_{ij}$ 的情形下，删失时间 C_{ij} 与生存时间 T_{ij} 和脆弱项 w_i 都是相互独立的，则右删失下集群失效时间的观测数据可以表示为 $Y_{\mathrm{obs}}=\{(Y_{ij}=T_{ij}\wedge C_{ij},I_{ij},\boldsymbol{X}_{ij}),i=1,2,\cdots,B;j=1,2,\cdots,M_i\}$，$Y_{ij}$ 为观测时间，$I_{ij}=I(T_{ij}\leqslant C_{ij})$ 为右删失指标。当给定集群特定的脆弱项为 w_i 时，脆弱

模型给出 T_{ij} 的瞬时风险率函数为

$$\lambda(t\mid \boldsymbol{X}_{ij},w_i)=\lim_{\Delta t\to 0}\frac{P(t\leqslant T_{ij}<t+\Delta t\mid T_{ij}\geqslant t,\boldsymbol{X}_{ij},w_i)}{\Delta t}$$
$$=\lambda_0(t)\exp(\boldsymbol{X}_{ij}^{\mathrm{T}}\boldsymbol{\beta})w_i \tag{6.3}$$

其中，$\lambda_0(t)$表示未知的基线风险率，$\boldsymbol{\beta}$ 表示未知的回归参数向量。当我们假定脆弱项 w 服从一个均值为 1，方差为 θ 的伽玛分布时，即

$$g(w)=\frac{w^{(1/\theta-1)}\exp(-w/\theta)}{\Gamma(1/\theta)\theta^{1/\theta}},\theta>0$$

我们称脆弱项服从伽玛分布的模型即式(6.3)为伽玛脆弱模型，此时，伽玛分布中的参数 θ 则表示集群间的异质性，并且 θ 越大表示集群内的依赖性越强。

伽玛脆弱模型的参数包含 θ、$\boldsymbol{\beta}$ 和非参数基线风险率部分 $\lambda_0(t)$，该模型的估计和推断主要集中在非参数的极大似然方法中，且由于模型参数涉及非参数部分，该模型在应对非参数极大似然估计问题时会面临较大的挑战。根据第 3 章的介绍，我们知道 MM 算法原理为开发优化算法提供了一种非常强大的工具。同时，由于 MM 算法规则在构造上的灵活性，我们可以为同一目标优化问题开发出不同的 MM 优化算法。此外，在极大化问题中，基于极小化函数的构造，高维目标函数可以被分解为参数分离的低维函数之和，从而在极大化步骤中容易得到数值迭代解。这些促使我们为伽玛脆弱模型开发一类非参数极大似然估计的 MM 优化算法。

6.3.2 伽玛脆弱模型的第一个轮廓 MM 算法

给定协变量 $\boldsymbol{X}_{ij}$ 时，在删失时间 C_{ij} 与生存时间 T_{ij} 和脆弱项 w_i 都无关的条件下，伽玛脆弱模型的对数似然函数可以表示为

$$l(\theta,\boldsymbol{\beta},\Lambda_0\mid Y_{\mathrm{obs}})=\sum_{i=1}^{B}\ln\int_0^{+\infty}\tau_i(w_i\mid\theta,\boldsymbol{\beta},\Lambda_0)\mathrm{d}w_i$$

其中，

$$\tau_i(w_i\mid\theta,\boldsymbol{\beta},\Lambda_0)=\frac{w_i^{(1/\theta-1)}\exp(-w_i/\theta)}{\Gamma(1/\theta)\theta^{1/\theta}}\cdot$$
$$\prod_{j=1}^{M_1}[\lambda_0(t_{ij})w_i\exp(\boldsymbol{X}_{ij}^{\mathrm{T}}\boldsymbol{\beta})]^{I_{ij}}\exp[-\Lambda_0(t_{ij})w_i\exp(\boldsymbol{X}_{ij}^{\mathrm{T}}\boldsymbol{\beta})]$$

可以看出，$\ln(\cdot)$为凹函数，$l(\theta,\boldsymbol{\beta},\Lambda_0\mid Y_{\mathrm{obs}})$为 3.5 节一般化分解式第二部分的广义形式，即包含 $\tau_i(w_i\mid\theta,\boldsymbol{\beta},\Lambda_0)$ 的积分的凹函数形式。此时，通过被积函数 $\tau_i(w_i\mid\theta,\boldsymbol{\beta},\Lambda_0)$构造权重函数

$$v_i(w_i|\theta^{(k)},\boldsymbol{\beta}^{(k)},\Lambda_0^{(k)})=\frac{\tau_i(w_i|\theta^{(k)},\boldsymbol{\beta}^{(k)},\Lambda_0^{(k)})}{\int_0^{+\infty}\tau_i(w_i|\theta^{(k)},\boldsymbol{\beta}^{(k)},\Lambda_0^{(k)})\mathrm{d}w_i}$$

即 $v_i(w_i|\theta^{(k)},\boldsymbol{\beta}^{(k)},\Lambda_0^{(k)})\geqslant 0$，$\sum_{i=1}^{B}v_i(w_i|\theta^{(k)},\boldsymbol{\beta}^{(k)},\Lambda_0^{(k)})=1$，则伽玛脆弱模型的对数似然函数可改写为如下形式：

$$\begin{aligned}&l(\theta,\beta,\Lambda_0|Y_{\text{obs}})\\&=\sum_{i=1}^{B}\ln\int_0^{+\infty}\left\{v_i(w_i|\theta^{(k)},\boldsymbol{\beta}^{(k)},\Lambda_0^{(k)})\frac{\tau_i(w_i|\theta,\boldsymbol{\beta},\Lambda_0)}{v_i(w_i|\theta^{(k)},\boldsymbol{\beta}^{(k)},\Lambda_0^{(k)})}\right\}\mathrm{d}w_i\end{aligned}\tag{6.4}$$

因此，根据 Jensen 不等式

$$\varphi\left[\int_X f(x)g(x)\mathrm{d}x\right]\geqslant\int_X\varphi\left[f(x)\right]g(x)\mathrm{d}x$$

这里，X 是实数集 R 的一个子集，$\varphi(\cdot)$为凹函数，$f(\cdot)$是定义在 X 上的任意实值函数，$g(\cdot)$是定义在 X 上的密度函数；注意到 $v_i(w_i|\theta^{(k)},\boldsymbol{\beta}^{(k)},\Lambda_0^{(k)})$是定义在$[0,\infty)$上的一个密度函数，我们便将 Jensen 不等式应用于式(6.4)中，经化简整理，得到对数似然函数 $l(\theta,\boldsymbol{\beta},\Lambda_0|Y_{\text{obs}})$的替代函数为

$$Q_1(\theta,\boldsymbol{\beta},\Lambda_0|\theta^{(k)},\boldsymbol{\beta}^{(k)},\Lambda_0^{(k)})=Q_{11}(\theta|\theta^{(k)},\boldsymbol{\beta}^{(k)},\Lambda_0^{(k)})+Q_{12}(\boldsymbol{\beta},\Lambda_0|\theta^{(k)},\boldsymbol{\beta}^{(k)},\Lambda_0^{(k)})$$

其中，

$$\begin{aligned}&Q_{11}(\theta|\theta^{(k)},\boldsymbol{\beta}^{(k)},\Lambda_0^{(k)})\\&=\sum_{i=1}^{B}\left\{\frac{1}{\theta}[\psi(A_i^{(k)})-\ln\Pi_i^{(k)}]-\frac{A_i^{(k)}}{\Pi_i^{(k)}\theta}-\ln\Gamma\left(\frac{1}{\theta}\right)-\frac{\ln\theta}{\theta}\right\}\\&Q_{12}(\boldsymbol{\beta},\Lambda_0|\theta^{(k)},\boldsymbol{\beta}^{(k)},\Lambda_0^{(k)})\\&=\sum_{i=1}^{B}\sum_{j=1}^{M_i}\left\{I_{ij}(\ln\lambda_0(t_{ij})+\boldsymbol{X}_{ij}^{\mathrm{T}}\boldsymbol{\beta})-\frac{A_i^{(k)}}{\Pi_i^{(k)}}\Lambda_0(t_{ij})\exp(\boldsymbol{X}_{ij}^{\mathrm{T}}\boldsymbol{\beta})\right\}\end{aligned}$$

且 $A_i^{(k)}=D_I+\frac{1}{\theta^{(k)}}$，$\Pi_i^{(k)}=\frac{1}{\theta^{(k)}}+\sum_{j=1}^{M_i}\Lambda_0(t_{ij})\exp(\boldsymbol{X}_{ij}^{\mathrm{T}}\boldsymbol{\beta}^{(k)})$。可见，替代函数 $Q_1(\theta,\boldsymbol{\beta},\Lambda_0|\theta^{(k)},\boldsymbol{\beta}^{(k)},\Lambda_0^{(k)})$已先将脆弱项的参数 θ 与其他参数($\boldsymbol{\beta}$ 和 Λ_0)分离。在接下来的极大化步骤中，直接极大化 $Q_{11}(\theta|\theta^{(k)},\boldsymbol{\beta}^{(k)},\Lambda_0^{(k)})$便可更新 θ。而由于 $\boldsymbol{\beta}$ 与非参数分量 Λ_0 粘连在一起，极大化 $Q_{12}(\boldsymbol{\beta},\Lambda_0|\theta^{(k)},\boldsymbol{\beta}^{(k)},\Lambda_0^{(k)})$仍然存在较大挑战。此时，仿照 Johansen(1983)和 Klein(1992)在文献中提及的方法，我们首先对 $Q_{12}(\boldsymbol{\beta},\Lambda_0|\theta^{(k)},\boldsymbol{\beta}^{(k)},\Lambda_0^{(k)})$应用轮廓估计方法，即在给定 $\boldsymbol{\beta}$ 的情况下，将 Λ_0 先从 $Q_{12}(\boldsymbol{\beta},\Lambda_0|\theta^{(k)},\boldsymbol{\beta}^{(k)},\Lambda_0^{(k)})$中剖解出来，便可得 Λ_0 的估计为

$$\mathrm{d}\hat{\Lambda}_0(t_{ij})=\frac{I_{ij}}{\sum\limits_{r=1}^{B}(A_r^{(k)}/\Pi_r^{(k)})\sum\limits_{s=1}^{M_r}I(t_{rs}\geqslant t_{ij})\exp(\boldsymbol{X}_{ij}^{\mathrm{T}}\boldsymbol{\beta})} \tag{6.5}$$

将上述式(6.5)代入 $Q_{12}(\boldsymbol{\beta},\Lambda_0\mid\theta^{(k)},\boldsymbol{\beta}^{(k)},\Lambda_0^{(k)})$可得

$$\begin{aligned}&Q_{13}(\boldsymbol{\beta}\mid\theta^{(k)},\boldsymbol{\beta}^{(k)},\Lambda_0^{(k)})\\=&\sum_{i=1}^{B}\sum_{j=1}^{M_i}\left\{I_{ij}\boldsymbol{X}_{ij}^{\mathrm{T}}\boldsymbol{\beta}-I_{ij}\ln\left[\sum_{r=1}^{B}\frac{A_r^{(k)}}{\Pi_r^{(k)}}\sum_{s=1}^{M_r}I(t_{rs}\geqslant t_{ij})\exp(\boldsymbol{X}_{ij}^{\mathrm{T}}\boldsymbol{\beta})\right]\right\}\end{aligned} \tag{6.6}$$

容易看出式(6.6)仅包含参数 $\boldsymbol{\beta}$,且 $Q_{13}(\boldsymbol{\beta}\mid\theta^{(k)},\boldsymbol{\beta}^{(k)},\Lambda_0^{(k)})$是 $\boldsymbol{\beta}$ 的凹函数。此时,可利用牛顿-拉弗森算法直接极大化 $Q_{13}(\boldsymbol{\beta}\mid\theta^{(k)},\boldsymbol{\beta}^{(k)},\Lambda_0^{(k)})$,便可更新整个参数向量 $\boldsymbol{\beta}$。

6.3.3 伽玛脆弱模型的第二个轮廓 MM 算法

6.3.2 节所提出的第一个轮廓 MM 算法能成功的关键在于这样一个条件:当 Λ_0 从 $Q_{12}(\boldsymbol{\beta},\Lambda_0\mid\theta^{(k)},\boldsymbol{\beta}^{(k)},\Lambda_0^{(k)})$中剖解出来之后,得到的函数式(6.6)是 $\boldsymbol{\beta}$ 的凹函数。当这一条件不成立时,特别是当存在大量协变量时,直接利用牛顿-拉弗森算法求解 $Q_{13}(\boldsymbol{\beta}\mid\theta^{(k)},\boldsymbol{\beta}^{(k)},\Lambda_0^{(k)})$的最大值是非常困难的。在这种情况下,开发一种可以避开凹性要求和矩阵求逆的 MM 算法是很有意义的,这也是 MM 算法原理最难展示其优势的地方。此时,我们可继续将 $Q_{13}(\boldsymbol{\beta}\mid\theta^{(k)},\boldsymbol{\beta}^{(k)},\Lambda_0^{(k)})$视为新的目标函数,利用 MM 算法的构造规则为函数 $Q_{13}(\boldsymbol{\beta}\mid\theta^{(k)},\boldsymbol{\beta}^{(k)},\Lambda_0^{(k)})$开发新的替代函数,即进一步针对目标函数 $Q_{13}(\boldsymbol{\beta}\mid\theta^{(k)},\boldsymbol{\beta}^{(k)},\Lambda_0^{(k)})$构造极小化函数,目的是将高维的参数向量 $\boldsymbol{\beta}$ 进行分离。首先,我们利用支撑超平面不等式

$$-\ln x\geqslant-\ln x_0-\frac{x-x_0}{x_0}$$

来放缩 $Q_{13}(\boldsymbol{\beta}\mid\theta^{(k)},\boldsymbol{\beta}^{(k)},\Lambda_0^{(k)})$的第二部分,即可得 $Q_{13}(\boldsymbol{\beta}\mid\theta^{(k)},\boldsymbol{\beta}^{(k)},\Lambda_0^{(k)})$暂时的替代函数为

$$\begin{aligned}&Q_{14}(\boldsymbol{\beta}\mid\theta^{(k)},\boldsymbol{\beta}^{(k)},\Lambda_0^{(k)})\\=&\sum_{i=1}^{B}\sum_{j=1}^{M_i}\left\{I_{ij}\boldsymbol{X}_{ij}^{\mathrm{T}}\boldsymbol{\beta}-\frac{I_{ij}\sum\limits_{r=1}^{B}(A_r^{(k)}/\Pi_r^{(k)})\sum\limits_{s=1}^{M_r}I(t_{rs}\geqslant t_{ij})\exp(\boldsymbol{X}_{rs}^{\mathrm{T}}\boldsymbol{\beta})}{\sum\limits_{r=1}^{B}(A_r^{(k)}/\Pi_r^{(k)})\sum\limits_{s=1}^{M_r}I(t_{rs}\geqslant t_{ij})\exp(\boldsymbol{X}_{rs}^{\mathrm{T}}\boldsymbol{\beta}^{(k)})}\right\}+c\end{aligned}$$

其中,c 是与参数 $\boldsymbol{\beta}$ 无关的一个常数。其次,令 $\delta_{prs}=|\boldsymbol{X}_{prs}|/\sum\limits_{p=1}^{q}|\boldsymbol{X}_{prs}|$,进一步

将凹函数 $-\exp(\cdot)$ 内的 $\boldsymbol{X}_{rs}^{\mathrm{T}}\boldsymbol{\beta}$ 重新改写为

$$\boldsymbol{X}_{rs}^{\mathrm{T}}\boldsymbol{\beta}=\sum_{p=1}^{q}\delta_{p\,rs}\left[\delta_{p\,rs}^{-1}X_{p\,rs}(\beta_p-\beta_p^{(k)})+\boldsymbol{X}_{rs}^{\mathrm{T}}\boldsymbol{\beta}^{(k)}\right]$$

进而利用 Jensen 不等式放缩凹函数 $-\exp(\cdot)$ 部分，即可得目标函数 $Q_{13}(\boldsymbol{\beta}|\theta^{(k)},\boldsymbol{\beta}^{(k)},\Lambda_0^{(k)})$ 最终的替代函数为

$$Q_{15}(\beta_1,\beta_2,\cdots,\beta_q|\theta^{(k)},\boldsymbol{\beta}^{(k)},\Lambda_0^{(k)})\triangleq\sum_{p=1}^{q}Q_{15\,p}(\beta_p|\theta^{(k)},\boldsymbol{\beta}^{(k)},\Lambda_0^{(k)}) \tag{6.7}$$

其中，

$$Q_{15\,p}(\beta_p|\theta^{(k)},\boldsymbol{\beta}^{(k)},\Lambda_0^{(k)})=\sum_{i=1}^{B}\sum_{j=1}^{M_i}\left\{I_{ij}\beta_pX_{p\,ij}-\right.$$

$$\left.\frac{I_{ij}\sum_{r=1}^{B}(A_r^{(k)}/\Pi_{r=1}^{(k)})\sum_{s=1}^{M_r}I(t_{rs}\geqslant t_{ij})\delta_{p\,rs}\exp[\delta_{p\,rs}^{-1}(\beta_p-\beta_p^{(k)})X_{p\,rs}+\boldsymbol{X}_{rs}^{\mathrm{T}}\boldsymbol{\beta}^{(k)}]}{\sum_{r=1}^{B}(A_r^{(k)}/\Pi_{r=1}^{(k)})\sum_{s=1}^{M_r}I(t_{rs}\geqslant t_{ij})\delta_{p\,rs}\exp(\boldsymbol{X}_{rs}^{\mathrm{T}}\boldsymbol{\beta}^{(k)})}\right\}$$

由式(6.7)可知，目标极大化函数 $Q_{13}(\boldsymbol{\beta}|\theta^{(k)},\boldsymbol{\beta}^{(k)},\Lambda_0^{(k)})$ 被分解为 q 个单变量函数之和。此处所构造的 MM 算法在接下来的极大化步骤中仅涉及 $q+1$ 个单变量的优化问题，巧妙地避开了矩阵求逆的困难。

6.3.4　伽玛脆弱模型的第三个轮廓 MM 算法

前面 6.3.2 节和 6.3.3 节给出的两个轮廓 MM 算法是针对包含积分形式的 $l(\theta,\boldsymbol{\beta},\Lambda_0|Y_{\mathrm{obs}})$ 开发出来的，并没有考虑对数似然函数 $l(\theta,\boldsymbol{\beta},\Lambda_0|Y_{\mathrm{obs}})$ 是否具有显式表达式。事实上，当脆弱项服从伽玛分布时，伽玛脆弱模型对数似然函数里包含的积分是可以处理的，且具有如下显示表达式：

$$\begin{aligned}&l_0(\theta,\boldsymbol{\beta},\Lambda_0|Y_{\mathrm{obs}})\\&=\sum_{i=1}^{B}\left\{\sum_{j=1}^{M_i}\{I_{ij}\ln\lambda_0(t_{ij})+I_{ij}\boldsymbol{X}_{ij}^{\mathrm{T}}\boldsymbol{\beta}\}+\ln\Gamma\left(D_i+\frac{1}{\theta}\right)-\ln\Gamma\left(\frac{1}{\theta}\right)-\frac{\ln\theta}{\theta}-\right.\\&\quad\left.\left(D_i+\frac{1}{\theta}\right)\ln\left(\frac{1}{\theta}+\sum_{j=1}^{M_i}\Lambda_0(t_{ij})\exp(\boldsymbol{X}_{ij}^{\mathrm{T}}\boldsymbol{\beta})\right)\right\}\end{aligned} \tag{6.8}$$

式(6.8)中的 $D_i=\sum_{j=1}^{M_r}I_{ij}$ 表示第 i 个集群中观测到的死亡人数。此时，同样可针对伽玛脆弱模型对数似然函数的显示表达式 $l_0(\theta,\boldsymbol{\beta},\Lambda_0|Y_{\mathrm{obs}})$ 开发新的 MM 算法，以求解 $(\theta,\boldsymbol{\beta},\Lambda_0)$ 的非参数极大似然估计。对于目标函数 $l_0(\theta,\boldsymbol{\beta},\Lambda_0|Y_{\mathrm{obs}})$，除

了最后一项，其余各项都已经完全参数分离。因此，利用支撑超平面不等式

$$-\ln x \geqslant -\ln x_0 - \frac{x-x_0}{x_0}$$

对目标函数式(6.8)的最后一项进行放缩，可得暂时的替代函数为

$$\begin{aligned}
&Q^*(\theta,\boldsymbol{\beta},\Lambda_0 \mid \theta^{(k)},\boldsymbol{\beta}^{(k)},\Lambda_0^{(k)}) \\
&= \sum_{i=1}^{B}\sum_{j=1}^{M_i}\left\{I_{ij}\left[\ln\lambda_0(t_{ij})+\boldsymbol{X}_{ij}^{\mathrm{T}}\boldsymbol{\beta}\right]-\left(\frac{D_i}{\Pi_i^{(k)}}+\frac{1}{\Pi_i^{(k)}\theta}\right)\Lambda_0(t_{ij})\exp(\boldsymbol{X}_{ij}^{\mathrm{T}}\boldsymbol{\beta})\right\}+ \\
&\sum_{i=1}^{B}\left[\ln\Gamma\left(D_i+\frac{1}{\theta}\right)-\ln\Gamma\left(\frac{1}{\theta}\right)-\frac{\ln\theta}{\theta}+\right. \\
&\left.\frac{1}{\theta}\left(1-\ln\Pi_i^{(k)}-\frac{D_i}{\Pi_i^{(k)}}\right)-\frac{1}{\Pi_i^{(k)}\theta^2}\right]
\end{aligned}$$

其中，$\Pi_i^{(k)}=1/\theta^{(k)}+\sum_{j=1}^{M_i}\Lambda_0^{(k)}(t_{ij})\exp(\boldsymbol{X}_{ij}^{\mathrm{T}}\boldsymbol{\beta}^{(k)})$。接下来，给定$(\boldsymbol{\beta},\theta)$时，将$\Lambda_0$从$Q^*(\theta,\boldsymbol{\beta},\Lambda_0 \mid \theta^{(k)},\boldsymbol{\beta}^{(k)},\Lambda_0^{(k)})$中剖解出来，可得$\Lambda_0$的估计为

$$\mathrm{d}\hat{\Lambda}_0(t_{ij})=\frac{I_{ij}}{\sum_{r=1}^{B}\sum_{s=1}^{M_r}I(t_{rs}\geqslant t_{ij})(D_r/\Pi_r^{(k)}+1/\Pi_r^{(t)}\theta)\exp(\boldsymbol{X}_{rs}^{\mathrm{T}}\boldsymbol{\beta})} \tag{6.9}$$

此时，将式(6.9)带回函数$Q^*(\theta,\boldsymbol{\beta},\Lambda_0 \mid \theta^{(k)},\boldsymbol{\beta}^{(k)},\Lambda_0^{(k)})$，可得关于参数$(\boldsymbol{\beta},\theta)$的替代函数为

$$\begin{aligned}
&Q_1^*(\theta,\boldsymbol{\beta} \mid \theta^{(k)},\boldsymbol{\beta}^{(k)},\Lambda_0^{(k)}) \\
&= \sum_{i=1}^{B}\left\{\ln\left[\Gamma\left(D_i+\frac{1}{\theta}\right)\right]-\ln\left[\Gamma\left(\frac{1}{\theta}\right)\right]-\frac{\ln\theta}{\theta}+\right. \\
&\left.\frac{1}{\theta}\left(1-\ln\Pi_i^{(k)}-\frac{D_i}{\Pi_i^{(k)}}\right)-\frac{1}{\Pi_i^{(k)}\theta^2}\right\}+ \\
&\sum_{i=1}^{B}\sum_{j=1}^{M_i}I_{ij}\left\{\boldsymbol{X}_{ij}^{\mathrm{T}}\boldsymbol{\beta}-\ln\left[\sum_{r=1}^{B}\sum_{s=1}^{M_r}I(t_{rs}\geqslant t_{ij})\left(\frac{D_r}{\Pi_r^{(k)}}+\frac{1}{\Pi_r^{(k)}\theta}\right)\exp(\boldsymbol{X}_{rs}^{\mathrm{T}}\boldsymbol{\beta})\right]\right\}
\end{aligned}$$

容易发现，上述替代函数的最后一项仍然没有完全分离参数θ和$\boldsymbol{\beta}$的各分量，考虑到模型中可能包含大量协变量的情形，因此我们继续利用支持超平面不等式对$Q_1^*(\theta,\boldsymbol{\beta} \mid \theta^{(k)},\boldsymbol{\beta}^{(k)},\Lambda_0^{(k)})$进行放缩，先将$\sum_{r=1}^{B}\sum_{s=1}^{M_r}I(t_{rs}\geqslant t_{ij})\left(\frac{D_r}{\Pi_r^{(k)}}+\frac{1}{\Pi_r^{(k)}\theta}\right)\exp(\boldsymbol{X}_{rs}^{\mathrm{T}}\boldsymbol{\beta})$从凸函数$-\ln(\cdot)$中剥离出来，可得

$$
\begin{aligned}
&Q_2^*(\theta,\boldsymbol{\beta}\mid\theta^{(k)},\boldsymbol{\beta}^{(k)},\Lambda_0^{(k)})\\
=&\sum_{i=1}^{B}\left\{\ln\left[\Gamma\left(D_i+\frac{1}{\theta}\right)\right]-\left(\ln\frac{1}{\theta}\right)-\frac{\ln\theta}{\theta}+\right.\\
&\left.\frac{1}{\theta}\left(1-\ln\Pi_i^{(k)}-\frac{D_i}{\Pi_i^{(k)}}\right)-\frac{1}{\Pi_i^{(k)}\theta^2}\right\}+\\
&\sum_{i=1}^{B}\sum_{j=1}^{M_i}I_{ij}\left[\boldsymbol{X}_{ij}^{\mathrm{T}}\boldsymbol{\beta}-\frac{1}{u_{ij}^{(k)}}\sum_{r=1}^{B}\sum_{s=1}^{M_r}I(t_{rs}\geqslant t_{ij})\left(\frac{D_r}{\Pi_r^{(k)}}+\frac{1}{\Pi_r^{(k)}\theta}\right)\exp(\boldsymbol{X}_{rs}^{\mathrm{T}}\boldsymbol{\beta})\right]
\end{aligned}
$$

其中，$u_{ij}^{(k)}=\sum_{r=1}^{B}\sum_{s=1}^{M_r}I(t_{rs}\geqslant t_{ij})\left(\frac{D_r}{\Pi_r^{(k)}}+\frac{1}{\Pi_r^{(k)}\theta^{(k)}}\right)\exp(\boldsymbol{X}_{rs}^{\mathrm{T}}\boldsymbol{\beta}^{(k)})$。由于$Q_2^*(\theta,\boldsymbol{\beta}\mid\theta^{(k)},\boldsymbol{\beta}^{(k)},\Lambda_0^{(k)})$的最后一项中$\theta$和$\boldsymbol{\beta}$的部分是乘积的关系，接下来我们进一步利用算术-几何均值不等式

$$
-\prod_{i=1}^{n}x_i^{a_i}\geqslant-\sum_{i=1}^{n}\frac{a_i}{\|\boldsymbol{a}\|_1}x_i^{\|\boldsymbol{a}\|_1}
$$

来处理形如$-\exp(\boldsymbol{X}_{rs}^{\mathrm{T}}\boldsymbol{\beta})/\theta$的最后一项。这里，$a_i$和$x_i$都是非负数，相应的取值为$a_1=a_2=1$，$x_1=\theta^{(k)}/\theta$，$x_2=\exp(\boldsymbol{X}_{rs}^{\mathrm{T}}\boldsymbol{\beta})/\exp(\boldsymbol{X}_{rs}^{\mathrm{T}}\boldsymbol{\beta}^{(k)})$，进而可得$Q_2^*(\theta,\boldsymbol{\beta}\mid\theta^{(k)},\boldsymbol{\beta}^{(k)},\Lambda_0^{(k)})$的替代函数为

$$
\begin{aligned}
&Q_3^*(\theta,\boldsymbol{\beta}\mid\theta^{(k)},\boldsymbol{\beta}^{(k)},\Lambda_0^{(k)})\\
=&\sum_{i=1}^{B}\left\{\ln\left[\Gamma\left(D_i+\frac{1}{\theta}\right)\right]-\ln\left[\Gamma\left(\frac{1}{\theta}\right)\right]-\frac{\ln\theta}{\theta}+\frac{1}{\theta}\left(1-\ln\Pi_i^{(k)}-\frac{D_i}{\Pi_i^{(k)}}\right)-\right.\\
&\left.\frac{1}{\Pi_i^{(k)}\theta^2}-\sum_{j=1}^{M_i}\frac{I_{ij}}{u_{ij}^{(k)}}\sum_{r=1}^{B}\sum_{s=1}^{M_r}\frac{I(t_{rs}\geqslant t_{ij})\theta^{(k)}\exp(\boldsymbol{X}_{rs}^{\mathrm{T}}\boldsymbol{\beta}^{(k)})}{2\Pi_r^{(k)}\theta^2}\right\}+\\
&\sum_{i=1}^{B}\sum_{j=1}^{M_i}I_{ij}\left[\boldsymbol{X}_{ij}^{\mathrm{T}}\boldsymbol{\beta}-\frac{1}{u_{ij}^{(k)}}\sum_{r=1}^{B}\sum_{s=1}^{M_r}I(t_{rs}\geqslant t_{ij})\frac{D_r}{\Pi_r^{(k)}}\exp(\boldsymbol{X}_{rs}^{\mathrm{T}}\boldsymbol{\beta})-\right.\\
&\left.\frac{1}{u_{ij}^{(k)}}\sum_{r=1}^{B}\sum_{s=1}^{M_r}I(t_{rs}\geqslant t_{ij})\frac{\exp(2\boldsymbol{X}_{rs}^{\mathrm{T}}\boldsymbol{\beta})}{2\Pi_r^{(k)}\theta^{(k)}\exp(\boldsymbol{X}_{rs}^{\mathrm{T}}\boldsymbol{\beta}^{(k)})}\right]
\end{aligned}
$$

此时，参数θ和$\boldsymbol{\beta}$的部分已经成功分离。为了进一步分离$\boldsymbol{\beta}$中的各分量$\beta_1,\beta_2,\cdots,\beta_q$，我们令$\delta_{prs}=|X_{prs}|/\sum_{p=1}^{q}|X_{prs}|$，则

$$
\boldsymbol{X}_{rs}^{\mathrm{T}}\boldsymbol{\beta}=\sum_{p=1}^{q}\delta_{prs}[\delta_{prs}^{-1}X_{prs}(\beta_p-\beta_p^{(k)})+\boldsymbol{X}_{rs}^{\mathrm{T}}\boldsymbol{\beta}^{(k)}]
$$

再次使用Jensen不等式来极小化凹函数$-\exp(\boldsymbol{X}_{rs}^{\mathrm{T}}\boldsymbol{\beta})$和$-\exp(2\boldsymbol{X}_{rs}^{\mathrm{T}}\boldsymbol{\beta})$，可得目标函数$Q_1^*(\theta,\boldsymbol{\beta}\mid\theta^{(k)},\boldsymbol{\beta}^{(k)},\Lambda_0^{(k)})$的最终替代函数为

$$Q(\theta,\beta_1,\beta_2,\cdots,\beta_p\,|\,\theta^{(k)},\boldsymbol{\beta}^{(k)},\Lambda_0^{(k)})$$
$$=Q_1(\theta\,|\,\theta^{(k)},\boldsymbol{\beta}^{(k)},\Lambda_0^{(k)})+\sum_{p=1}^{q}Q_{2q}(\beta_p\,|\,\theta^{(k)},\boldsymbol{\beta}^{(k)},\Lambda_0^{(k)})$$

其中，

$$Q_1(\theta\,|\,\theta^{(k)},\boldsymbol{\beta}^{(k)},\Lambda_0^{(k)})$$
$$=\sum_{i=1}^{B}\left\{\ln\left[\Gamma\left(D_i+\frac{1}{\theta}\right)\right]-\ln\left[\Gamma\left(\frac{1}{\theta}\right)\right]-\frac{\ln\theta}{\theta}+\frac{1}{\theta}\left(1-\ln\Pi_i^{(k)}-\frac{D_i}{\Pi_i^{(k)}}\right)-\right.$$
$$\left.\frac{1}{\Pi_i^{(k)}\theta^2}-\sum_{j=1}^{M_i}\frac{I_{ij}}{u_{ij}^{(k)}}\sum_{r=1}^{B}\sum_{s=1}^{M_r}\frac{I(t_{rs}\geqslant t_{ij})\theta^{(k)}\exp(\boldsymbol{X}_{rs}^{\mathrm{T}}\boldsymbol{\beta}^{(k)})}{2\Pi_r^{(k)}\theta^2}\right\}$$

且

$$Q_{2q}(\beta_p\,|\,\theta^{(k)},\boldsymbol{\beta}^{(k)},\Lambda_0^{(k)})=\sum_{i=1}^{B}\sum_{j=1}^{M_i}\{I_{ij}\beta_pX_{p\,ij}-$$
$$\frac{I_{ij}}{u_{ij}^{(k)}}\sum_{r=1}^{B}\sum_{s=1}^{M_r}\frac{I(t_{rs}\geqslant t_{ij})D_r\delta_{p\,rs}}{\Pi_r^{(k)}}\exp[\delta_{p\,rs}^{-1}X_{p\,rs}(\beta_p-\beta_p^{(k)})+\boldsymbol{X}_{rs}^{\mathrm{T}}\boldsymbol{\beta}^{(k)})-$$
$$\left.\frac{I_{ij}}{u_{ij}^{(k)}}\sum_{r=1}^{B}\sum_{s=1}^{M_r}\frac{I(t_{rs}\geqslant t_{ij})\delta_{p\,rs}\exp[\delta_{p\,rs}^{-1}2X_{p\,rs}(\beta_p-\beta_p^{(k)})+2\boldsymbol{X}_{rs}^{\mathrm{T}}\boldsymbol{\beta}^{(k)}]}{2\Pi_r^{(k)}\theta^{(k)}\exp(\boldsymbol{X}_{rs}^{\mathrm{T}}\boldsymbol{\beta}^{(k)})}\right\}$$

其中，$p=1,2,\cdots,q$。通过MM算法的构造，最终得到的替代函数 $Q(\theta,\beta_1,\beta_2,\cdots,\beta_p\,|\,\theta^{(k)},\boldsymbol{\beta}^{(k)},\Lambda_0^{(k)})$ 将脆弱项的参数 θ 与各个回归参数 $\beta_1,\beta_2,\cdots,\beta_q$ 完全分离。因此，接下来的极大化步骤只涉及 $q+1$ 个单独的单变量优化问题。

6.4 脆弱模型

6.4.1 脆弱模型与右删失的多元失效时间数据

假设某项研究中包含 n 个受试者，对于每个受试者我们关心 J 个感兴趣的事件结果。令 T_{ij}、C_{ij} 和 $\boldsymbol{X}_{ij}=(X_{ij\,1},X_{ij\,2},\cdots,X_{ij\,q})^{\mathrm{T}}$ 分别表示第 i 个受试者的第 j 个事件的失效时间、删失时间和 q 维协变量向量，其中 $i=1,2,\cdots,n$ 代表 n 个不同的受试者，$j=1,2,\cdots,J$ 代表 J 种不同的事件类型。假设在给定协变量 $\boldsymbol{X}_{ij}$ 的情形下，删失时间 C_{ij} 与生存时间 T_{ij} 是相互独立的。同时，定义 $t_{ij}=\min(T_{ij},C_{ij})$ 为观测时间，$I_{ij}=I(T_{ij}\leqslant C_{ij})$ 为右删失指标，则右删失的多元失效时间数据可以表示为 $Y_{\mathrm{obs}}=\{(t_{ij},I_{ij},\boldsymbol{X}_{ij}),i=1,2,\cdots,n;j=1,2,\cdots,J\}$。设 ω_i

$(i=1,2,\cdots,n)$为个体特定的脆弱项,它们独立同分布于定义在 W 上的密度函数 $f(w_i|\theta)$。且在给定脆弱项 ω_i 的条件下,我们进一步假设同一个体的多个事件失效时间 T_{ij} 是相互独立的。此时,一般化脆弱模型给出 T_{ij} 在时间 t 处的瞬时风险率函数为

$$\lambda_{ij}(t|\boldsymbol{X}_{ij},\omega_i)=\omega_i\lambda_{0j}(t)\exp(\boldsymbol{X}_{ij}^{\mathrm{T}}\boldsymbol{\beta})$$

其中,$\lambda_{0j}(\cdot)$为第 j 种事件类型的基线风险率函数,$\boldsymbol{\beta}$ 为回归向量,ω_i 为个体相应的脆弱项或随机效应项,其分布形式可根据具体问题背景进行假定。常见的脆弱项分布假设有伽玛分布[如 $\omega_i\sim\text{Gamma}(1/\theta,1/\theta)$]、对数正态分布[如 $\omega_i\sim\text{Log-normal}(0,\theta)$]和逆高斯分布[如 $\omega_i\sim\text{Inverse Gaussian}(\theta,\theta^2)$]等。令 $\Lambda_{0j}(t)=\int_0^t\lambda_{0j}(u)du,j=1,2,\cdots,J$ 表示第 j 种事件类型的累积基线风险率函数,且为了便于表达,令 $\Lambda_0=(\Lambda_{01},\Lambda_{02},\cdots,\Lambda_{0J})$表示该模型所有的非参数部分,令 $\boldsymbol{\alpha}=(\theta,\boldsymbol{\beta},\Lambda_0)$表示该模型所有的未知参数。此时,一般化脆弱模型的观测似然函数为

$$\begin{aligned}&L(\boldsymbol{\alpha}|Y_{\text{obs}})\\&=\prod_{i=1}^{n}\int_W f(\omega_i|\theta)\prod_{j=1}^{J}[\lambda_{0j}(t)\omega_i\exp(\boldsymbol{X}_{ij}^{\mathrm{T}}\boldsymbol{\beta})]^{I_{ij}}\exp[-\Lambda_{0j}(t_{ij})\omega_i\exp(\boldsymbol{X}_{ij}^{\mathrm{T}}\boldsymbol{\beta})]\end{aligned}\tag{6.10}$$

一般来说,脆弱分布的拉普拉斯变换是难以处理的,因此上述似然函数式(6.10)通常不具有显示形式。为了避免使用计算密集型的拉普拉斯近似或蒙特卡罗模拟方法直接优化目标似然函数式(6.10),这里我们将采用数值计算较为方便的 MM 算法原理构建一个极小化函数序列并对其进行优化。与为具有显示似然表达式的伽玛脆弱模型所开发的估计方法不同的是,下列为一般化脆弱模型所开发的 MM 算法允许目标似然函数式(6.10)包含难以处理的积分,并且还采用了一种非轮廓方法,该方法不需要事先将非参数部分剥离出来,而是以组装分解技术来处理参数和非参数部分。

6.4.2 一般化脆弱模型的非轮廓 MM 算法

根据式(6.10),一般化脆弱模型的观测对数似然函数为

$$l(\boldsymbol{\alpha}|Y_{\text{obs}})=\sum_{i=1}^{n}\ln\int_0^{+\infty}\tau_i(\omega_i|\boldsymbol{\alpha})d\omega_i$$

其中,

$$\tau_i(\omega_i|\boldsymbol{\alpha})=f(\omega_i|\theta)\prod_{j=1}^{J}\{[\lambda_{0j}(t_{ij})\omega_i\exp(\boldsymbol{X}_{ij}^{\mathrm{T}}\boldsymbol{\beta})]^{I_{ij}}\exp[-\Lambda_{0j}(t_{ij})\omega_i\exp(\boldsymbol{X}_{ij}^{\mathrm{T}}\boldsymbol{\beta})]\}$$

上述对数似然函数是积分项 $\int_0^{+\infty}\tau_i(\omega_i|\boldsymbol{\alpha})\mathrm{d}\omega_i$ 的凹函数 $\ln(\cdot)$形式。因此，通过被积函数构造权重函数

$$\nu_i(\omega_i|\boldsymbol{\alpha}^{(k)})=\frac{\tau_i(\omega_i|\boldsymbol{\alpha}^{(k)})}{\int_W\tau_i(\omega_i|\boldsymbol{\alpha}^{(k)})\mathrm{d}\omega_i}$$

其中，$\boldsymbol{\alpha}^{(k)}$表示参数在第 k 次迭代中的估计值。此时，对数似然函数可以改写为

$$l(\boldsymbol{\alpha}|Y_{\mathrm{obs}})=\sum_{i=1}^{n}\ln\left[\int_W\frac{\tau_i(\omega_i|\boldsymbol{\alpha})}{\nu_i(\omega_i|\boldsymbol{\alpha}^{(k)})}\nu_i(\omega_i|\boldsymbol{\alpha}^{(k)})\mathrm{d}\omega_i\right] \tag{6.11}$$

对其应用积分形式的 Jensen 不等式

$$\varphi\left[\int_X h(x)g(x)\mathrm{d}x\right]\geqslant\int_X\varphi[h(x)]g(x)\mathrm{d}x$$

上式中 X 是实数集 R 的一个子集，$\varphi(\cdot)$是凹函数，$h(\cdot)$是定义在 X 上的任意实值函数，$g(\cdot)$是定义在 X 上的密度函数。在式(6.11)中，对应的凹函数为 $\varphi(\cdot)=\ln(\cdot)$，任意的实值函数为 $h(\cdot)=\tau_i(\omega_i|\boldsymbol{\alpha})/\nu_i(\omega_i|\boldsymbol{\alpha}^{(k)})$，对应的密度函数为 $g(\cdot)=\nu_i(\omega_i|\boldsymbol{\alpha}^{(k)})$。经过放缩，我们得到 $l(\boldsymbol{\alpha}|Y_{\mathrm{obs}})$的暂时替代函数为

$$Q_1(\boldsymbol{\alpha}|\boldsymbol{\alpha}^{(k)})=Q_{11}(\theta|\boldsymbol{\alpha}^{(k)})+Q_{12}(\boldsymbol{\beta},\Lambda_0|\boldsymbol{\alpha}^{(k)})+c_1$$

上式中，$c_1=-\sum_{i=1}^{n}\int_W\nu_i(\omega_i|\boldsymbol{\alpha}^{(k)})\ln[\nu_i(\omega_i|\boldsymbol{\alpha}^{(k)})]\mathrm{d}\omega_i$ 是与参数无关的一个常数，且

$$Q_{11}(\theta|\boldsymbol{\alpha}^{(k)})=\sum_{i=1}^{n}\int_W\ln[f(\omega_i|\theta)\nu_i(\omega_i|\boldsymbol{\alpha}^{(k)})]\mathrm{d}\omega_i$$

$$Q_{12}(\boldsymbol{\beta},\Lambda_0|\boldsymbol{\alpha}^{(k)})=\sum_{i=1}^{n}\sum_{j=1}^{J}\{I_{ij}\ln\lambda_{0j}(t_{ij})+I_{ij}\boldsymbol{X}_{ij}^{\mathrm{T}}\boldsymbol{\beta}-A_i^{(k)}\Lambda_{0j}(t_{ij})\exp(\boldsymbol{X}_{ij}^{\mathrm{T}}\boldsymbol{\beta})\}$$

其中，$A_i^{(k)}=\int_W\omega_i\nu_i(\omega_i|\boldsymbol{\alpha}^{(k)})\mathrm{d}\omega_i$。容易发现，替代函数 $Q_1(\boldsymbol{\alpha}|\boldsymbol{\alpha}^{(k)})$已经将参数 θ 与$(\boldsymbol{\beta},\Lambda_0)$分离，因此，接下来的主要任务是对 $Q_{12}(\boldsymbol{\beta},\Lambda_0|\boldsymbol{\alpha}^{(k)})$进行放缩，将其最后一项的 $\boldsymbol{\beta}$ 和 $\boldsymbol{\Lambda}_0$ 进行分离。由于 $Q_{12}(\boldsymbol{\beta},\Lambda_0|\boldsymbol{\alpha}^{(k)})$的最后一项中 $\boldsymbol{\beta}$ 和 $\boldsymbol{\Lambda}_0$ 的部分是乘积的关系，因此，利用算术-几何均值不等式

$$-\prod_{i=1}^{n}x_i^{a_i}\geqslant-\sum_{i=1}^{n}\frac{a_i}{\|\boldsymbol{a}\|_1}x_i^{\|\boldsymbol{a}\|_1}$$

来处理最后一项$-\Lambda_{0j}(t_{ij})\exp(\boldsymbol{X}_{ij}^{\mathrm{T}}\boldsymbol{\beta})$。这里，$a_i$ 和 x_i 都是非负数，相应的取值为 $a_1=a_2=1$，$x_1=\Lambda_{0j}(t_{ij})/\Lambda_{0j}^{(k)}(t_{ij})$，$x_2=\exp(\boldsymbol{X}_{ij}^{\mathrm{T}}\boldsymbol{\beta})/\exp(\boldsymbol{X}_{ij}^{\mathrm{T}}\boldsymbol{\beta}^{(k)})$，进而可得 $Q_{12}(\boldsymbol{\beta},\boldsymbol{\Lambda}_0|\boldsymbol{\alpha}^{(k)})$的替代函数为

$$Q_2(\boldsymbol{\beta},\boldsymbol{\Lambda}_0|\boldsymbol{\alpha}^{(k)})=Q_{21}(\boldsymbol{\Lambda}_0|\boldsymbol{\alpha}^{(k)})+Q_{22}(\boldsymbol{\beta}|\boldsymbol{\alpha}^{(k)})$$

其中，

$$Q_{21}(\boldsymbol{\Lambda}_0|\boldsymbol{\alpha}^{(k)})=\sum_{i=1}^{n}\sum_{j=1}^{J}\left\{I_{ij}\ln\lambda_{0j}(t_{ij})-\frac{A_i^{(k)}\exp(\boldsymbol{X}_{ij}^{\mathrm{T}}\boldsymbol{\beta}^{(k)})}{2\Lambda_{0j}^{(k)}(t_{ij})}\Lambda_{0j}(t_{ij})^2\right\}$$

$$Q_{22}(\boldsymbol{\beta}|\boldsymbol{\alpha}^{(k)})=\sum_{i=1}^{n}\sum_{j=1}^{J}\left[I_{ij}\boldsymbol{X}_{ij}^{\mathrm{T}}\boldsymbol{\beta}-\frac{A_i^{(k)}\Lambda_{0j}^{(k)}(t_{ij})}{2\exp(\boldsymbol{X}_{ij}^{\mathrm{T}}\boldsymbol{\beta}^{(k)})}\exp(2\boldsymbol{X}_{ij}^{\mathrm{T}}\boldsymbol{\beta})\right]$$

在上述极小化过程中，回归参数 $\boldsymbol{\beta}$ 与非参数部分 Λ_0 已经分离，且非参数的各个部分 $\Lambda_{01},\Lambda_{02},\cdots,\Lambda_{0J}$ 也已经相互分离。为了更新 Λ_0，直接极大化 $Q_{21}(\boldsymbol{\Lambda}_0|\boldsymbol{\alpha}^{(k)})$，有

$$\mathrm{d}\hat{\Lambda}_{0j}(t_{ij})=\frac{I_{ij}}{\sum_{r=1}^{n}I(t_{rs}\geqslant t_{ij})A_r^{(k)}\exp(\boldsymbol{X}_{ij}^{\mathrm{T}}\boldsymbol{\beta})} \tag{6.12}$$

另外，为了更方便地更新 $\boldsymbol{\beta}$，我们令 $\delta_{pij}=|X_{pij}|/\sum_{p=1}^{q}|X_{pij}|$，把 $2\boldsymbol{X}_{ij}^{\mathrm{T}}\boldsymbol{\beta}$ 改写为

$$2\boldsymbol{X}_{ij}^{\mathrm{T}}\boldsymbol{\beta}=\sum_{p=1}^{q}\delta_{pij}\left[2\delta_{pij}^{-1}X_{pij}(\beta_p-\beta_p^{(k)})+2\boldsymbol{X}_{ij}^{\mathrm{T}}\boldsymbol{\beta}^{(k)}\right]$$

进而将 Jensen 不等式应用于 $Q_{22}(\boldsymbol{\beta}|\boldsymbol{\alpha}^{(k)})$ 中的凹函数 $-\exp(2\boldsymbol{X}_{ij}^{\mathrm{T}}\boldsymbol{\beta})$ 部分，则可得 $Q_{22}(\boldsymbol{\beta}|\boldsymbol{\alpha}^{(k)})$ 的替代函数为

$$Q_{23}(\beta_1,\beta_2,\cdots,\beta_q|\boldsymbol{\alpha}^{(k)})\xlongequal{\triangle}\sum_{p=1}^{q}Q_{23p}(\beta_p|\boldsymbol{\alpha}^{(k)})$$

其中，

$$\begin{aligned}&Q_{23p}(\beta_p|\boldsymbol{\alpha}^{(k)})\\=&\sum_{i=1}^{n}\sum_{j=1}^{J}\left\{I_{ij}\beta_pX_{pij}-\frac{\delta_{pij}A_i^{(k)}\Lambda_{0j}^{(k)}(t_{ij})\exp\left[2\delta_{pij}^{-1}X_{pij}(\beta_p-\beta_p^{(k)})+2\boldsymbol{X}_{ij}^{\mathrm{T}}\boldsymbol{\beta}^{(k)}\right]}{2\exp(\boldsymbol{X}_{ij}^{\mathrm{T}}\boldsymbol{\beta}^{(k)})}\right\}\end{aligned}$$

综上所述，我们针对一般化脆弱模型构造了一个极大似然估计的非轮廓 MM 算法，目标对数似然函数的最终替代函数可以总结为

$$Q_{np\,\mathrm{mm}}(\boldsymbol{\alpha}|\boldsymbol{\alpha}^{(k)})=Q_{11}(\theta|\boldsymbol{\alpha}^{(k)})+Q_{21}(\Lambda_0|\boldsymbol{\alpha}^{(k)})+\sum_{p=1}^{q}Q_{23p}(\beta_p|\boldsymbol{\alpha}^{(k)}) \tag{6.13}$$

对于 $\boldsymbol{\Lambda}_0$ 的更新，可直接利用显示表达式(6.12)进行迭代，从而，式(6.13)中除了 $\boldsymbol{\Lambda}_0$ 外，仅剩下 $q+1$ 个单变量函数之和，因此，接下来的极大化步骤仅仅涉及 $q+1$ 个单独的单变量优化问题。此外，对于脆弱项参数 θ 的更新，需根据 $Q_{11}(\theta|\boldsymbol{\alpha}^{(k)})$ 中脆弱项密度函数 $f(w_i|\theta)$ 的具体形式而定，这里我们主要给出一般化脆弱模型通用的非轮廓 MM 估计算法，不再对单个特定的脆弱模型进行具

体讨论。

6.4.3 脆弱模型高维回归向量的变量选择

在高维回归问题中,采用正则化方法往往能产生有效的变量选择结果。鉴于前一节构造的非轮廓 MM 算法已成功地将高维的回归系数完全分离,这一参数分离的特性恰好与正则化方法完美匹配,我们对脆弱模型进一步考虑正则化估计问题,其目标惩罚对数似然函数可表示为

$$l^P(\boldsymbol{\alpha}|Y_{\text{obs}})=l(\boldsymbol{\alpha}|Y_{\text{obs}})-n\sum_{p=1}^{q}P(|\beta_p|,\lambda) \tag{6.14}$$

式(6.14)中,$l(\boldsymbol{\alpha}|Y_{\text{obs}})$为 6.4.2 节中脆弱模型的对数似然函数,$q$ 为回归向量 $\boldsymbol{\beta}$ 的维度,$P(\cdot,\lambda)$为非负的凹性惩罚函数,$\lambda\geqslant 0$ 为调节参数。基于 6.4.2 节所构造的非轮廓 MM 算法,我们已经将式(6.14)中第一部分 $l(\boldsymbol{\alpha}|Y_{\text{obs}})$的全部参数相互分离,可得式(6.14)暂时的替代函数为

$$Q_1^P(\boldsymbol{\alpha}|\boldsymbol{\alpha}^{(k)})=Q_{np\ \text{mm}}(\boldsymbol{\alpha}|\boldsymbol{\alpha}^{(k)})-n\sum_{p=1}^{q}P(|\beta_p|,\lambda)$$

接下来的目标是处理 $Q_1^P(\boldsymbol{\alpha}|\boldsymbol{\alpha}^{(k)})$中的惩罚项。当惩罚函数 $P(\cdot,\lambda)$是$(0,\infty)$上的分段可微、非递减的凹性函数(如 MCP 和 SCAD 惩罚函数)时,惩罚项$-P(\cdot,\lambda)$可通过局部二次逼近进行放缩,即

$$-P(|\beta_p|,\lambda)\geqslant -P(|\beta_p^{(k)}|,\lambda)-\frac{[\beta_p^2-(\beta_p^{(k)})^2]P'(|\beta_p^{(k)}|_+,\lambda)}{2|\beta_p^{(k)}|} \tag{6.15}$$

将式(6.15)合并到 $Q_1^P(\boldsymbol{\alpha}|\boldsymbol{\alpha}^{(k)})$中,我们即可得目标惩罚对数似然函数 $l^P(\boldsymbol{\alpha}|Y_{\text{obs}})$最终的替代函数为

$$\begin{aligned}
&Q_{np\ \text{mm}}^P(\boldsymbol{\alpha}|\boldsymbol{\alpha}^{(k)},\lambda)\\
&=Q_{np\ \text{mm}}(\boldsymbol{\alpha}|\boldsymbol{\alpha}^{(k)})-n\sum_{p=1}^{q}\frac{\beta_p^2P'(|\beta_p^{(k)}|_+,\lambda)}{2|\beta_p^{(k)}|}+c_2\\
&=Q_{11}(\theta|\boldsymbol{\alpha}^{(k)})+Q_{21}(\Lambda_0|\boldsymbol{\alpha}^{(k)})+\sum_{p=1}^{q}\left[Q_{23p}(\beta_p|\boldsymbol{\alpha}^{(k)})-n\frac{\beta_p^2P'(|\beta_p^{(k)}|_+,\lambda)}{2|\beta_p^{(k)}|}\right]+c_2
\end{aligned}$$

其中,$c_2=n\sum_{p=1}^{q}[|\beta_p^{(k)}|P'(|\beta_p^{(k)}|_+,\lambda)/2-P(|\beta_p^{(k)}|,\lambda)]$不包含任何待估参数,可以从式子中省略。

6.5　半竞争风险模型

6.5.1　半竞争风险模型概述

假设 C_i、T_{i1} 和 T_{i2} 分别表示第 i 个个体的删失时间、非终止事件时间和终止事件时间，$i=1,2,\cdots,n$。如果个体在非终止事件发生前失效，则定义 $T_{i1}=\infty$。令 $\boldsymbol{x}_i$ 表示第 i 个个体的维度为 p 的协变量向量，且给定 $\boldsymbol{x}_i$ 时，我们假设删失时间 C_i 与 T_{i1}、T_{i2} 相互独立，因此半竞争风险数据的观测结果可以简单地描述为

$$Y_{\text{obs}}=\{Y_{i1}=T_{i1}\wedge Y_{i2},Y_{i2}=T_{i2}\wedge C_i,\delta_{i1}=I(T_{i1}\leqslant Y_{i2}),\delta_{i2}=I(T_{i2}\leqslant C_i),\boldsymbol{x}_i\}_{i=1}^n$$

半竞争风险数据的疾病-死亡多状态模型的三个状态通常由三个风险率函数来表示，即

$$\lambda_1(t_1)=\lim_{\Delta\to 0}P[T_1\in[t_1,t_1+\Delta)\mid T_1\geqslant t_1,T_2\geqslant t_1]/\Delta,t_1>0 \tag{6.16}$$

$$\lambda_2(t_2)=\lim_{\Delta\to 0}P[T_2\in[t_2,t_2+\Delta)\mid T_1\geqslant t_2,T_2\geqslant t_2]/\Delta,t_2>0 \tag{6.17}$$

$$\lambda_{12}(t_2\mid t_1)=\lim_{\Delta\to 0}P[T_2\in[t_2,t_2+\Delta)\mid T_1=t_1,T_2\geqslant t_2]/\Delta,0<t_1<t_2 \tag{6.18}$$

式(6.16)和式(6.17)是模型中首先发生非终止事件或终止事件的竞争风险部分通常使用的风险函数。而式(6.18)则定义了非终止事件发生后终止事件的风险率。通常情况下，式(6.18)中 $\lambda_{12}(t_2\mid t_1)$ 依赖于 t_1 和 t_2。由于非终止事件和终止事件时间之间的依赖关系将在稍后由共享脆弱性来进行建模，因此我们假设一个马尔可夫过程，其中从非终止事件到终止事件的转移概率不依赖于非终止事件的持续时间，即 $\lambda_{12}(t_2\mid t_1)=\lambda_{12}(t_2)$ 仅依赖时间 t_2。在实践中，人们往往加入一个共享的随机效应来刻画非终止事件和终止事件时间之间的依赖关系。即给定随机效应 ω 和协变量 x，半竞争风险模型可以表示为

$$\lambda_1(t_1\mid x,\omega)=\omega\lambda_{01}(t_1)\exp(\beta_1 x),t_1>0 \tag{6.19}$$

$$\lambda_2(t_2\mid x,\omega)=\omega\lambda_{02}(t_2)\exp(\beta_2 x),t_2>0 \tag{6.20}$$

$$\lambda_{12}(t_2\mid t_1,x,\omega)=\omega\lambda_{03}(t_2)\exp(\beta_3 x),0<t_1<t_2 \tag{6.21}$$

其中，$\lambda_{01}(t_1)$、$\lambda_{01}(t_2)$、$\lambda_{03}(t_2)$ 为三个基线风险率函数，ω 为个体特定的随机效应

项或脆弱项，β_1、β_2、β_3 为回归系数。通常假设脆弱项 $\omega_i(i=1,2,\cdots,n)$ 是独立同分布的，且 ω_i 的常见分布有伽玛分布 Gamma$(1/\theta,1/\theta)$、逆高斯分布 Inverse Gaussian(θ,θ^2) 或对数正态分布 Log-normal$(0,\theta)$。由于具有伽玛脆弱项的半竞争风险模型的似然函数具有显示表达形式，因此在本书中，我们仅假设脆弱项 ω 服从均值为 1，方差为 θ 的伽玛分布 Gamma$(1/\theta,1/\theta)$，即

$$g(\omega)=\frac{\omega^{(1/\theta-1)}\exp(-\omega/\theta)}{\Gamma(1/\theta)\theta^{1/\theta}},\theta>0$$

并且仅展示具有伽玛脆弱项的半竞争风险模型式(6.19)-式(6.21)的估计过程。需要注意的是，伽玛脆弱分布的参数 θ 表示非终止事件时间和终止事件时间之间的依赖性，θ 越大表示依赖性越强。为了后续表达简便，我们将所有的回归参数表示为 $\boldsymbol{\beta}=(\beta_1,\beta_2,\beta_3)$，令 $\boldsymbol{\Lambda}_0=(\Lambda_{01},\Lambda_{02},\Lambda_{03})$ 表示三个基线风险率函数，并且我们将半竞争风险模型的三个部分的参数整理为 $\boldsymbol{\alpha}=(\theta,\boldsymbol{\beta},\boldsymbol{\Lambda}_0)$。

6.5.2 半竞争风险模型的轮廓 MM 算法

根据式(6.19)-式(6.21)，具有伽玛脆弱项的半竞争风险模型的似然函数为

$$\begin{aligned}
&L(\theta,\boldsymbol{\beta},\boldsymbol{\Lambda}_0|Y_{\text{obs}})\\
=&\prod_{i=1}^{n}\{[\lambda_{01}(Y_{i1})]^{\delta_{i1}}[\lambda_{02}(Y_{i2})]^{\delta_{i2}(1-\delta_{i1})}[\lambda_{03}(Y_{i2})]^{\delta_{i1}\delta_{i2}}(1+\theta)^{\delta_{i1}\delta_{i2}}\cdot\\
&\exp[\delta_{i1}\beta_1x_i+\delta_{i2}(1-\delta_{i1})\beta_2x_i+\delta_{i1}\delta_{i2}\beta_3x_i]\cdot\\
&\{1+\theta[\Lambda_{01}(Y_{i1})\exp(\beta_1x_i)+\Lambda_{02}(Y_{i2})\exp(\beta_2x_i)+\\
&\Lambda_{03}(Y_{i1},Y_{i2})\exp(\beta_3x_i)]\}^{-\frac{1}{\theta}-\delta_{i1}-\delta_{i2}}\}
\end{aligned}$$

对上式两端分别取对数，则其相应的目标对数似然函数为

$$\begin{aligned}
&l(\theta,\boldsymbol{\beta},\boldsymbol{\Lambda}_0|Y_{\text{obs}})\\
=&\sum_{i=1}^{n}\{\delta_{i1}\ln\lambda_{01}(Y_{i1})+\delta_{i2}(1-\delta_{i1})\ln\lambda_{02}(Y_{i2})+\delta_{i1}\delta_{i2}\ln\lambda_{03}(Y_{i2})+\\
&\delta_{i1}\beta_1x_i+\delta_{i2}(1-\delta_{i1})\beta_2x_i+\delta_{i1}\delta_{i2}\beta_3x_i+\delta_{i1}\delta_{i2}\ln(1+\theta)-\\
&\left(\frac{1}{\theta}+\delta_{i1}+\delta_{i2}\right)\ln\{1+\theta[\Lambda_{01}(Y_{i1})\exp(\beta_1x_1)+\Lambda_{02}(Y_{i2})\exp(\beta_2x_i)+\\
&\Lambda_{03}(Y_{i1},Y_{i2})\exp(\beta_3x_i)]\}\}
\end{aligned}$$

基于 MM 算法原理，我们有必要为目标对数似然函数 $l(\theta,\boldsymbol{\beta},\boldsymbol{\Lambda}_0|Y_{\text{obs}})$ 构造一个适合的替代函数。首先，我们定义

$$\begin{aligned}
A_i^{(k)}=1+\theta^{(k)}[&\Lambda_{01}^{(k)}(Y_{i1})\exp(\beta_1^{(k)}x_i)+\Lambda_{02}^{(k)}(Y_{i2})\exp(\beta_2^{(k)}x_i)+\\
&\Lambda_{01}^{(k)}(Y_{i1},Y_{i2})\exp(\beta_3^{(k)}x_i)]
\end{aligned}$$

然后运用支撑超平面不等式 $-\ln x \geqslant -\ln x_0 - (x-x_0)/x_0$ 来处理目标对数似然函数的最后一项，即可得 $l(\theta,\boldsymbol{\beta},\boldsymbol{\Lambda}_0 \mid Y_{\text{obs}})$ 暂时的替代函数为

$$
\begin{aligned}
& Q_1(\theta,\boldsymbol{\beta},\boldsymbol{\Lambda}_0 \mid \theta^{(k)},\boldsymbol{\beta}^{(k)},\boldsymbol{\Lambda}_0^{(k)}) \\
= & \sum_{i=1}^{n}\Big\{\delta_{01}\ln\lambda_{01}(Y_{i1})+\delta_{i2}(1-\delta_{i1})\ln\lambda_{02}(Y_{i2})+\delta_{i1}\delta_{i2}\ln\lambda_{03}(Y_{i2})+\delta_{i1}\beta_1 x_i+ \\
& \delta_{i2}(1-\delta_{i1})\beta_2 x_i+\delta_{i1}\delta_{i2}\beta_3 x_i+\delta_{i1}\delta_{i2}\ln(1+\theta)-\frac{1}{\theta}\left(\ln A_i^{(k)}+\frac{1}{A_i^{(k)}}-1\right)- \\
& \frac{\Lambda_{01}(Y_{i1})\exp(\beta_1 x_i)+\Lambda_{02}(Y_{i2})\exp(\beta_2 x_i)+\Lambda_{03}(Y_{i1},Y_{i2})\exp(\beta_3 x_i)}{A_i^{(k)}}+c_1- \\
& \frac{(\delta_{i1}+\delta_{i2})\theta[\Lambda_{01}(Y_{i1})\exp(\beta_1 x_i)+\Lambda_{02}(Y_{i2})\exp(\beta_2 x_i)+\Lambda_{03}(Y_{i1},Y_{i2})\exp(\beta_3 x_i)]}{A_i^{(k)}}\Big\}
\end{aligned}
$$

其中，c_1 为一个常数。与 6.3 节类似，我们继续使用轮廓估计方法，在给定 θ 和 β 的情况下，将三个基线风险率函数先从替代函数 $Q_1(\theta,\boldsymbol{\beta},\boldsymbol{\Lambda}_0 \mid \theta^{(k)},\boldsymbol{\beta}^{(k)},\boldsymbol{\Lambda}_0^{(k)})$ 中剖解出来，即可得 Λ_{01}、Λ_{02}、Λ_{03} 的极大似然估计为

$$
\mathrm{d}\hat{\Lambda}_{01}(Y_{i1})=\frac{\delta_{i1}}{\sum_{j=1}^{n} I(Y_{j1}\geqslant Y_{i1})\theta\left(\frac{1}{\theta}+\delta_{i1}+\delta_{i2}\right)\exp(\beta_1 x_j)/A_j^{(k)}}
$$

$$
\mathrm{d}\hat{\Lambda}_{02}(Y_{i2})=\frac{\delta_{i2}(1-\delta_{i1})}{\sum_{j=1}^{n} I(Y_{j2}\geqslant Y_{i2})\theta\left(\frac{1}{\theta}+\delta_{i1}+\delta_{i2}\right)\exp(\beta_2 x_j)/A_j^{(k)}}
$$

$$
\mathrm{d}\hat{\Lambda}_{03}(Y_{i2})=\frac{\delta_{i2}\delta_{i1}}{\sum_{j=1}^{n} I(Y_{j2}\geqslant Y_{i2}>Y_{j1})\theta\left(\frac{1}{\theta}+\delta_{i1}+\delta_{i2}\right)\exp(\beta_3 x_j)/A_j^{(k)}}
$$

进而，将 Λ_{01}、Λ_{02}、Λ_{03} 的估计带回 $Q_1(\theta,\beta,\Lambda_0 \mid \theta^{(k)},\boldsymbol{\beta}^{(k)},\boldsymbol{\Lambda}_0^{(k)})$ 中，得到

$$
\begin{aligned}
& Q_2(\theta,\boldsymbol{\beta} \mid \theta^{(k)},\boldsymbol{\beta}^{(k)},\boldsymbol{\Lambda}_0^{(k)}) \\
= & \sum_{i=1}^{n}\Big\{-\delta_{i1}\ln\left[\sum_{j=1}^{n} I(Y_{j1}\geqslant Y_{i1})\theta\left(\frac{1}{\theta}+\delta_{i1}+\delta_{i2}\right)\exp(\beta_1 x_j)/A_j^{(k)}\right]- \\
& \delta_{i2}(1-\delta_{i1})\ln\left[\sum_{j=1}^{n} I(Y_{j2}\geqslant Y_{i2})\theta\left(\frac{1}{\theta}+\delta_{i1}+\delta_{i2}\right)\exp(\beta_2 x_j)/A_j^{(k)}\right]- \\
& \delta_{i1}\delta_{i2}\ln\left[\sum_{j=1}^{n} I(Y_{j2}\geqslant Y_{i2}>Y_{j1})\theta\left(\frac{1}{\theta}+\delta_{i1}+\delta_{i2}\right)\exp(\beta_3 x_j)/A_j^{(k)}\right]+ \\
& \delta_{i1}\beta_1 x_i+\delta_{i2}(1-\delta_{i1})\beta_2 x_i+\delta_{i1}\delta_{i2}\beta_3 x_i+\delta_{i1}\delta_{i2}\ln(1+\theta)- \\
& \frac{1}{\theta}(\ln A_i^{(k)}+1/A_i^{(k)}-1)+c_2\Big\}
\end{aligned}
$$

其中，c_2 为一个常数。为了后续表达方便，我们进一步定义：

$$B_{1i}^{(k)}=\sum_{j=1}^{n}I(Y_{j1}\geqslant Y_{i1})\theta^{(k)}\left(\frac{1}{\theta^{(k)}}+\delta_{i1}+\delta_{i2}\right)\exp(\beta_1 x_j)/A_j^{(k)}$$

$$B_{2i}^{(k)}=\sum_{j=1}^{n}I(Y_{j2}\geqslant Y_{i2})\theta^{(k)}\left(\frac{1}{\theta^{(k)}}+\delta_{i1}+\delta_{i2}\right)\exp(\beta_2 x_j)/A_j^{(k)}$$

$$B_{3i}^{(k)}=\sum_{j=1}^{n}I(Y_{j2}\geqslant Y_{i2}>Y_{j1})\theta^{(k)}\left(\frac{1}{\theta^{(k)}}+\delta_{i1}+\delta_{i2}\right)\exp(\beta_3 x_j)/A_j^{(k)}$$

再次运用支撑超平面不等式来处理 $Q_2(\theta,\beta|\theta^{(k)},\boldsymbol{\beta}^{(k)},\boldsymbol{\Lambda}_0^{(k)})$ 中的前三项，我们便可得到 $Q_2(\theta,\boldsymbol{\beta}|\theta^{(k)},\boldsymbol{\beta}^{(k)},\boldsymbol{\Lambda}_0^{(k)})$ 的替代函数为

$$\begin{aligned}&Q_3(\theta,\boldsymbol{\beta}|\theta^{(k)},\boldsymbol{\beta}^{(k)},\boldsymbol{\Lambda}_0^{(k)})\\&=\sum_{i=1}^{n}\Bigg\{\delta_{i1}\beta_1 x_i-\frac{\delta_{i1}}{B_{1i}^{(k)}}\sum_{j=1}^{n}I(Y_{j1}\geqslant Y_{i1})\left[\frac{\exp(\beta_1 x_j)}{A_j^{(k)}}+\frac{(\delta_{j1}+\delta_{j2})}{A_j^{(k)}}\theta\exp(\beta_1 x_j)\right]-\\&\quad\frac{\delta_{i1}(1-\delta_{i1})}{B_{2i}^{(k)}}\sum_{j=1}^{n}I(Y_{j2}\geqslant Y_{i2})\left[\frac{\exp(\beta_2 x_j)}{A_j^{(k)}}+\frac{(\delta_{j1}+\delta_{j2})}{A_j^{(k)}}\theta\exp(\beta_2 x_j)\right]-\\&\quad\frac{\delta_{i1}\delta_{i2}}{B_{3i}^{(k)}}\sum_{j=1}^{n}I(Y_{j2}\geqslant Y_{i2}>Y_{j1})\left[\frac{\exp(\beta_3 x_j)}{A_j^{(k)}}+\frac{(\delta_{j1}+\delta_{j2})}{A_j^{(k)}}\theta\exp(\beta_3 x_j)\right]+\\&\quad\delta_{i2}(1-\delta_{i1})\beta_2 x_i+\delta_{i1}\delta_{i2}\beta_3 x_i+\delta_{i1}\delta_{i2}\ln(1+\theta)-\frac{1}{\theta}\left(\ln A_i^{(k)}+\frac{1}{A_i^{(k)}}-1\right)\Bigg\}\end{aligned}$$

此时，为了将脆弱项的参数 θ 与每一个 β_1、β_2 和 β_3 分离，我们进一步将 $Q_3(\theta,\boldsymbol{\beta}|\theta^{(k)},\boldsymbol{\beta}^{(k)},\boldsymbol{\Lambda}_0^{(k)})$ 中的分量 $\theta\exp(\beta_1 x_j)$、$\theta\exp(\beta_2 x_j)$ 和 $\theta\exp(\beta_3 x_j)$ 通过下列不等式进行放缩

$$-\frac{\theta\exp(\beta_r x_j)}{\theta^{(k)}\exp(\beta_r^{(k)}x_j)}\geqslant-\frac{1}{2}\left(\frac{\theta}{\theta^{(k)}}\right)^2-\frac{1}{2}\cdot\frac{\exp(2\beta_r x_j)}{\exp(2\beta_r^{(k)}x_j)},r=1,2,3$$

即可得目标函数最终的替代函数为

$$Q_4(\theta,\boldsymbol{\beta}|\boldsymbol{\alpha}^{(k)})\triangleq Q_4(\theta|\boldsymbol{\alpha}^{(k)})+Q_4(\beta_1|\boldsymbol{\alpha}^{(k)})+Q_4(\beta_2|\boldsymbol{\alpha}^{(k)})+Q_4(\beta_3|\boldsymbol{\alpha}^{(k)})$$

其中，

$$\begin{aligned}Q_4(\theta|\boldsymbol{\alpha}^{(k)})=&\sum_{i=1}^{n}\Bigg\{\delta_{i1}\delta_{i2}\ln(1+\theta)-\frac{1}{\theta}\left(\ln A_i^{(k)}+\frac{1}{A_i^{(k)}}-1\right)-\\&\frac{\theta^2}{2\theta^{(k)}}\Bigg[\frac{\delta_{i1}}{B_{1i}^{(k)}}\sum_{j=1}^{n}I(Y_{j1}\geqslant Y_{i1})\frac{(\delta_{j1}+\delta_{j2})\exp(\beta_1^{(k)}x_j)}{A_j^{(k)}}+\\&\frac{\delta_{i2}(1-\delta_{i1})}{B_{2i}^{(k)}}\sum_{j=1}^{n}I(Y_{j2}\geqslant Y_{i2})\frac{(\delta_{j1}+\delta_{j2})\exp(\beta_2^{(k)}x_j)}{A_j^{(k)}}+\end{aligned}$$

$$\left.\left.\frac{\delta_{i1}\delta_{i2}}{B_{3i}^{(k)}}\sum_{j=1}^{n}I(Y_{j2}\geqslant Y_{i2}>Y_{j1})\frac{(\delta_{j1}+\delta_{j2})\exp(\beta_3^{(k)}x_j)}{A_j^{(k)}}\right]\right\}$$

$$Q_4(\beta_1\,|\,\boldsymbol{\alpha}^{(k)})$$

$$=\sum_{i=1}^{n}\left\{\delta_{i1}\beta_1x_i-\frac{\delta_{i1}}{B_{1i}^{(k)}}\sum_{j=1}^{n}I(Y_{j1}\geqslant Y_{i1})\left[\frac{\exp(\beta_1x_j)}{A_j^{(k)}}+\frac{\theta^{(k)}(\delta_{j1}+\delta_{j2})\exp(2\beta_1x_j)}{2A_j^{(k)}\exp(\beta_1^{(k)}x_j)}\right]\right\}$$

$$Q_4(\beta_2\,|\,\boldsymbol{\alpha}^{(k)})$$

$$=\sum_{i=1}^{n}\{\delta_{i2}(1-\delta_{i1})\beta_2x_i-$$

$$\left.\frac{\delta_{i2}(1-\delta_{i1})}{B_{2i}^{(k)}}\sum_{j=1}^{n}I(Y_{j2}\geqslant Y_{i2})\left[\frac{\exp(\beta_2x_j)}{A_j^{(k)}}+\frac{\theta^{(k)}(\delta_{j1}+\delta_{j2})\exp(2\beta_2x_j)}{2A_j^{(k)}\exp(\beta_2^{(k)}x_i)}\right]\right\}$$

$$Q_4(\beta_3\,|\,\boldsymbol{\alpha}^{(k)})$$

$$=\sum_{i=1}^{n}\Bigg\{\delta_{i1}\delta_{i2}\beta_3x_i-$$

$$\left.\frac{\delta_{i1}\delta_{i2}}{B_{3i}^{(k)}}\sum_{j=1}^{n}I(Y_{j2}\geqslant Y_{i2}>Y_{j1})\left[\frac{\exp(\beta_3x_j)}{A_j^{(k)}}+\frac{\theta^{(k)}(\delta_{j1}+\delta_{j2})\exp(2\beta_3x_j)}{2A_j^{(k)}\exp(\beta_3^{(k)}x_j)}\right]\right\}$$

从最终的替代函数 $Q_4(\theta,\boldsymbol{\beta}\,|\,\boldsymbol{\alpha}^{(k)})$可以看出，脆弱项的参数 θ 与回归参数 β_1、β_2 和 β_3 已经相互分离。因此，MM 算法的下一个极大化步骤只涉及一系列单变量优化问题，巧妙地避开了矩阵求逆的困难。

6.6 比例优势模型

6.6.1 比例优势模型概述

假设 T 为失效时间，$\boldsymbol{X}$ 为 p 维的协变量向量，$\boldsymbol{\beta}$ 为相应的协变量系数，则给定协变量向量 $\boldsymbol{X}$ 时，关于失效时间 T 的比例优势模型为

$$\operatorname{logit}(F(t\,|\,\boldsymbol{X}))=\ln\Lambda_0(t)+\boldsymbol{X}^{\mathrm{T}}\boldsymbol{\beta}$$

其中，$F(t\,|\,\boldsymbol{X})$表示给定 $\boldsymbol{X}$ 时时间点 t 的累积分布函数，$\Lambda_0(t)$表示累积基线风险率函数，且 $\operatorname{logit}(x)=\ln\dfrac{x}{1-x}$。基于上述假设，我们很容易得到比例优势模型下给定 $\boldsymbol{X}$ 时 t 的生存函数、密度函数和风险率函数分别为

$$S(t|\boldsymbol{X})=\frac{1}{1+\Lambda_0(t)\exp(\boldsymbol{X}^{\mathrm{T}}\boldsymbol{\beta})}$$

$$f(t|\boldsymbol{X})=\frac{\lambda_0(t)\exp(\boldsymbol{X}^{\mathrm{T}}\boldsymbol{\beta})}{[1+\Lambda_0(t)\exp(\boldsymbol{X}^{\mathrm{T}}\boldsymbol{\beta})]^2}$$

$$\lambda(t|\boldsymbol{X})=\frac{\lambda_0(t)\exp(\boldsymbol{X}^{\mathrm{T}}\boldsymbol{\beta})}{1+\Lambda_0(t)\exp(\boldsymbol{X}^{\mathrm{T}}\boldsymbol{\beta})}$$

其中，$\lambda_0(t)=\mathrm{d}\Lambda_0(t)/\mathrm{d}t$。

假设某失效时间研究中包含 n 个独立的观测个体，失效时间 T 具有右删失结构。令 T_i、C_i 和 $\boldsymbol{X}_i=(x_{i1},x_{i2},\cdots,x_{iq})^{\mathrm{T}}$ 分别为第 i 个个体的失效时间、删失时间和协变量向量，且 T_i 和 C_i 是相互独立的，β 为协变量向量的系数，$t_i=\min(T_i,C_i)$表示事件的观测时间，$\delta_i=I(T_i\leqslant C_i)$为右删失指标，其相应的观测数据可以整理为 $Y_{\mathrm{obs}}=\{t_i,\delta_i,\boldsymbol{X}_i;i=1,2,\cdots,n\}$，则比例优势模型的观测似然函数可表示为

$$L(\Lambda_0,\boldsymbol{\beta}|Y_{\mathrm{obs}})=\prod_{i=1}^{n}\left[\frac{\lambda_0(t_i)\exp(\boldsymbol{X}_i^{\mathrm{T}}\boldsymbol{\beta})}{1+\Lambda_0(t_i)\exp(\boldsymbol{X}_i^{\mathrm{T}}\boldsymbol{\beta})}\right]^{\delta_i}\cdot\frac{1}{1+\Lambda_0(t_i)\exp(\boldsymbol{X}_i^{\mathrm{T}}\boldsymbol{\beta})}$$

对上式两端分别取对数，其相应的目标对数似然函数为

$$\begin{aligned}&l(\Lambda_0,\boldsymbol{\beta}|Y_{\mathrm{obs}})\\&=\sum_{i=1}^{n}\{\delta_i\ln\lambda_0(t_i)+\delta_i\boldsymbol{X}_i^{\mathrm{T}}\boldsymbol{\beta}-(\delta_i+1)\ln[1+\Lambda_0(t_i)\exp(\boldsymbol{X}_i^{\mathrm{T}}\boldsymbol{\beta})]\}\end{aligned}\qquad(6.22)$$

6.6.2 比例优势模型的轮廓 MM 算法

由于比例优势模型的目标对数似然函数中包含非参数的基线风险率函数部分，因此仍然可以使用轮廓估计方法。在本节我们先介绍比例优势模型的轮廓 MM 算法。基于 MM 算法原理，我们的第一个 M 步是为目标对数似然函数 $l(\Lambda_0,\boldsymbol{\beta}|Y_{\mathrm{obs}})$构造一个适合的替代函数。首先，我们运用支撑超平面不等式

$$-\ln x\geqslant-\ln x_0-\frac{x-x_0}{x_0}$$

来处理 $l(\Lambda_0,\boldsymbol{\beta}|Y_{\mathrm{obs}})$的第三项，并定义 $A_i^{(k)}=1+\Lambda_0^{(k)}(t_i)\exp(\boldsymbol{X}_i^{\mathrm{T}}\boldsymbol{\beta}^{(k)})$，进而根据

$$\begin{aligned}-(\delta_i+1)\ln[1+\Lambda_0(t_i)\exp(X_i^{\mathrm{T}}\boldsymbol{\beta})]\geqslant&-(\delta_i+1)\ln A_i^{(k)}-\\&(\delta_i+1)\frac{1+\Lambda_0(t_i)\exp(\boldsymbol{X}_i^{\mathrm{T}}\boldsymbol{\beta})-A_i^{(k)}}{A_i^{(k)}}\end{aligned}$$

我们有

$$Q_{11}(\Lambda_0,\boldsymbol{\beta}\mid\Lambda_0^{(k)},\boldsymbol{\beta}^{(k)})=\sum_{i=1}^{n}\left[\delta_i\ln\lambda_0(t_i)+\delta_i\boldsymbol{X}_i^{\mathrm{T}}\boldsymbol{\beta}-\frac{(\delta_i+1)\Lambda_0(t_i)\exp(\boldsymbol{X}_i^{\mathrm{T}}\boldsymbol{\beta})}{A_i^{(k)}}\right]$$

此时，运用轮廓估计方法将 Λ_0 从 $Q_{11}(\Lambda_0,\boldsymbol{\beta}\mid\Lambda_0^{(k)},\boldsymbol{\beta}^{(k)})$ 中剖解出来，即当给定 $\boldsymbol{\beta}$ 时，我们可以得到 Λ_0 的估计为

$$\mathrm{d}\hat{\Lambda}_0(t_i)=\frac{\delta_i}{\sum_{j=1}^{n}I(t_j\geqslant t_i)(\delta_i+1)\exp(\boldsymbol{X}_j^{\mathrm{T}}\boldsymbol{\beta})/A_i^{(k)}}\tag{6.23}$$

接下来将式(6.23)带回 $Q_{11}(\Lambda_0,\boldsymbol{\beta}\mid\Lambda_0^{(k)},\boldsymbol{\beta}^{(k)})$，我们得到仅与回归参数 $\boldsymbol{\beta}$ 有关的目标函数 $Q_{12}(\boldsymbol{\beta}\mid\Lambda_0^{(k)},\boldsymbol{\beta}^{(k)})$ 如下：

$$\begin{aligned}&Q_{12}(\boldsymbol{\beta}\mid\Lambda_0^{(k)},\boldsymbol{\beta}^{(k)})\\&=\sum_{i=1}^{n}\delta_i\boldsymbol{X}_i^{\mathrm{T}}\boldsymbol{\beta}-\sum_{i=1}^{n}\left\{\delta_i\ln\left[\sum_{j=1}^{n}I(t_j\geqslant t_i)(\delta_j+1)\exp(\boldsymbol{X}_j^{\mathrm{T}}\boldsymbol{\beta})/A_j^{(k)}\right]\right\}+c_1\end{aligned}$$

其中，c_1 为一个常数。令 $B_i^{(k)}=\sum_{j=1}^{n}I(t_j\geqslant t_i)(\delta_j+1)\exp(\boldsymbol{X}_j^{\mathrm{T}}\boldsymbol{\beta}^{(k)})/A_j^{(k)}$，继续使用支撑超平面不等式来极小化 $Q_{12}(\boldsymbol{\beta}\mid\Lambda_0^{(k)},\boldsymbol{\beta}^{(k)})$ 中的第二项，可得到 $Q_{12}(\boldsymbol{\beta}\mid\Lambda_0^{(k)},\boldsymbol{\beta}^{(k)})$ 暂时的替代函数为

$$\begin{aligned}&Q_{13}(\boldsymbol{\beta}\mid\Lambda_0^{(k)},\boldsymbol{\beta}^{(k)})\\&=\sum_{i=1}^{n}\delta_i\boldsymbol{X}_i^{\mathrm{T}}\boldsymbol{\beta}-\sum_{i=1}^{n}\frac{\delta_i\sum_{j=1}^{n}I(t_j\geqslant t_i)(\delta_j+1)\exp(\boldsymbol{X}_j^{\mathrm{T}}\boldsymbol{\beta})/A_j^{(k)}}{B_i^{(k)}}+c_2\end{aligned}$$

其中，c_2 为一个常数。考虑到协变量 $\boldsymbol{X}_j^{\mathrm{T}}$ 是高维的情形，因此，为了更方便地更新 $\boldsymbol{\beta}$，我们令 $\omega_{pj}=|x_{pj}|/\sum_{p=1}^{q}|x_{pj}|$，把 $\boldsymbol{X}_j^{\mathrm{T}}\boldsymbol{\beta}$ 改写为

$$\boldsymbol{X}_j^{\mathrm{T}}\boldsymbol{\beta}=\sum_{p=1}^{q}\omega_{pj}\left[\omega_{pj}^{-1}x_{pj}(\beta_p-\beta_p^{(k)})+\boldsymbol{X}_j^{\mathrm{T}}\boldsymbol{\beta}^{(k)}\right]$$

进而将 Jensen 不等式应用于 $Q_{13}(\boldsymbol{\beta}\mid\Lambda_0^{(k)},\boldsymbol{\beta}^{(k)})$ 中的凹函数 $-\exp(\boldsymbol{X}_j^{\mathrm{T}}\boldsymbol{\beta})$ 部分，则可得 $Q_{13}(\boldsymbol{\beta}\mid\Lambda_0^{(k)},\boldsymbol{\beta}^{(k)})$ 的替代函数为

$$Q_{14}(\beta_1,\beta_2,\cdots,\beta_q\mid\Lambda_0^{(k)},\boldsymbol{\beta}^{(k)})\triangleq\sum_{p=1}^{q}Q_{14p}(\beta_p\mid\Lambda_0^{(k)},\boldsymbol{\beta}^{(k)})$$

其中，

$$
\begin{aligned}
&Q_{14p}(\beta_p \mid \Lambda_0^{(k)}, \boldsymbol{\beta}^{(k)}) \\
&= \sum_{i=1}^{n} \delta_i x_{ip} \beta_p - \sum_{i=1}^{n} \frac{\delta_i \sum_{j=1}^{n} I(t_j \geqslant t_i)(\delta_j + 1)\omega_{pj} \exp[\omega_{pj}^{-1} x_{pj}(\beta_p - \beta_p^{(k)}) + \boldsymbol{X}_j^{\mathrm{T}} \boldsymbol{\beta}^{(k)}] / A_j^{(k)}}{B_i^{(k)}}
\end{aligned}
$$

此时,模型中所有回归系数都已经完全分离,因此 MM 算法的下一个极大化步骤可直接利用牛顿-拉弗森算法对每一个单变量函数进行极大化求解,高维矩阵求逆的运算也可巧妙地避开。

6.6.3　比例优势模型的非轮廓 MM 算法

在本小节中,我们介绍比例优势模型的非轮廓 MM 算法。同样地,我们的第一个 M 步是针对目标对数似然函数 $l(\Lambda_0, \boldsymbol{\beta} \mid Y_{\text{obs}})$ 构造一个适合的替代函数。与前一小节中轮廓 MM 算法的构造步骤类似,我们首先运用支撑超平面不等式来处理 $l(\Lambda_0, \boldsymbol{\beta} \mid Y_{\text{obs}})$ 的第三项,即可得暂时的替代函数为

$$
Q_{21}(\Lambda_0, \boldsymbol{\beta} \mid \Lambda_0^{(k)}, \boldsymbol{\beta}^{(k)}) = \sum_{i=1}^{n} \left[\delta_i \ln \lambda_0(t_i) + \delta_i \boldsymbol{X}_i^{\mathrm{T}} \boldsymbol{\beta} - \frac{(\delta_i + 1)\Lambda_0(t_i)\exp(\boldsymbol{X}_i^{\mathrm{T}} \boldsymbol{\beta})}{A_i^{(k)}} \right]
$$

其中,$A_i^{(k)} = 1 + \Lambda_0^{(k)}(t_i)\exp(\boldsymbol{X}_i^{\mathrm{T}} \boldsymbol{\beta}^{(k)})$。紧接着,我们运用算术-几何均值不等式

$$
-\prod_{i=1}^{n} x_i^{a_i} \geqslant -\sum_{i=1}^{n} \frac{a_i}{\|\boldsymbol{a}\|_1} x_i^{\|\boldsymbol{a}\|_1}
$$

来极小化 $Q_{21}(\Lambda_0, \boldsymbol{\beta} \mid \Lambda_0^{(k)}, \boldsymbol{\beta}^{(k)})$,即令 $x_1 = \Lambda_0(t_i)/\Lambda_0^{(k)}(t_i)$,$x_2 = \exp(\boldsymbol{X}_i^{\mathrm{T}} \boldsymbol{\beta})/\exp(\boldsymbol{X}_i^{\mathrm{T}} \boldsymbol{\beta}^{(k)})$,则有如下放缩形式:

$$
-\frac{\Lambda_0(t_i)\exp(\boldsymbol{X}_i^{\mathrm{T}} \boldsymbol{\beta})}{\Lambda_0^{(k)}(t_i)\exp(\boldsymbol{X}_i^{\mathrm{T}} \boldsymbol{\beta}^{(k)})} \geqslant -\frac{\Lambda_0^2(t_i)}{2[\Lambda_0^{(k)}(t_i)]^2} - \frac{\exp(2\boldsymbol{X}_i^{\mathrm{T}} \boldsymbol{\beta})}{2\exp(2\boldsymbol{X}_i^{\mathrm{T}} \boldsymbol{\beta}^{(k)})}
$$

经过整理,我们有

$$
-\Lambda_0(t_i)\exp(\boldsymbol{X}_i^{\mathrm{T}} \boldsymbol{\beta}) \geqslant -\frac{\exp(\boldsymbol{X}_i^{\mathrm{T}} \boldsymbol{\beta}^{(k)})}{2\Lambda_0^{(k)}(t_i)} \Lambda_0^2(t_i) - \frac{\Lambda_0^{(k)}(t_i)}{2\exp(\boldsymbol{X}_i^{\mathrm{T}} \boldsymbol{\beta}^{(k)})} \exp(2\boldsymbol{X}_i^{\mathrm{T}} \boldsymbol{\beta})
$$

进而可得 $Q_{21}(\Lambda_0, \boldsymbol{\beta} \mid \Lambda_0^{(k)}, \boldsymbol{\beta}^{(k)})$ 的替代函数为

$$
Q_{22}(\Lambda_0, \boldsymbol{\beta} \mid \Lambda_0^{(k)}, \boldsymbol{\beta}^{(k)}) = Q_{22}(\Lambda_0 \mid \Lambda_0^{(k)}, \boldsymbol{\beta}^{(k)}) + Q_{22}(\boldsymbol{\beta} \mid \Lambda_0^{(k)}, \boldsymbol{\beta}^{(k)})
$$

其中,

$$
Q_{22}(\Lambda_0 \mid \Lambda_0^{(k)}, \boldsymbol{\beta}^{(k)}) = \sum_{i=1}^{n} \delta_i \ln \lambda_0(t_i) - \sum_{i=1}^{n} \frac{(\delta_i + 1)\exp(\boldsymbol{X}_i^{\mathrm{T}} \boldsymbol{\beta}^{(k)})}{2A_i^{(k)} \Lambda_0^{(k)}(t_i)} \Lambda_0^2(t_i)
$$

$$
Q_{22}(\boldsymbol{\beta} \mid \Lambda_0^{(k)}, \boldsymbol{\beta}^{(k)}) = \sum_{i=1}^{n} \delta_i \boldsymbol{X}_i^{\mathrm{T}} \boldsymbol{\beta} - \sum_{i=1}^{n} \frac{(\delta_i + 1)\Lambda_0^{(k)}(t_i)}{2A_i^{(k)} \exp(\boldsymbol{X}_i^{\mathrm{T}} \boldsymbol{\beta}^{(k)})} \exp(2\boldsymbol{X}_i^{\mathrm{T}} \boldsymbol{\beta})
$$

此时，直接令$\dfrac{\partial Q_{14}(\Lambda_0|\Lambda_0^{(k)},\boldsymbol{\beta}^{(k)})}{\partial\lambda_0(t_i)}=0$，即可得$\lambda_0(t_i)$的估计为

$$\mathrm{d}\hat{\Lambda}_0(t_i)=\frac{\delta_i}{\sum_{j=1}^{n}I(t_j\geqslant t_i)(\delta_j+1)\exp(\boldsymbol{X}_j^{\mathrm{T}}\boldsymbol{\beta})/A_j^{(k)}}$$

对于替代函数$Q_{22}(\Lambda_0,\boldsymbol{\beta}|\Lambda_0^{(k)},\boldsymbol{\beta}^{(k)})$的第二部分$Q_{22}(\boldsymbol{\beta}|\Lambda_0^{(k)},\boldsymbol{\beta}^{(k)})$，考虑到协变量$\boldsymbol{X}_i^{\mathrm{T}}$有可能是高维的情形，我们继续分离高维的回归向量$\boldsymbol{\beta}$，即令$\omega_{pi}=|x_{pi}|/\sum_{p=1}^{q}|x_{pi}|$，把$2\boldsymbol{X}_i^{\mathrm{T}}\boldsymbol{\beta}$改写为

$$2\boldsymbol{X}_i^{\mathrm{T}}\boldsymbol{\beta}=\sum_{p=1}^{q}\omega_{pi}\left[2\omega_{pi}^{-1}x_{pi}(\beta_p-\beta_p^{(k)})+2\boldsymbol{X}_i^{\mathrm{T}}\boldsymbol{\beta}^{(k)}\right]$$

进而将Jensen不等式应用于$Q_{22}(\boldsymbol{\beta}|\Lambda_0^{(k)},\boldsymbol{\beta}^{(k)})$中的凹函数部分$-\exp(2\boldsymbol{X}_i^{\mathrm{T}}\boldsymbol{\beta})$，则可得$Q_{22}(\boldsymbol{\beta}|\Lambda_0^{(k)},\boldsymbol{\beta}^{(k)})$的替代函数为

$$Q_{23}(\beta_1,\beta_2,\cdots,\beta_q|\Lambda_0^{(k)},\boldsymbol{\beta}^{(k)})\triangleq\sum_{p=1}^{q}Q_{23p}(\beta_p|\Lambda_0^{(k)},\boldsymbol{\beta}^{(k)})$$

其中，

$$\begin{aligned}&Q_{23p}(\beta_p|\Lambda_0^{(k)},\boldsymbol{\beta}^{(k)})\\&=\sum_{i=1}^{n}\left\{\delta_i x_{ip}\beta_p-\frac{(\delta_i+1)\Lambda_0^{(k)}(t_i)\omega_{pi}\exp\left[2\omega_{pi}^{-1}x_{pi}(\beta_p-\beta_p^{(k)})+2\boldsymbol{X}_i^{\mathrm{T}}\boldsymbol{\beta}^{(k)}\right]}{2A_i^{(k)}\exp(\boldsymbol{X}_i^{\mathrm{T}}\boldsymbol{\beta}^{(k)})}\right\}\end{aligned}$$

综上可知，比例优势模型的目标对数似然函数$l(\Lambda_0,\boldsymbol{\beta}|\boldsymbol{Y}_{\mathrm{obs}})$最终的替代函数表达式可以整理为

$$Q_3(\Lambda_0,\beta_1,\beta_2,\cdots,\beta_q|\Lambda_0^{(k)},\boldsymbol{\beta}^{(k)})=Q_{22}(\Lambda_0|\Lambda_0^{(k)},\boldsymbol{\beta}^{(k)})+\sum_{p=1}^{q}Q_{23p}(\beta_p|\Lambda_0^{(k)},\boldsymbol{\beta}^{(k)})$$

轮廓MM算法和非轮廓MM方法都将目标函数分解为一系列单变量函数之和，这使得下一个极大化步骤比直接极大化目标对数似然函数更为简单。值得注意的是，参数分离的特性是MM算法的优点之一，在极大化步骤中它可以很容易地结合拟牛顿法和其他现成加速器来提高算法的计算效率。

6.6.4 比例优势模型高维回归向量的变量选择

前面两个章节中所构造的轮廓MM方法和非轮廓MM算法已成功地将高维的回归系数完全分离，这一参数分离的特性在处理高维回归问题时具有明显的优势，同时，正则化方法往往能有效地压缩高维回归系数。在本小节中，我们继续对比例优势模型考虑正则化估计问题，其目标惩罚对数似然函数可表示为

$$l^P(\Lambda_0,\boldsymbol{\beta}\,|\,Y_{\text{obs}})=l(\Lambda_0,\boldsymbol{\beta}\,|\,Y_{\text{obs}})-n\sum_{p=1}^{q}P(|\beta_p|,\lambda) \tag{6.24}$$

式(6.4)中，$l(\Lambda_0,\boldsymbol{\beta}\,|\,Y_{\text{obs}})$为 6.6.1 节中脆弱模型的对数似然函数式(6.22)，q 为回归向量 $\boldsymbol{\beta}$ 的维度，$P(\cdot,\lambda)$为非负的凹性惩罚函数，$\lambda\geqslant 0$ 为调节参数。6.6.2 节和 6.6.3 节所构造的两个 MM 算法已将式(6.24)中 $l(\Lambda_0,\boldsymbol{\beta}\,|\,Y_{\text{obs}})$的所有参数完全分离，因此，基于轮廓 MM 算法和非轮廓 MM 算法，我们可得式(6.24)暂时的替代函数分别为

$$\begin{cases}Q_1^P(\boldsymbol{\beta}\,|\,\Lambda_0^{(k)},\boldsymbol{\beta}^{(k)})=\displaystyle\sum_{p=1}^{q}Q_{14p}(\beta_p\,|\,\Lambda_0^{(k)},\boldsymbol{\beta}^{(k)})-n\sum_{p=1}^{q}P(|\beta_p|,\lambda)\\ \lambda_0^{(k+1)}(t_i)=\dfrac{\delta_i}{\displaystyle\sum_{j=1}^{n}I(t_j\geqslant t_i)(\delta_i+1)\exp(\boldsymbol{X}_j^{\mathrm{T}}\boldsymbol{\beta}^{(k)})/A_i^{(k)}}\end{cases} \tag{6.25}$$

和

$$\begin{cases}Q_2^P(\boldsymbol{\beta}\,|\,\Lambda_0^{(k)},\boldsymbol{\beta}^{(k)})=Q_{22}(\Lambda_0\,|\,\Lambda_0^{(k)},\boldsymbol{\beta}^{(k)})+\displaystyle\sum_{p=1}^{q}Q_{23p}(\beta_p\,|\,\Lambda_0^{(k)},\boldsymbol{\beta}^{(k)})-n\sum_{p=1}^{q}P(|\beta_p|,\lambda)\\ \lambda_0^{(k+1)}(t_i)=\dfrac{\delta_i}{\displaystyle\sum_{j=1}^{n}I(t_j\geqslant t_i)(\delta_j+1)\exp(\boldsymbol{X}_j^{\mathrm{T}}\boldsymbol{\beta}^{(k)})/A_j^{(k)}}\end{cases} \tag{6.26}$$

式中 $Q_{14p}(\beta_p\,|\,\Lambda_0^{(k)},\beta^{(k)})$、$Q_{22}(\Lambda_0\,|\,\Lambda_0^{(k)},\beta^{(k)})$与 $Q_{23p}(\beta_p\,|\,\Lambda^{(k)},\beta^{(k)})$的具体表达式可参见 6.6.2 节和 6.6.3 节。接下来的任务是处理 $Q_1^P(\boldsymbol{\beta}\,|\,\Lambda_0^{(k)},\boldsymbol{\beta}^{(k)})$和 $Q_2^P(\boldsymbol{\beta}\,|\,\Lambda_0^{(k)},\boldsymbol{\beta}^{(k)})$中的惩罚项。当惩罚函数 $P(\cdot,\lambda)$是$(0,\infty)$上的分段可微、非递减的凹性函数(如 MCP 和 SCAD 惩罚函数)时，惩罚项$-P(\cdot,\lambda)$可通过局部二次逼近进行放缩，即

$$-P(|\beta_p|,\lambda)\geqslant -P(|\beta_p^{(k)}|,\lambda)-\frac{[\beta_p^2-(\beta_p^{(k)})^2]P'(|\beta_p^{(k)}|_+,\lambda)}{2|\beta_p^{(k)}|} \tag{6.27}$$

将式(6.27)分别合并到式(6.25)和式(6.26)中，因此，基于轮廓 MM 算法和非轮廓 MM 算法，我们可得目标惩罚对数似然函数 $l^P(\Lambda_0,\boldsymbol{\beta}\,|\,Y_{\text{obs}})$最终的替代函数分别为

$$\begin{cases}Q_{\text{pro}}^P(\boldsymbol{\beta}\,|\,\Lambda_0^{(k)},\boldsymbol{\beta}^{(k)},\lambda)=\displaystyle\sum_{p=1}^{q}Q_{14p}(\beta_p\,|\,\Lambda_0^{(k)},\boldsymbol{\beta}^{(k)})-n\sum_{p=1}^{q}\frac{\beta_p^2P'(|\beta_p^{(k)}|_+,\lambda)}{2|\beta_p^{(k)}|}+c_2\\ \lambda_0^{(k+1)}(t_i)=\dfrac{\delta_i}{\displaystyle\sum_{j=1}^{n}I(t_j\geqslant t_i)(\delta_i+1)\exp(\boldsymbol{X}_j^{\mathrm{T}}\boldsymbol{\beta}^{(k)})/A_i^{(k)}}\end{cases}$$

和

$$
\begin{cases}
Q_{\text{nonpro}}^{P}(\boldsymbol{\beta} \mid \Lambda_0^{(k)},\boldsymbol{\beta}^{(k)},\lambda)=Q_{22}(\Lambda_0 \mid \Lambda_0^{(k)},\boldsymbol{\beta}^{(k)})+\sum_{p=1}^{q} Q_{23p}(\beta_p \mid \Lambda_0^{(k)},\boldsymbol{\beta}^{(k)})- \\
\qquad n\sum_{p=1}^{q}\dfrac{\beta_p^2 P'(|\beta_p^{(k)}|_+,\lambda)}{2|\beta_p^{(k)}|}+c_2 \\
\lambda_0^{(k+1)}(t_i)=\dfrac{\delta_i}{\sum_{j=1}^{n} I(t_j \geqslant t_i)(\delta_i+1)\exp(\boldsymbol{X}_j^{\mathrm{T}}\boldsymbol{\beta}^{(k)})/A_i^{(k)}}
\end{cases}
$$

其中，$c_2=n\sum_{p=1}^{q}[|\beta_p^{(k)}|P'(|\beta_p^{(k)}|_+,\lambda)/2-P(|\beta_p^{(k)}|,\lambda)]$不包含任何待估参数，可以从式子中省略。

6.7　混合比例优势模型

6.7.1　混合比例优势模型概述

假设 T 为事件时间，$\boldsymbol{X}_i$ 为第 i 个个体的协变量向量，维度为 q，$\boldsymbol{\beta}$ 为相应的回归系数，则给定协变量 $\boldsymbol{X}$ 时，比例优势模型给出的 T 在时刻 t 的风险率函数为

$$
\lambda_i(t \mid \boldsymbol{X})=\frac{\lambda_0(t)\exp(\boldsymbol{X}_i^{\mathrm{T}}\boldsymbol{\beta})}{1+\Lambda_0(t)\exp(\boldsymbol{X}_i^{\mathrm{T}}\boldsymbol{\beta})} \tag{6.28}
$$

在比例优势模型中，回归向量 $\boldsymbol{\beta}$ 常常通过条件风险率函数来表达协变量向量 $\boldsymbol{X}_i$ 对事件时间的影响。通常情况下，人们假定回归向量 $\boldsymbol{\beta}$ 对总体中的所有受试者都是相同的，如模型假设式(6.28)。然而，在实践中，受试者大多情况下来自不同的亚组，且协变量效应对不同亚组的影响程度各不相同，此时，上述比例优势模型可调整为以下具有个体特异性治疗效应的比例优势模型：

$$
\lambda_i(t \mid \boldsymbol{X})=\frac{\lambda_0(t)\exp(\boldsymbol{X}_i^{\mathrm{T}}\boldsymbol{\beta}_i)}{1+\Lambda_0(t)\exp(\boldsymbol{X}_i^{\mathrm{T}}\boldsymbol{\beta}_i)}
$$

在该模型中，我们假设受试者的治疗效应是具有个体特异的，其真实的样本观测数据是来自 M 个未知的子组，且子组数目 $M(M<n)$是未知的，来自同一个亚组的受试个体具有相同的治疗效应。为了便于解释，我们假设真实的协变量效应共有

M 个不同的子组 $\boldsymbol{\beta}_1,\boldsymbol{\beta}_2,\cdots,\boldsymbol{\beta}_M$，第 i 个个体属于第 m 个亚组的概率为 π_m，即 $\boldsymbol{\beta}_i=\boldsymbol{\beta}_m$ 的概率为 π_m，其中 $m=1,2,\cdots,M$。对于该模型，我们感兴趣的是估计未知的子组数目 M，各子组的治疗效应 $\boldsymbol{\beta}_1,\boldsymbol{\beta}_2,\cdots,\boldsymbol{\beta}_M$，以及各子组的混合概率 $\pi_1,\pi_2,\cdots,\pi_M$，其中 $\sum_{m=1}^{M}\pi_m=1$。

假设某事件时间研究中包含 n 个独立的观测个体，令 T_i、C_i 和 $\boldsymbol{X}_i=(x_{i1},x_{i2},\cdots,x_{iq})^{\mathrm{T}}$ 分别为第 i 个个体的事件时间、右删失时间和协变量向量，且 T_i 和 C_i 是相互独立的，$t_i=\min(T_i,C_i)$ 表示事件的观测时间，$\delta_i=I(T_i\leqslant C_i)$ 为右删失指标，其相应的观测数据可以整理为 $Y_{\text{obs}}=\{t_i,\delta_i,\boldsymbol{X}_i;i=1,2,\cdots,n\}$，此时，混合比例优势模型的观测似然函数可表示为

$$l(\Lambda_0,\boldsymbol{\beta},\boldsymbol{\pi}\mid Y_{\text{obs}})=\sum_{i=1}^{n}\ln\Big[\sum_{m=1}^{M}\pi_m f_m(t_i\mid\boldsymbol{X}_i)\Big]$$

其中，

$$f_m(t_i\mid\boldsymbol{X}_i)=\left[\frac{\lambda_0(t_i)\exp(\boldsymbol{X}_i^{\mathrm{T}}\boldsymbol{\beta}_m)}{1+\Lambda_0(t_i)\exp(\boldsymbol{X}_i^{\mathrm{T}}\boldsymbol{\beta}_m)}\right]^{\delta_i}\cdot\frac{1}{1+\Lambda_0(t_i)\exp(\boldsymbol{X}_i^{\mathrm{T}}\boldsymbol{\beta}_m)}$$

表示个体 i 来自第 m 个亚组的概率密度函数。其中，Λ_0 表示累积基线风险率函数，λ_0 表示基线风险率函数，$\boldsymbol{\beta}=(\boldsymbol{\beta}_1^{\mathrm{T}},\boldsymbol{\beta}_2^{\mathrm{T}},\cdots,\boldsymbol{\beta}_M^{\mathrm{T}})^{\mathrm{T}}$ 表示所有混合子组的协变量效应，$\boldsymbol{\pi}=(\pi_1,\pi_2,\cdots,\pi_M)^{\mathrm{T}}$ 表示所有混合子组的混合概率。为了后续表达的方便，我们将混合比例优势模型的三个部分的参数整理为 $\boldsymbol{\alpha}=(\Lambda_0,\boldsymbol{\beta},\boldsymbol{\pi})$。

6.7.2 混合比例优势模型的轮廓 MM 算法

从混合比例优势模型的观测对数似然函数的表达式

$$l(\Lambda_0,\boldsymbol{\beta},\boldsymbol{\pi}\mid Y_{\text{obs}})=\sum_{i=1}^{n}\ln\Big[\sum_{m=1}^{M}\pi_m f_m(t_i\mid\boldsymbol{X}_i)\Big]$$

可以看出，$l(\Lambda_0,\boldsymbol{\beta},\boldsymbol{\pi}\mid Y_{\text{obs}})$ 只包含 3.5 节中一般化分解式的第二部分，即包含线性组合的凹函数 $\ln(\cdot)$ 形式。因此，先定义权重函数

$$v_{mi}^{(k)}=\frac{\pi_m^{(k)}f_m^{(k)}(t_i\mid\boldsymbol{X}_i)}{\sum_{m=1}^{M}\pi_m^{(k)}f_m^{(k)}(t_i\mid\boldsymbol{X}_i)}$$

其中，$v_{mi}^{(k)}\geqslant 0$，$\sum_{m=1}^{M}v_{mi}^{(k)}=1$。然后将对数似然函数重新改写为如下形式：

$$l(\Lambda_0,\boldsymbol{\beta},\boldsymbol{\pi}\mid Y_{\text{obs}})=\sum_{i=1}^{n}\ln\left[\sum_{m=1}^{M}v_{mi}^{(k)}\frac{\pi_m f_m(t_i\mid X_i)}{v_{mi}^{(k)}}\right]$$

进而利用 Jensen 不等式对 $l(\Lambda_0,\boldsymbol{\beta},\boldsymbol{\pi}|Y_{\text{obs}})$ 进行放缩，即

$$\sum_{i=1}^{n}\ln\left[\sum_{m=1}^{M}v_{mi}^{(k)}\frac{\pi_m f_m(t_i|\boldsymbol{X}_i)}{v_{mi}^{(k)}}\right]\geqslant\sum_{i=1}^{n}\sum_{m=1}^{M}v_{mi}^{(k)}[\ln\pi_m+\ln f_m(t_i|X_i)]$$

此时，我们得到目标函数 $l(\Lambda_0,\boldsymbol{\beta},\boldsymbol{\pi}|Y_{\text{obs}})$ 暂时的替代函数为

$$\begin{aligned}Q(\Lambda_0,\boldsymbol{\beta},\boldsymbol{\pi}|\boldsymbol{\alpha}^{(k)})&=\sum_{i=1}^{n}\sum_{m=1}^{M}v_{im}^{(k)}[\ln\pi_m+\ln f_m(t_i|X_i)]\\&\triangleq Q(\boldsymbol{\pi}|\boldsymbol{\alpha}^{(k)})+Q(\Lambda_0,\boldsymbol{\beta}|\boldsymbol{\alpha}^{(k)})\end{aligned}\tag{6.29}$$

其中，

$$Q(\boldsymbol{\pi}|\boldsymbol{\alpha}^{(k)})=\sum_{i=1}^{n}\sum_{m=1}^{M}v_{im}^{(k)}\ln\pi_m$$

$$\begin{aligned}&Q(\Lambda_0,\beta|\alpha^{(k)})\\&=\sum_{i=1}^{n}\sum_{m=1}^{M}v_{im}^{(k)}\ln f_m(t_i|X_i)\\&=\sum_{i=1}^{n}\delta_i\ln\lambda_0(t_i)+\sum_{i=1}^{n}\sum_{m=1}^{M}\{v_{im}^{(k)}\delta_i\boldsymbol{X}_i^{\mathrm{T}}\boldsymbol{\beta}_m-v_{im}^{(k)}(\delta_i+1)\ln[1+\Lambda_0(t_i)\exp(\boldsymbol{X}_i^{\mathrm{T}}\boldsymbol{\beta}_m)]\}\end{aligned}$$

此时，替代函数 $Q(\Lambda_0,\boldsymbol{\beta},\boldsymbol{\pi}|\boldsymbol{\alpha}^{(k)})$ 已将参数 $\boldsymbol{\pi}$ 与其他参数 $(\Lambda_0,\boldsymbol{\beta})$ 分离，且 $Q(\boldsymbol{\pi}|\boldsymbol{\alpha}^{(k)})$ 中所有参数 $\{\pi_m\}_{m=1}^{M}$ 彼此分离，因此，令 $\partial Q(\boldsymbol{\pi}|\boldsymbol{\alpha}^{(k)})/\partial\pi_m=0,m=1,2,\cdots,M$，即可得参数 $\boldsymbol{\pi}$ 的更新过程为

$$\hat{\pi}_m=\frac{\sum_{i=1}^{n}v_{im}^{(k)}}{n},m=1,2,\cdots,M$$

为了进一步更新 $(\Lambda_0,\boldsymbol{\beta})$，我们将支撑超平面不等式 $-\ln x\geqslant-\ln x_0-(x-x_0)/x_0$ 应用于 $Q(\Lambda_0,\boldsymbol{\beta}|\boldsymbol{\alpha}^{(k)})$，其目的是将对数函数 $-\ln[1+\Lambda_0(t_i)\exp(\boldsymbol{X}_i^{\mathrm{T}}\boldsymbol{\beta}_m)]$ 内的对象释放出来，即

$$-\ln[1+\Lambda_0(t_i)\exp(\boldsymbol{X}_i^{\mathrm{T}}\boldsymbol{\beta}_m)]\geqslant-\ln A_{im}^{(k)}-\frac{1+\Lambda_0(t_i)\exp(\boldsymbol{X}_i^{\mathrm{T}}\boldsymbol{\beta}_m)-A_{im}^{(k)}}{A_{im}^{(k)}}$$

其中，$A_{im}^{(k)}=1+\Lambda_0^{(k)}(t_i)\exp(\boldsymbol{X}_i^{\mathrm{T}}\boldsymbol{\beta}_m^{(k)})$。于是得到 $\boldsymbol{Q}(\Lambda_0,\boldsymbol{\beta}|\boldsymbol{\alpha}^{(k)})$ 的替代函数为

$$\begin{aligned}&Q_1(\Lambda_0,\boldsymbol{\beta}|\boldsymbol{\alpha}^{(k)})\\&=\sum_{i=1}^{n}\delta_i\ln\lambda_0(t_i)+\sum_{i=1}^{n}\sum_{m=1}^{M}\left[v_{im}^{(k)}\delta_i\boldsymbol{X}_i^{\mathrm{T}}\boldsymbol{\beta}_m-v_{im}^{(k)}(\delta_i+1)\frac{\Lambda_0(t_i)\exp(\boldsymbol{X}_i^{\mathrm{T}}\boldsymbol{\beta}_m)}{A_{im}^{(k)}}\right]\end{aligned}$$

此时，我们可结合轮廓估计方法，在给定治疗效应 $\boldsymbol{\beta}$ 的情况下先将 Λ_0 从 $Q_1(\Lambda_0,$

$\boldsymbol{\beta}|\boldsymbol{\alpha}^{(k)})$中剖解出来，即可得$\hat{\lambda}_0(t_i)$的估计为

$$\mathrm{d}\hat{\lambda}_0(t_i)=\frac{\delta_i}{\sum_{j=1}^{n}I(t_j\geqslant t_i)\sum_{m=1}^{M}v_{jm}^{(k)}(\delta_j+1)\exp(\boldsymbol{X}_j^{\mathrm{T}}\boldsymbol{\beta}_m)/A_{jm}^{(k)}}$$

将$\hat{\lambda}_0(t_i)$的估计带回$Q_1(\Lambda_0,\boldsymbol{\beta}|\boldsymbol{\alpha}^{(k)})$，得到仅与治疗效应$\boldsymbol{\beta}$有关的目标函数$Q_2(\boldsymbol{\beta}|\boldsymbol{\alpha}^{(k)})$如下：

$$\begin{aligned}&Q_2(\boldsymbol{\beta}|\boldsymbol{\alpha}^{(k)})\\&=\sum_{i=1}^{n}\sum_{m=1}^{M}v_{im}^{(k)}\delta_iX_j^{\mathrm{T}}\boldsymbol{\beta}_m-\sum_{i=1}^{n}\delta_i\ln\Big[\sum_{j=1}^{n}I(t_j\geqslant t_i)\sum_{m=1}^{M}v_{jm}^{(k)}(\delta_j+1)\exp(\boldsymbol{X}_j^{\mathrm{T}}\boldsymbol{\beta}_m)/A_{jm}^{(k)}\Big]\end{aligned}$$

此时，我们继续使用支撑超平面不等式来处理上述目标函数$Q_2(\boldsymbol{\beta}|\boldsymbol{\alpha}^{(k)})$的第二项，得到相应的替代函数$Q_3(\boldsymbol{\beta}|\boldsymbol{\alpha}^{(k)})$如下：

$$\begin{aligned}&Q_3(\boldsymbol{\beta}|\boldsymbol{\alpha}^{(k)})\\&=\sum_{i=1}^{n}\sum_{m=1}^{M}v_{im}^{(k)}\delta_iX_i^{\mathrm{T}}\boldsymbol{\beta}_m-\sum_{i=1}^{n}\delta_i\frac{\sum_{j=1}^{n}I(t_j\geqslant t_i)\sum_{m=1}^{M}v_{im}^{(k)}(\delta_i+1)\exp(\boldsymbol{X}_j^{\mathrm{T}}\boldsymbol{\beta}_m)/A_{jm}^{(k)}}{B_i^{(k)}}\\&=\sum_{m=1}^{M}\left[\sum_{i=1}^{n}v_{im}^{(k)}\delta_i\boldsymbol{X}_i^{\mathrm{T}}\boldsymbol{\beta}_m-\sum_{i=1}^{n}\delta_i\frac{\sum_{j=1}^{n}I(t_j\geqslant t_i)v_{im}^{(k)}(\delta_i+1)\exp(\boldsymbol{X}_j^{\mathrm{T}}\boldsymbol{\beta}_m)/A_{jm}^{(k)}}{B_i^{(k)}}\right]\\&=\sum_{m=1}^{M}Q_3(\boldsymbol{\beta}_m|\boldsymbol{\alpha}^{(k)})\end{aligned}$$

其中，$B_i^{(k)}=\sum_{j=1}^{n}I(t_j\geqslant t_i)\sum_{m-1}^{M}v_{im}^{(k)}(\delta_i+1)\exp(\boldsymbol{X}_i^{\mathrm{T}}\boldsymbol{\beta}_m^{(k)})/A_{jm}^{(k)}$。此时，各子组的治疗效应$\boldsymbol{\beta}_m(m=1,2,\cdots,M)$已经彼此分离，接下来通过一步牛顿迭代便可得到每个$\boldsymbol{\beta}_m$的估计。

6.7.3 混合比例优势模型的非轮廓 MM 算法

接下来，我们介绍混合比例优势模型的非轮廓 MM 算法。前面两个步骤与前一节中介绍的轮廓 MM 算法类似，通过定义权重函数$v_{mi}^{(k)}$，并将 Jensen 不等式应用于重新改写后的对数似然函数中进行放缩，即可得暂时的替代函数为

$$\begin{aligned}Q(\Lambda_0,\boldsymbol{\beta},\boldsymbol{\pi}|\boldsymbol{\alpha}^{(k)})&=\sum_{i=1}^{n}\sum_{m=1}^{M}v_{im}^{(k)}[\ln\pi_m+\ln f_m(t_i|\boldsymbol{X}_i)]\\&\triangleq Q(\boldsymbol{\pi}|\boldsymbol{\alpha}^{(k)})+Q(\Lambda_0,\boldsymbol{\beta}|\boldsymbol{\alpha}^{(k)})\end{aligned}$$

此时，$Q(\boldsymbol{\pi}|\boldsymbol{\alpha}^{(k)})$中所有参数$\{\pi_m\}_{m=1}^M$已经彼此分离，直接令$\partial Q(\boldsymbol{\pi}|\boldsymbol{\alpha}^{(k)})/\partial\pi_m=0,m=1,2,\cdots,M$，可得与轮廓 MM 算法相同的迭代步骤如下：

$$\hat{\pi}_m=\frac{\sum_{i=1}^n v_{im}^{(k)}}{n},m=1,2,\cdots,M$$

为了进一步更新$(\Lambda_0,\boldsymbol{\beta})$，这里我们绕开轮廓估计方法。对于轮廓 MM 算法，非参数部分Λ_0的估计与参数部分$\boldsymbol{\beta}$的估计高度相关，因为在构造迭代过程时，轮廓 MM 估计方法是将非参数分量Λ_0看作是治疗效应$\boldsymbol{\beta}$的函数。受 MM 算法原理参数分离特性的启发，我们在非轮廓 MM 算法构造过程中，则基于 MM 分解规则进一步将非参数部分Λ_0与参数部分$\boldsymbol{\beta}$分离。这里，我们先将支撑超平面不等式$-\ln x\geqslant-\ln x_0-(x-x_0)/x_0$应用于$Q(\Lambda_0,\boldsymbol{\beta}|\boldsymbol{\alpha}^{(k)})$中，将对数函数$-\ln[1+\Lambda_0(t_i)\exp(\boldsymbol{X}_i^{\mathrm{T}}\boldsymbol{\beta}_m)]$内的部分释放出来，即得到$Q(\Lambda_0,\boldsymbol{\beta}|\boldsymbol{\alpha}^{(k)})$的替代函数为

$$\begin{aligned}&Q_1(\Lambda_0,\boldsymbol{\beta}|\boldsymbol{\alpha}^{(k)})\\&=\sum_{i=1}^n\delta_i\ln\lambda_0(t_i)+\sum_{i=1}^n\sum_{m=1}^M\left[v_{im}^{(k)}\delta_iX_i^{\mathrm{T}}\boldsymbol{\beta}_m-v_{im}^{(k)}(\delta_i+1)\frac{\Lambda_0(t_i)\exp(\boldsymbol{X}_i^{\mathrm{T}}\boldsymbol{\beta}_m)}{A_{im}^{(k)}}\right]\end{aligned}$$

紧接着，我们运用算术-几何均值不等式

$$-\prod_{i=1}^n x_i^{a_i}\geqslant-\sum_{i=1}^n\frac{a_i}{\|\boldsymbol{a}\|_1}x_i^{\|\boldsymbol{a}\|_1}$$

来分离$Q_1(\Lambda_0,\boldsymbol{\beta}|\boldsymbol{\alpha}^{(k)})$中的$\Lambda_0$和$\boldsymbol{\beta}$，即令$x_1=\Lambda_0(t_i)/\Lambda_0^{(k)}(t_i)$，$x_2=\exp(\boldsymbol{X}_i^{\mathrm{T}}\boldsymbol{\beta}_m)/\exp(\boldsymbol{X}_i^{\mathrm{T}}\boldsymbol{\beta}_m^{(k)})$，则根据下列不等式：

$$-\frac{\Lambda_0(t_i)\exp(\boldsymbol{X}_i^{\mathrm{T}}\boldsymbol{\beta}_m)}{\Lambda_0^{(k)}(t_i)\exp(\boldsymbol{X}_i^{\mathrm{T}}\boldsymbol{\beta}_m^{(k)})}\geqslant-\frac{\Lambda_0^2(t_i)}{2[\Lambda_0^{(k)}(t_i)]^2}-\frac{\exp(2\boldsymbol{X}_i^{\mathrm{T}}\boldsymbol{\beta}_m^{(k)})}{2\exp(2\boldsymbol{X}_i^{\mathrm{T}}\boldsymbol{\beta}_m^{(k)})}$$

有

$$-\Lambda_0(t_i)\exp(\boldsymbol{X}_i^{\mathrm{T}}\boldsymbol{\beta}_m)\geqslant-\frac{\exp(\boldsymbol{X}_i^{\mathrm{T}}\boldsymbol{\beta}_m^{(k)})}{2\Lambda_0^{(k)}(t_i)}\Lambda_0^2(t_i)-\frac{\Lambda_0^{(k)}(t_i)}{2\exp(\boldsymbol{X}_i^{\mathrm{T}}\boldsymbol{\beta}_m^{(k)})}\exp(2\boldsymbol{X}_i^{\mathrm{T}}\boldsymbol{\beta}_m^{(k)})$$

将上述不等式代回$Q_1(\Lambda_0,\boldsymbol{\beta}|\boldsymbol{\alpha}^{(k)})$，得到$Q_1(\Lambda_0,\boldsymbol{\beta}|\boldsymbol{\alpha}^{(k)})$的替代函数如下：

$$Q_2(\Lambda_0,\boldsymbol{\beta}|\boldsymbol{\alpha}^{(k)})\triangleq Q_2(\Lambda_0|\boldsymbol{\alpha}^{(k)})+Q_2(\boldsymbol{\beta}|\boldsymbol{\alpha}^{(k)})$$

其中，

$$Q_2(\Lambda_0|\boldsymbol{\alpha}^{(k)})=\sum_{i=1}^n\delta_i\ln\lambda_0(t_i)-\sum_{i=1}^n\sum_{m=1}^M\frac{v_{im}^{(k)}(\delta_i+1)\exp(\boldsymbol{X}_i^{\mathrm{T}}\boldsymbol{\beta}_m^{(k)})}{2A_{im}^{(k)}\Lambda_0^{(k)}(t_i)}\Lambda_0^2(t_i)$$

$$Q_2(\boldsymbol{\beta}|\boldsymbol{\alpha}^{(k)})=\sum_{m=1}^{M}\sum_{i=1}^{n}\left[v_{im}^{(k)}\delta_i\boldsymbol{X}_i^{\mathrm{T}}\boldsymbol{\beta}_m-\frac{v_{im}^{(k)}(\delta_i+1)\Lambda_0^{(k)}(t_i)}{2A_{im}^{(k)}\exp(\boldsymbol{X}_i^{\mathrm{T}}\boldsymbol{\beta}_m^{(k)})}\exp(2\boldsymbol{X}_i^{\mathrm{T}}\boldsymbol{\beta}_m)\right]$$

从替代函数 $Q_2(\Lambda_0,\boldsymbol{\beta}|\boldsymbol{\alpha}^{(k)})$ 中可以观察到，Λ_0 以及每一个 $\boldsymbol{\beta}_1,\boldsymbol{\beta}_2,\cdots,\boldsymbol{\beta}_M$ 已经完全分离，在接下来的极大化步骤中，分别求导并令导函数为 0 即可得到相应的参数估计量。令$\partial Q_2(\Lambda_0|\boldsymbol{\alpha}^{(k)})/\partial\lambda_0(t_i)=0$，即可得 $\hat{\lambda}_0(t_i)$的估计为

$$\mathrm{d}\hat{\lambda}_0(t_i)=\frac{\delta_i}{\sum_{j=1}^{n}I(t_j\geqslant t_i)\sum_{m=1}^{M}v_{jm}^{(k)}(\delta_j+1)\exp(\boldsymbol{X}_j^{\mathrm{T}}\boldsymbol{\beta}_m)/A_{jm}^{(k)}}$$

为了更新迭代每一个 $\boldsymbol{\beta}_m$，在接下来的极大化步骤中，我们同样可以计算 $Q_2(\boldsymbol{\beta}|\boldsymbol{\alpha}^{(k)})$的一阶导数和二阶导数，然后运用牛顿-拉弗森法迭代求解。由于混合比例优势模型中的混合组数 M 是未知的，在实际应用中，未知组数 M 常常可以通过数据驱动的方式进行估计，如采用贝叶斯信息准则或广义交叉验证方法进行估计。在该混合模型中，我们可以使用下列改进的贝叶斯信息准则，通过极小化贝叶斯信息准则来选择未知的混合组数 M：

$$\mathrm{BIC}_M=-2l(\hat{\Lambda}_0,\hat{\boldsymbol{\beta}},\hat{\boldsymbol{\pi}}|Y_{\mathrm{obs}})+Mq\ln n$$

其中，n 表示样本量，q 表示 $\boldsymbol{\beta}_m$ 的维度。

附录

1. Cox 模型

 # 产生 Cox 模型的随机数

```
sam <- function(n, be, th, la) {
  q <- length(be)
  x <- matrix(rnorm(n * q, - 1, 1), n, q)
  u <- runif(n)
  t <- - log(u) / (la * exp(x %*% be))
  cen <- 3.7
  I <- 1 * (t <= cen)
  t <- pmin(t, cen)
```

```
  return(list(x = x, I = I, t = t))
}
```

```
# Cox 模型的轮廓 MM 算法程序与模拟程序
CoxProfile <- function(x, d, y, beta, lambda, N, q) {
  vd <- as.vector(d)
  vy <- as.vector(y)
  E_0 <- as.vector(exp(x %*% beta))
  SUM_0 <- cumsum(E_0[order(vy)][seq(N, 1, -1)])
  SUM_0 <- SUM_0[seq(N, 1, -1)][rank(vy)]

  # beta
  for (p in 1:q) {
    E_1 <- as.vector(x[, p] * exp(x %*% beta))
    AVE_X <- apply(abs(x), 1, sum) / abs(x[, p])
    E_2 <- as.vector(AVE_X * x[, p]^2 * exp(x %*% beta))
    SUM_1 <- cumsum(E_1[order(vy)][seq(N, 1, -1)])
    SUM_1 <- SUM_1[seq(N, 1, -1)][rank(vy)]
    SUM_2 <- cumsum(E_2[order(vy)][seq(N, 1, -1)])
    SUM_2 <- SUM_2[seq(N, 1, -1)][rank(vy)]
    DE_1 <- sum(d * x[, p]) - sum(vd * SUM_1 / SUM_0)
    DE_2 <- - sum(vd * SUM_2 / SUM_0)
    beta[p] <- beta[p] - DE_1 / DE_2
  }

  # lambda
  E_0 <- as.vector(exp(x %*% beta))
  SUM_0 <- cumsum(E_0[order(vy)][seq(N, 1, -1)])
  SUM_0 <- SUM_0[seq(N, 1, -1)][rank(vy)]
  lambda <- vd / SUM_0

  return(list(beta = beta, lambda = lambda))
}

par_optim <- function(x, time, status, be) {
```

```
n <- dim(x)[1]
q <- dim(x)[2]
vd <- as.vector(status)
vy <- as.vector(time)

CoxLogLik <- function(lambda, x, d, vy, vd, beta) {
  La <- cumsum(lambda[order(vy)])[rank(vy)]
  ell <- sum(log(lambda[vd != 0])) + sum(d * (x %*% beta)) - sum(La * exp(x
%*% beta))
  return(ell)
}

la <- rep(1 / n, n)
error <- 1
log_ell <- CoxLogLik(la, x, status, vy, vd, be)
ell <- c(log_ell)
k <- 1
start <- proc.time()[1]

while (error > 1e-06) {
  re <- CoxProfile(x, vd, vy, be, la, n, q)
  be <- re$beta
  la <- re$lambda
  log_el <- CoxLogLik(la, x, status, vy, vd, be)
  ell <- append(ell,log_el)
  error <- abs(ell[k + 1] - ell[k]) / (1 + abs(ell[k]))
  k <- k + 1
}

end <- proc.time()[1]

Lambda <- cumsum(la[order(vy)])[rank(vy)]

result <- list()
result$iters <- k
```

```
  result$log_el <- log_el
  result$cost_time <- end - start
  result$be <- be
  result$la <- la
  result$Lambda <- Lambda
  return(result)
}

# Cox 模型的轮廓 MM 算法的模拟程序
n <- 200
q <- 3
be.true <- c(-0.5, 1, 2)
la.true <- 2
be.in <- matrix(be.true, ncol = 1) * 0.5

results <- function(n) {
  est_MM <- c()
  for (r in 1:n) {
    # Generate simulation data
    data <- sam(n, be = be.in, la = la.true)

    # Estimation
    par_est <- par_optim(x = data$x, time = data$t, status = data$I, be =
be.in)

    # Record estimation value of all parameters
    est_MM <- append(est_MM, c(par_est$be, par_est$iters, par_est$log_el,
par_est$cost_time))
  }
  result <- matrix(est_MM, byrow = True, nrow = n)
  return(result)
}

est_MM <- results(500)
be.true <- c(-0.5, 1, 2)
```

```
par.true <- c(be.true)
used_time <- mean(est_MM[, ncol(est_MM)])
log_likelihood_val <- mean(est_MM[, ncol(est_MM) - 1])
iters <- mean(est_MM[, ncol(est_MM) - 2])
est_MM <- est_MM[, 1:(ncol(est_MM) - 3)]
num_rep <- nrow(est_MM)
est_MEAN <- apply(est_MM, 2, mean)
est_Bias <- par.true - est_MEAN
est_SD <- apply(est_MM, 2, sd)
est_MSE <- apply((est_MM - matrix(rep(par.true, num_rep), nrow = num_rep, by-
row = True))^2, 2, mean)

results <- as.data.frame(list(True = par.true, Est = est_MEAN, Bias = est_Bi-
as, MSE = est_MSE, SD = est_SD, iters = iters, used_time = used_time, log_like-
lihood_val = log_likelihood_val))

print(results)

# Cox 模型的非轮廓 MM 算法程序
CoxNonProfile <- function(x, d, y, beta, lambda, N, q) {
  # compute
  vd <- as.vector(d)
  vy <- as.vector(y)

  La <- cumsum(lambda[order(vy)])[rank(vy)]
  AVE_X <- matrix(apply(abs(x), 1, sum), N, q) / abs(x)

  # beta
  for (p in 1:q) {
    DE_1 <- sum(d * x[, p] - x[, p] * La * exp(x %*% beta))
    DE_2 <- - sum(2 * x[, p]^2 * La * exp(x %*% beta) * AVE_X[, p])
    beta[p] <- beta[p] - DE_1 / DE_2
  }

  # lambda
```

```
  E_0 <- as.vector(exp(x %*% beta))
  SUM_0 <- cumsum(E_0[order(vy)][seq(N, 1, -1)])
  SUM_0 <- SUM_0[seq(N, 1, - 1)][rank(vy)]
  lambda <- vd / SUM_0

  return(list(beta = beta, lambda = lambda))
}

par_optim <- function(x, time, status, be) {
  n <- dim(x)[1]
  q <- dim(x)[2]
  vd <- as.vector(status)
  vy <- as.vector(time)

  CoxLogLik <- function(lambda, x, d, vy, vd, beta) {
    La <- (cumsum(lambda[order(vy)]))[rank(vy)]
    ell <- sum(log(lambda[vd != 0])) + sum(d * (x %*% beta)) - sum(La * exp
(x %*% beta))
    return(ell)
  }

  la <- rep(1 / n, n)
  error <- 1
  log_ell <- CoxLogLik(la, x, status, vy, vd, be)
  ell <- c(log_ell)
  k <- 1
  start <- proc.time()[1]

  while (error > 1e-06) {
    re <- CoxNonProfile(x, status, time, be, la, n, q)
    be <- re$beta
    la <- re$lambda
    log_el <- CoxLogLik(la, x, status, vy, vd, be)
    ell <- append(ell, log_el)
    error <- abs(ell[k + 1] - ell[k]) / (1 + abs(ell[k]))
```

```
    k <- k + 1
  }

  end <- proc.time()[1]

  Lambda <- (cumsum(la[order(vy)]))[rank(vy)]

  result <- list()
  result$iters <- k
  result$log_el <- log_el
  result$cost_time <- end - start
  result$be <- be
  result$la <- la
  result$Lambda <- Lambda
  return(result)
}

# Cox 模型的非轮廓 MM 算法的模拟程序
n <- 200
q <- 3
be.true <- c(-0.5, 1, 2)
la.true <- 2
be.in <- be.true * 0.5

results <- function(n, be.true, la.true) {
  est_MM <- c()
  for (r in 1:n) {
    # Generate simulation data
    data <- sam(n, be = be.true, la = la.true)
    # Estimation
    par_est <- par_optim(x = data$x, time = data$t, status = data$I, be =
be.in)
    # Record estimation value of all parameters
    est_MM <- append(est_MM, c(par_est$be, par_est$iters, par_est$log_el,
par_est$cost_time))
```

```
  }
  result <- matrix(est_MM, byrow = True, nrow = n)
  return(result)
}

# Execute the simulation and estimation process
est_MM <- results(n, be.true, la.true)
par.true <- c(be.true, la.true)
used_time <- mean(est_MM[, ncol(est_MM)])
log_likelihood_val <- mean(est_MM[, ncol(est_MM)- 1])
iters <- mean(est_MM[, ncol(est_MM)- 2])
est_MM <- est_MM[, 1:(ncol(est_MM)- 3)]
num_rep <- nrow(est_MM)
est_MEAN <- apply(est_MM, 2, mean)
est_Bias <- par.true - est_MEAN
est_SD <- apply(est_MM, 2, sd)
est_MSE <- apply((est_MM - matrix(rep(par.true, num_rep), num_rep, byrow =
True))^2, 2, mean)

results <- as.data.frame(list((True = par.true, Est = est_MEAN, Bias = est_Bi-
as, MSE = est_MSE, SD = est_SD, iters = iters,used_time = used_time, log_like-
lihood_val = log_likelihood_val))

print(results)
```

2. 伽玛脆弱模型

```
# 产生集群失效时间数据伽玛脆弱模型的随机数
sample <- function(la, th, be, a, b) {
  cen <- matrix(runif(a * b, 0.03, 0.06), nrow = a, ncol = b)
  u <- rgamma(a, shape = 1 / th, rate = 1 / th)
  n <- length(be)
  x <- array(NA, dim = c(a, b, n))
  T <- matrix(0, nrow = a, ncol = b)
```

```
  g <- array(NA, dim = c(a, b, n))

  for (i in 1:a) {
    for (j in 1:n) {
      x[i, , j] <- runif(b, min = 0, max = 0.5)
      g[i, , j] <- x[i, , j] * be[j]
    }
    U <- runif(b, 0, 1)
    T[i, ] <- - log(U) / (la * u[i] * exp(apply(g[i, , ], 1, sum)))
  }

  d <- 1 * (T <= cen)
  y <- pmin(T, cen)

  return(list(y = y, d = d, x = x))
}

# 集群失效时间数据伽玛脆弱模型的对数似然函数
LogLik <- function(lambda, x, d, vy, vd, theta, beta, a, b) {
  La <- (cumsum(lambda[order(vy)]))[rank(vy)]
  La <- matrix(La, nrow = a, ncol = b)

  A <- 1 / theta + rowSums(d)

  BE <- array(rep(beta, each = a * b), dim = c(a, b, length(beta)))
  C <- 1 / theta + rowSums(La * exp(apply(x * BE, c(1, 2), sum)))

  AC <- matrix(A / C,nrow = a, ncol = b)

  l1 <- sum(lgamma(A)) - a * (lgamma(1 / theta) + log(theta) / theta) - sum(A *
log(C))
  l2 <- sum(log(lambda[vd != 0]))
  l3 <- sum(d * apply(x * BE, c(1, 2), sum))

  ell <- l1 + l2 + l3
```

```
  return(ell)
}

# 伽玛脆弱模型的第一个轮廓 MM 算法程序
FrailtyPro_1 <- function(N, q, x, d, a, b, lambda, theta, beta,vy, vd) {
  La <- (cumsum(lambda[order(vy)]))[rank(vy)]
  La <- matrix(La, nrow = a, ncol = b)

  A <- 1 / theta + rowSums(d)

  BE <- array(rep(beta, each = a * b), dim = c(a, b, length(beta)))
  C <- 1 / theta + rowSums(La * exp(apply(x * BE, c(1, 2), sum)))

  Eu <- A / C

  # beta
  X11 <- rep(log(Eu), b)
  vectors <- apply(x, 3, function(arr) arr) # Transform x to a format readable
by coxph
  data <- data.frame(vectors)

  obj <- coxph(Surv(vy, vd) ~ . + offset(X11), data = data)
  beta <- as.numeric(obj$coef)

  # th
  Q01 <- a * (digamma(1 / theta) + log(theta) - 1) / (theta^2) + sum(A / C - dig-
amma(A)) / (theta^2)
  Q02 <- a * (3 - 2 * digamma(1 / theta) - 2 * log(theta)) / (theta^3) + 2 * sum
(digamma(A) - log(C) - A / C) / (theta^3) - a * trigamma(1 / theta) / (theta^4)
  theta <- theta - Q01 / Q02

  # lambda
  A <- 1 / theta + rowSums(d)
  BE <- array(rep(beta, each = a * b), dim = c(a, b, length(beta)))
  C <- 1 / theta + rowSums(La * exp(apply(x * BE, c(1, 2), sum)))
```

```
  AC <- matrix(A / C, nrow = a, ncol = b)
  E_0 <- as.vector(AC * exp(apply(x * BE, c(1, 2), sum)))
  SUM_0 <- cumsum(E_0[order(vy)][seq(N, 1, -1)])
  SUM_0 <- SUM_0[seq(N, 1, -1)][rank(vy)]
  lambda <- vd / SUM_0
  return(list(theta = theta, beta = beta, lambda = lambda))
}

GaF_MM_1 <- function(x, y, d, beta, theta, lambda) {
  a <- dim(x)[1]
  b <- dim(x)[2]
  N <- a * b
  q <- length(beta)
  vy <- as.vector(y)
  vd <- as.vector(d)
  log_ell <- LogLik(lambda, x, d, vy, vd, theta, beta, a, b)
  ell <- c(log_ell)
  error <- 3
  i <- 1
  start <- proc.time()[1]

  while (error > 1e-06) {
  FFa <- FrailtyPro_1(N, q, x, d, a, b, lambda, theta, beta, vy, vd)
    lambda <- FFa$lambda
    theta <- FFa$theta
    beta <- FFa$beta
    log_el <- LogLik(lambda, x, d, vy, vd, theta, beta, a, b)
    ell <- append(ell, log_el)
    error <- abs(ell[i + 1] - ell[i]) / (1 + abs(ell[i]))
    i <- i + 1
  }

  end <- proc.time()[1]
  result <- c()
  result$lambda <- lambda
```

```
  result$iters <- i
  result$log_llhd <- log_el
  result$theta <- theta
  result$beta <- beta
  result$time <- end - start
  return(result)
}
```

 # 伽玛脆弱模型第一个轮廓 MM 算法的模拟程序

```
# Simulation
la.true <- 5
th.true <- 2
be.true <- c(-2, 3, -4, 5, -6, 7, 6, 5, 4, 3)
a <- 30
b <- 20
N <- a * b

la.ini <- rep(1 / N, N)
th.ini <- 1
be.ini <- rep(1, length(be.true))

results <- function(n) {
  est_MM <- c()
  for (r in 1:n) {
    # Generate simulation data
    obs_data <- sample(la.true, th.true, be.true, a, b)
    y <- obs_data$y
    d <- obs_data$d
    x <- obs_data$x

    # Estimation
    par_est <- GaF_MM_1(x, y, d, be.ini, th.ini, la.ini)

    # Record estimation values of all parameters
    est_MM <- append(est_MM, c(par_est$theta, par_est$beta, par_est$iters,
```

```
par_est$log_llhd, par_est$time))
  }
  result <- matrix(est_MM, byrow = True, nrow = n)
  return(result)
}

est_MM <- results(10)

# Result
par.true <- c(th.true, be.true)
used_time <- mean(est_MM[, ncol(est_MM)])
log_likelihood_val <- mean(est_MM[, ncol(est_MM) - 1])
iters <- mean(est_MM[, ncol(est_MM) - 2])
est_MM <- est_MM[, 1:(ncol(est_MM) - 3)]
num_rep <- nrow(est_MM)
est_MEAN <- apply(est_MM, 2, mean)
est_Bias <- par.true - est_MEAN
est_SD <- apply(est_MM, 2, sd)
est_MSE <- apply((est_MM - matrix(rep(par.true, num_rep), nrow = num_rep, by-
row = True))^2, 2, mean)

results <- as.data.frame(list(True = par.true, Est = est_MEAN, Bias = est_Bi-
as, MSE = est_MSE, SD = est_SD, iters = iters, used_time = used_time, log_like-
lihood_val = log_likelihood_val))

print(results)

# 伽玛脆弱模型的第二个轮廓 MM 算法程序
FrailtyPro_2 <- function(N, q, x, d, a, b, lambda, theta, beta,vy, vd) {
  La <- (cumsum(lambda[order(vy)]))[rank(vy)]
  La <- matrix(La, a, b)

  A <- 1 / theta + rowSums(d)
  BE <- array(rep(beta, each = a * b), c(a, b, length(beta)))
  C <- 1 / theta + rowSums(La * exp(apply(x * BE, c(1, 2), sum)))
```

```
  AC <- matrix(A / C, a, b)

  E_0 <- as.vector(AC * exp(apply(x * BE, c(1, 2), sum)))
  SUM_0 <- cumsum((E_0[order(vy)])[seq(N, 1, -1)])
  SUM_0 <- (SUM_0[seq(N, 1, -1)])[rank(vy)]

  # beta
  for (p in 1:q) {
    E_1 <- as.vector(AC * x[, , p] * exp(apply(x * BE, c(1, 2), sum)))
    AVE_X <- apply(abs(x), c(1, 2), sum) / abs(x[, , p])
    E_2 <- as.vector(AC * AVE_X * x[, , p]^2 * exp(apply(x * BE, c(1, 2), sum)))
    SUM_1 <- cumsum((E_1[order(vy)])[seq(N, 1, -1)])
    SUM_1 <- (SUM_1[seq(N, 1, -1)])[rank(vy)]
    SUM_2 <- cumsum((E_2[order(vy)])[seq(N, 1, -1)])
    SUM_2 <- (SUM_2[seq(N, 1, -1)])[rank(vy)]

    DE_1 <- sum(d * x[, , p]) - sum(vd * SUM_1 / SUM_0)
    DE_2 <- - sum(vd * SUM_2 / SUM_0)
    beta[p] <- beta[p] - DE_1 / DE_2
  }

  # th
  Q01 <- a * (digamma(1 / theta) + log(theta) - 1) / (theta^2) + sum(A / C - digamma(A) + log(C)) / (theta^2)
  Q02 <- a * (3 - 2 * digamma(1 / theta) - 2 * log(theta)) / (theta^3) + 2 * sum(digamma(A) - log(C) - A / C) / (theta^3) - a * trigamma(1 / theta) / (theta^4)
  th <- theta - Q01 / Q02
  if (th > 0) {
    theta <- th
  }

  # lambda
  A <- 1 / theta + rowSums(d)
  BE <- array(rep(beta, each = a * b), c(a, b, length(beta)))
```

```
  C <- 1 / theta + rowSums(La * exp(apply(x * BE, c(1, 2), sum)))
  AC <- matrix(A / C, a, b)
  E_0 <- as.vector(AC * exp(apply(x * BE, c(1, 2), sum)))
  SUM_0 <- cumsum((E_0[order(vy)])[seq(N, 1, -1)])
  SUM_0 <- (SUM_0[seq(N, 1, -1)])[rank(vy)]
  lambda <- vd / SUM_0

  return(list(theta = theta, beta = beta, lambda = lambda))
}

GaF_MM_2 <- function(x, y, d, beta, theta, lambda) {
  a <- dim(x)[1]
  b <- dim(x)[2]
  N <- a * b
  q <- length(beta)
  vy <- as.vector(y)
  vd <- as.vector(d)

  log_ell <- LogLik(lambda, x, d, vy, vd, theta, beta, a, b)
  ell <- c(log_ell)
  error <- 3
  i <- 1
  start <- proc.time()[1]

  while (error > 1e-06) {
    FFa <- FrailtyPro_2(N, q, x, d, a, b, lambda, theta, beta, vy, vd)
    lambda <- FFa$lambda
    theta <- FFa$theta
    beta <- FFa$beta
    log_el <- LogLik(lambda, x, d, vy, vd, theta, beta, a, b)
    ell <- append(ell, log_el)
    error <- abs(ell[i + 1] - ell[i]) / (1 + abs(ell[i]))
    i <- i + 1
  }
```

```
  end <- proc.time()[1]

  result <- c()
  result$lambda <- lambda
  result$iters <- i
  result$log_llhd <- log_el
  result$theta <- theta
  result$beta <- beta
  result$time <- end - start
  return(result)
}
```

 # 伽玛脆弱模型第二个轮廓 MM 算法的模拟程序

```
# Simulation
la.true <- 5
th.true <- 2
be.true <- c(-2, 3, -4, 5, -6, 7, 6, 5, 4, 3)
a <- 30
b <- 20
N <- a * b

la.ini <- rep(1 / N, N)
th.ini <- 1
be.ini <- rep(1, length(be.true))

results <- function(n) {
  est_MM <- c()
  for (r in 1:n) {
    # Generate simulation data
    obs_data <- sample(la.true, th.true, be.true, a, b)
    y <- obs_data$y
    d <- obs_data$d
    x <- obs_data$x

    # Estimation
```

```
    par_est <- GaF_MM_2(x, y, d, be.ini, th.ini, la.ini)

    # Record estimation values of all parameters
    est_MM <- append(est_MM, c(par_est$theta, par_est$beta, par_est$iters,
par_est$log_llhd, par_est$time))
  }

  result <- matrix(est_MM, byrow = True, nrow = n)
  return(result)
}

est_MM <- results(10)

# Result
par.true <- c(th.true, be.true)
used_time <- mean(est_MM[, ncol(est_MM)])
log_likelihood_val <- mean(est_MM[, ncol(est_MM) - 1])
iters <- mean(est_MM[, ncol(est_MM) - 2])
est_MM <- est_MM[, 1:(ncol(est_MM) - 3)]
num_rep <- nrow(est_MM)
est_MEAN <- apply(est_MM, 2, mean)
est_Bias <- par.true - est_MEAN
est_SD <- apply(est_MM, 2, sd)
est_MSE <- apply((est_MM - matrix(rep(par.true, num_rep), num_rep, byrow =
True))^2, 2, mean)

results <- as.data.frame(list(True = par.true, Est = est_MEAN, Bias = est_Bi-
as, MSE = est_MSE, SD = est_SD, iters = iters, used_time = used_time, log_like-
lihood_val = log_likelihood_val))

print(results)

# 伽玛脆弱模型的第三个轮廓 MM 算法程序
FrailtyPro_3 <- function(N, q, x, d, a, b, lambda, theta, beta,vy, vd) {
  La <- (cumsum(lambda[order(vy)]))[rank(vy)]
```

```
La <- matrix(La, a, b)

A <- 1 / theta + rowSums(d)
A_0 <- 2 / theta + rowSums(d)

BE <- array(rep(beta, each = a * b), c(a, b, length(beta)))
C <- 1 / theta + rowSums(La * exp(apply(x * BE, c(1, 2), sum)))

AC <- matrix(A / C, a, b)
AC_0 <- matrix(A_0 / C, a, b)

E_0 <- as.vector(AC * exp(apply(x * BE, c(1, 2), sum)))
SUM_0 <- cumsum((E_0[order(vy)])[seq(N, 1, -1)])
SUM_0 <- (SUM_0[seq(N, 1, -1)])[rank(vy)]

# beta
for (p in 1:q) {
  E_1 <- as.vector(AC * x[, , p] * exp(apply(x * BE, c(1, 2), sum)))
  AVE_X <- apply(abs(x), c(1, 2), sum) / abs(x[, , p])
  E_2 <- as.vector(AC_0 * AVE_X * x[, , p]^2 * exp(apply(x * BE, c(1, 2),
sum)))
  SUM_1 <- cumsum((E_1[order(vy)])[seq(N, 1, -1)])
  SUM_1 <- (SUM_1[seq(N, 1, -1)])[rank(vy)]
  SUM_2 <- cumsum((E_2[order(vy)])[seq(N, 1, -1)])
  SUM_2 <- (SUM_2[seq(N, 1, -1)])[rank(vy)]

  DE_1 <- sum(d * x[, , p]) - sum(vd * SUM_1 / SUM_0)
  DE_2 <- - sum(vd * SUM_2 / SUM_0)
  beta[p] <- beta[p] - DE_1 / DE_2
}

# th
CC <- matrix(1 / C, a, b)
E_3 <- as.vector(CC * exp(apply(x * BE, c(1, 2), sum)))
SUM_3 <- cumsum(E_3[order(vy)][seq(N, 1, -1)])
```

```
  SUM_3 <- SUM_3[seq(N, 1, -1)][rank(vy)]
  Q01 <- a * (digamma(1 / theta) + log(theta) - 2) / (theta^2) + (sum(A_0 / C - digamma(A) + log(C)) + sum(vd * SUM_3 / SUM_0)) / (theta^2)
  Q02 <- (a * (5 - 2 * digamma(1 / theta) - 2 * log(theta)) + 2 * sum(digamma(A) - log(C) - rowSums(d) / C) - 3 * sum(vd * SUM_3 / SUM_0)) / (theta^3) + (sum(trigamma(A) - 6 / C) - a * trigamma(1 / theta)) / (theta^4)
th <- theta - Q01 / Q02
  if (th > 0) {
    theta <- th
  }

  # lambda
  A <- 1 / theta + rowSums(d)
  BE <- array(rep(beta, each = a * b), c(a, b, length(beta)))
  C <- 1 / theta + rowSums(La * exp(apply(x * BE, c(1, 2), sum)))
  AC <- matrix(A / C, a, b)
  E_0 <- as.vector(AC * exp(apply(x * BE, c(1, 2), sum)))
  SUM_0 <- cumsum((E_0[order(vy)])[seq(N, 1, -1)])
  SUM_0 <- (SUM_0[seq(N, 1, - 1)])[rank(vy)]
  lambda <- vd / SUM_0

  return(list(theta = theta, beta = beta, lambda = lambda))
}

GaF_MM_3 <- function(x, y, d, beta, theta, lambda) {
  a <- dim(x)[1]
  b <- dim(x)[2]
  N <- a * b
  q <- length(beta)
  vy <- as.vector(y)
  vd <- as.vector(d)

  log_ell <- LogLik(lambda, x, d, vy, vd, theta, beta, a, b)
  ell <- c(log_ell)
  error <- 3
```

```
  i <- 1
  start <- proc.time()[1]

  while (error > 1e-06) {
    FFa <- FrailtyPro_3(N, q, x, d, a, b, lambda, theta, beta, vy, vd)
    lambda <- FFa$lambda
    theta <- FFa$theta
    beta <- FFa$beta
    log_el <- LogLik(lambda, x, d, vy, vd, theta, beta, a, b)
    ell <- append(ell,log_el)
    error <- abs(ell[i + 1] - ell[i]) / (1 + abs(ell[i]))
    i <- i + 1
  }

  end <- proc.time()[1]

  result <- c()
  result$lambda <- lambda
  result$iters <- i
  result$log_llhd <- log_el
  result$theta <- theta
  result$beta <- beta
  result$time <- end - start
  return(result)
}
```

 # 伽玛脆弱模型第三个轮廓 MM 算法的模拟程序

```
# Simulation
la.true <- 5
th.true <- 2
be.true <- c(-2, 3, -4, 5, -6, 7, 6, 5, 4, 3)
a <- 30
b <- 20
N <- a * b
```

```
la.ini <- rep(1 / N, N)
th.ini <- 1
be.ini <- rep(1, length(be.true))

results <- function(n) {
  est_MM <- c()
  for (r in 1:n) {
    # Generate simulation data
    obs_data <- sample(la.true, th.true, be.true, a, b)
    y <- obs_data$y
    d <- obs_data$d
    x <- obs_data$x

    # Estimation
    par_est <- GaF_MM_3(x, y, d, be.ini, th.ini, la.ini)

    # Record estimation value of all parameters
    est_MM <- append(est_MM, c(par_est$theta, par_est$beta, par_est$iters,
par_est$log_llhd, par_est$time))
  }

  result <- matrix(est_MM, byrow = True, nrow = n)
  return(result)
}

est_MM <- results(10)

# Result
par.true <- c(th.true, be.true)
used_time <- mean(est_MM[, ncol(est_MM)])
log_likelihood_val <- mean(est_MM[, ncol(est_MM) - 1])
iters <- mean(est_MM[, ncol(est_MM) - 2])
est_MM <- est_MM[, 1:(ncol(est_MM) - 3)]
num_rep <- nrow(est_MM)
est_MEAN <- apply(est_MM, 2, mean)
```

```
est_Bias <- par.true - est_MEAN
est_SD <- apply(est_MM, 2, sd)
est_MSE <- apply((est_MM - matrix(rep(par.true, num_rep), num_rep, byrow =
True))^2, 2, mean)

results <- as.data.frame(list(True = par.true, Est = est_MEAN, Bias = est_Bi-
as, MSE = est_MSE, SD = est_SD, iters = iters, used_time = used_time, log_like-
lihood_val = log_likelihood_val))

print(results)
```

3. 脆弱模型

(1)多元失效时间数据伽玛脆弱模型的非轮廓 MM 算法

```
# 产生多元失效时间数据伽玛脆弱模型的随机数
nsam <- function(la1, la2, th, be, n) {
  u <- rgamma(n, 1 / th, rate = 1 / th)

  q <- length(be)
  x <- array(runif(2 * n * q, min = 0, max = 0.5), dim = c(2, n, q))
  Be <- matrix(rep(be, each = n), n, q)

  T <- matrix(0, 2, n)
  cen <- runif(n, 0, 3)

  U1 <- runif(n, min = 0, max = 1)
  U2 <- runif(n, min = 0, max = 1)

  T[1, ] <- - log(U1) / (la1 * u * exp(apply(x[1, , ], 1, sum)))
  T[2, ] <- (exp(- log(U2) / (u * exp(apply(x[2, , ], 1, sum)))) - 1) / la2

  d <- 1 * (T <= cen)
  y <- pmin(T, cen)
```

```
  la1 <- la1 * y[1, ]
  la2 <- log(1 + la2 * y[2, ])

  return(list(y = y, d = d, x = x, la1 = la1, la2 = la2, w = u))
}

# 多元失效时间数据伽玛脆弱模型的对数似然函数
loggamma <- function(x, d, y, la1, la2, th, be, n) {
  La1 <- La2 <- rep(0, n)

  for (i in 1:n) {
    La1[i] <- sum(la1 * (y[1, ] <= y[1, i]))
    La2[i] <- sum(la2 * (y[2, ] <= y[2, i]))
  }

  q <- length(be)
  BE <- matrix(rep(be, each = n), n, q)

  C <- 1 /th + La1 * exp(rowSums(x[1, , ] * BE)) + La2 * exp(rowSums(x[2, , ] *
BE))
  A <- 1 /th + colSums(d)
  AC <- A / C

  d1 <- d[1, ]
  d2 <- d[2, ]

  l1 <- sum(lgamma(A)) - n * (lgamma(1 / th) + log(th) / th) - sum(A * log(C))
  l2 <- sum(log(la1[d1 != 0])) + sum(log(la2[d2 != 0]))
  l3 <- sum(d[1, ] * rowSums(x[1, , ] * BE) + d[2, ] * rowSums(x[2, , ] * BE))

  ell <- l1 + l2 + l3
  return(ell)
}
```

```
# 伽玛脆弱模型的非轮廓 MM 算法程序
GAFrailty <- function(x, d, y, la1, la2, be, th, n) {
  La1 <- La2 <- rep(0, n)

  for (i in 1:n) {
    La1[i] <- sum(la1 * (y[1, ] <= y[1, i]))
    La2[i] <- sum(la2 * (y[2, ] <= y[2, i]))
  }

  # la1-la2
  BE <- matrix(rep(be, each = n), n, q)
  C0 <- La1 * exp(rowSums(x[1, , ] * BE)) + La2 * exp(rowSums(x[2, , ] * BE))
  C <- 1/th + C0
  A <- 1/th + colSums(d)
  AC <- A / C

  E_01 <- AC * exp(rowSums(x[1, , ] * BE))
  SUM_01 <- cumsum((E_01[order(y[1, ])])[seq(n, 1, -1)])
  SUM_01 <- (SUM_01[seq(n, 1, -1)])[rank(y[1, ])]
  la1 <- d[1, ] / SUM_01
  if (any(is.na(la1))) la1 <- la1.ini

  E_02 <- AC * exp(rowSums(x[2, , ] * BE))
  SUM_02 <- cumsum((E_02[order(y[2, ])])[seq(n, 1, -1)])
  SUM_02 <- (SUM_02[seq(n, 1, -1)])[rank(y[2, ])]
  la2 <- d[2, ] / SUM_02
  if (any(is.na(la2))) la2 <- la2.ini

  be.est <- rep(0, q)
  for (p in 1:q) {
    E1 <- La1 * x[1, , p] * exp(rowSums(x[1, , ] * BE)) + La2 * x[2, , p] * exp
(rowSums(x[2, , ] * BE))
    DE_1 <- sum(d * x[, , p]) - sum(AC * E1)
    AVE_X <- apply(abs(x), c(1, 2), sum) / abs(x[, , p])
    E2 <- La1 * x[1, , p]^2 * AVE_X[1, ] * exp(rowSums(x[1, , ] * BE)) + La2 *
```

```
x[2, , p]^2 * AVE_X[2, ] * exp(rowSums(x[2, , ] * BE))
    DE_2 <- -2 * sum((colSums(d) + 2/th) * E2 / C)
    be.est[p] <- be[p] - DE_1 / DE_2
  }
  be <- be.est

  # th
  Q01 <- n * (digamma(1 / th) + log(th) - 2) / (th^2) + sum(log(C) + colSums(d) /
C - digamma(A) + 2 / (C * th)) / (th^2) + sum(C0 / C) / (th^2)
  Q02 <- n * (4 - 2 * digamma(1 / th) - trigamma(1 / th) / th - log(th)) / (th^3) + 2 *
sum(trigamma(A) / (2 * th) + digamma(A) - log(C) - colSums(d) / C - 3 / (C * th)) /
(th^3) - 5 * sum(C0 / C) / (th^3)
  th <- th - Q01 / Q02
  if (th > 0) th <- th

  return(list(la1 = la1, la2 = la2, be = be, th = th))
}

par_optim <- function(x, d, y, la1, la2, th, be, n, eps = 1e-06) {
  k <- 1
  ell <- c(loggamma(x, d, y, la1, la2, th, be, n))
  diff <- 3
  start <- proc.time()[1]

  while (diff > eps) {
    Fa <- GAFrailty(x, d, y, la1, la2, be, th, n)
    la1 <- Fa$la1
    la2 <- Fa$la2
    be <- Fa$be
    th <- Fa$th
    log_el <- loggamma(x, d, y, la1, la2, th, be, n)
    ell <- append(ell, log_el)
    diff <- abs(ell[k + 1] - ell[k]) / (1 + abs(ell[k]))
    k <- k + 1
  }
```

```
  end <- proc.time()[1]

  result <- c()
  result$iters <- k
  result$log_llhd <- log_el
  result$th <- th
  result$be <- be
  result$time <- end - start
  return(result)
}
```

 # 伽玛脆弱模型非轮廓 MM 算法的模拟程序

```
# Simulation
n <- 300
la1.true <- 3
la2.true <- 5
th.true <- 1
be.true <- c(rep(-2, 10), rep(3, 10))
q <- length(be.true)

la1.ini <- rep(1/n, n)
la2.ini <- rep(1/n, n)
th.ini <- 0.5
be.ini <- rep(0.5, q)

results <- function(r) {
  est_MM <- c()
  for (i in 1:r) {
    # Generate simulation data
    yy <- nsam(la1.true, la2.true, th.true, be.true, n)
    y <- yy$y
    d <- yy$d
    x <- yy$x

    # Estimation
```

```
    par_est <- par_optim(x, d, y, la1.ini, la2.ini, th.ini, be.ini, n, eps =
1e-06)

    # Record estimation values of all parameters
    est_MM <- append(est_MM, c(par_est$be, par_est$th, par_est$iters, par_
est$log_llhd, par_est$time))
  }

  result <- matrix(est_MM, byrow = True, nrow = r)
  return(result)
}

est_MM <- results(10)

# Result
par.true <- c(be.true, th.true)
used_time <- mean(est_MM[, ncol(est_MM)])
log_likelihood_val <- mean(est_MM[, ncol(est_MM) - 1])
iters <- mean(est_MM[, ncol(est_MM) - 2])
est_MM <- est_MM[, 1:(ncol(est_MM) - 3)]
num_rep <- nrow(est_MM)
est_MEAN <- apply(est_MM, 2, mean)
est_Bias <- par.true - est_MEAN
est_SD <- apply(est_MM, 2, sd)
est_MSE <- apply((est_MM - matrix(rep(par.true, num_rep), num_rep, byrow =
True))^2, 2, mean)

results <- as.data.frame(list(True = par.true, Est = est_MEAN, Bias = est_Bi-
as, MSE = est_MSE, SD = est_SD, iters = iters, used_time = used_time, log_like-
lihood_val = log_likelihood_val))

print(results)
```

(2)多元失效时间数据逆高斯脆弱模型的非轮廓 MM 算法

 # 产生多元失效时间数据逆高斯脆弱模型的随机数

```
library(rmutil)
library(statmod)

# generate sample
Invg <- function(la1, la2, th, be, n) {
  u <- rinvgauss(n, m = th, s = th^2)
  q <- length(be)
  Be <- matrix(rep(be, each = n), n, q)
  T <- matrix(0, 2, n)
  cen <- matrix(0, 2, n)

  cen[1, ] <- runif(n, 0, 12)
  cen[2, ] <- runif(n, 0, 600)

  U1 <- runif(n, min = 0, max = 1)
  U2 <- runif(n, min = 0, max = 1)

  x <- array(runif(2 * n * q, min = 0, max = 0.5), dim = c(2, n, q))

  T[1, ] <- - log(U1) / (la1 * u * exp(apply(x[1, , ] * Be, 1, sum)))
  T[2, ] <- (exp(- log(U2) / (u * exp(apply(x[2, , ] * Be, 1, sum)))) - 1) / la2

  d <- 1 * (T <= cen)
  y <- pmin(T, cen)

  return(list(y = y, d = d, x = x))
}
```

 # 逆高斯脆弱模型的非轮廓 MM 算法程序

```
InvgFrailty <- function(x, d, y, la1, la2, be, th, n) {
  La1 <- La2 <- rep(0, n)

  # la1- la2
```

```
  for (i in 1:n) {
    La1[i] <- sum(la1 * (y[1, ] <= y[1, i]))
    La2[i] <- sum(la2 * (y[2, ] <= y[2, i]))
  }

  q <- length(be)
  BE <- matrix(rep(be, each = n), n, q)
  CC <- La1 * exp(rowSums(x[1, , ] * BE)) + La2 * exp(rowSums(x[2, , ] * BE))

  D <- colSums(d)
  d1 <- d[1, ]
  d2 <- d[2, ]

  AA <- (la1 * exp(rowSums(x[1, , ] * BE)))^d1 * (la2 * exp(rowSums(x[2, , ] *
BE)))^d2

  tao <- function(w) {
    z <- dinvgauss(w, m = th, s = th^2) * w^D * AA * exp(- w * CC)
    return(z)
  }

  ss <- rmutil::int(tao, 0, Inf)
  funcW <- function(w) {
    z <- dinvgauss(w, m = th, s = th^2) * w^(D + 1) * AA * exp(- w * CC) / ss
    return(z)
  }

  A <- rmutil::int(funcW, 0, Inf)
  E_01 <- A * exp(rowSums(x[1, , ] * BE))
  SUM_01 <- cumsum(E_01[order(y[1, ])])[seq(n, 1, -1)]
  SUM_01 <- (SUM_01 [seq(n, 1, - 1)]) [rank(y[1, ])]
  la1 <- d[1, ] / SUM_01
if (any(is.na(la1))) la1 <- la1.ini

  E_02 <- A * exp(rowSums(x[2, , ] * BE))
```

```
  SUM_02 <- cumsum(E_02[order(y[2, ])])[seq(n, 1, -1)]
  SUM_02 <- (SUM_02 [seq(n, 1, -1)]) [rank(y[2, ])]
  la2 <- d[2, ] / SUM_02
  if (any(is.na(la2))) la2 <- la2.ini

  # beta
  be.est <- rep(0, q)
  for (p in 1:q) {
    E1 <- La1 * x[1, , p] * exp(rowSums(x[1, , ] * BE)) + La2 * x[2, , p] * exp
(rowSums(x[2, , ] * BE))
    DE_1 <- sum(d * x[, , p]) - sum(A * E1)

    AVE_X <- apply(abs(x), c(1, 2), sum) / abs(x[, , p])
    E2 <- La1 * x[1, , p]^2 * AVE_X[1, ] * exp(rowSums(x[1, , ] * BE)) + La2 *
x[2, , p]^2 * AVE_X[2, ] * exp(rowSums(x[2, , ] * BE))
    DE_2 <- -2 * sum(A * E2)

    be.est[p] <- be[p] - DE_1 / DE_2
  }

  be <- be.est

  # th
  funv <- function(w) {
    z <- dinvgauss(w, m = th, s = th^2) * w^(D - 1) * AA * exp(- w * CC) / ss
    return(z)
  }

  C <- rmutil::int(funv, 0, Inf)
  Q01 <- n /th + n - th * sum(C)
  Q02 <- - n / (th^2) - sum(C)
  th1 <- th - Q01 / Q02
  if(th1 > 0) th <- th1

  return(list(la1 = la1, la2 = la2, be = be,th = th))
```

```
}

par_optim <- function(x, d, y, la1, la2, th, be, n, eps = 1e-6) {
  k <- 1
  ell <- c(be, la1, la2,th)
  diff <- 3
  start <- proc.time()[1]

  while (diff > eps) {
    Fa <- InvgFrailty(x, d, y, la1, la2, be, th, n)
    la1 <- Fa$la1
    la2 <- Fa$la2
    be <- Fa$be
    th <- Fa$th
    diff_el <- c(be, la1, la2, th)
    ell <- cbind(ell, diff_el)
    diff <- sum(abs(ell[, k + 1] - ell[, k]))
    k <- k + 1
  }

  end<- proc.time()[1]
  result <- c()
  result$iters <- k
  result$diff <- diff
  result$th <- th
  result$be <- be
  result$time <- end - start
  return(result)
}
```

 # 逆高斯脆弱模型非轮廓 MM 算法的模拟程序

```
# Simulation
n <- 300
la1.true <- 3
la2.true <- 5
```

```
th.true <- 1
be.true <- c(rep(-2, 10), rep(3, 10))
q <- length(be.true)

la1.ini <- rep(1/n, n)
la2.ini <- rep(1/n, n)
th.ini <- 0.5
be.ini <- rep(0.5, q)

results <- function(r) {
  est_MM <- c()
  for (i in 1:r) {
    # Generate data
    yy <- Invg(la1.true, la2.true, th.true, be.true, n)
    y <- yy$y
    d <- yy$d
    x <- yy$x

    # Estimation
    par_est <- par_optim(x, d, y, la1.ini, la2.ini, th.ini, be.ini, n, eps = 1e-06)

    # Record estimation value of all parameters
    est_MM <- append(est_MM, c(par_est$be, par_est$th, par_est$iters, par_
est$diff, par_est$time))
  }

  result <- matrix(est_MM, byrow = True, nrow = r)
  return(result)
}

est_MM <- results(10)

# Result
par.true <- c(be.true, th.true)
used_time <- mean(est_MM[, ncol(est_MM)])
```

```
diff <- mean(est_MM[, ncol(est_MM) - 1])
iters <- mean(est_MM[, ncol(est_MM) - 2])
est_MM <- est_MM[, 1:(ncol(est_MM) - 3)]

num_rep <- nrow(est_MM)
est_MEAN <- apply(est_MM, 2, mean)
est_Bias <- par.true - est_MEAN
est_SD <- apply(est_MM, 2, sd)
est_MSE <- apply((est_MM - matrix(rep(par.true, num_rep), nrow = num_rep, by-
row = True))^2, 2, mean)

results <- as.data.frame(list(True = par.true, Est = est_MEAN, Bias = est_Bi-
as, MSE = est_MSE, SD = est_SD, iters = iters, used_time = used_time, diff =
diff))

print(results)
```

(3)多元失效时间数据对数正态脆弱模型的非轮廓 MM 算法

```
# 产生多元失效时间数据对数正态脆弱模型的随机数
logn <- function(a1, a2, sig2, be, n) {
  u <- rlnorm(n, meanlog = 0, sdlog = sqrt(sig2))
  q <- length(be)
  Be <- matrix(rep(be, each = n),nrow = n, ncol = q)

  T <- matrix(0, nrow = 2, ncol = n)
  cen <- matrix(0, nrow = 2, ncol = n)

  cen[1, ] <- runif(n, min = 0, max = 1)
  cen[2, ] <- runif(n, min = 0, max = 1)   # cen = 30%

  U1 <- runif(n, min = 0, max = 1)
  U2 <- runif(n, min = 0, max = 1)

  x <- array(runif(2 * n * q, min = 0, max = 0.5), dim = c(2, n, q))
```

```
  T[1, ] <- - log(U1) / (a1 * u * exp(apply(x[1, , ] * Be, MARGIN = 1, sum)))
  T[2, ] <- (exp(- log(U2) / (u * exp(apply(x[2, , ] * Be, MARGIN = 1, sum)))) -
1) / a2

  d <- 1 * (T <= cen)

  y <- pmin(T, cen)

  return(list(y = y, d = d, x = x))
}
```

 # 多元失效时间数据对数正态脆弱模型的对数似然函数

```
loglogn <- function(x, d, y, la1, la2, sig2, be, n) {
  La1 <- La2 <- rep(0, n)

  for (i in 1:n) {
    La1[i] <- sum(la1 * (y[1, ] <= y[1, i]))
    La2[i] <- sum(la2 * (y[2, ] <= y[2, i]))
  }

  q <- length(be)

  BE <- matrix(rep(be, each = n),nrow = n, ncol = q)

  CC <- La1 * exp(rowSums(x[1, , ] * BE)) + La2 * exp(rowSums(x[2, , ] * BE))

  D <- colSums(d)
  d1 <- d[1, ]
  d2 <- d[2, ]

  AA <- (la1 * exp(rowSums(x[1, , ] * BE)))^d1 * (la2 * exp(rowSums(x[2, , ] *
BE)))^d2

  tao <- function(w) {
    z <- dlnorm(w, meanlog = 0, sdlog = sqrt(sig2)) * w^D * AA * exp(- w * CC)
```

```
    return(z)
  }

  ss <- rmutil::int(tao, lower.limit = 0, upper.limit = Inf)
  ell <- sum(log(ss))
  return(ell)
}

# 对数正态脆弱模型的非轮廓 MM 算法程序
LogNFrialty <- function(x, d, y, la1, la2, be, sig2, n) {
  La1 <- La2 <- rep(0, n)

  for (i in 1:n) {
    La1[i] <- sum(la1 * (y[1, ] <= y[1, i]))
    La2[i] <- sum(la2 * (y[2, ] <= y[2, i]))
  }

  # la1-la2
  q <- length(be)
  BE <- matrix(rep(be, each = n),nrow = n, ncol = q)
  CC <- La1 * exp(rowSums(x[1, , ] * BE)) + La2 * exp(rowSums(x[2, , ] * BE))
  D <- colSums(d)
  d1 <- d[1, ]
  d2 <- d[2, ]
  AA <- (la1 * exp(rowSums(x[1, , ] * BE)))^d1 * (la2 * exp(rowSums(x[2, , ] *
BE)))^d2

  tao <- function(w) {
    z <- dlnorm(w, meanlog = 0, sdlog = sqrt(sig2)) * w^D * AA * exp(- w * CC)
    return(z)
  }

  ss <- rmutil::int(tao, lower.limit = 0, upper.limit = Inf)

  funcw <- function(w) {
```

```
    z <- dlnorm(w, meanlog = 0, sdlog = sqrt(sig2)) * w^(D + 1) * AA * exp(- w * CC) / ss
    return(z)
  }

  A <- rmutil::int(funcw, lower.limit = 0, upper.limit = Inf)

  E_01 <- A * exp(rowSums(x[1, , ] * BE))
  SUM_01 <- cumsum(E_01[order(y[1, ])])[seq(n, 1, -1)]
  SUM_01 <- (SUM_01 1[seq(n, 1, -1)])[rank(y[1, ])]
  la1 <- d[1, ]/SUM_01
  if (any(is.na(la1))) la1 <- la1.ini

  E_02 <- A * exp(rowSums(x[2, , ] * BE))
  SUM_02 <- cumsum(E_02[order(y[2, ])])[seq(n, 1, -1)]
  SUM_02 <- (SUM_02[seq(n, 1, -1)])[rank(y[2, ])]
  la2 <- d[2, ] / SUM_02
  if (any(is.na(la2))) la2 <- la2.ini

  # beta
  be.est <- rep(0, q)
  for (p in 1:q) {
    E1 <- La1 * x[1, , p] * exp(rowSums(x[1, , ] * BE)) + La2 * x[2, , p] * exp(rowSums(x[2, , ] * BE))
    DE_1 <- sum(d * x[, , p]) - sum(A * E1)

    AVE_X <- apply(abs(x), c(1, 2), sum) / abs(x[, , p])
    E2 <- La1 * x[1, , p]^2 * AVE_X[1, ] * exp(rowSums(x[1, , ] * BE)) + La2 * x[2, , p]^2 * AVE_X[2, ] * exp(rowSums(x[2, , ] * BE))
    DE_2 <- -2 * sum(A * E2)

    be.est[p] <- be[p] - DE_1 / DE_2
  }

  be <- be.est
```

```
  # sig2
  funv1 <- function(w) {
    z <- (log(w))^2 * dlnorm(w, meanlog = 0, sdlog = sqrt(sig2)) * w^D * AA *
exp(- w * CC) / ss
    return(z)
  }

  C1 <- rmutil::int(funv1, lower.limit = 0, upper.limit = Inf)
  CC1 <- sum(C1)
  sig2 <- CC1 / n

  return(list(la1 = la1, la2 = la2, be = be, sig2 = sig2))
}

par_optim <- function(x, d, y, la1, la2, sig2, be, n, eps = 1e-06) {
  k <- 1
  ell <- c(loglogn(x, d, y, la1, la2, sig2, be, n))
  diff <- 3
  start <- proc.time()[1]

  while (diff > eps) {
    Fa <- LogNFrialty(x, d, y, la1, la2, be, sig2, n)
    la1 <- Fa$la1
    la2 <- Fa$la2
    be <- Fa$be
    sig2 <- Fa$sig2
    log_el <- loglogn(x, d, y, la1, la2, sig2, be, n)
    ell <- c(ell, log_el)
    diff <- abs(el[k + 1] - ell[k]) / (1 + abs(ell[k]))
    k <- k + 1
  }

  end <- proc.time()[1]
  result <- c()
  result$iters <- k
```

```
  result$diff <- diff
  result$th <- th
  result$be <- be
  result$time <- end - start
  return(result)
}
```

 # 对数正态脆弱模型非轮廓 MM 算法的模拟程序

```
# Simulation
n <- 300
la1.true <- 3
la2.true <- 5
sig2.true <- log(0.5 + sqrt(5)/2)
be.true <- c(rep(-2, 10), rep(3, 10))
q <- length(be.true)
la1.ini <- rep(1/n, n)
la2.ini <- rep(1/n, n)
sig2.ini <- 0.5
be.ini <- rep(0.5, q)

results <- function(r){
  est_MM <- c()
  for (i in 1:r){
    # Generate data
    yy <- logn(la1.true, la2.true, sig2.true, be.true, n)
    y <- yy$y
    d <- yy$d
    x <- yy$x

    # Estimation
    par_est <- par_optim(x, d, y, la1.ini, la2.ini, sig2.ini, be.ini, n, eps =
1e-06)

    # Record estimation value of all parameters
    est_MM <- append(est_MM, c(par_est$be, par_est$sig2, par_est$iters, par_
```

```
est$log_llhd, par_est$time))
  }



  result <- matrix(est_MM, byrow = True, nrow = r)
  return(result)
}

est_MM <- results(10)

# Result
par.true <- c(be.true, sig2.true)
used_time <- mean(est_MM[, ncol(est_MM)])
log_likelihood_val <- mean(est_MM[, ncol(est_MM) - 1])
iters <- mean(est_MM[, ncol(est_MM) - 2])
est_MM <- est_MM[, 1:(ncol(est_MM) - 3)]
num_rep <- nrow(est_MM)
est_MEAN <- apply(est_MM, 2, mean)
est_Bias <- par.true - est_MEAN
est_SD <- apply(est_MM, 2, sd)
est_MSE <- apply((est_MM - matrix(rep(par.true, num_rep), nrow = num_rep, by-
row = True))^2, 2, mean)

results <- as.data.frame(  list(True = par.true, Est = est_t_MEAN, Bias = est_
Bias, MSE = est_MSE, SD = est_SD, iters = iters, used_time = used_time, log_
likelihood_val = log_likelihood_val))

print(results)
```

(4)多元失效时间数据伽玛脆弱模型的变量选择

```
# 产生多元失效时间数据伽玛脆弱模型的随机数
# generate sample
nsam <- function(a1, a2, th, be, n) {
  u <- rgamma(n, shape = 1/th, rate = 1/th)
  q <- length(be)
```

```
  x <- array(runif(2 * n * q, min = 0, max = 0.5), dim = c(2, n, q))

  Be <- matrix(rep(be, each = n), nrow = n, ncol = q)

  T <- matrix(0, nrow = 2, ncol = n)
  cen <- runif(n, min = 0, max = 3)

  U1 <- runif(n, min = 0, max = 1)
  U2 <- runif(n, min = 0, max = 1)

  T[1, ] <- - log(U1) / (a1 * u * exp(apply(x[1, , ] * Be, MARGIN = 1, sum)))
  T[2, ] <- (exp(- log(U2) / (u * exp(apply(x[2, , ] * Be, MARGIN = 1, sum)))) -
1) / a2

  d <- 1 * (T <= cen)
  y <- pmin(T, cen)

  la1 <- a1 * y[1, ]
  la2 <- log(1 + a2 * y[2, ])

  return(list(y = y, d = d, x = x, la1 = la1, la2 = la2, w = u))
}

# 伽玛脆弱模型的对数似然函数
loggamma <- function(x, d, y, la1, la2, th, be, n) {
  La1 <- La2 <- rep(0,n)

  for (i in 1:n) {
    La1[i] <- sum(la1 * (y[1, ] <= y[1, i]))
    La2[i] <- sum(la2 * (y[2, ] <= y[2, i]))
  }

  q <- length(be)
  BE <- matrix(rep(be, each = n), nrow = n, ncol = q)
```

```
  C <- 1/th + La1 * exp(rowSums(x[1, , ] * BE)) + La2 * exp(rowSums(x[2, , ] *
BE))
  A <- 1/th + colSums(d)
  AC <- A / C

  d1 <- d[1, ]
  d2 <- d[2, ]

  l1 <- sum(lgamma(A)) - n * (lgamma(1/th) + log(th) / th) - sum(A * log(C))
  l2 <- sum(log(la1[d1 != 0])) + sum(log(la2[d2 != 0]))
  l3 <- sum(d[1, ] * rowSums(x[1, , ] * BE)) + sum(d[2, ] * rowSums(x[2, , ] *
BE))

  ell <- l1 + l2 + l3

  return(ell)
}
```

 # 伽玛脆弱模型基于 MM 算法的变量选择

```
# F function
F <- function(x, d, y, la1, la2, be,th, penalty = "MCP", gam = 3.7, tune = 0.1)
{
  La1 <- La2 <- rep(0, n)

  for (i in 1:n) {
    La1[i] <- sum(la1 * (y[1, ] <= y[1, i]))
    La2[i] <- sum(la2 * (y[2, ] <= y[2, i]))
  }

  # la1-la2
  BE <- matrix(rep(be, each = n), nrow = n, ncol = q)
  C0 <- La1 * exp(rowSums(x[1, , ] * BE)) + La2 * exp(rowSums(x[2, , ] * BE))
  C <- 1/th + La1 * exp(rowSums(x[1, , ] * BE)) + La2 * exp(rowSums(x[2, , ] *
BE))
  A <- 1/th + colSums(d)
```

```
  AC <- A / C

  E_01 <- AC * exp(rowSums(x[1, , ] * BE))
  SUM_01 <- cumsum(E_01[order(y[1, ])])[seq(n, 1, -1)]
  SUM_01 <- (SUM_01[seq(n, 1, - 1)]) [rank(y[1,])]
  la1 <- d[1,]/SUM_01
  if(any(is.na(la1))) la1 = la1.ini

  E_02 <- AC * exp(rowSums(x[2, , ] * BE))
  SUM_02 <- cumsum(E_02[order(y[2, ])])[seq(n, 1, -1)]
  SUM_02<- (SUM_02[seq(n,1,-1)]) [rank(y[2,])]
  la2 <- d[2,]/SUM_02
  if(any(is.na(la2))) la2 = la2.ini

  be.est <- rep(0, q)
  for (p in 1:q) {
    E1 <- La1 * x[1, , p] * exp(rowSums(x[1, , ] * BE)) + La2 * x[2, , p] * exp
(rowSums(x[2, , ] * BE))
    DE_1 <- sum(d * x[, , p]) - sum(AC * E1)

    AVE_X <- apply(abs(x), c(1, 2), sum) / abs(x[, , p])
    E2 <- La1 * x[1, , p]^2 * AVE_X[1, ] * exp(rowSums(x[1, , ] * BE)) + La2 *
x[2, , p]^2 * AVE_X[2, ] * exp(rowSums(x[2, , ] * BE))
    DE_2 <- -2 * sum((colSums(d) + 2/th) * E2 / C)

    if (penalty = = "MCP") {
      DE_1 <- DE_1 - n * sign(be[p]) * (tune - abs(be[p]) / gam) * (abs(be[p])
<= gam * tune)
      DE_2 <- DE_2 - n * (tune - abs(be[p]) / gam) * (abs(be[p]) <= gam * tune) /
abs(be[p])
    }

    if (penalty = = "SCAD") {
      DE_1 <- DE_1 - n * sign(be[p]) * (tune * (abs(be[p]) <= tune) + max(0.0,
gam * tune - abs(be[p])) * (abs(be[p]) > tune) / (gam - 1))
```

```
      DE_2 <- DE_2 - n * (tune * (abs(be[p]) <= tune) + max(0.0, gam * tune - abs
(be[p])) * (abs(be[p]) > tune) / (gam - 1)) / abs(be[p])
    }

    be.est[p] <- be[p] - DE_1 / DE_2
  }

  be <- be.est

  # th
  Q01 <- n * (digamma(1/th) + log(th) - 2) / (th^2) + sum(log(C) + colSums(d) / C -
digamma(A) + 2 / (C * th)) / (th^2) + sum(C0 / C) / (th^2)
  Q02 <- n * (4 - 2 * digamma(1/th) - trigamma(1/th) / th - log(th)) / (th^3) + 2 *
sum(trigamma(A) / (2 * th) + digamma(A) - log(C) - colSums(d) / C - 3 / (C * th)) /
(th^3) - 5 * sum(C0 / C) / (th^3)
  th1 <- th - Q01 / Q02
  if(th1 > 0) th = th1

  return(list(la1 = la1, la2 = la2, be = be,th = th))
}

par_optim <- function(x, d, y, la1, la2, th, be, n, penalty = "MCP") {
  error <- 1
  log_ell <- loggamma(x, d, y, la1, la2, th, be, n)
  ell <- c(log_ell)
  k <- 1
  start <- proc.time()[1]

  while (error > 1e-6) {
    re <- F(x, d, y, la1, la2, be,th, penalty = penalty, gam = 3.7, tune = 0.1)
    be <- re$be
    la1 <- re$la1
    la2 <- re$la2
    th <- re$th
    log_el <- loggamma(x, d, y, la1, la2, th, be, n)
```

```
    ell <- append(ell, log_el)
    error <- abs(ell[k + 1] - ell[k]) / (1 + abs(ell[k]))
    k <- k + 1
  }

  end <- proc.time()[1]

  result <- list()
  result$iters = k,
  result$log_el = log_el,
  result$cost_time = end - start,
  result$be = be,
  result$th = th
  return(result)
}

# 伽玛脆弱模型变量选择的模拟程序
# Simulation
n <- 200
be.true <- c(1, 2, 3, 4, rep(0, 26))
la1.true <- 3
la2.true <- 5
th.true <- 1
q <- length(be.true)

la1.ini <- rep(1/n, n)
la2.ini <- rep(1/n, n)
theta.ini <- 0.5
beta.ini <- rep(0.5, q)

results <- function(N) {
  est_MM <- c()
  for (r in 1:N) {
    # Generate simulation data
    yy <- nsam(a1 = la1.true, a2 = la2.true, th = theta.true, be = be.true, n)
```

```
    y <- yy$y
    d <- yy$d
    x <- yy$x

    # Estimation
    par_est <- par_optim(x, d, y, la1.ini, la2.ini, th.ini, beta.ini, n, penal-
ty = "MCP")

    # Record estimation value of all parameters
    est_MM <- append(est_MM, c(par_est$be, par_est$th, par_est$iters, par_
est$log_el, par_est$cost_time))
  }

  result <- matrix(est_MM, byrow = True, nrow = N)
  return(result)
}

est_MM <- results(10)
par.true <- c(be.true, th.true)
used_time <- mean(est_MM[, ncol(est_MM)])
log_likelihood_val <- mean(est_MM[, ncol(est_MM) - 1])
iters <- mean(est_MM[, ncol(est_MM) - 2])
est_MM <- est_MM[, 1:(ncol(est_MM) - 3)]
num_rep <- nrow(est_MM)
est_MEAN <- apply(est_MM, 2, mean)
est_Bias <- par.true - est_MEAN
est_SD <- apply(est_MM, 2, sd)
est_MSE <- apply((est_MM - matrix(rep(par.true, num_rep), num_rep, byrow =
True))^2, 2, mean)

results <- as.data.frame(list(True = par.true, Est = est_MEAN, Bias = est_Bi-
as, MSE = est_MSE, SD = est_SD, iters = iters, used_time = used_time, log_like-
lihood_val = log_likelihood_val))

print(results)
```

(5)多元失效时间数据对数正态脆弱模型的变量选择

```
# 产生多元失效时间数据对数正态脆弱模型的随机数
logn <- function(a1, a2, sig2, be, n) {
  u = rlnorm(n, 0, sqrt(sig2))
  q = length(be)
  Be = matrix(rep(be, each = n), n, q)
  T = cen = matrix(0, 2, n)
  cen[1, ] = runif(n, 0, 0.15)
  cen[2, ] = runif(n, 0, 0.15)
  U1 = runif(n, 0, 1)
  U2 = runif(n, 0, 1)
  x = array(runif(2 * n * q, min = 0, max = 0.5), dim = c(2, n, q))
  T[1, ] <- - log(U1) / (a1 * u * exp(apply(x[1, , ] * Be, 1, sum)))
  T[2, ] <- (exp(- log(U2) / (u * exp(apply(x[2, , ] * Be, 1, sum)))) - 1) / a2
  d = 1 * (T <= cen)
  y = pmin(T, cen)
  return(list(y = y, d = d, x = x))
}

# 对数正态脆弱模型的对数似然函数
loglogn <- function(x, d, y, la1, la2, sig2, be, n) {
  La1 = La2 = rep(0, n)

  for (i in 1:n) {
    La1[i] = sum(la1 * (y[1, ] <= y[1, i]))
    La2[i] = sum(la2 * (y[2, ] <= y[2, i]))
  }

  q <- length(be)
  BE <- matrix(rep(be, each = n), n, q)
  CC <- La1 * exp(rowSums(x[1, , ] * BE)) + La2 * exp(rowSums(x[2, , ] * BE))
  D <- colSums(d)
  d1 <- d[1, ]
  d2 <- d[2, ]
  AA <- (la1 * exp(rowSums(x[1, , ] * BE)))^d1 * (la2 * exp(rowSums(x[2, , ] *
```

```
BE)))^d2

  tao <- function(w) {
    z <- dlnorm(w, 0, sqrt(sig2)) * w^D * AA * exp(- w * CC)
    return(z)
  }

  ss <- rmutil::int(tao, 0, Inf)
  ell <- sum(log(ss))

  return(ell)
}

# 对数正态脆弱模型基于 MM 算法的变量选择
# F function
F <- function(x, d, y, la1, la2, be, sig2, penalty = "MCP", gam = 3.7, tune = 0.1)
{
  La1 <- La2 <- rep(0, n)
  for (i in 1:n) {
    La1[i] <- sum(la1 * (y[1, ] <= y[1, i]))
    La2[i] <- sum(la2 * (y[2, ] <= y[2, i]))
  }

  # la1-la2
  BE <- matrix(rep(be, each = n), n, q)
  CC <- La1 * exp(rowSums(x[1, , ] * BE)) + La2 * exp(rowSums(x[2, , ] * BE))
  D <- colSums(d)
  d1 <- d[1, ]
  d2 <- d[2, ]
  AA <- (la1 * exp(rowSums(x[1, , ] * BE)))^d1 * (la2 * exp(rowSums(x[2, , ] *
BE)))^d2

  tao <- function(w) {
    z <- dlnorm(w, 0, sqrt(sig2)) * w^D * AA * exp(- w * CC)
    return (z)
```

```
  }

  ss <- rmutil::int(tao, 0, Inf)

  funcw <- function(w) {
    z <- dlnorm(w, 0, sqrt(sig2)) * w^(D + 1) * AA * exp(- w * CC) / ss
    return (z)
  }

  A <- rmutil::int(funcw, 0, Inf)
  E_01 <- A * exp(rowSums(x[1, , ] * BE))
  SUM_01 <- cumsum((E_01[order(y[1, ])])[seq(n, 1, -1)])
  SUM_01 <- (SUM_01[seq(n, 1, -1)])[rank(y[1,])]
  la1 = d[1, ] / SUM_01
  if(any(is.na(la1))) la1 = la1.ini

  E_02 <- A * exp(rowSums(x[2, , ] * BE))
  SUM_02 <- cumsum((E_02[order(y[2, ])])[seq(n, 1, -1)])
  SUM_02 <- (SUM_02[seq(n, 1, -1)])[rank(y[2, ])]
  La2 = d[2, ] / SUM_02
  if(any(is.na(la1))) la1 = la1.ini

  # beta
  be.est <- rep(0, q)
  for (p in 1:q) {
    E1 <- La1 * x[1, , p] * exp(rowSums(x[1, , ] * BE)) + La2 * x[2, , p] * exp
(rowSums(x[2, , ] * BE))
    DE_1 <- sum(d * x[, , p]) - sum(A * E1)
    AVE_X <- apply(abs(x), c(1, 2), sum) / abs(x[, , p])
    E2 <- La1 * x[1, , p]^2 * AVE_X[1, ] * exp(rowSums(x[1, , ] * BE)) + La2 *
x[2, , p]^2 * AVE_X[2, ] * exp(rowSums(x[2, , ] * BE))
    DE_2 <- -2 * sum(A * E2)

    if (penalty == "MCP") {
      DE_1 <- DE_1 - n * sign(be[p]) * (tune - abs(be[p]) / gam) * (abs(be[p])
```

```
<= gam * tune)
      DE_2 <- DE_2 - n * (tune - abs(be[p]) / gam) * (abs(be[p]) <= gam * tune) /
abs(be[p])
    }

    if (penalty == "SCAD") {
      DE_1 <- DE_1 - n * sign(be[p]) * (tune * (abs(be[p]) <= tune) + max(0.0,
gam * tune - abs(be[p])) * (abs(be[p]) > tune) / (gam - 1))
      DE_2 <- DE_2 - n * (tune * (abs(be[p]) <= tune) + max(0.0, gam * tune -
abs(be[p])) * (abs(be[p]) > tune) / (gam - 1)) / abs(be[p])
    }

    be.est[p] <- be[p] - DE_1 / DE_2
  }

  be = be.est

  # sig2
  funv1 <- function(w) {
    z <- (log(w))^2 * dlnorm(w, 0, sqrt(sig2)) * w^D * AA * exp(- w * CC) / ss
    return (z)
  }

  C1 <- rmutil::int(funv1, 0, Inf)
  CC1 <- sum(C1)
  sig2 <- CC1 / n

  return(list(la1 = la1, la2 = la2, be = be, sig2 = sig2))
}

par_optim <- function(x, d, y, la1, la2, sig2, be, n, penalty = "MCP") {
  error <- 1
  log_ell <- loglogn(x, d, y, la1, la2, sig2, be, n)
  ell <- c(log_ell)
  k <- 1
```

```
  start <- proc.time()[1]
  while (error > 1e-6) {
    re <- F(x, d, y, la1, la2, be, sig2, penalty = penalty, gam = 3.7, tune = 0.1)
    be <- re$be
    la1 <- re$la1
    la2 <- re$la2
    sig2 <- re$sig2
    log_el <- loglogn(x, d, y, la1, la2, sig2, be, n)
    ell <- append(ell, log_el)
    error <- abs(ell[k + 1] - ell[k]) / (1 + abs(ell[k]))
    k <- k + 1
  }
  end <- proc.time()[1]

  result <- list()
  result$iters <- k
  result$log_el <- log_el
  result$cost_time <- end - start
  result$be <- be
  result$sig2 <- sig2
  return(result)
}
```

 # 对数正态脆弱模型变量选择的模拟程序

```
# Simulation
n <- 300
la1.true <- 3
la2.true <- 5
sig2.true <- log(0.5 + sqrt(5) / 2)
be.true <- c(1, 2, 3, 4, rep(0, 26))
q <- length(be.true)

la1.ini <- rep(1 / n, n)
la2.ini <- rep(1 / n, n)
sig2.ini <- 0.5
```

```
be.ini <- rep(0.5, q)

results <- function(N) {
  est_MM <- c()
  for (r in 1:N) {
    # Generate simulation data
    yy <- logn(a1 = la1.true, a2 = la2.true, sig2 = sig2.true, be = be.true, n)
    y <- yy$y
    d <- yy$d
    x <- yy$x

    # Estimation
    par_est <- par_optim(x, d, y, la1.ini, la2.ini, sig2.ini, be.ini, n, penal-
ty = "MCP")

    # Record estimation values of all parameters
    est_MM <- append(est_MM, c(par_est$be, par_est$sig2, par_est$iters, par_
est$log_el, par_est$cost_time))
  }

  result <- matrix(est_MM, byrow = True, nrow = N)
  return(result)
}

est_MM <- results(10)

# Result
par.true <- c(be.true, sig2.true)
used_time <- mean(est_MM[, ncol(est_MM)])
log_likelihood_val <- mean(est_MM[, ncol(est_MM) - 1])
iters <- mean(est_MM[, ncol(est_MM) - 2])
est_MM <- est_MM[, 1:(ncol(est_MM) - 3)]
num_rep <- nrow(est_MM)
est_MEAN <- apply(est_MM, 2, mean)
est_Bias <- par.true - est_MEAN
```

```
est_SD <- apply(est_MM, 2, sd)
est_MSE <- apply((est_MM - matrix(rep(par.true, num_rep), num_rep, byrow = 
True))^2, 2, mean)

results <- as.data.frame(list(True = par.true, Est = est_MEAN, Bias = est_Bi-
as, MSE = est_MSE, SD = est_SD, iters = iters, used_time = used_time, log_like-
lihood_val = log_likelihood_val))

print(results)
```

4. 半竞争风险模型

```
# 产生半竞争风险模型的随机数
sample <- function(la01, la02, la03, al, be1, be2, be3, n) {
  u <- rgamma(n, 1 / al, 1 / al)
  x <- rnorm(n, 0, 1)

  U1 <- runif(n, 0, 1)
  U2 <- runif(n, 0, 1)
  U3 <- runif(n, 0, 1)

  T1 <- - log(U1) / (la01 * u * exp(x * be1))
  T2 <- - log(U2) / (la02 * u * exp(x * be2))
  T3 <- - log(U3) / (la03 * u * exp(x * be3))

  c <- rep(3, n)
  y1 <- c * (((T1 >= T2) * T2 + (T1 <  T2) * T1) >= c) + T2 * (((T1 > = c) * c+ (T1 < 
c) * T1 >= T2) + T1 * (T1 <  c) * (c <= T2) + T1 * (T1 <  T2) * (T2 <= c)
  y2 <- c * (((T1 >= T2) * T2 + (T1 <  T2) * T1) >= c) + T2 * (((T1 >= c) * c + 
(T1 <  c) * T1) >= T2 + c * (T1 <  c) * (c <= T2) + (T1 + T3) * (T1 <  T2) * (T2 <= 
c)
  d1 <- 0 * (((T1 >= T2) * T2 + (T1 <  T2) * T1) >= c) + 0 * (((T1 >= c) * c + (T1<c) * 
T1) >= T2) + 1 * (T1 <  c) * (c <= T2) + 1 * (T1 <  T2) * (T2 <= c)
  d2 <- 0 * (((T1 >= T2) * T2 + (T1 <  T2) * T1) >= c) + 1 * (((T1 >= c) * c + 
```

```
(T1 <  c) * T1) >= T2) + 0 * (T1 <  c) * (c <= T2) + 1 * (T1 <  T2) * (T2 <= c)

  return(list(y1 = y1, y2 = y2, d1 = d1, d2 = d2, x = x))
}

# 半竞争风险模型的对数似然函数
LogLik = function(la01, la02, la03, al, be1, be2, be3, d1, d2, y1, y2, x) {
  La01 = (cumsum(la01[order(y1)]))[rank(y1)]
  La02 = (cumsum(la02[order(y2)]))[rank(y2)]
  La31 = (cumsum(la03[order(y1)]))[rank(y1)]
  La32 = (cumsum(la03[order(y2)]))[rank(y2)]
  LA21 = La32 - La31
  LA21 = (LA21 >= 0) * LA21

  l1 = sum(log(la01[d1 != 0])) + sum(log(la02[(d2 * (1 - d1)) != 0])) + sum(log
(la03[(d1 * d2) != 0]))
  l2 = sum(d1 * be1 * x + d2 * (1 - d1) * be2 * x + d1 * d2 * be3 * x + d1 * d2 *
log(1 + al))

  A = 1 + al * (La01 * exp(be1 * x) + La02 * exp(be2 * x) + LA21 * exp(be3 *
x))

  l3 = sum((1 / al + d1 + d2) * log(A))

  l = l1 + l2 - l3
  return(l)
}

# 半竞争风险模型的轮廓 MM 算法程序
Semi_GaFrailty <- function(n, x, d1, d2, y1, y2, la01, la02, la03, al, be1, be2,
be3) {
  La03 = La01 = La02 = rep(0, n)
  for (i in 1:n) {
    La03[i] = sum((y2 <= y2[i]) * (y2 > y1[i]) * la03)
    La01[i] = sum((y1 <= y1[i]) * la01)
```

```
    La02[i] = sum((y2 <= y2[i]) * la02)
  }
  A = 1 + al * (La01 * exp(be1 * x) + La02 * exp(be2 * x) + La03 * exp(be3 *
x))
  A1 = (d1 + d2) * exp(be1 * x) / A
  A2 = (d1 + d2) * exp(be2 * x) / A
  A3 = (d1 + d2) * exp(be3 * x) / A
  B1 = al * (1 / al + d1 + d2) * exp(be1 * x) / A
  B2 = al * (1 / al + d1 + d2) * exp(be2 * x) / A
  B3 = al * (1 / al + d1 + d2) * exp(be3 * x) / A
  C1 = (1 + al * (d1 + d2)) * x * exp(be1 * x) / A
  C2 = (1 + al * (d1 + d2)) * x * exp(be2 * x) / A
  C3 = (1 + al * (d1 + d2)) * x * exp(be3 * x) / A
  D1 = (1 + 2 * al * (d1 + d2)) * x^2 * exp(be1 * x) / A
  D2 = (1 + 2 * al * (d1 + d2)) * x^2 * exp(be2 * x) / A
  D3 = (1 + 2 * al * (d1 + d2)) * x^2 * exp(be3 * x) / A

  A_31 = B_31 = C_31 = D_31 = rep(0, n)
  for (i in 1:n) {
    A_31[i] = sum((y1 >= y2[i]) * A3)
    B_31[i] = sum((y1 >= y2[i]) * B3)
    C_31[i] = sum((y1 >= y2[i]) * C3)
    D_31[i] = sum((y1 >= y2[i]) * D3)
  }
  A_1 = cumsum(A1[order(y1)])[rank(y1)]
  A_2 = cumsum(A2[order(y2)])[rank(y2)]
  A_32 = cumsum(A3[order(y2)])[rank(y2)]
  A_3 = (A_32 - A_31) * (y2 > y1)

  B_1 = cumsum(B1[order(y1)])[rank(y1)]
  B_2 = cumsum(B2[order(y2)])[rank(y2)]
  B_32 = cumsum(B3[order(y2)])[rank(y2)]
  B_3 = (B_32 - B_31) * (y2 > y1)

  C_1 = cumsum(C1[order(y1)])[rank(y1)]
```

```
C_2 = cumsum(C2[order(y2)])[rank(y2)]
C_32 = cumsum(C3[order(y2)])[rank(y2)]
C_3 = (C_32 - C_31) * (y2 > y1)

D_1 = cumsum(D1[order(y1)])[rank(y1)]
D_2 = cumsum(D2[order(y2)])[rank(y2)]
D_32 = cumsum(D3[order(y2)])[rank(y2)]
D_3 = (D_32 - D_31) * (y2 > y1)

R1 = replace(A_3 / B_3, is.na(A_3 / B_3), 0)
R2 = replace(C_3 / B_3, is.na(C_3 / B_3), 0)
R3 = replace(D_3 / B_3, is.na(D_3 / B_3), 0)
R4 = 1 / B_3
R4[R4 = = Inf] <- 0

# al
D = d1 * A_1 / B_1 + d2 * (1 - d1) * A_2 / B_2 + d1 * d2 * R1
Q01 = sum(d1 * d2 / (1 + al) - (1 - 1 / A - log(A)) / (al^2) - D)
Q02 = sum(- d1 * d2 / (1 + al)^2 + 2 * (1 - 1 / A - log(A)) / (al^3) - D / al)
al = al - Q01 / Q02

# be1-la01
Q11 = sum(d1 * x - d1 * C_1 / B_1)
Q12 = - sum(d1 * D_1 / B_1)
be1 = be1 - Q11 / Q12
la01 = d1 / B_1

# be2-la02
Q21 = sum(d2 * (1 - d1) * x - d2 * (1 - d1) * C_2 / B_2)
Q22 = - sum(d2 * (1 - d1) * D_2 / B_2)
be2 = be2 - Q21 / Q22
la02 = d2 * (1 - d1) / B_2

# be3-la03
Q31 = sum(d2 * d1 * x - d2 * d1 * R2)
```

```
  Q32 = - sum(d2 * d1 * R3)
  be3 = be3 - Q31 / Q32
  la03 = d1 * d2 * R4
  return(list(la01 = la01, la02 = la02, la03 = la03, al = al, be1 = be1, be2 =  be2,
be3 = be3))
}

par_optim <- function(x, y1, y2, d1, d2, la01, la02, la03, al, be1, be2, be3) {
  n = length(x)
  log_ell = LogLik(la01, la02, la03, al, be1, be2, be3, d1, d2, y1, y2, x)
  ell = c(log_ell)
  error = 3
  i <- 1
  start <- proc.time()[1]
  while (error > 1e-6) {
    SGa = Semi_GaFrailty(n, x, d1, d2, y1, y2, la01, la02, la03, al, be1, be2,
be3)
    la01 = SGa$la01
    la02 = SGa$la02
    la03 = SGa$la03
    al = SGa$al
    be1 = SGa$be1
    be2 = SGa$be2
    be3 = SGa$be3
    log_el = LogLik(la01, la02, la03, al, be1, be2, be3, d1, d2, y1, y2, x)
    ell <- append(ell, log_el)
    error = abs(ell[i+ 1] - ell[i]) / (1 + abs(ell[i]))

    i <- i + 1
  }

  end <- proc.time()[1]
  result <- c()
  result$be1 <- be1
  result$be2 <- be2
```

```
  result$be3 <- be3
  result$iters <- i
  result$log_llhd <- log_el
  result$al <- al
  result$time <- end- start

  return(result)
}
```

 # 半竞争风险模型轮廓 MM 算法的模拟程序

```
# Simulation
la01.true <- 1
la02.true <- 1
la03.true <- 2
al.true <- 0.05
be1.true <- 0.5
be2.true <- 0.5
be3.true <- 1
N <- 500
la01.ini <- la02.ini <- la03.ini <- rep(1 / N, N)
al.ini <- 0.1
be1.ini <- be2.ini <- be3.ini <- 1

results <- function(n) {
  est_MM <- c()
  for (r in 1:n) {
    # Generate simulation data
    yy <- sample(
      la01.true, la02.true, la03.true, al.true, be1.true, be2.true, be3.true, N)
    y1 <- yy$y1
    y2 <- yy$y2
    d1 <- yy$d1
    d2 <- yy$d2
    x <- yy$x
```

```
    # Estimation
    par_est <- par_optim(x, y1, y2, d1, d2, la01.ini, la02.ini, la03.ini,
al.ini, be1.ini, be2.ini, be3.ini)
    # Record estimation value of all parameters
    est_MM <- c(est_MM, c(par_est$al, par_est$be1, par_est$be2, par_est$be3,
par_est$iters, par_est$log_llhd, par_est$time))
  }
  result <- matrix(est_MM, byrow = True, nrow = n)
  return(result)
}

est_MM <- results(10)

# Result
par.true <- c(al.true, be1.true, be2.true, be3.true)
used_time <- mean(est_MM[, ncol(est_MM)])
log_likelihood_val <- mean(est_MM[, ncol(est_MM) - 1])
iters <- mean(est_MM[, ncol(est_MM) - 2])
est_MM <- est_MM[, 1:(ncol(est_MM) - 3)]
num_rep <- nrow(est_MM)
est_MEAN <- apply(est_MM, 2, mean)
est_Bias <- par.true - est_MEAN
est_SD <- apply(est_MM, 2, sd)
est_MSE <- apply((est_MM - matrix(rep(par.true, num_rep), nrow = num_rep, by-
row = True))^2, 2, mean)

results <- as.data.frame(list(True = par.true, Est = est_MEAN,Bias = est_Bi-
as, MSE = est_MSE, SD = est_SD, iterations = iters, used_time = used_time, log_
likelihood_val = log_likelihood_val))

print(results)
```

5. 比例优势模型

(1)比例优势模型的轮廓 MM 算法

```
# 产生比例优势模型的随机数
library(Rlab)
sample <- function(be, n) {
  q <- length(be)
  x <- matrix(nrow = n, ncol= q, data = rnorm(n * q, 0, 1))
  u <- runif(n)
  t <- sqrt((1 / u - 1) * exp(- rowSums(x * be))) * 2
  cen <- runif(n, 1, 6)
  d <- as.numeric(t <= cen)
  y <- pmin(t, cen)

  output <- list(x = x, y = y, d = d)
  return(output)
}

# 比例优势模型的轮廓 MM 算法程序
EPO_Profile <- function(x, d, y, la, be, n) {
  q <- length(be)
  LA <- rep(0, n)
  for (i in 1:n) {
    LA[i] <- sum(I(y <= y[i]) * la)
  }

  A <- c()
  for (i in 1:n) {
    A[i] <- exp(sum(x[i, ] * be))
  }
  A <- 1 + LA * A

  AA <- AAA <- c()
  for (i in 1:n) {
    for (j in 1:n) {
```

```
      AA[j] <- (y[j] >= y[i]) * (d[j] + 1) * exp(sum(x[j,] * be)) / A[j]
    }
    AAA[i] <- sum(AA)
  }

  BB <- B <- c()
  for (i in 1:n) {
    for (j in 1:n) {
      B[j] <- (y[j] >= y[i]) * (d[j] + 1) * exp(sum(x[j,] * be)) / A[j]
    }
    BB[i] <- sum(B)
  }

  AB1 <- AB <- matrix(0, n, q)
  for (i in 1:n) {
    for (j in 1:n) {
      AB[j,] <- (y[j] >= y[i]) * (d[j] + 1) * exp(sum(x[j,] * be)) * as.vector
(x[j,]) / A[j]
    }
    ab <- apply(AB, 2, sum)
    AB1[i,] <- d[i] * ab / BB[i]
  }

  BA1 <- BA <- matrix(0, n, q^2)
  for (i in 1:n) {
    for (j in 1:n) {
      BA[j,] <- (y[j] >= y[i]) * (d[j] + 1) * exp(sum(x[j,] * be)) * x[j,] %*% t
(x[j,]) / A[j]
    }
    ba <- apply(BA, 2, sum)
    BA1[i,] <- d[i] * ba / BB[i]
  }

  Q1 <- matrix(apply(BA1, 2, sum), q, q)
  la.est <- d / AAA
```

```
  if (any(is.na(la.est))) la.est <- la.ini

  Q2 <- apply(d * x - AB1, 2, sum)
  be.est <- be - solve(- Q1) %*% Q2

  return(list(la = la.est, be = be.est))
}

par_optim <- function(x, d, y, la, be, n, eps = 1e- 06, max.loops = 20000) {
  k <- 1
  dll <- c(be, la)
  diff <- 3
  start <- proc.time()[1]
  while (diff >= eps && k <  max.loops) {
    Fa <- EPO_Profile(x, d, y, la, be, n)
    la <- Fa$la
    be <- Fa$be
    diff_el <- c(be, la)
    dll <- cbind(dll, diff_el)
    diff <- sum(abs(dll[, k + 1] - dll[, k]))
    k <- k + 1
  }
  end <- proc.time()[1]

  result <- c()
  result$iters <- k
  result$diff <- diff
  result$be <- be
  result$time <- end - start
  return(result)
}

# 比例优势模型轮廓 MM 算法的模拟程序
# Simulation
n <- 200
```

```
be.true <- c(rep(1, 15), rep(-1, 15))
la.ini <- rep(1 / n, n)
be.ini <- 0.5 * be.true

results <- function(r) {
  est_MM <- c()
  for (r in 1:r) {
    # Generate simulation data
    yy <- sample(be.true, n)
    y <- yy$y
    d <- yy$d
    x <- yy$x
    # Estimation
    par_est <- par_optim(x, d, y, la.ini, be.ini, n, eps = 1e-06, max.loops =
20000)
    # Record estimation value of all parameters
    est_MM <- c(est_MM, c(par_est$be, par_est$iters, par_est$diff, par_est
$time))
  }
  result <- matrix(est_MM, byrow = True, nrow = r)
  return(result)
}

est_MM <- results(2)

# Result
par.true <- c(be.true)
used_time <- mean(est_MM[, ncol(est_MM)])
diff <- mean(est_MM[, ncol(est_MM) - 1])
iters <- mean(est_MM[, ncol(est_MM) - 2])
est_MM <- est_MM[, 1:(ncol(est_MM) - 3)]
num_rep <- nrow(est_MM)
est_MEAN <- apply(est_MM, 2, mean)
est_Bias <- par.true - est_MEAN
est_SD <- apply(est_MM, 2, sd)
```

```
est_MSE <- apply((est_MM - matrix(rep(par.true, num_rep), nrow = num_rep, by-
row = True))^2, 2, mean)

results <- as.data.frame(list(True = par.true, Est = est_MEAN, Bias = est_Bi-
as, MSE = est_MSE, SD = est_SD, iterations = iters, used_time = used_time, con-
vergence_diff = diff))

print(results)
```

(2)比例优势模型的非轮廓 MM 算法

```
# 产生比例优势模型的随机数
sample <- function(be, n) {
  q <- length(be)
  x <- matrix(nrow =n, ncol =q, data =rnorm(n * q, 0, 1))
  u <- runif(n)
  t <- sqrt((1 / u - 1) * exp(- rowSums(x * be))) * 2
  cen <- runif(n, 1, 6)
  d <- as.numeric(t <=cen)
  y <- pmin(t, cen)

  output <- list(x =x, y =y, d =d)
  return(output)
}

# 比例优势模型的非轮廓 MM 算法程序
EPO_NonProfile <- function(x, d, y, la, be, n) {
  q <- length(be)
  LA <- rep(0, n)
  for (i in 1:n) {
    LA[i] <- sum(I(y <=y[i]) * la)
  }

  xbe <- c()
  for (i in 1:n) {
    xbe[i] <- exp(sum(x[i, ] * be))
```

```
}

A <- 1 +LA * xbe

AA <- AAA <- c()
for (i in 1:n) {
  for (j in1:n) {
    AA[j] <- (y[j] >=y[i]) * (d[j] +1) * exp(sum(x[j, ] * be)) / A[j]
  }
  AAA[i] <- sum(AA)
}

BB <- B <- c()
for (i in 1:n) {
  for (j in1:n) {
    B[j] <- (y[j] >=y[i]) * (d[j] +1) * exp(sum(x[j, ] * be)) / A[j]
  }
  BB[i] <- sum(B)
}

AB1 <- AB <- matrix(0, n, q)
for (i in 1:n) {
  AB1[i, ] <- (d[i] +1) * LA[i] * exp(sum(x[i, ] * be)) * as.vector(x[i, ])
/ A[i]
}

BA1 <- BA <- matrix(0, n, q^2)
for (i in 1:n) {
  BA1[i, ] <- as.vector((d[i] +1) * 2 * LA[i] * exp(sum(x[i, ] * be)) * x
[i, ]%*% t(x[i, ]) / A[i])
}

Q1 <- matrix(apply(BA1, 2, sum), q, q)

la.est <- d / AAA
```

```
  if (any(is.na(la.est))) {
    la.est <- la.ini
  }

  Q2 <- apply(d * x - AB, 2, sum)

  be.est <- be - solve(- Q1)%*% Q2

  return(list(la =la.est, be =be.est))
}

par_optim <- function(x, d, y, la, be, n, eps =1e-06, max.loops =20000) {
  k <- 1
  dll <- c(be, la)
  diff <- 3
  start <- proc.time()[1]

  while (diff > =eps && k < max.loops) {
    Fa <- EPO_NonProfile(x, d, y, la, be, n)
    la <- Fa$la
    be <- Fa$be

    diff_el <- c(be, la)
    dll <- cbind(dll, diff_el)

    diff <- sum(abs(dll[, k +1] - dll[, k]))

    k <- k +1
  }

  end <- proc.time()[1]

  result <- c()
  result$iters <- k
  result$diff <- diff
```

```
  result$be <- be
  result$time <- end - start
  return(result)

  return(result)
}
```

```
# 比例优势模型非轮廓 MM 算法的模拟程序
# Simulation
n <- 200
be.true <- c(1, -1)
la.ini <- rep(1 / n, n)
be.ini <- 0.5 * be.true

results <- function(r) {
  est_MM <- c()

  for (rep in1:r) {
    # Generate simulation data
    yy <- sample(be.true, n)
    y <- yy$y
    d <- yy$d
    x <- yy$x

    # Estimation
    par_est <- par_optim(x, d, y, la.ini, be.ini, n, eps =1e-06, max.loops =
20000)
    # Record estimation value of all parameters
est_MM <- append(est_MM, c(par_est$be, par_est$iters, par_est$diff, par_est
$time))
  }

  result <- matrix(est_MM, byrow =TRUE, nrow =r)
  return(result)
}
```

```
est_MM <- results(2)

# Result
par.true <- c(be.true)
used_time <- mean(est_MM[, ncol(est_MM)])
diff <- mean(est_MM[, ncol(est_MM) - 1])
iters <- mean(est_MM[, ncol(est_MM) - 2])
est_MM <- est_MM[, 1:(ncol(est_MM) - 3)]

num_rep <- nrow(est_MM)
est_MEAN <- apply(est_MM, 2, mean)
est_Bias <- par.true - est_MEAN
est_SD <- apply(est_MM, 2, sd)
est_MSE <- apply((est_MM - matrix(rep(par.true, num_rep), nrow =num_rep, by-
row =TRUE))^2, 2, mean)

results <- as.data.frame(list(True =par.true, Est =est_MEAN, Bias =est_Bias,
MSE =est_MSE, SD =est_SD, iters =iters, used_time =used_time, diff =diff))

print(results)
```

(3)比例优势模型基于轮廓 MM 算法的变量选择

```
# 产生比例优势模型的随机数
sample <- function(aa, be, n) {
  q <- length(be)
  x <- matrix(rnorm(n * q, 0, 1), nrow = n, ncol = q)
  u <- runif(n)
  t <- ((1/ u - 1) * exp(- x %*% be)) / aa
  cen <- runif(n, 3, 3)
  d<- 1 * (t <= cen)
  y <- pmin(t, cen)

  return(list(y = y, d = d, x = x))
}
```

 # 比例优势模型关于 MCP 惩罚函数的变量选择程序

```
EPO_Profile_MCP <- function(x, d, y, la, be, n, gam, tune) {
  q <- length(be)
  LA <- rep(0, n)

  for (i in 1:n) {
    LA[i] <- sum(I(y <= y[i]) * la)
  }

  A <- 1 + LA * exp(x %*% be)
  de <- abs(x) / matrix(apply(abs(x), 1, sum), n, q)
  inde <- 1 / de
  inde[which(inde = = "Inf")] <- 0

  sum1 <- c()
  sum2 <- sum3 <- matrix(0, n, q)
  for (i in 1:n) {
    sum1[i] <- sum((y >= y[i]) * (d + 1) * exp(x %*% be) / A)# B

    for (p in 1:q) {
      sum2[i, p] <- sum((y >= y[i]) * (d + 1) * exp(x %*% be) * x[, p] / A) /
sum1[i]
      sum3[i, p] <- sum((y >= y[i]) * (d + 1) * exp(x %*% be) * x[, p] * x[,
p] / A * inde[, p]) / sum1[i]
    }
  }

  la.est <- d / sum1
  be.est <- c()
  for (p in 1:q) {
    f1 <- sum(d * x[, p] - d * sum2[, p]) - n * sign(be[p]) * (tune - abs(be
[p]) / gam) * (abs(be[p]) <= gam * tune)
    f2 <- - sum(d * sum3[, p]) - n * (tune - abs(be[p]) / gam) * (abs(be[p]) <=
gam * tune) / abs(be[p])
    be.est[p] <- be[p] - f1 / f2
```

```
  }

  return(list(la = la.est, be = be.est))
}

# 比例优势模型关于 SCAD 惩罚函数的变量选择程序
EPO_Profile_SCAD <- function(x, d, y, la, be, n, gam, tune) {
  q <- length(be)
  LA <- rep(0, n)

  for (i in 1:n) {
    LA[i] <- sum(I(y <= y[i]) * la)
  }

  A <- 1 + LA * exp(x %*% be)
  de <- abs(x) / matrix(apply(abs(x), 1, sum), n, q)
  inde <- 1 / de
  inde[which(inde == "Inf")] <- 0

  sum1 <- c()
  sum2 <- sum3 <- matrix(0, n, q)
  for (i in 1:n) {
    sum1[i] <- sum((y >= y[i]) * (d + 1) * exp(x %*% be) / A)

    for (p in 1:q) {
      sum2[i, p] <- sum((y >= y[i]) * (d + 1) * exp(x %*% be) * x[, p] / A) /
sum1[i]
      sum3[i, p] <- sum((y >= y[i]) * (d + 1) * exp(x %*% be) * x[, p] * x[,
p] / A * inde[, p]) / sum1[i]
    }
  }

  la.est <- d / sum1
  be.est <- c()
  for (p in 1:q) {
```

```
    f1 <- sum(d * x[, p] - d * sum2[, p]) - n * sign(be[p]) * (tune * (abs(be
[p]) <= tune) + max(0.0, gam * tune - abs(be[p])) * (abs(be[p]) > tune) / (gam - 1))
    f2 <- - sum(d * sum3[, p]) - n * (tune * (abs(be[p]) <= tune) + max(0.0,
gam * tune - abs(be[p])) * (abs(be[p]) > tune) / (gam - 1)) / abs(be[p])
    be.est[p] <- be[p] - f1 / f2
  }

  return(list(la = la.est, be = be.est))
}

par_optim <- function(x, d, y, la, be, n, penalty = "MCP", eps = 1e-06,
max.loops = 20000, gam = 3.7, tune = 0.05) {
  k <- 1
  dll <- c(be, la)
  diff <- 3

  if (penalty == "MCP") {
    start <- proc.time()[1]
    while (diff >= eps && k < max.loops) {
      Fa <- EPO_Profile_MCP(x, d, y, la, be, n, gam, tune)
      la <- Fa$la
      be <- Fa$be
      diff_el <- c(be, la)
      dll <- cbind(dll, diff_el)
      diff <- sum(abs(dll[, k + 1] - dll[, k]))
      k <- k + 1
    }
    end <- proc.time()[1]
  }

  if (penalty == "SCAD") {
    start <- proc.time()[1]
    while (diff >= eps && k < max.loops) {
      Fa <- EPO_Profile_SCAD(x, d, y, la, be, n, gam, tune)
      la <- Fa$la
```

```
      be <- Fa$be
      diff_el <- c(be, la)
      dll <- cbind(dll, diff_el)
      diff <- sum(abs(dll[, k + 1] - dll[, k]))
      k <- k + 1
    }
    end <- proc.time()[1]
  }

  result <- c()
  result$iters <- k
  result$diff <- diff
  result$be <- be
  result$time <- end - start
  return(result)
}
```

```
# 比例优势模型基于轮廓 MM 算法的变量选择的模拟程序
# Simulation
n <- 400
aa <- 3
gam <- 3.7
tune <- 0.05
be.true <- c(rep(0, 18), 2, -1)
la.ini <- rep(1 / n, n)
be.ini <- 0.5 * be.true

results <- function(N) {
  est_MM <- c()
  for (r in 1:N) {
    # Generate simulation data
    yy <- sample(aa, be.true, n)
    y <- yy$y
    d <- yy$d
    x <- yy$x
```

```
    # Estimation
    par_est <- par_optim(x, d, y, la.ini, be.ini, n, penalty = "MCP", eps = 1e-06,
max.loops = 20000, gam = 3.7, tune = 0.05)
    # Record estimation value of all parameters
    est_MM <- c(est_MM, c(par_est$be, par_est$iters, par_est$diff, par_est
$time))
  }
  result <- matrix(est_MM, byrow = True, nrow = N)
  return(result)
}

est_MM <- results(2)

# Result
par.true <- c(be.true)
used_time <- mean(est_MM[, ncol(est_MM)])
diff <- mean(est_MM[, ncol(est_MM) - 1])
iters <- mean(est_MM[, ncol(est_MM) - 2])
est_MM <- est_MM[, 1:(ncol(est_MM) - 3)]
num_rep <- nrow(est_MM)
est_MEAN <- apply(est_MM, 2, mean)
est_Bias <- par.true - est_MEAN
est_SD <- apply(est_MM, 2, sd)
est_MSE <- apply((est_MM - matrix(rep(par.true, num_rep), nrow = num_rep, by-
row = true))^2, 2, mean)

results <- as.data.frame(list(True = par.true, Est = est_MEAN, Bias = est_Bias,
MSE = est_MSE, SD = est_SD, iters = iters, used_time = used_time,diff =  diff))

print(results)
```

(4)比例优势模型基于非轮廓 MM 算法的变量选择

```
# 产生比例优势模型的随机数
sample <- function(aa, be, n) {
  q <- length(be)
```

```
  x <- matrix(rnorm(n * q, 0, 1), nrow = n, ncol = q)
  u <- runif(n)
  t <- ((1/ u - 1) * exp(- x %*% be)) / aa
  cen <- runif(n, 3, 3)
  d <- 1 * (t <= cen)
  y <- pmin(t, cen)

  return(list(y = y, d = d, x = x))
}

# 比例优势模型关于 MCP 惩罚函数的变量选择程序—基于非轮廓 MM 算法
EPO_NonProfile_MCP <- function(x, d, y, la, be, n, gam, tune) {
  q <- length(be)
  LA <- rep(0, n)

  for (i in 1:n) {
    LA[i] <- sum(I(y <= y[i]) * la)
  }

  A <- 1 + LA * exp(x %*% be)
  de <- abs(x) / matrix(apply(abs(x), 1, sum), n, q)
  inde <- 1 / de
  inde[which(inde = = "Inf")] <- 0

  sum1 <- c()
  for (i in 1:n) {
    sum1[i] <- sum((y >= y[i]) * (d + 1) * exp(x %*% be) / A)
  }

  la.est <- d / sum1

  be.est <- c()
  for (p in 1:q) {
    f1 <- sum(d * x[, p] - (d + 1) * LA * exp(x %*% be) * x[, p] / A) - n * sign
(be[p]) * (tune - abs(be[p]) / gam) * (abs(be[p]) <= gam * tune)
```

```
    f2 <- - sum(2 * (d + 1) * LA * exp(x %*% be) * x[, p] * x[, p] * inde[, p] /
A) - n * (tune - abs(be[p]) / gam) * (abs(be[p]) <= gam * tune) / abs(be[p])
    be.est[p] <- be[p] - f1 / f2
  }

  return(list(la = la.est, be = be.est))
}
```

```
# 比例优势模型关于 SCAD 惩罚函数的变量选择程序—基于非轮廓 MM 算法
EPO_NonProfile_SCAD <- function(x, d, y, la, be, n, gam, tune) {
  q <- length(be)
  LA <- rep(0, n)

  for (i in 1:n) {
    LA[i] <- sum(I(y <= y[i]) * la)
  }

  A <- 1 + LA * exp(x %*% be)
  de <- abs(x) / matrix(apply(abs(x), 1, sum), n, q)
  inde <- 1 / de
  inde[which(inde = = "Inf")] <- 0

  sum1 <- c()
  for (i in 1:n) {
    sum1[i] <- sum((y >= y[i]) * (d + 1) * exp(x %*% be) / A)
  }

  la.est <- d / sum1

  be.est <- c()
  for (p in 1:q) {
    f1 <- sum(d * x[, p] - (d + 1) * LA * exp(x %*% be) * x[, p] / A) - n * sign
(be[p]) * (tune * (abs(be[p]) <= tune) + max(0.0, gam * tune - abs(be[p])) *
(abs(be[p]) > tune) / (gam - 1))
    f2 <- - sum(2 * (d + 1) * LA * exp(x %*% be) * x[, p] * x[, p] * inde[, p] /
```

```
A) - n * (tune * (abs(be[p]) <= tune) + max(0.0, gam * tune - abs(be[p])) *
(abs(be[p]) > tune) / (gam - 1)) / abs(be[p])
    be.est[p] <- be[p] - f1 / f2
  }

  return(list(la = la.est, be = be.est))
}

par_optim <- function(x, d, y, la, be, n, penalty = "MCP", eps = 1e-06,
max.loops = 20000, gam = 3.7, tune = 0.05) {
  k <- 1
  dll <- c(be, la)
  diff <- 3

  if (penalty == "MCP") {
    start <- proc.time()[1]
    while (diff >= eps && k <  max.loops) {
      Fa <- EPO_NonProfile_MCP(x, d, y, la, be, n, gam, tune)
      la <- Fa$la
      be <- Fa$be
      diff_el <- c(be, la)
      dll <- cbind(dll, diff_el)
      diff <- sum(abs(dll[, k + 1] - dll[, k]))
      k <- k + 1
    }
    end <- proc.time()[1]
  }

  if (penalty == "SCAD") {
    start <- proc.time()[1]
    while (diff >= eps && k <  max.loops) {
      Fa <- EPO_NonProfile_SCAD(x, d, y, la, be, n, gam, tune)
      la <- Fa$la
      be <- Fa$be
      diff_el <- c(be, la)
```

```
      dll <- cbind(dll, diff_el)
      diff <- sum(abs(dll[, k + 1] - dll[, k]))
      k <- k + 1
    }
    end <- proc.time()[1]
  }

  result <- c()
  result$iters <- k
  result$diff <- diff
  result$be <- be
  result$time <- end - start
  return(result)
}
```

 # 比例优势模型基于非轮廓 MM 算法的变量选择的模拟程序

```
# Simulation
n <- 400
aa <- 3
gam <- 3.7
tune <- 0.05
be.true <- c(rep(0, 18), 2, -1)
la.ini <- rep(1 / n, n)
be.ini <- 0.5 * be.true

results <- function(N) {
  est_MM <- c()
  for (r in 1:N) {
    # Generate simulation data
    yy <- sample(aa, be.true, n)
    y <- yy$y
    d <- yy$d
    x <- yy$x
    # Estimation
    par_est <- par_optim(x, d, y, la.ini, be.ini, n, penalty = "MCP", eps = 1e-06,
```

```
max. loops = 20000, gam = gam, tune = tune)
    # Record estimation value of all parameters
    est_MM <- c(est_MM, c(par_est$be, par_est$iters, par_est$diff, par_est
$time))
  }
  result <- matrix(est_MM, byrow = True, nrow = N)
  return(result)
}

est_MM <- results(2)

# Result
par.true <- c(be.true)
used_time <- mean(est_MM[, ncol(est_MM)])
diff <- mean(est_MM[, ncol(est_MM) - 1])
iters <- mean(est_MM[, ncol(est_MM) - 2])
est_MM <- est_MM[, 1:(ncol(est_MM) - 3)]
num_rep <- nrow(est_MM)
est_MEAN <- apply(est_MM, 2, mean)
est_Bias <- par.true - est_MEAN
est_SD <- apply(est_MM, 2, sd)
est_MSE <- apply((est_MM - matrix(rep(par.true, num_rep), nrow = num_rep, by-
row = True))^2, 2, mean)

results <- as.data.frame(list(True = par.true, Est = est_MEAN, Bias = est_Bi-
as, MSE = est_MSE, SD = est_SD, iters = iters, used_time = used_time,diff =  diff))

print(results)
```

6. 混合比例优势模型

(1)混合比例优势模型半参数估计的轮廓 MM 算法

```
# 产生混合比例优势模型的随机数
Profile_sample <- function(be1, be2, a, n, p, cen_range = c(5, 6)) {
```

```
  be1 <- matrix(rep(be1, each = n), ncol = 2)
  be2 <- matrix(rep(be2, each = n), ncol = 2)
  x <- matrix(rnorm(a * n, 0, 1), ncol = a)
  z <- rbinom(n, 1, p)
  pp <- sum(z)
  be.true <- z * be1 + (1 - z) * be2

  U <- runif(n)
  xx <- array(0, c(n, 2, 2))
  t <- rep(0, n)

  for (i in 1:n) {
    t[i] <- ((1 / U[i] - 1) * exp(- sum(be.true[i, ] * x[i, ]))) ^ (1 / 2) * 2
    xx[i, , ] <- x[i, ] %*% t(x[i, ])
  }

  cen <- runif(n, cen_range[1], cen_range[2])
  d <- as.numeric(t <= cen)
  y <- pmin(t, cen)

  return(list(x = x, xx = xx, y = y, d = d))
}

# 比例优势模型混合个数的确定—基于 BIC 最小准则
a <- 2
n <- 300
p <- 0.5
be1 <- c(3, -1)
be2 <- c(-3, 2)
data <- Profile_sample(be1, be2, a, n, p)
y <- data$y
x <- data$x
xx <- data$xx
d <- data$d
re2 <- matrix(0, 20, 3)
```

```
for (r in 1:20) {
  max.loops <- 20000
  loops <- 0
  diff <- 100
  tol <- 10^(-5)
  be1 <- c(0.2, 0.2)
  la.ini <- rep(1/n, n)
  la <- la.ini
  be.est <- c()

  while (diff >= tol && loops <  max.loops) {
    LA <- rep(0, n)
    for (i in 1:n) {
      LA[i] <- sum(I(y <= y[i]) * la)
    }

    bbe1 <- rep(be1[1], n)
    bbe2 <- rep(be1[2], n)
    BE1 <- cbind(bbe1, bbe2)
    A1 <- 1 + LA * exp(apply(BE1 * x, 1, sum))

    tao <- (d + 1) * exp(apply(BE1 * x, 1, sum)) / A1
    SUM.0 <- rep(0, n)

    SUM.11 <- matrix(0, n, 2)
    SUM.12 <- array(0, c(n, 2, 2))
    for (i in 1:n) {
      SUM.0[i] <- sum(I(y >= y[i]) * tao)

      SUM.11[i, ] <- apply(I(y >= y[i]) * (d + 1) * exp(apply(BE1 * x, 1, sum)) *
x / A1, 2, sum)
      SUM.12[i, , ] <- apply(I(y >= y[i]) * (d + 1) * exp(apply(BE1 * x, 1,
sum)) * xx / A1, c(2, 3), sum)
    }
```

```
    la.est <- d / SUM.0
    if (any(is.na(la.est))) la.est <- la.ini

    Q.11 <- apply(d * x - d * SUM.11 / SUM.0, 2, sum)
    Q.12 <- apply(- d * SUM.12 / SUM.0, c(2, 3), sum)

    be1.est <- be1 - solve(Q.12) %*% Q.11

    diff <- sum(abs(be1.est - be1)) + sum(abs(la.est - la))

    la <- la.est
    be1 <- be1.est
    loops <- loops + 1
  }

  bic_1 <- - 2 * sum(log((la * exp(apply(BE1 * x, 1, sum)) / (1 + LA * exp(ap-
ply(BE1 * x, 1, sum)))) ^ d / (1 + LA * exp(apply(BE1 * x, 1, sum))))) + 2 * log
(n)

  max.loops <- 20000
  loops <- 0
  diff <- 100
  tol <- 10^(-5)
  be1 <- c(2, 2)
  be2 <- c(0.5, 0.5)
  la.ini <- rep(1 / n, n)
  la <- la.ini
  pi <- 0.5 * p

  while (diff >= tol && loops <  max.loops) {
    LA <- rep(0, n)
    for (i in 1:n) {
      LA[i] <- sum(I(y <= y[i]) * la)
    }
```

```
bbe1 <- rep(be1[1], n)
bbe2 <- rep(be1[2], n)
BE1 <- cbind(bbe1, bbe2)

bee1 <- rep(be2[1], n)
bee2 <- rep(be2[2], n)
BE2 <- cbind(bee1, bee2)

w <- pi * (la * exp(apply(BE1 * x, 1, sum)) / (1 + LA * exp(apply(BE1 * x,
1, sum))))^d / (1 + LA * exp(apply(BE1 * x, 1, sum))) + (1 - pi) * (la * exp(ap-
ply(BE2 * x, 1, sum)) / (1 + LA * exp(apply(BE2 * x, 1, sum))))^d / (1 + LA * exp
(apply(BE2 * x, 1, sum)))

v <- pi * (la * exp(apply(BE1 * x, 1, sum)) / (1 + LA * exp(apply(BE1 * x,
1, sum))))^d / (1 + LA * exp(apply(BE1 * x, 1, sum))) / w
pi.est <- sum(v) / n

A1 <- 1 + LA * exp(apply(BE1 * x, 1, sum))
A2 <- 1 + LA * exp(apply(BE2 * x, 1, sum))

tao <- v * (d + 1) * exp(apply(BE1 * x, 1, sum)) / A1 + (1 - v) * (d + 1) * exp
(apply(BE2 * x, 1, sum)) / A2

SUM.0 <- rep(0, n)
SUM.11 <- SUM.21 <- matrix(0, n, 2)
SUM.12 <- SUM.22 <- array(0, c(n, 2, 2))
for (i in 1:n) {
  SUM.0[i] <- sum(I(y >= y[i]) * tao)
  SUM.11[i, ] <- apply(I(y >= y[i]) * v * (d + 1) * exp(apply(BE1 * x, 1,
sum)) * x / A1, 2, sum)
  SUM.12[i, , ] <- apply(I(y >= y[i]) * v * (d + 1) * exp(apply(BE1 * x, 1,
sum)) * xx / A1, c(2, 3), sum)

SUM.21[i, ] <- apply(I(y >= y[i]) * (1 - v) * (d + 1) * exp(apply(BE2 * x,
1, sum)) * x / A2, 2, sum)
```

```
    SUM.22[i, , ] <- apply(I(y >= y[i]) * (1 - v) * (d + 1) * exp(apply(BE2 * x, 1, sum)) * xx / A2, c(2, 3), sum)
  }

  la.est <- d / SUM.0
  if (any(is.na(la.est))) la.est <- la.ini

  Q.11 <- apply(v * d * x - d * SUM.11 / SUM.0, 2, sum)
  Q.12 <- apply(- d * SUM.12 / SUM.0, c(2, 3), sum)

  be1.est <- be1 - solve(Q.12) %*% Q.11

  Q.21 <- apply((1 - v) * d * x - d * SUM.21 / SUM.0, 2, sum)
  Q.22 <- apply(- d * SUM.22 / SUM.0, c(2, 3), sum)

  be2.est <- be2 - solve(Q.22) %*% Q.21

  diff <- sum(abs(be1.est - be1)) + sum(abs(be2.est - be2)) + abs(pi.est - pi) + sum(abs(la.est - la))

  la <- la.est
  be1 <- be1.est
  be2 <- be2.est
  pi <- pi.est
  loops <- loops + 1
  }

bic_2 <- - 2 * sum(log(w)) + 2 * 2 * log(n)

max.loops <- 20000
loops <- 0
diff <- 100
tol <- 10^(- 5)
be1 <- c(2, 2)
be2 <- c(0.5, 0.5)
```

```
la.ini <- rep(1 / n, n)
la <- la.ini
pi1 <- 0.2
pi2 <- 0.3

while (diff >= tol && loops <  max.loops) {
  LA <- rep(0, n)
  for (i in 1:n) {
    LA[i] <- sum(I(y <= y[i]) * la)
  }

  bbe1 <- rep(be1[1], n)
  bbe2 <- rep(be1[2], n)
  BE1 <- cbind(bbe1, bbe2)

  bee1 <- rep(be2[1], n)
  bee2 <- rep(be2[2], n)
  BE2 <- cbind(bee1, bee2)

  bbee1 <- rep(be3[1], n)
  bbee2 <- rep(be3[2], n)
  BE3 <- cbind(bbee1, bbee2)

  w <- pi1 * (la * exp(apply(BE1 * x, 1, sum)) / (1 + LA * exp(apply(BE1 * x,
1, sum))))^d / (1 + LA * exp(apply(BE1 * x, 1, sum))) + pi2 * (la * exp(apply
(BE2 * x, 1, sum)) / (1 + LA * exp(apply(BE2 * x, 1, sum))))^d / (1 + LA * exp(ap-
ply(BE2 * x, 1, sum))) + (1 - pi1 - pi2) * (la * exp(apply(BE2 * x, 1, sum)) / (1 +
LA * exp(apply(BE2 * x, 1, sum))))^d / (1 + LA * exp(apply(BE2 * x, 1, sum)))

  v1 <- pi1 * (la * exp(apply(BE1 * x, 1, sum)) / (1 + LA * exp(apply(BE1 * x,
1, sum))))^d / (1 + LA * exp(apply(BE1 * x, 1, sum))) / w
  v2 <- pi2 * (la * exp(apply(BE2 * x, 1, sum)) / (1 + LA * exp(apply(BE2 * x,
1, sum))))^d / (1 + LA * exp(apply(BE2 * x, 1, sum))) / w

  pi1.est <- sum(v1) / n
```

```
pi2.est <- sum(v2) / n

A1 <- 1 + LA * exp(apply(BE1 * x, 1, sum))
A2 <- 1 + LA * exp(apply(BE2 * x, 1, sum))
A3 <- 1 + LA * exp(apply(BE3 * x, 1, sum))

tao <- v1 * (d + 1) * exp(apply(BE1 * x, 1, sum)) / A1 +
        v2 * (d + 1) * exp(apply(BE2 * x, 1, sum)) / A2 +
        (1 - v1 - v2) * (d + 1) * exp(apply(BE3 * x, 1, sum)) / A3

SUM.0 <- rep(0, n)
SUM.11 <- SUM.21 <- SUM.31 <- matrix(0, n, 2)
SUM.12 <- SUM.22 <- SUM.32 <- array(0, c(n, 2, 2))

for (i in 1:n) {
  SUM.0[i] <- sum(I(y >= y[i]) * tao)

  SUM.11[i, ] <- apply(I(y >= y[i]) * v1 * (d + 1) * exp(apply(BE1 * x, 1,
sum)) * x / A1, 2, sum)
  SUM.12[i, , ] <- apply(I(y >= y[i]) * v1 * (d + 1) * exp(apply(BE1 * x, 1,
sum)) * xx / A1, c(2, 3), sum)

  SUM.21[i, ] <- apply(I(y >= y[i]) * v2 * (d + 1) * exp(apply(BE2 * x, 1,
sum)) * x / A2, 2, sum)
  SUM.22[i, , ] <- apply(I(y >= y[i]) * v2 * (d + 1) * exp(apply(BE2 * x, 1,
sum)) * xx / A2, c(2, 3), sum)

  SUM.31[i, ] <- apply(I(y >= y[i]) * (1 - v1 - v2) * (d + 1) * exp(apply(BE3 *
x, 1, sum)) * x / A3, 2, sum)
  SUM.32[i, , ] <- apply(I(y >= y[i]) * (1 - v1 - v2) * (d + 1) * exp(apply
(BE3 * x, 1, sum)) * xx / A3, c(2, 3), sum)
}

la.est <- d / SUM.0
if (any(is.na(la.est))) la.est <- la.ini
```

```
  Q.11 <- apply(v1 * d * x - d * SUM.11 / SUM.0, 2, sum)
  Q.12 <- apply(- d * SUM.12 / SUM.0, c(2, 3), sum)

  be1.est <- be1 - solve(Q.12) %*% Q.11

  Q.21 <- apply(v2 * d * x - d * SUM.21 / SUM.0, 2, sum)
  Q.22 <- apply(- d * SUM.22 / SUM.0, c(2, 3), sum)

  be2.est <- be2 - solve(Q.22) %*% Q.21

  Q.31 <- apply((1 - v1 - v2) * d * x - d * SUM.31 / SUM.0, 2, sum)
  Q.32 <- apply(- d * SUM.32 / SUM.0, c(2, 3), sum)

  be3.est <- be3 - solve(Q.32) %*% Q.31

  diff <- sum(abs(be1.est - be1)) + sum(abs(be2.est - be2)) + sum(abs(be3.est
- be3)) + abs(pi1.est - pi1) + abs(pi2.est - pi2) + sum(abs(la.est - la))

  la <- la.est
  be1 <- be1.est
  be2 <- be2.est
  be3 <- be3.est
  pi1 <- pi1.est
  pi2 <- pi2.est
  loops <- loops + 1
}

  bic_3 <- -2 * sum(log(w)) + 3 * 2 * log(n)

  re2[r,] <- c(bic_1, bic_2, bic_3)
}

# 混合比例优势模型半参数估计的轮廓 MM 算法—以 2 组混合为例
MPO_Profile <- function(x, xx, d, y, la, pi, be1, be2, n) {
  LA <- rep(0, n)
```

```
  for (i in 1:n) {
    LA[i] <- sum(I(y <= y[i]) * la)
  }
  BE1 <- matrix(rep(be1, each = n), ncol = 2)
  BE2 <- matrix(rep(be2, each = n), ncol = 2)

  w <- pi * (la * exp(apply(BE1 * x, 1, sum)) / (1 + LA * exp(apply(BE1 * x, 1,
sum))))^d / (1 + LA * exp(apply(BE1 * x, 1, sum))) + (1 - pi) * (la * exp(apply
(BE2 * x, 1, sum)) / (1 + LA * exp(apply(BE2 * x, 1, sum))))^d / (1 + LA * exp
(apply(BE2 * x, 1, sum)))

  v <- pi * (la * exp(apply(BE1 * x, 1, sum)) / (1 + LA * exp(apply(BE1 * x, 1,
sum))))^d / (1 + LA * exp(apply(BE1 * x, 1, sum))) / w
  pi.est <- sum(v) / n

  A1 <- 1 + LA * exp(apply(BE1 * x, 1, sum))
  A2 <- 1 + LA * exp(apply(BE2 * x, 1, sum))

  tao <- v * (d + 1) * exp(apply(BE1 * x, 1, sum)) / A1 + (1 - v) * (d + 1) * exp
(apply(BE2 * x, 1, sum)) / A2

  SUM.0 <- rep(0, n)
  SUM.11 <- SUM.21 <- matrix(0, n, 2)
  SUM.12 <- SUM.22 <- array(0, c(n, 2, 2))

  for (i in 1:n) {
    SUM.0[i] <- sum(I(y >= y[i]) * tao)

    SUM.11[i, ] <- apply(I(y >= y[i]) * v * (d + 1) * exp(apply(BE1 * x, 1,
sum)) * x / A1, 2, sum)
    SUM.12[i, , ] <- apply(I(y >= y[i]) * v * (d + 1) * exp(apply(BE1 * x, 1,
sum)) * xx / A1, c(2, 3), sum)

    SUM.21[i, ] <- apply(I(y >= y[i]) * (1 - v) * (d + 1) * exp(apply(BE2 * x,
1, sum)) * x / A2, 2, sum)
```

```
    SUM.22[i, , ] <- apply(I(y >= y[i]) * (1 - v) * (d + 1) * exp(apply(BE2 * x,
1, sum)) * xx / A2, c(2, 3), sum)
  }

  la.est <- d / SUM.0
  if (any(is.na(la.est))) la.est <- la.ini

  Q.11 <- apply(v * d * x - d * SUM.11 / SUM.0, 2, sum)
  Q.12 <- apply(- d * SUM.12 / SUM.0, c(2, 3), sum)

  be1.est <- be1 - solve(Q.12) %*% Q.11

  Q.21 <- apply((1 - v) * d * x - d * SUM.21 / SUM.0, 2, sum)
  Q.22 <- apply(- d * SUM.22 / SUM.0, c(2, 3), sum)

  be2.est <- be2 - solve(Q.22) %*% Q.21

  return(list(la = la.est, be1 = be1.est, be2 = be2.est, pi = pi.est))
}

par_optim <- function(x, xx, d, y, la, pi, be1, be2, n, eps = 1e-06, max.loops =
20000) {
  k <- 1
  dll <- c(be1, be2, la, pi)
  diff <- 3
  start <- proc.time()[1]

  while (diff >= eps && k <  max.loops) {
    Fa <- MPO_Profile(x, xx, d, y, la, pi, be1, be2, n)
    la <- Fa$la
    be1 <- Fa$be1
    be2 <- Fa$be2
    pi <- Fa$pi
    diff_el <- c(be1, be2, la, pi)
    dll <- cbind(dll, diff_el)
```

```
    diff <- sum(abs(dll[, k + 1] - dll[, k]))
    k <- k + 1
  }
  end <- proc.time()[1]

  result <- c()
  result$iters <- k
  result$diff <- diff
  result$pi <- pi
  result$be1 <- be1
  result$be2 <- be2
  result$time <- end - start
  return(result)
}
```

 # 混合比例优势模型半参数估计的轮廓 MM 算法的模拟程序—以 2 组混合为例

```
# Simulation
n <- 300
a <- 2
p <- 0.5
be1.true <- c(3, -1)
be2.true <- c(-3, 2)
pi <- 0.5 * p
la.ini <- rep(1 / n, n)
be1.ini <- c(2, 2)
be2.ini <- c(0.5, 0.5)

results <- function(N) {
  est_MM <- c()
  for (r in 1:N) {
    # Generate simulation data
    yy <- Profile_sample(be1.true, be2.true, a, n, p, cen_range = c(5, 6))
    y <- yy$y
    d <- yy$d
    x <- yy$x
```

```
    xx <- yy$xx

     # Estimation
    par_est <- par_optim(x, xx, d, y, la.ini, pi, be1.ini, be2.ini, n, eps = 1e-06,
max.loops = 20000)

    # Record estimation value of all parameters
    est_MM <- c(est_MM, c(par_est$be1, par_est$be2, par_est$pi, par_est
$iters, par_est$diff, par_est$time))
  }
  result <- matrix(est_MM, byrow = True, nrow = N)
  return(result)
}

est_MM <- results(2)

# Result
par.true <- c(be1.true, be2.true, p)
used_time <- mean(est_MM[, ncol(est_MM)])
diff <- mean(est_MM[, ncol(est_MM) - 1])
iters <- mean(est_MM[, ncol(est_MM) - 2])
est_MM <- est_MM[, 1:(ncol(est_MM) - 3)]
num_rep <- nrow(est_MM)
est_MEAN <- apply(est_MM, 2, mean)
est_Bias <- par.true - est_MEAN
est_SD <- apply(est_MM, 2, sd)
est_MSE <- apply((est_MM - matrix(rep(par.true, num_rep), num_rep, byrow =
True))^2, 2, mean)

results <- as.data.frame(list(True = par.true, Est = est_MEAN, Bias = est_Bi-
as, MSE = est_MSE, SD = est_SD, iters = iters, used_time = used_time, diff = diff))

print(results)
```

(2)混合比例优势模型半参数估计的非轮廓 MM 算法

```
# 产生混合比例优势模型的随机数
NonProfile_sample <- function(be1, a, n, cen_range = c(5, 6)) {
  be.true <- matrix(rep(be1, each = n), ncol = 3)
  x <- matrix(rnorm(a * n, 0, 1), ncol = a)
  U <- runif(n)
  xx <- array(0, c(n, 3, 3))
  t <- c()

  for (i in 1:n) {
    t[i] <- ((1 / U[i] - 1) * exp(- sum(be.true[i, ] * x[i, ])))^(1 / 2) * 2
    xx[i, , ] <- x[i, ] %*% t(x[i, ])
  }

  t <- rep(0, n)
  for (i in 1:n) {
    t[i] <- ((1 / U[i] - 1) * exp(- sum(be.true[i, ] * x[i, ])))^(1 / 2) * 2
    xx[i, , ] <- x[i, ] %*% t(x[i, ])
  }

  cen <- runif(n, cen_range[1], cen_range[2])
  d <- as.numeric(t <= cen)
  y <- pmin(t, cen)

  return(list(x = x, xx = xx, y = y, d = d))
}

# 比例优势模型混合个数的确定-基于 BIC 最小准则
n <- 300
a <- 3
be1 <- c(1, -3, 2)

yy <- NonProfile_sample(be1, a, n)
y <- yy$y
d <- yy$d
```

```
x <- yy$x
xx <- yy$xx

re3 <- matrix(0, 20, 3)

for (r in 1:20) {
  max.loops_1 <- 20000
  loops_1 <- 0
  diff_1 <- 100
  tol <- 10^(-5)
  be_1 <- c(0.2, 0.2, 0.2)
  la.ini_1 <- rep(1 / n, n)
  la_1 <- la.ini_1

  while (diff_1 >= tol && loops_1 <  max.loops_1) {
    LA_1 <- rep(0, n)
    for (i in 1:n) {
      LA_1[i] <- sum(I(y <= y[i]) * la_1)
    }

    bbe1_1 <- rep(be_1[1], n)
    bbe2_1 <- rep(be_1[2], n)
    bbe3_1 <- rep(be_1[3], n)
    BE_1 <- cbind(bbe1_1, bbe2_1, bbe3_1)

    A1_1 <- 1 + LA_1 * exp(apply(BE_1 * x, 1, sum))
    tao_1 <- (d + 1) * exp(apply(BE_1 * x, 1, sum)) / A1_1

    SUM.0_1 <- rep(0, n)
    SUM.11_1 <- SUM.21_1 <- matrix(0, n, 3)
    SUM.12_1 <- SUM.22_1 <- array(0, c(n, 3, 3))

    for (i in 1:n) {
      SUM.0_1[i] <- sum(I(y >= y[i]) * tao_1)
    }
```

```
    la.est_1 <- d / SUM.0_1
    if (any(is.na(la.est_1))) la.est_1 <- la.ini_1

    Q.11_1 <- apply(d * x - (d + 1) * LA_1 * exp(apply(BE_1 * x, 1, sum)) * x / A1_1,
2, sum)
    Q.12_1 <- apply(- (d + 1) * LA_1 * exp(apply(BE_1 * x, 1, sum)) * xx * 2 /
A1_1, c(2, 3), sum)

    be.est_1 <- be_1 - solve(Q.12_1) %*% Q.11_1
    diff_1 <- sum(abs(be.est_1 - be_1)) + sum(abs(la.est_1 - la_1))

    la_1 <- la.est_1
    be_1 <- be.est_1
    loops_1 <- loops_1 + 1
  }

  bic_1 <- -2 * sum(log((la_1 * exp(apply(BE_1 * x, 1, sum)) / (1 + LA_1 * exp
(apply(BE_1 * x, 1, sum))))^d / (1 + LA_1 * exp(apply(BE_1 * x, 1, sum))))) + 3 *
log(n)

  max.loops <- 20000
  loops <- 0
  diff <- 100
  tol <- 10^(-5)
  be1 <- c(2, 2, 2)
  be2 <- c(0.5, 0.5, 0.5)
  la.ini <- rep(1 / n, n)
  la <- la.ini
  pi <- 0.25

  while (diff >= tol && loops <  max.loops) {
    LA <- rep(0, n)
    for (i in 1:n) {
      LA[i] <- sum(I(y <= y[i]) * la)
    }
```

```
  bbe1 <- rep(be1[1], n)
  bbe2 <- rep(be1[2], n)
  bbe3 <- rep(be1[3], n)
  BE1 <- cbind(bbe1, bbe2, bbe3)

  bee1 <- rep(be2[1], n)
  bee2 <- rep(be2[2], n)
  bee3 <- rep(be2[3], n)
  BE2 <- cbind(bee1, bee2, bee3)

  w <- pi * (la * exp(apply(BE1 * x, 1, sum)) / (1 + LA * exp(apply(BE1 * x, 1, sum))))^d / (1 + LA * exp(apply(BE1 * x, 1, sum))) + (1 - pi) * (la * exp(apply(BE2 * x, 1, sum)) / (1 + LA * exp(apply(BE2 * x, 1, sum))))^d / (1 + LA * exp(apply(BE2 * x, 1, sum)))

  v <- pi * (la * exp(apply(BE1 * x, 1, sum)) / (1 + LA * exp(apply(BE1 * x, 1, sum))))^d / (1 + LA * exp(apply(BE1 * x, 1, sum))) / w
 pi.est <- sum(v) / n

  A1 <- 1 + LA * exp(apply(BE1 * x, 1, sum))
  A2 <- 1 + LA * exp(apply(BE2 * x, 1, sum))

  tao <- v * (d + 1) * exp(apply(BE1 * x, 1, sum)) / A1 + (1 - v) * (d + 1) * exp(apply(BE2 * x, 1, sum)) / A2

  SUM.0 <- rep(0, n)
  SUM.11 <- SUM.21 <- matrix(0, n, 3)
  SUM.12 <- SUM.22 <- array(0, c(n, 3, 3))

  for (i in 1:n) {
    SUM.0[i] <- sum(I(y >= y[i]) * tao)
  }

  la.est <- d / SUM.0
  if (any(is.na(la.est))) la.est <- la.ini
```

```
    Q.11 <- apply(v * d * x - v * (d + 1) * LA * exp(apply(BE1 * x, 1, sum)) * x /
A1, 2, sum)
    Q.12 <- apply(- v * (d + 1) * LA * exp(apply(BE1 * x, 1, sum)) * xx * 2 /
A1, c(2, 3), sum)

    be1.est <- be1 - solve(Q.12) %*% Q.11

    Q.21 <- apply((1 - v) * d * x - (1 - v) * (d + 1) * LA * exp(apply(BE2 * x,
1, sum)) * x / A2, 2, sum)
    Q.22 <- apply(-2 * (1 - v) * (d + 1) * LA * exp(apply(BE2 * x, 1, sum)) *
xx / A2, c(2, 3), sum)

    be2.est <- be2 - solve(Q.22) %*% Q.21

    diff <- sum(abs(be1.est - be1)) + sum(abs(be2.est - be2)) + abs(pi.est -
pi) + sum(abs(la.est - la))

    la <- la.est
    be1 <- be1.est
    be2 <- be2.est
    pi <- pi.est
    loops <- loops + 1
  }

  bic_2 <- -2 * sum(log(w)) + 2 * 3 * log(n)
  max.loops <- 20000
  loops <- 0
  diff <- 100
  tol <- 10^(-5)
  be1 <- c(2, 2, 2)
  be2 <- c(0.5, 0.5, 0.5)
  be3 <- c(1, 1, 1)
  la.ini <- rep(1 / n, n)
  la <- la.ini
  pi1 <- 0.2
```

```
pi2 <- 0.3

while (diff >= tol && loops <  max.loops) {
  LA <- rep(0, n)
  for (i in 1:n) {
    LA[i] <- sum(I(y <= y[i]) * la)
  }

  bbe1 <- rep(be1[1], n)
  bbe2 <- rep(be1[2], n)
  bbe3 <- rep(be1[3], n)
  BE1 <- cbind(bbe1, bbe2, bbe3)

  bee1 <- rep(be2[1], n)
  bee2 <- rep(be2[2], n)
  bee3 <- rep(be2[3], n)
  BE2 <- cbind(bee1, bee2, bee3)

  bbee1 <- rep(be3[1], n)
  bbee2 <- rep(be3[2], n)
  bbee3 <- rep(be3[3], n)
  BE3 <- cbind(bbee1, bbee2, bbee3)

   w <- pi1 * (la * exp(apply(BE1 * x, 1, sum)) / (1 + LA * exp(apply(BE1 * x,
1, sum))))^d / (1 + LA * exp(apply(BE1 * x, 1, sum))) + pi2 * (la * exp(apply
(BE2 * x, 1, sum)) / (1 + LA * exp(apply(BE2 * x, 1, sum))))^d / (1 + LA * exp(ap-
ply(BE2 * x, 1, sum))) + (1 - pi1 - pi2) * (la * exp(apply(BE3 * x, 1, sum)) / (1 +
LA * exp(apply(BE3 * x, 1, sum))))^d / (1 + LA * exp(apply(BE3 * x, 1, sum)))

   v1 <- pi1 * (la * exp(apply(BE1 * x, 1, sum)) / (1 + LA * exp(apply(BE1 *
x, 1, sum))))^d / (1 + LA * exp(apply(BE1 * x, 1, sum))) / w
   v2 <- pi2 * (la * exp(apply(BE2 * x, 1, sum)) / (1 + LA * exp(apply(BE2 *
x, 1, sum))))^d / (1 + LA * exp(apply(BE2 * x, 1, sum))) / w

   pi1.est <- sum(v1) / n
```

```
pi2.est <- sum(v2) / n

A1 <- 1 + LA * exp(apply(BE1 * x, 1, sum))
A2 <- 1 + LA * exp(apply(BE2 * x, 1, sum))
A3 <- 1 + LA * exp(apply(BE3 * x, 1, sum))

tao <- v1 * (d + 1) * exp(apply(BE1 * x, 1, sum)) / A1 + v2 * (d + 1) * exp
(apply(BE2 * x, 1, sum)) / A2 + (1 - v1 - v2) * (d + 1) * exp(apply(BE3 * x, 1,
sum)) / A3

SUM.0 <- rep(0, n)
SUM.11 <- SUM.21 <- SUM.31 <- matrix(0, n, 3)
SUM.12 <- SUM.22 <- SUM.32 <- array(0, c(n, 3, 3))

for (i in 1:n) {
  SUM.0[i] <- sum(I(y >= y[i]) * tao)
}

la.est <- d / SUM.0
if (any(is.na(la.est))) la.est <- la.ini

Q.11 <- apply(v1 * d * x - v1 * (d + 1) * LA * exp(apply(BE1 * x, 1, sum)) *
x / A1, 2, sum)
Q.12 <- apply(- v1 * (d + 1) * LA * exp(apply(BE1 * x, 1, sum)) * xx * 2 /
A1, c(2, 3), sum)

be1.est <- be1 - solve(Q.12) %*% Q.11

Q.21 <- apply(v2 * d * x - v2 * (d + 1) * LA * exp(apply(BE2 * x, 1, sum)) *
x / A2, 2, sum)
Q.22 <- apply(-2 * v2 * (d + 1) * LA * exp(apply(BE2 * x, 1, sum)) * xx /
A2, c(2, 3), sum)

be2.est <- be2 - solve(Q.22) %*% Q.21
```

```
    Q.31 <- apply((1 - v1 - v2) * d * x - (1 - v1 - v2) * (d + 1) * LA * exp(ap-
ply(BE3 * x, 1, sum)) * x / A3, 2, sum)
    Q.32 <- apply(-2 * (1 - v1 - v2) * (d + 1) * LA * exp(apply(BE3 * x, 1,
sum)) * xx / A3, c(2, 3), sum)

    be3.est <- be3 - solve(Q.32) %*% Q.31

    diff <- sum(abs(be1.est - be1)) + sum(abs(be2.est - be2)) + sum(abs(be3.est -
be3)) + abs(pi1.est - pi1) + abs(pi2.est - pi2) + sum(abs(la.est - la))

    la <- la.est
    be1 <- be1.est
    be2 <- be2.est
    be3 <- be3.est
    pi1 <- pi1.est
    pi2 <- pi2.est
    loops <- loops + 1
  }

    bic_3 <- -2 * sum(log(w)) + 3 * 3 * log(n)

    re3[r, ] <- c(bic_1, bic_2, bic_3)
}

# 混合比例优势模型半参数估计的非轮廓 MM 算法—以 1 组混合为例
MPO_NonProfile <- function(x, xx, d, y, la, be, n) {
  LA = rep(0, n)
  for(i in 1:n){
    LA[i] = sum(I(y<= y[i]) * la)
  }

  BE <- matrix(rep(be, each = n), ncol = 3)

  A1_1 = 1 + LA * exp(apply(BE * x, 1, sum))
  tao_1 = (d + 1) * exp(apply(BE * x, 1, sum)) / A1_1
```

```
  SUM.0_1 = rep(0, n)
  SUM.11_1 = SUM.21_1 = matrix(0, n, 3)
  SUM.12_1 = SUM.22_1 = array(0, c(n, 3, 3))

  for(i in 1:n){
    SUM.0_1[i] = sum(I(y>= y[i]) * tao_1)
  }

  la.est = d / SUM.0_1
  if(any(is.na(la.est))) la.est = la.ini

  Q.11_1 = apply(d * x - (d + 1) * LA * exp(apply(BE * x, 1, sum)) * x / A1_1 ,
2, sum)
  Q.12_1 = apply(- (d + 1) * LA * exp(apply(BE * x, 1, sum)) * xx * 2 / A1_1 , c
(2, 3), sum)

  be.est = be - solve(Q.12_1) %*% Q.11_1

  return(list(la = la.est, be = be.est))
}

par_optim <- function(x, xx, d, y, la, be, n, eps = 1e-06, max.loops = 20000) {
  k <- 1
  dll <- c(be, la)
  diff <- 3
  start <- proc.time()[1]

  while (diff >= eps && k <  max.loops) {
    Fa <- MPO_NonProfile(x, xx, d, y, la, be, n)
    la <- Fa$la
    be <- Fa$be
    diff_el <- c(be, la)
    dll <- cbind(dll, diff_el)
    diff <- sum(abs(dll[, k + 1] - dll[, k]))
    k <- k + 1
```

```
  }
  end <- proc.time()[1]


  result <- c()
  result$iters <- k
  result$diff <- diff
  result$be <- be
  result$time <- end - start
  return(result)
}
```

 # 混合比例优势模型半参数估计的非轮廓 MM 算法的模拟程序—以 1 组混合为例

```
# Simulation
n <- 300
a <- 3
be.true <- c(1, -3, 2)
la.ini <- rep(1 / n, n)
be.ini <- c(0.2, 0.2, 0.2)

results <- function(N) {
  est_MM <- c()
  for (r in 1:N) {
# Generate simulation data
    yy <- NonProfile_sample(be.true, a, n, cen_range = c(5, 6))
    y <- yy$y
    d <- yy$d
    x <- yy$x
    xx <- yy$xx

    # Estimation
    par_est <- par_optim(x, xx, d, y, la.ini, be.ini, n, eps = 1e-06, max.loops =
20000)

    # Record estimation value of all parameters
```

```
    est_MM <- append(est_MM, c(par_est$be, par_est$iters, par_est$diff, par_
est$time))
  }
  result <- matrix(est_MM, byrow = True, nrow = N)
  return(result)
}

est_MM <- results(2)

# Result
par.true <- c(be.true)
used_time <- mean(est_MM[, ncol(est_MM)])
diff <- mean(est_MM[, ncol(est_MM) - 1])
iters <- mean(est_MM[, ncol(est_MM) - 2])
est_MM <- est_MM[, 1:(ncol(est_MM) - 3)]
num_rep <- nrow(est_MM)

est_MEAN <- apply(est_MM, 2, mean)
est_Bias <- par.true - est_MEAN
est_SD <- apply(est_MM, 2, sd)
est_MSE <- apply((est_MM - matrix(rep(par.true, num_rep), num_rep, byrow =
True))^2, 2, mean)

results <- as.data.frame(list(True = par.true, Est = est_MEAN, Bias = est_Bi-
as, MSE = est_MSE, SD = est_SD, iters = iters, used_time = used_time,diff =
diff))

print(results)
```

第 7 章　收敛性与加速算法

7.1　引言

证明优化算法的收敛性并计算优化算法的收敛速度是一项微妙而艰巨的任务。一般来说，局部收敛性和全局收敛性是分开讨论的，算法的局部收敛速度为其与其他算法作比较提供了一个可参考的基准。若仅比较算法的局部收敛速度，牛顿法可以轻松获胜。然而，这样的权衡是微妙的，除了收敛时的迭代次数和迭代时间之外，算法的计算复杂度和数值稳定性也是至关重要的。与牛顿法相比，MM 算法的优点在于其数值计算的稳定性以及迭代步骤的简洁性。费希尔得分算法的性能则介于这两个算法之间，其收敛速度比 MM 算法快，其计算性能比牛顿法稳定。同样的，拟牛顿法的性能也介于这两个算法的中间地带。算法之间的比较是复杂且微妙的，它们都具有自身的优点，都在某些计算"利基"中得到了繁荣发展。本章的主要目标是向读者展示优化理论的严谨性，随着内容的深入，读者可以清楚地看到，绝大多数相关理论都建立在两个支柱上：下降性质和凸性。

本章首先分析了光滑 MM 算法的局部收敛性。在这里，奥斯特洛夫斯基定理是一个关键性工具。事实上，MM 算法中所构造的替代函数的曲率与目标函数的曲率越接近，算法的收敛速度就越快。然后，本章又讨论了光滑 MM 算法的全局收敛性。证明了全局收敛的过程取决于不动点、严格下降性和拓扑概念连通性之间的相互作用。可以看到，Byrne(2014，2015)的 SUMMA 条件为投影梯度算法和由二次上界原理生成的算法提供了全局收敛性的快速证明方式。最后，本章还介绍了平滑 MM 算法的加速方法。

7.2　局部收敛性

许多优化算法的局部收敛性都可基于下列的命题 7.1 和命题 7.2 给出证明。

命题 7.1(奥斯特洛夫斯基定理)　设一个开集 $U \subset R^p$ 到 R^p 上的可微映射 $\boldsymbol{M}(\boldsymbol{x})$ 中存在固定点 $\boldsymbol{y}$，如果 $\|\mathrm{d}M(\boldsymbol{y})\|_+ < 1$ 表示某个诱导矩阵范数，且如果 $\boldsymbol{x}^{(0)}$ 足够接近 $\boldsymbol{y}$，那么迭代步骤 $\boldsymbol{x}^{(n+1)} = M(\boldsymbol{x}^{(n)})$ 以几何(线性)速率收敛于 $\boldsymbol{y}$。

证明：假设 $\boldsymbol{M}(\boldsymbol{x})$ 在固定点 $\boldsymbol{y}$ 附近具有斜率函数 $S(\boldsymbol{x},\boldsymbol{y})$，对于满足 $\|\mathrm{d}M(\boldsymbol{y})\|_+ < r < 1$ 的任意常数 r，当 $\boldsymbol{x}$ 充分靠近 $\boldsymbol{y}$ 时，都有 $\|S(\boldsymbol{x},\boldsymbol{y})\|_+ \leqslant r$。因此，由同一性可以推得

$$\boldsymbol{x}^{(n+1)} - \boldsymbol{y} = M(\boldsymbol{x}^{(n)}) - M(\boldsymbol{y}) = S(\boldsymbol{x}^{(n)},\boldsymbol{y})(\boldsymbol{x}^{(n)} - \boldsymbol{y})$$

当正确选择 $\boldsymbol{x}^{(0)}$，可得

$$\|\boldsymbol{x}^{(n+1)} - \boldsymbol{y}\|_+ = \|S(\boldsymbol{x}^{(n)},\boldsymbol{y})\|_+ \|\boldsymbol{x}^{(n)} - \boldsymbol{y}\|_+ \leqslant r\|\boldsymbol{x}^{(n)} - \boldsymbol{y}\|_+$$

换句话说，从 $\boldsymbol{x}^{(n)}$ 到 $\boldsymbol{y}$ 的距离在每次迭代中至少收缩 r 倍，这就证明了迭代序列以几何速率 r 收敛。

命题 7.1 中一般向量范数及其诱导矩阵范数的出现掩盖了这样一个事实，即在 $\mathrm{d}M(\boldsymbol{y})$ 的谱半径上条件 $\rho[\mathrm{d}\boldsymbol{M}(\boldsymbol{y})] < 1$ 为计算准则。回想一下，谱半径是由特征值获得的最大幅度。对于任意小的 $\varepsilon > 0$，可以证明任何诱导矩阵范数都超过谱半径，并且某些诱导矩阵范数在 ε 范围内。在许多应用中，人们可以通过取一个 $p \times p$ 的可逆矩阵 $\boldsymbol{T}$ 并形成 $\|\boldsymbol{u}\|_{\boldsymbol{T}} = \|\boldsymbol{T}\boldsymbol{u}\|$ 来生成一个紧矩阵范数。很容易验证这定义了一个合法的向量范数，并且 $p \times p$ 维矩阵 $\boldsymbol{N}$ 上的诱导矩阵范数 $\|\boldsymbol{N}\|_{\boldsymbol{T}}$ 满足

$$\|\boldsymbol{N}\|_{\boldsymbol{T}} = \sup_{\boldsymbol{u} \neq \boldsymbol{0}} \frac{\|\boldsymbol{TNu}\|}{\|\boldsymbol{Tu}\|} = \sup_{\boldsymbol{v} \neq \boldsymbol{0}} \frac{\|\boldsymbol{TNT}^{-1}\boldsymbol{v}\|}{\|\boldsymbol{v}\|} \tag{7.1}$$

换句话说，$\|\boldsymbol{N}\|_{\boldsymbol{T}} = \|\boldsymbol{TNT}^{-1}\|$，此时，我们又回到了熟悉的谱范数所覆盖的领域。

奥斯特洛夫斯基定理的结果适用于下列类型的迭代映射

$$M(\boldsymbol{x}) = \boldsymbol{x} - [A(\boldsymbol{x})]^{-1} \nabla f(\boldsymbol{x})$$

当且仅当 $\nabla f(\boldsymbol{y}) = \boldsymbol{0}$，点 $\boldsymbol{y}$ 被映射 $M(\boldsymbol{x})$ 固定。因此，不动点对应于平稳点。连续矩阵 $A(\boldsymbol{x})$ 通常是 $\mathrm{d}^2 f(\boldsymbol{x})$ 或者它的正定近似或负定近似。比如，当 $f(\boldsymbol{x})$ 为负的对数似然函数时，$-A(\boldsymbol{x})$ 可以是观测信息矩阵，也可以是期望信息矩阵。在近似的 MM 算法中，$A(\boldsymbol{x})$ 成为替代函数的二阶微分 $\mathrm{d}^2 g(\boldsymbol{x} \mid \boldsymbol{x}^{(n)})$。

此时，我们的第一个任务是用$\nabla f(\boldsymbol{x})$的斜率函数$S_{\nabla f}(\boldsymbol{x},\boldsymbol{y})$来计算微分$\mathrm{d}M(\boldsymbol{y})$和相关的斜率函数$S_M(\boldsymbol{x},\boldsymbol{y})$。因为在固定点$\boldsymbol{y}$处，$\nabla f(\boldsymbol{y})=\boldsymbol{0}$，则计算

$$\begin{aligned}\boldsymbol{M}(\boldsymbol{x})-\boldsymbol{M}(\boldsymbol{y})&=\boldsymbol{x}-\boldsymbol{y}-[A(\boldsymbol{x})]^{-1}[\nabla f(\boldsymbol{x})-\nabla f(\boldsymbol{y})]\\&=\{\boldsymbol{I}-[A(\boldsymbol{x})]^{-1}S_{\nabla f}(\boldsymbol{x},\boldsymbol{y})\}(\boldsymbol{x}-\boldsymbol{y})\end{aligned}$$

可确定斜率函数

$$S_M(\boldsymbol{x},\boldsymbol{y})=\boldsymbol{I}-[A(\boldsymbol{x})]^{-1}S_{\nabla f}(\boldsymbol{x},\boldsymbol{y})$$

且相应的微分为

$$\mathrm{d}M(\boldsymbol{y})=\boldsymbol{I}-[A(\boldsymbol{y})]^{-1}\mathrm{d}\nabla f(\boldsymbol{y})=\boldsymbol{I}-[A(\boldsymbol{y})]^{-1}\mathrm{d}^2 f(\boldsymbol{y}) \tag{7.2}$$

在近似MM算法过程中，假设矩阵$\boldsymbol{C}=\mathrm{d}^2 f(\boldsymbol{y})$和$\boldsymbol{D}=\mathrm{d}^2 g(\boldsymbol{y}\mid\boldsymbol{y})$在$f(\boldsymbol{x})$的局部最小值$\boldsymbol{y}$处是正定的。因为$g(\boldsymbol{x}\mid\boldsymbol{y})-f(\boldsymbol{x})$在$\boldsymbol{x}=\boldsymbol{y}$处达到最小值，所以矩阵差$\boldsymbol{D}-\boldsymbol{C}$是半正定的。根据式(7.2)，迭代映射$M(\boldsymbol{x})$在$\boldsymbol{y}$处的微分为$\boldsymbol{I}-\boldsymbol{D}^{-1}\boldsymbol{C}$。如果我们设$\boldsymbol{T}$是$\boldsymbol{D}$的对称平方根$\boldsymbol{D}^{1/2}$，那么

$$\begin{aligned}\boldsymbol{I}-\boldsymbol{D}^{-1}\boldsymbol{C}&=\boldsymbol{D}^{-1}(\boldsymbol{D}-\boldsymbol{C})\\&=\boldsymbol{T}^{-1}\boldsymbol{T}^{-1}(\boldsymbol{D}-\boldsymbol{C})\boldsymbol{T}^{-1}\boldsymbol{T}\end{aligned}$$

因此，$\boldsymbol{I}-\boldsymbol{D}^{-1}\boldsymbol{C}$相似于$\boldsymbol{T}^{-1}(\boldsymbol{D}-\boldsymbol{C})\boldsymbol{T}^{-1}$。为了建立近似MM算法在$\boldsymbol{y}$处的局部收敛性，必须选择合适的矩阵范数。式(7.1)给出的选择$\|\boldsymbol{N}\|_{\boldsymbol{T}}=\|\boldsymbol{T}\boldsymbol{N}\boldsymbol{T}^{-1}\|$和谱范数的定义意味着

$$\begin{aligned}\|\boldsymbol{I}-\boldsymbol{D}^{-1}\boldsymbol{C}\|_{\boldsymbol{T}}&=\|\boldsymbol{T}\boldsymbol{T}^{-1}\boldsymbol{T}^{-1}(\boldsymbol{D}-\boldsymbol{C})\boldsymbol{T}^{-1}\boldsymbol{T}\boldsymbol{T}^{-1}\|\\&=\|\boldsymbol{T}^{-1}(\boldsymbol{D}-\boldsymbol{C})\boldsymbol{T}^{-1}\|\\&=\sup_{\boldsymbol{u}\neq\boldsymbol{0}}\frac{\boldsymbol{u}^{\mathrm{T}}\boldsymbol{T}^{-1}(\boldsymbol{D}-\boldsymbol{C})\boldsymbol{T}^{-1}\boldsymbol{u}}{\boldsymbol{u}^{\mathrm{T}}\boldsymbol{u}}\\&=\sup_{\boldsymbol{v}\neq\boldsymbol{0}}\frac{\boldsymbol{v}^{\mathrm{T}}(\boldsymbol{D}-\boldsymbol{C})\boldsymbol{v}}{\boldsymbol{v}^{\mathrm{T}}\boldsymbol{D}\boldsymbol{v}}\\&=1-\inf_{\|\boldsymbol{v}\|=1}\frac{\boldsymbol{v}^{\mathrm{T}}\boldsymbol{C}\boldsymbol{v}}{\boldsymbol{v}^{\mathrm{T}}\boldsymbol{D}\boldsymbol{v}}\end{aligned}$$

$\boldsymbol{D}-\boldsymbol{C}$的对称性和半正定性在上述一系列等式的第三个等式中起作用。$\boldsymbol{C}$和$\boldsymbol{D}$的正定性意味着连续比$\boldsymbol{v}^{\mathrm{T}}\boldsymbol{C}\boldsymbol{v}/\boldsymbol{v}^{\mathrm{T}}\boldsymbol{D}\boldsymbol{v}$以紧球$\{\boldsymbol{v}:\|\boldsymbol{v}\|=1\}$上的一个正常数为上界。因此，可以得到$\|\boldsymbol{I}-\boldsymbol{D}^{-1}\boldsymbol{C}\|_{\boldsymbol{T}}<1$且奥斯特洛夫斯基定理的结果表明$\boldsymbol{x}^{(n)}$局部收敛于$\boldsymbol{y}$。

MM迭代映射$M(\boldsymbol{x})$的微分$\mathrm{d}M(\boldsymbol{y})$的计算同样是有趣的问题。该映射满足方程

$$\nabla g[\boldsymbol{M}(\boldsymbol{x})\mid\boldsymbol{x}]=\boldsymbol{0}$$

假设矩阵 $d^2\boldsymbol{g}(\boldsymbol{y}\mid\boldsymbol{y})$是可逆的，根据隐函数定理可知映射 $M(\boldsymbol{x})$是连续可微的，其微分为

$$dM(\boldsymbol{x})=-\{d^2g[M(\boldsymbol{x})\mid\boldsymbol{x}]\}^{-1}d^{11}g[M(\boldsymbol{x})\mid\boldsymbol{x}] \tag{7.3}$$

这里，$d^{11}g(\boldsymbol{u}\mid\boldsymbol{v})$表示$\nabla g(\boldsymbol{u}\mid\boldsymbol{v})$关于 $\boldsymbol{v}$ 的微分。在 $M(\boldsymbol{x})$的不动点 $\boldsymbol{y}$ 处，式(7.3)变为

$$dM(\boldsymbol{y})=-[d^2g(\boldsymbol{y}\mid\boldsymbol{y})]^{-1}d^{11}g(\boldsymbol{y}\mid\boldsymbol{y}) \tag{7.4}$$

进一步的简化可以通过取微分来实现，得

$$\nabla f(\boldsymbol{x})-\nabla g(\boldsymbol{x}\mid\boldsymbol{x})=\boldsymbol{0}$$

且令 $\boldsymbol{x}=\boldsymbol{y}$，则有

$$d^2f(\boldsymbol{y})-d^2g(\boldsymbol{y}\mid\boldsymbol{y})-d^{11}g(\boldsymbol{y}\mid\boldsymbol{y})=\boldsymbol{0}$$

最后一个方程可以解出 $d^{11}g(\boldsymbol{y}\mid\boldsymbol{y})$，将其结果代入式(7.4)得

$$\begin{aligned}dM(\boldsymbol{y})&=-[d^2g(\boldsymbol{y}\mid\boldsymbol{y})-1[d^2f(\boldsymbol{y})-d^2g(\boldsymbol{y}\mid\boldsymbol{y})]\\&=\boldsymbol{I}-[d^2g(\boldsymbol{y}\mid\boldsymbol{y})^{-1}d^2f(\boldsymbol{y})\end{aligned}$$

上式就是近似 MM 算法计算的微分。因此，两种算法在收敛到 $f(\boldsymbol{x})$的平稳点时表现出完全相同的行为。

命题 7.2　假设目标函数 $f(\boldsymbol{x})$和替代函数 $g(\boldsymbol{x}\mid\boldsymbol{z})$在局部最小值 $\boldsymbol{y}$ 处二阶可微。如果二阶微分 $d^2f(\boldsymbol{y})$和 $d^2g(\boldsymbol{y}\mid\boldsymbol{y})$都是正定的，则从 $\boldsymbol{y}$ 附近开始的 MM 算法迭代序列和 MM 梯度算法迭代序列以相同的几何速率 $r\in[0,1)$收敛于 $\boldsymbol{y}$。这个收敛速率由微分 $d\boldsymbol{M}(\boldsymbol{y})=\boldsymbol{I}-[d^2g(\boldsymbol{y}\mid\boldsymbol{y})]^{-1}d^2f(\boldsymbol{y})$的谱半径决定。

证明：略。

许多 MM 算法都依赖于二次逼近准则

$$g(\boldsymbol{x}\mid\boldsymbol{x}^{(n)})=f(\boldsymbol{x}^{(n)})+df(\boldsymbol{x}^{(n)})(\boldsymbol{x}-\boldsymbol{x}^{(n)})+\frac{L}{2}\|\boldsymbol{x}-\boldsymbol{x}^{(n)}\|^2$$

其中 L 是$\nabla f(\boldsymbol{x})$的 Lipschitz 常数。如果 τ 表示 $d^2f(\boldsymbol{y})$的最小特征值，则 MM 算法的收敛速度为

$$1-\inf_{\|\boldsymbol{v}\|=1}\frac{\boldsymbol{v}^{\mathrm{T}}d^2f(\boldsymbol{y})\boldsymbol{v}}{L\|\boldsymbol{v}\|^2}=1-\frac{\tau}{L}$$

如果 L 具有很好的估计，那么比值$\frac{\tau}{L}$近似于二阶微分 $d^2\boldsymbol{f}(\boldsymbol{y})$的条件数。因此，当这个矩阵的条件数比较大时，我们可以预期收敛速度会很慢。

命题 7.3　牛顿法以比线性收敛更快的速度收敛到局部最优值 $\boldsymbol{y}$ 处。如果二阶微分 $d^2\boldsymbol{f}(\boldsymbol{x})$在 $\boldsymbol{y}$ 的某个领域内满足

$$\|d^2f(\boldsymbol{x}_1)-d^2f(\boldsymbol{x}_2)\|\leqslant\lambda\|\boldsymbol{x}_1-\boldsymbol{x}_2\| \tag{7.5}$$

则在 $\boldsymbol{y}$ 附近的牛顿迭代序列 $\boldsymbol{x}^{(n)}$ 满足

$$\|\boldsymbol{x}^{(n+1)}-\boldsymbol{y}\|\leqslant 2\lambda\|[d^2f(\boldsymbol{y})]^{-1}\|\cdot\|\boldsymbol{x}^{(n)}-\boldsymbol{y}\|^2 \tag{7.6}$$

证明:如果 $\boldsymbol{M}(\boldsymbol{x})$ 表示牛顿迭代映射,则

$$dM(\boldsymbol{y})=\boldsymbol{I}-[d^2f(\boldsymbol{y})]^{-1}d^2f(\boldsymbol{y})=\boldsymbol{0}$$

因此,命题 7.1 意味着序列 $\boldsymbol{x}^{(n)}$ 以比线性更快的速率局部收敛到 $\boldsymbol{y}$。此外,当不等式(7.5)成立时,则

$$\begin{aligned}
&\|\boldsymbol{x}^{(n+1)}-\boldsymbol{y}\| \\
=&\|\boldsymbol{x}^{(n)}-[d^2f(\boldsymbol{x}^{(n)})]^{-1}\nabla f(\boldsymbol{x}^{(n)})-\boldsymbol{y}\| \\
\leqslant&\|-[d^2f(\boldsymbol{x}^{(n)})]^{-1}[\nabla f(\boldsymbol{x}^{(n)})-\nabla f(\boldsymbol{y})-d^2f(\boldsymbol{y})(\boldsymbol{x}^{(n)}-\boldsymbol{y})]\|+ \\
&\|[d^2f(\boldsymbol{x}^{(n)})]^{-1}[d^2f(\boldsymbol{x}^{(n)})-d^2f(\boldsymbol{y})](\boldsymbol{x}^{(n)}-\boldsymbol{y})]\| \\
\leqslant&\left(\frac{\lambda}{2}+\lambda\right)\|[d^2f(\boldsymbol{x}^{(n)})]^{-1}\|\cdot\|\boldsymbol{x}^{(n)}-\boldsymbol{y}\|^2
\end{aligned}$$

通过假设 $d^2f(\boldsymbol{x})$ 的连续性和可逆性,当序列 $\boldsymbol{x}^{(n)}$ 足够接近 $\boldsymbol{y}$ 时可得不等式(7.6)成立。

命题 7.1 不能保证费希尔得分算法的局部收敛性,因为没有什么能阻止

$$dM(\boldsymbol{y})=\boldsymbol{I}+[J(\boldsymbol{y})]^{-1}d^2l(\boldsymbol{y})$$

的特征值降到 -1 以下。但是,对于充分小的 $\alpha>0$,采用由

$$\boldsymbol{x}^{(n+1)}=\boldsymbol{x}^{(n)}+\alpha[J(\boldsymbol{x}^{(n)})]^{-1}\nabla l(\boldsymbol{x}^{(n)})$$

指定的固定步长的费希尔得分算法将会达到局部收敛。在实际应用中,通常不需要如此调整,因为对于较大的样本量,期望信息矩阵 $J(\boldsymbol{y})$ 能很好地逼近观测信息矩阵 $-d^2l(\boldsymbol{y})$,此时 $dM(\boldsymbol{y})$ 的谱半径接近于 0。

7.3 全局收敛性

MM 算法的迭代通常收敛于局部最优。对于一个凸规划,所有的平稳点都是全局最优的,迭代序列通常收敛于全局最优点。在最普遍的情况下,验证这些说法是很有帮助的。因此,需考虑在闭集 C 上极小化连续目标函数 $f(y)$ 的问题。假设有替代函数 $g(y|x)$ 极大化 $f(y)$ 且 MM 算法映射 $M(x)$ 是连续的。其收敛性是由条件 $x=M(x)$ 和 $f[M(x)]=f(x)$ 之间的相互作用决定的。满足第一个条

件的点称为不动点，满足第二个条件的点我们称为无进展点。所有的固定点都是无进展点，对于一个设计良好的算法，其逆命题也是真的。

命题 7.4　如果替代函数 $g(y|x)$ 的最小值点是唯一的，则无进展点 x 就是不动点。

证明： 在无进展点 x 处，等式在下列整个不等式串中成立：

$$f[M(x)]\leqslant g[M(x)|x]\leqslant g(x|x)=f(x)$$

因此，$g[M(x)|x]=g(x|x)$。因为替代函数拥有唯一的最小值点，所以 $M(x)=x$。

此后，我们假定不动点和无进展平稳条件是等价的。那么证明弱收敛性的最后一个关键因素就是强制性。为方便起见，我们可以假设水平集 $\{x\in C:f(x)\leqslant u\}$ 对于所有常数 u 都是紧的。

命题 7.5　在连续性、平稳性和强制性假设下，MM 算法迭代序列 $x^{(n+1)}=M(x^{(n)})$ 的每一个聚类点都是 $M(x)$ 的不动点，并且，不动点集合 F 是闭集且 $\lim\limits_{n\to\infty}\text{dist}(x^{(n)},F)=0$。

证明： 序列 $x^{(n)}$ 落在紧的水平集 $L_0=\{x\in C:f(x)\leqslant f(x^{(0)})\}$ 中，考虑一个聚点 $y=\lim\limits_{m\to\infty}x^{(n_m)}$。由于序列 $f(x^{(n)})$ 是单调递减的，且有下界，所以 $\lim\limits_{n\to\infty}x^{(n)}$ 存在。因此，在不等式 $f[M(x^{(n_m)})]\leqslant f(x^{(n_m)})$ 中取极限并调用 $M(x)$ 和 $f(x)$ 的连续性，则有 $f[M(y)]=f(y)$。因此，y 是 $M(x)$ 的无进展点。假设它们与不动点集合 F 重合。由于 $M(x)$ 的连续性，可知集合 F 是封闭的。为了验证距离极限为 0 的情况，相反地，假设存在 $\varepsilon>0$ 和子序列 $x^{(n_m)}$，且对所有 m，$\text{dist}(x^{(n_m)},F)\geqslant\varepsilon$。传递到一个收敛子序列并在这个不等式中取极限，然后在 F 外得到一个聚点 y。

命题 7.6 为证明全局收敛性奠定了基础，这个命题依赖于连通性的概念。如果在 R^d 上存在一个连续的实值函数 $b(\boldsymbol{x})$，在 T 上只取 0 和 1，则称集合 T 是不连通的。这两个值都必须达到。因此，集合 $T_0=\{\boldsymbol{x}\in T:b(\boldsymbol{x})=0\}$ 和集合 $T_1=\{\boldsymbol{x}\in T:b(\boldsymbol{x})=1\}$ 是闭的、不相交的、非空的。如果我们从两个这样的集合开始，可以通过下列方式构造函数 $b(\boldsymbol{x})$：

$$b(\boldsymbol{x})=\frac{\text{dist}(\boldsymbol{x},T_0)}{\text{dist}(\boldsymbol{x},T_0)+\text{dist}(\boldsymbol{x},T_1)}$$

命题 7.6　如果一个有界序列 $\boldsymbol{x}^{(n)}$ 在 R^d 中满足

$$\lim_{n\to\infty}\|\boldsymbol{x}^{(n+1)}-\boldsymbol{x}^{(n)}\|=0 \tag{7.7}$$

那么它的聚点集合 T 是封闭连通的。当 T 是有限时，序列 $\boldsymbol{x}^{(n)}$ 趋于一个极限。

证明：验证 T 是封闭的很简单，这里便将证明留给读者。假设 T 是不相连的。那么就存在刚刚描述的不连通函数 $b(\boldsymbol{x})$。设序列 $\boldsymbol{x}^{(n)}$ 是有界的，我们可以根据一致连续型中推断出

$$\lim_{n\to\infty}[b(\boldsymbol{x}^{(n+1)})-b(\boldsymbol{x}^{(n)})]=0$$

因此，序列 $\boldsymbol{x}^{(n)}$ 无穷次地进入闭集 $B=\left\{x:\frac{1}{4}\leqslant b(\boldsymbol{x})\leqslant\frac{3}{4}\right\}$，且必须在 B 中有一个聚点。这个结论与 B 和 T 不相交的结果相矛盾。最后一个结论则是由有限连通集退化为单点这一事实得出的。

命题 7.7 一个 MM 算法迭代序列 $\boldsymbol{x}^{(n+1)}=M(\boldsymbol{x}^{(n)})$ 的聚点组成的集合 T 是紧集且是连通的。

证明：集合 $L_0=\{\boldsymbol{x}\in C:f(\boldsymbol{x})\leqslant f(\boldsymbol{x}_0)\}$ 是紧水平集的闭子集，因此它本身也是紧集。如果连通性的充分条件式(7.7)不成立，则由 L_0 的紧性可得提取的子序列 $\boldsymbol{x}^{(n_m)}$ 存在极限 $\lim\limits_{m\to\infty}\boldsymbol{x}^{(n_m)}=u$ 和 $\lim\limits_{m\to\infty}\boldsymbol{x}^{(n_m+1)}=v$，且 $v\neq u$。然而，$M(\boldsymbol{x})$ 的连续性要求 $v=M(\boldsymbol{u})$，而下降条件意味着

$$f(\boldsymbol{v})=f(\boldsymbol{u})=\lim_{n\to\infty}f(\boldsymbol{x}^{(n)})$$

等式 $f(\boldsymbol{v})=f(\boldsymbol{u})$ 引出了一个矛盾的结论，即 u 是 $M(\boldsymbol{x})$ 的不动点。因此，连通性的充分条件式(7.7)成立。

在下一个命题中，我们回想一个结论：当且仅当存在半径 $r>0$ 使得 $S\cap B(x,r)=\{x\}$，集合 S 中的点 x 是孤立点。

命题 7.8 如果目标函数 $f(x)$ 的所有平稳点都是孤立的，则 MM 算法的迭代序列 $x^{(n+1)}=M(x^{(n)})$ 拥有一个极限，且该极限就是 $f(x)$ 的平稳点。

证明：在紧集 $L_0=\{x\in C:f(x)\leqslant f(x_0)\}$ 中，平稳点的个数是有限的。无限数量的平稳点将允许一个收敛序列，其极限不是孤立的。由于聚点集合 T 是有限平稳点集合的连通子集，因此集合 T 退化为单个点。

当然，有一种比不动点定义或无进展点定义更为自然的平稳性定义。假设目标函数 $f(y)$ 和替代函数 $g(y\mid x)$ 关于 y 都是半可微的。我们称约束集合 C 中的点 x 为平稳点，当对于所有切向量在 x 处的值 $\mathrm{d}_v f(x)\geqslant 0$。为了使 $f(y)$ 的平稳点等于 $g(y\mid x)$ 的平稳点，我们要求对所有的 x 的切向量 v 有更强的切线条件 $\mathrm{d}_v g(x\mid x)=\mathrm{d}_v f(x)$。当 $g(y\mid x)=f(y)+b(y\mid x)$，$b(y\mid x)$ 可微且 $\nabla b(y\mid x)=0$ 时，强切线条件由微积分的标准运算维持。注意到，$f(y)$ 不一定是可微的。如果 $y=x$ 能极小化 $g(y\mid x)$，且 $f(y)$ 和 $g(y\mid x)$ 是强相切的，则 x 是 $f(y)$ 的平稳点。

命题 7.9　如果以下条件均成立：(a)替代函数 $g(y|x)$和目标函数 $f(y)$强相切；(b)算法映射 $M(x)$是单值的；(c)函数 $g(y|x)$的平稳点和最小值点是等价的。那么目标函数 $f(y)$的不动点、无进展点和平稳点集合是重合的。

证明：由命题 7.4 可知不动点和无进展点重合。考虑不动点 $\boldsymbol{x}=M(\boldsymbol{x})$，我们知道若对于所有的切向量 $\boldsymbol{v}$，有 $d_{\boldsymbol{v}}f(\boldsymbol{x})=d_{\boldsymbol{v}}g(\boldsymbol{x}|\boldsymbol{x})\geqslant 0$，则 $\boldsymbol{x}$ 是 $f(\boldsymbol{y})$的平稳点。相反，如果 $d_{\boldsymbol{v}}f(\boldsymbol{x})\geqslant 0$ 对于所有的切向量 $\boldsymbol{v}$ 成立，则根据假设，我们有平稳点 $\boldsymbol{y}=\boldsymbol{x}$ 极小化替代函数 $g(\boldsymbol{y}|\boldsymbol{x})$，因此，$\boldsymbol{x}$ 是一个不动点。

接下来给出能保证局部最小值点是孤立点的充分条件。假设迭代序列 $\boldsymbol{y}^{(n)}\in C$ 收敛于一个点 $\boldsymbol{y}$，且对于所有 n，$f(\boldsymbol{y}^{(n)})=f(\boldsymbol{y})$。由于 R^d 中的单位球是紧的，我们可以提取一个收敛于单位切向量 $\boldsymbol{v}$ 的子序列

$$\boldsymbol{v}^{(n)}=\frac{\boldsymbol{y}^{(n_m)}-\boldsymbol{y}}{\|\boldsymbol{y}^{(n_m)}-\boldsymbol{y}\|}$$

对下列式子取极限：

$$0=\frac{f(\boldsymbol{y}^{(n_m)})-f(\boldsymbol{y})}{\|\boldsymbol{y}^{(n_m)}-\boldsymbol{y}\|}$$

可得 $0=d_{\boldsymbol{v}}f(\boldsymbol{y})$。如果条件 $d_{\boldsymbol{v}}f(\boldsymbol{y})>0$ 恰好对于所有切向量 $\boldsymbol{v}$ 都成立，则产生矛盾，因此，局部最小值 $\boldsymbol{y}$ 是孤立的。

在无约束优化中，假设 $f(\boldsymbol{x})$是二阶可微的，在最小值点 $\boldsymbol{y}$ 处，平稳条件 $\nabla f(\boldsymbol{y})=0$ 成立。因为 R^d 中的单位球是紧的，我们可以再次提取子序列使得

$$\lim_{m\to\infty}\frac{\boldsymbol{y}^{(n_m)}-\boldsymbol{y}}{\|\boldsymbol{y}^{(n_m)}-\boldsymbol{y}\|}=\boldsymbol{v}$$

存在并且是非平凡的。对差商

$$0=\frac{1}{\|\boldsymbol{y}^{(n_m)}-\boldsymbol{y}\|}[\nabla f(\boldsymbol{y}^{(n_m)})-\nabla f(\boldsymbol{y})]$$

取极限，可得 $0=d^2f(\boldsymbol{y})\boldsymbol{v}$。换句话说，$\boldsymbol{y}$ 处的二阶微分是奇异的。因此，在没有这种简并的情况下，所有的平稳点都是孤立的。

7.4　SUMMA 条件

MM 算法迭代序列的 SUMMA 条件为不等式

$$g(\boldsymbol{x}\mid\boldsymbol{x}^{(n)})-g(\boldsymbol{x}^{(n+1)}\mid\boldsymbol{x}^{(n)})\geqslant g(\boldsymbol{x}\mid\boldsymbol{x}^{(n+1)})-f(\boldsymbol{x})$$

对于所有可行的 $\boldsymbol{x}$ 成立。式中 $f(\boldsymbol{x})$ 表示目标函数，$g(\boldsymbol{x}\mid\boldsymbol{x}^{(n)})$ 表示替代函数。SUMMA 条件和强凸性是证明一大类 MM 算法收敛性的关键。然而，对替代函数引入强凸性的限制比对目标函数引入强凸性的限制要小得多。当 $g(\boldsymbol{x}\mid\boldsymbol{y})$ 的强凸性常数 μ 不依赖于点 $\boldsymbol{y}$ 时，则称一致的强凸性成立。

接下来，我们需要一个强凸函数 $b(\boldsymbol{x})$ 在最小值点 $\boldsymbol{y}$ 附近的下界，即

$$b(\boldsymbol{x})\geqslant b(\boldsymbol{y})+\frac{\mu}{2}\|\boldsymbol{x}-\boldsymbol{y}\|^2 \tag{7.8}$$

当函数 $b(x)$ 可微时，这个界可直接由二次极小化函数 $b(\boldsymbol{x})\geqslant b(\boldsymbol{y})+\mathrm{d}b(\boldsymbol{y})\cdot(\boldsymbol{x}-\boldsymbol{y})+\frac{\mu}{2}\|\boldsymbol{x}-\boldsymbol{y}\|^2$ 推出。一般情况下，我们必须求助于支撑超平面不等式

$$b(\boldsymbol{x})-\frac{\mu}{2}\|\boldsymbol{x}\|^2\geqslant b(\boldsymbol{y})-\frac{\mu}{2}\|\boldsymbol{y}\|^2+\boldsymbol{v}^{\mathrm{T}}(\boldsymbol{x}-\boldsymbol{y})$$

在式中，对于任意的 $\boldsymbol{v}$，有 $\boldsymbol{v}\in\partial[b(\boldsymbol{y})-\mu\|\boldsymbol{y}\|^2/2]$。由基于偏微分求和规则的简单计算可得 $\partial[b(\boldsymbol{y})-\mu\|\boldsymbol{y}\|^2/2]=\partial b(\boldsymbol{y})-\mu\boldsymbol{y}$。因为 $\boldsymbol{y}$ 使得函数 $b(\boldsymbol{x})$ 达到最小，所以可取子梯度 $\boldsymbol{v}=\boldsymbol{0}-\mu\boldsymbol{y}$，代入上述支撑超平面不等式中，即可得式(7.8)。基于这些初步的结果，我们可以给出一些重要的收敛结论。

命题 7.10 如果 SUMMA 条件成立，则任何 MM 序列在极限情况下收敛到 $f(\boldsymbol{x})$ 的最小值点。此外，如果：(a)目标函数和替代函数都是连续的；(b)替代函数是一致强凸的；(c)目标函数达到其最小值。那么每一个 MM 算法序列 $\boldsymbol{x}^{(n)}$ 收敛于一个最小值点。

证明：我们假设反面成立，即对于某个 $\boldsymbol{x}$，$f(x)<\lim\limits_{n\to\infty}f(\boldsymbol{x}^{(n)})=d$。SUMMA 不等式

$$\begin{aligned}g(\boldsymbol{x}\mid\boldsymbol{x}^{(n)})-f(\boldsymbol{x})-g(\boldsymbol{x}\mid\boldsymbol{x}^{(n+1)})+f(\boldsymbol{x})&\geqslant g(\boldsymbol{x}^{(n+1)}\mid\boldsymbol{x}^{(n)})-f(\boldsymbol{x})\\&\geqslant f(\boldsymbol{x}^{(n+1)})-f(\boldsymbol{x})\\&\geqslant d-f(\boldsymbol{x})\end{aligned}$$

要求序列 $g(\boldsymbol{x}\mid\boldsymbol{x}^{(n)})-f(\boldsymbol{x})$ 在每次迭代中至少减少 $d-f(\boldsymbol{x})$ 的量。然而，这是不可能的，因为序列的项是非负的。因此，极限 $\lim\limits_{n\to\infty}f(\boldsymbol{x}^{(n)})$ 达到最小值。接下来证明命题的第二部分，假设 μ 为一般的强凸函数，注意对于最优的 $\boldsymbol{y}$，引用式(7.8)以及 $\boldsymbol{x}^{(n+1)}$ 极小化 $g(\boldsymbol{x}\mid\boldsymbol{x}^{(n)})$ 的假设，有

$$\begin{aligned}g(\boldsymbol{y}\mid\boldsymbol{x}^{(n)})-f(\boldsymbol{x}^{(n+1)})&\geqslant g(\boldsymbol{y}\mid\boldsymbol{x}^{(n)})-g(\boldsymbol{x}^{(n+1)}\mid\boldsymbol{x}^{(n)})\\&\geqslant\frac{\mu}{2}\|\boldsymbol{y}-\boldsymbol{x}^{(n+1)}\|^2\end{aligned}$$

由于给定的序列 $g(\boldsymbol{y}\mid\boldsymbol{x}^{(n)})-f(\boldsymbol{y})$ 和 $f(\boldsymbol{y})-f(\boldsymbol{x}^{(n+1)})$ 趋向于极限，则该不等式表明序列 $\boldsymbol{x}^{(n)}$ 是有界的。假设子序列 $\boldsymbol{x}^{(n_m)}$ 趋向于极限 $\boldsymbol{z}$。根据连续性假设，$f(\boldsymbol{z})=\lim\limits_{m\to\infty}f(\boldsymbol{x}^{(n_m)})=f(\boldsymbol{y})$，因此 $\boldsymbol{z}$ 也是最优点。我们之前的推理表明，$g(\boldsymbol{z}\mid\boldsymbol{x}^{(n)})-f(\boldsymbol{z})$ 下降到一个极限，且这个极限必须是 0，因为沿着子序列 $\boldsymbol{x}^{(n_m)}$，它收敛到 $g(\boldsymbol{z}\mid\boldsymbol{z})-f(\boldsymbol{z})=0$。最后，根据下列不等式

$$
\begin{aligned}
g(\boldsymbol{z}\mid\boldsymbol{x}^{(n)})-f(\boldsymbol{z}) &= g(\boldsymbol{z}\mid\boldsymbol{x}^{(n)})-g(\boldsymbol{x}^{(n+1)}\mid\boldsymbol{x}^{(n)})+g(\boldsymbol{x}^{(n+1)}\mid\boldsymbol{x}^{(n)})-f(\boldsymbol{z}) \\
&\geqslant \frac{\mu}{2}\|\boldsymbol{z}-\boldsymbol{x}^{(n+1)}\|^2+f(\boldsymbol{x}^{(n+1)})-f(\boldsymbol{z})
\end{aligned}
$$

证明了整个序列 $\boldsymbol{x}^{(n)}$ 收敛到 $\boldsymbol{z}$。

作为 SUMMA 条件的一个具体示例，考虑一个凸函数 $f(\boldsymbol{x})$ 通过一个可微凸函数 $b(\boldsymbol{x})$ 的 Bregman 极大化形式

$$
g(\boldsymbol{x}\mid\boldsymbol{x}^{(n)})=f(\boldsymbol{x})+D_b(\boldsymbol{x}\mid\boldsymbol{x}^{(n)})
$$

计算两者的差，即

$$
\begin{aligned}
& g(\boldsymbol{x}\mid\boldsymbol{x}^{(n)})-g(\boldsymbol{x}^{(n+1)}\mid\boldsymbol{x}^{(n)}) \\
={}& f(\boldsymbol{x})-f(\boldsymbol{x}^{(n+1)})+b(\boldsymbol{x})-b(\boldsymbol{x}^{(n+1)})-\mathrm{d}b(\boldsymbol{x}^{(n)})\cdot(\boldsymbol{x}-\boldsymbol{x}^{(n+1)})
\end{aligned}
$$

在使 $g(\boldsymbol{x}\mid\boldsymbol{x}^{(n)})$ 达到最小的点 $\boldsymbol{x}^{(n+1)}$ 处，$\partial f(\boldsymbol{x}^{(n+1)})$ 中存在一个子梯度 $\boldsymbol{v}^{(n+1)}$，使得 $\boldsymbol{0}=\boldsymbol{v}^{(n+1)}+\nabla b(\boldsymbol{x}^{(n+1)})-\nabla b(\boldsymbol{x}^{(n)})$，代入 $\nabla b(\boldsymbol{x}^{(n)})$，可得

$$
\begin{aligned}
& g(\boldsymbol{x}\mid\boldsymbol{x}^{(n)})-g(\boldsymbol{x}^{(n+1)}\mid\boldsymbol{x}^{(n)}) \\
={}& f(\boldsymbol{x})-f(\boldsymbol{x}^{(n+1)})-(\boldsymbol{v}^{(n+1)})^T(\boldsymbol{x}-\boldsymbol{x}^{(n+1)})+D_b(\boldsymbol{x}\mid\boldsymbol{x}^{(n+1)}) \\
\geqslant{}& D_b(\boldsymbol{x}\mid\boldsymbol{x}^{(n+1)})=g(\boldsymbol{x}\mid\boldsymbol{x}^{(n+1)})-f(\boldsymbol{x})
\end{aligned}
$$

7.5　平滑算法的加速

正如我们前文的一些例子所介绍的那样，MM 算法可能会以极慢的速度收敛。对此最简单的补救方法是对每个 MM 迭代步骤进行加速。本质上来说，如果 $F(\boldsymbol{x})$ 是从 R^p 到 R^p 的算法映射，则 MM 算法的加速迭代步骤为

$$
\boldsymbol{x}^{(n+1)}=\boldsymbol{x}^{(n)}+2[F(\boldsymbol{x}^{(n)})-\boldsymbol{x}^{(n)}]
$$

采用上述步长加倍的方法最多能使得迭代序列收敛时的总迭代次数减半。在平滑优化问题中，一种更激进的加速方法与牛顿法类似，可以通过改进 MM 算法来实

现，这种加速方式既可以在目标函数上进行，也可以在算法映射函数上进行，且后者的适用性较为广泛，可应用于其他不同类型的算法中。若 $G(\boldsymbol{x})$ 表示差值 $G(\boldsymbol{x})=\boldsymbol{x}-F(\boldsymbol{x})$，则此时牛顿法计算的本质是试图找到方程 $G(\boldsymbol{x})=0$ 的根。因为 $G(\boldsymbol{x})$ 的微分为 $\mathrm{d}G(\boldsymbol{x})=\boldsymbol{I}-\mathrm{d}F(\boldsymbol{x})$，所以牛顿法的迭代过程为

$$\begin{aligned}\boldsymbol{x}^{(n+1)}&=\boldsymbol{x}^{(n)}-[\mathrm{d}G(\boldsymbol{x}^{(n)})]^{-1}G(\boldsymbol{x}^{(n)})\\&=\boldsymbol{x}^{(n)}-[\boldsymbol{I}-\mathrm{d}F(\boldsymbol{x}^{(n)})]^{-1}G(\boldsymbol{x}^{(n)})\end{aligned}\tag{7.9}$$

如果可以用一个低秩矩阵 $\boldsymbol{M}$ 来近似 $\mathrm{d}F(\boldsymbol{x}^{(n)})$，那我们就可以用具有显示逆矩阵 $(\boldsymbol{I}-\boldsymbol{M})^{-1}$ 的 $\boldsymbol{I}-\boldsymbol{M}$ 来代替差 $\boldsymbol{I}-\mathrm{d}F(\boldsymbol{x}^{(n)})$。在这方面，拟牛顿法借助的是割线的近似操作。通过从当前点 $\boldsymbol{x}^{(n)}$ 开始进行两次 MM 迭代，很容易生成割线条件。当接近最优点 $\boldsymbol{y}$ 附近时，线性近似条件

$$\boldsymbol{F}\circ F(\boldsymbol{x}^{(n)})-F(\boldsymbol{x}^{(n)})\approx\boldsymbol{M}[F(\boldsymbol{x}^{(n)})-\boldsymbol{x}^{(n)}]$$

成立，其中 $M=\mathrm{d}F(\boldsymbol{y})$。如果用 $\boldsymbol{v}$ 表示差值 $\boldsymbol{F}\circ F(\boldsymbol{x}^{(n)})-F(\boldsymbol{x}^{(n)})$，$\boldsymbol{u}$ 表示差值 $F(\boldsymbol{x}^{(n)})-\boldsymbol{x}^{(n)}$，那么正割条件就是 $\boldsymbol{Mu}=\boldsymbol{v}$。事实上，为了得到最好的结果可能需要生成几个割线条件 $\boldsymbol{Mu}_i=\boldsymbol{v}_i,1\leqslant i\leqslant q$，其中 $q\leqslant p$。这些条件可以由当前的迭代点 $\boldsymbol{x}^{(n)}$ 和之前的 $q-1$ 次迭代生成。为了方便起见，割线条件可以用矩阵形式 $\boldsymbol{MU}=\boldsymbol{V}$ 来表示，其中 $\boldsymbol{U}=(\boldsymbol{u}_1,\boldsymbol{u}_2,\cdots,\boldsymbol{u}_q)^{\mathrm{T}}$ 和 $\boldsymbol{V}=(\boldsymbol{v}_1,\boldsymbol{v}_2,\cdots,\boldsymbol{v}_q)^{\mathrm{T}}$。

在实践中，最好对 $\mathrm{d}F(\boldsymbol{y})$ 进行有控制的近似，而不是进行胡乱的猜测。因此，考虑在割线约束 $\boldsymbol{MU}=\boldsymbol{V}$ 下极小化矩阵 $\boldsymbol{M}=(m_{ij})$。如果我们引入拉格朗日乘子：

$$\begin{aligned}\varphi(\boldsymbol{M},\boldsymbol{\Lambda})&=\frac{1}{2}\|\boldsymbol{M}\|_F^2+\sum_i\sum_k\lambda_{ik}\Big(\sum_j m_{ij}u_{jk}-v_{ik}\Big)\\&=\frac{1}{2}\sum_i\sum_k m_{ij}^2+\sum_i\sum_k\lambda_{ik}\Big(\sum_j m_{ij}u_{jk}-v_{ik}\Big)\end{aligned}$$

那么在约束最小值处，$\varphi(\boldsymbol{M},\boldsymbol{\Lambda})$ 对 m_{ij} 的偏导数就消失了。相应的平稳条件

$$0=m_{ij}+\sum_k\lambda_{ik}u_{jk}$$

可以表示为矩阵形式 $\boldsymbol{0}=\boldsymbol{M}+\boldsymbol{\Lambda}\boldsymbol{U}^{\mathrm{T}}$。这个方程加上正割方程 $\boldsymbol{MU}=\boldsymbol{V}$ 唯一地确定了目标函数的最小值。事实上，假设 $\boldsymbol{U}$ 是满秩的，通过简单的替换就可表明 $\boldsymbol{M}=\boldsymbol{V}(\boldsymbol{U}^{\mathrm{T}}\boldsymbol{U})^{-1}\boldsymbol{U}^{\mathrm{T}}$ 和 $\boldsymbol{\Lambda}=-\boldsymbol{V}(\boldsymbol{U}^{\mathrm{T}}\boldsymbol{U})^{-1}$ 构成了方程的解。为了应用上述近似操作，我们必须求矩阵 $\boldsymbol{I}-\boldsymbol{V}(\boldsymbol{U}^{\mathrm{T}}\boldsymbol{U})^{-1}\boldsymbol{U}^{\mathrm{T}}$ 的逆矩阵。幸运的是，我们有显式逆矩阵

$$[\boldsymbol{I}-\boldsymbol{V}(\boldsymbol{U}^{\mathrm{T}}\boldsymbol{U})^{-1}\boldsymbol{U}^{\mathrm{T}}]^{-1}=\boldsymbol{I}+\boldsymbol{V}[\boldsymbol{U}^{\mathrm{T}}\boldsymbol{U}-\boldsymbol{U}^{\mathrm{T}}\boldsymbol{V}]^{-1}\boldsymbol{U}^{\mathrm{T}}$$

读者可以很容易地验证这个伍德伯里反演公式的变体。与 $\mathrm{d}F(\boldsymbol{x})$ 相反，当 q 很小的时候，即使 p 很大，$q\times q$ 维矩阵 $\boldsymbol{U}^{\mathrm{T}}\boldsymbol{U}-\boldsymbol{U}^{\mathrm{T}}\boldsymbol{V}$ 的逆也是平凡的。基于这个结果，牛顿迭代过程(7.9)可以被下列拟牛顿迭代步骤取代：

$$\begin{aligned}\boldsymbol{x}^{(n+1)}&=\boldsymbol{x}^{(n)}-[\boldsymbol{I}-\boldsymbol{V}(\boldsymbol{U}^{\mathrm{T}}\boldsymbol{U})^{-1}\boldsymbol{U}^{\mathrm{T}}]^{-1}[\boldsymbol{x}^{(n)}-F(\boldsymbol{x}^{(n)})]\\&=\boldsymbol{x}^{(n)}-[\boldsymbol{I}+\boldsymbol{V}(\boldsymbol{U}^{\mathrm{T}}\boldsymbol{U}-\boldsymbol{U}^{\mathrm{T}}\boldsymbol{V})^{-1}\boldsymbol{U}^{\mathrm{T}}][\boldsymbol{x}^{(n)}-F(\boldsymbol{x}^{(n)})]\\&=F(\boldsymbol{x}^{(n)})-\boldsymbol{V}(\boldsymbol{U}^{\mathrm{T}}\boldsymbol{U}-\boldsymbol{U}^{\mathrm{T}}\boldsymbol{V})^{-1}U^{\mathrm{T}}[\boldsymbol{x}^{(n)}-F(\boldsymbol{x}^{(n)})]\end{aligned}$$

$q=1$ 时的特殊情况是很有趣的，简单的计算表明，$q=1$ 时的拟牛顿迭代步骤为

$$\boldsymbol{x}^{(n+1)}=(1-c^{(n)})F(\boldsymbol{x}^{(n)})+c^{(n)}\boldsymbol{F}\circ F(\boldsymbol{x}^{(n)})$$

其中，

$$c^{(n)}=-\frac{\|F(\boldsymbol{x}^{(n)})-\boldsymbol{x}^{(n)}\|^2}{[\boldsymbol{F}\circ F(\boldsymbol{x}^{(n)})-2F(\boldsymbol{x}^{(n)})+\boldsymbol{x}^{(n)}]^{\mathrm{T}}[F(\boldsymbol{x}^{(n)})-\boldsymbol{x}^{(n)}]}$$

这种拟牛顿加速在高维问题中具有一些比较理想的性质。首先，每次迭代的计算工作量相对较轻，仅涉及两次 MM 迭代和一些矩阵向量乘法。其次，计算的内存需求也很小。如果我们提前确定好 q，最繁重的需求是存储割线矩阵 $\boldsymbol{U}$ 和 $\boldsymbol{V}$。这两个矩阵可以通过使用最新生成的割线对替换最早保留的割线对来进行更新。再次，整个加速过程符合线性约束。因此，如果在参数空间内所有可行的 $\boldsymbol{x}$ 均满足线性约束 $\boldsymbol{w}^{\mathrm{T}}\boldsymbol{x}=a$，那么在拟牛顿迭代的所有步骤 n 中也满足 $\boldsymbol{w}^{\mathrm{T}}\boldsymbol{x}^{(n)}=a$，这个结论由等式 $\boldsymbol{w}^{\mathrm{T}}F(\boldsymbol{x})=a$ 和 $\boldsymbol{w}^{\mathrm{T}}\boldsymbol{V}=0$ 推导而来。最后，如果在 $\boldsymbol{x}^{(n)}$ 步的拟牛顿更新失败了，不再具有上升或下降性质，那么人们总可以恢复到第二个 MM 迭代过程 $\boldsymbol{F}\circ F(\boldsymbol{x}^{(n)})$ 中。与这些优点相对的是拟牛顿加速不能遵守参数的下界和上界。

参考文献

高迎心，温佳威，徐尔，等，2017. 基于混合泊松分布的新生突变识别算法[J]. 中国生物化学与分子生物学报，33(11)：1168-1174.

宋玉平，陈志兰，2020. 基于连续混合正态分布的期货定价偏差研究[J]. 统计与信息论坛，35(01)：23-29.

BöHNING D. LINDSAY B G，1988. Monotonicity of quadratic-approximation algorithms[J]. Annals of the Institute of Statistical Mathematics，40(04)：641-663.

BOOTH J G. HOBERT J P，1999. Maximizing generalized linear mixed model likelihoods with an automated Monte Carlo EM algorithm[J]. Journal of the Royal Statistical Society Series B：Statistical Methodology，61(01)：265-285.

BYRNE C L，2014. Iterative optimization in inverse problems[M]. New York：CRC press.

BYRNE C L，2015. Auxiliary-function methods in iterative optimization[R]. Lowell：U. S.，Department Of Mathematical Sciences，UMass.

CHAN K S. LEDOLTER J，1995. Monte Carlo EM estimation for time series models involving counts[J]. Journal of the American Statistical Association，90(429)：242-252.

CHI E C. LANGE K，2014. A look at the generalized Heron problem through the lens of majorization-minimization[J]. The American Mathematical Monthly，121(02)：95-108.

DAVIDON W C，1959. Variable metric method for minimization[J]. SIAM Journal on Optimization，1(01)：1-17.

DE LEEUW J，1994. Block-relaxation algorithms in statistics[M]//Information Systems and Data Analysis：Prospects—Foundations—Applications. Heidelberg：Springer Berlin，308-324.

DE LEEUW J，2005. Applications of convex analysis to multidimensional scaling[C]//Recent developments in statistics，Amsterdam：North Holland Publishing Company，1977：133-146.

DEMPSTER A P，LAIRD N M，RUBIN D B，1977. Maximum likelihood from incomplete data via the EM algorithm[J]. Journal of the Royal Statistical Society Series B：Methodological，39(01)：1-22.

DEUTSCH F，2001. Best approximation in inner product spaces[M]. New York：Springer New York.

EFRON B，HINKLEY D V，1978. Assessing the accuracy of the maximum likelihood estimator：observed versus expected Fisher information[J]. Biometrika，65(03)：457-483.

EVERITT B S，2014. Finite mixture distributions[EB/OL]. (2014-09-29)[2022-05-25]. http：//onlinelibrary. wiley. com/doi/10. 1002/9781118445112. stat06216.

FAN J Q,LI R,2001. Variable selection via nonconcave penalized likelihood and its oracle properties[J]. Journal of the American Statistical Association,96(456):1348-1360.

HARO G,RANDALL G,SAPIRO G,2008. Translated poisson mixture model for stratification learning[J]. International Journal of Computer Vision,80(03):358-374.

HUNTER D R,LANGE K,2000. Quantile regression via an MM algorithm[J]. Journal of Computational and Graphical Statistics,9(01):60-77.

HUNTER D R,LANGE K,2004. A tutorial on MM algorithms[J]. The American Statistician, 58(01):30-37.

HUNTER D R,LI R Z,2005. Variable selection using MM algorithms[J]. Annals of Statistics, 33(04):1617-1642.

JOHANSEN S,1983. An extension of Cox's regression model. International Statistical Review, 51(02):165-174.

KEATINGE C L,1999. Modeling losses with the mixed exponential distribution[C]//. In Proceedings of the casualty actuarial society,Baltimore:United book press,86:654-698.

KLEIN J P,1992. Semiparametric estimation of random effects using the Cox model based on the EM algorithm[J]. Biometrics,48(03):795-806.

LANGE K,1995. A gradient algorithm locally equivalent to the EM algorithm[J]. Journal of the Royal Statistical Society Series B:Methodological,57(02):425-437.

LANGE K, 2002. Mathematical and statistical methods for genetic analysis[M]. New York: Springer New York.

LANGE K,2010. Numerical analysis for statisticians[M]. New York:Springer New York.

LANGE K,HUNTER D R,YANG I,2000. Optimization transfer using surrogate objective functions[J]. Journal of Computational and Graphical Statistics,9(01):1-20.

LEVINE R A,CASELLA G,2001. Implementations of the Monte Carlo EM algorithm[J]. Journal of Computational and Graphical Statistics,10(03):422-439.

MARÍN J M,RODRIGUEZ-BERNAL M T,WIPER M P,2005. Using weibull mixture distributions to model heterogeneous survival data[J]. Communications in Statistics-Simulation and Computation,34(03):673-684.

MCCULLOCH C E,1997. Maximum likelihood algorithms for generalized linear mixed models [J]. Journal of the American Statistical Association,92(437):162-170.

MCLACHLAN G J,KRISHNAN T,2007. The EM algorithm and extensions[M]. Hoboken: John Wiley & Sons.

MENG X L,RUBIN D B,1993. Maximum likelihood estimation via the ECM algorithm:a general framework[M]. Biometrika,80(02):267-278.

ORTEGA J M. RHEINBOLDT W C,1970. Iterative solution of nonlinear equations in several variables[M]. Amsterdam: Elsevier.

RAO C R, 1973. Linear statistical inference and its applications[M]. 2nd ed. New York: John Wiley & Sons.

STEELE J M, 2004. The Cauchy-Schwarz master class: an introduction to the art of mathematical inequalities[M]. Cambridge: Cambridge University Press.

EFRON B, TIBSHIRANI R J, 1993. An introduction to the bootstrap[M]. New York: CRC press.

TITTERINGTON D M, SMITH A F, MAKOV U E, 1985. Statistical analysis of finite mixture distributions[J]. Journal of the Royal Statistical Society Series A: Statistics in Society, 150(03): 283.

VAIDA F, 2005. Parameter convergence for EM and MM algorithms[J]. Statistica Sinica, 15(03): 831-840.

WEI G C G, TANNER M A, 1990a. A Monte Carlo implementation of the EM algorithm and the poor man's data augmentation algorithms[J]. Journal of the American Statistical Association, 85(411): 699-704.

WEI G C G, TANNER M A, 1990b. Posterior computations for censored regression data[J]. Journal of the American Statistical Association, 85(411): 829-839.

ZHANG C H, 2010. Nearly unbiased variable selection under minimax concave penalty[J]. The Annals of Statistics, 38(2): 894-942.